JN017317

河合塾

SERIES

文系の数学
重要事項完全習得編
改訂版

堀尾豊孝［著］
石部拓也，影平俊郎［編集協力］

河合出版

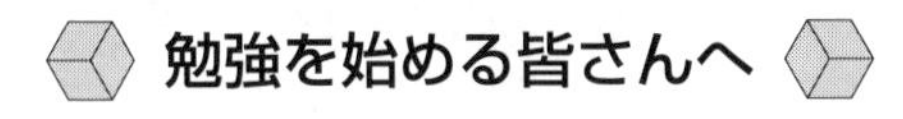

勉強を始める皆さんへ

予備校で授業をしていると，文系の受験生から，

「文系って数学はどれくらいやればいいのですか？」

「英語は大丈夫だけど数学が苦手で困っています」

「数学は何から手をつけてよいのか分からないのですが…」

という相談を毎日のように受けます．

皆さんも同じことを相談したいと思っているかも知れませんね．しかし，もう大丈夫です．この本がその悩みを解消してくれます．

この本は，

文系で数学を必要とする受験生が最初にやるべき１冊

になっています．もう少し詳しく言うと，この本で勉強すれば，

・文系で数学を必要とするすべての受験生がマスターしなければならない基本事項を整理できる

・文系の数学入試で数多く見られる典型的な問題，すなわち，落とせない問題を中心に配置しているので，標準レベルの問題に対応できる数学力が確実に身につく

ということです．出題の少ない特殊な問題や難問は一切入っていませんので，この本をやり遂げた段階で，**文系の数学入試に向けての基本が固まり，落としてはいけない問題を確実にとっていく力がつきます**．

この本で扱っている問題が理解できて定着していれば，その段階で，標準程度の数学力はついていると思ってよいでしょう．そして，この本でガッチリと基礎を固めたら，難関大学の発展的な問題や融合問題に挑戦していくこともできるでしょう．

なお，この本は文系で数学を必要とする受験生に向けてのものですが，理系で基礎力に自信のない人にもおすすめします．この本で基本を作り上げてから，その次のレベルにステップアップしていけばよいでしょう．

それでは，次のページから，この本で勉強していくときの注意点を書いておきます．

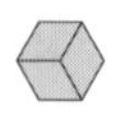

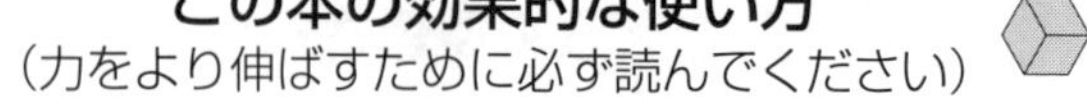

この本の効果的な使い方
（力をより伸ばすために必ず読んでください）

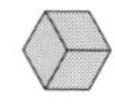

まず，この本の構成を紹介しておきます．１つのテーマに対して，

問題文／解答／解説講義／文系数学の必勝ポイント

の順に書かれていて，巻末には115題の演習問題が用意されています．

１つのテーマ，問題に対して，次の３Stepで取り組みましょう．

■First Step：「問題」を解いてみる

・公式などの基本事項が曖昧であれば，問題を解く前に教科書の該当部分を読み直し，ある程度の内容を確認してから解いてみましょう．
・文系の私立大学では，穴埋め形式やマーク形式など，いろいろな解答形式で入試が実施されています．本書では，学習効果を高めるために，ごく一部の問題において解答形式や問題文の表現を変更していますが，出題されている内容については変更を行っていません．また，理系の学部の入試問題であっても，標準的で文系の数学の学習にふさわしい問題は採用しています．
・本番の入試が穴埋め形式であっても，普段の勉強のときには途中のプロセスを書いた方が考え方を習得しやすくなります．計算式を列挙するような答案ではなく，日本語を入れた答案を作ってみましょう．
・すぐに解答を見るのではなく，必ず“考える”ということをしてください．その上で**「自分はどこでつまってしまったのか？　何が分かっていなかったのか？」を明確にしておく**ことが大切です．

■Second Step：「解答」を確認して，「解説講義」を読む

・自分の答案の流れと，「解答」を比べて正しく解けているかを確認します．
・最終的な答え（数値など）が合っているからといって，「解答」を読まないという勉強はしてはいけません．仮に正解していても，「解答」を読んで確認することに意味があるのです．
・さらに，**「解説講義」は必ず読んでください！**　単なる解答の補足ではなく，そのテーマの本質的な説明，陥りやすいミス，注意してほしいことなどが，紙面の許す限り書き込まれています．**長いところもありますが，飛ばさずにしっかりと読んでください．**

■Third Step：その問題の重要事項を「文系数学の必勝ポイント」でまとめる

・「文系数学の必勝ポイント」では，そのテーマ，問題を通して習得すべき重要事項を簡潔にまとめています．この**“まとめ”の作業をすることで，似た問題が次に出されたときに正解できるようになっていく**わけです．
・「文系数学の必勝ポイント」を確認したら，一旦，そのテーマは終了です．問題の右上部分にチェックボックス（2つ並んだ正方形のこと）があるので，大丈夫なら◎，もう一度やった方がよければ△，などのように印をつけておいて自分の理解度が分かるようにしておきましょう．そして，理解不十分な問題は何度かやり直しをして，入試までにできるようにしていきましょう．

以上の3Stepで勉強を進めていき，区切りのよいところで，巻末の演習問題に挑戦してみましょう．演習問題はやや手応えのある問題も少しずつ入っていますが，詳しい別冊解答が準備されています．115題というボリュームですが，これをやり遂げることは入試に向けての大きな自信となっていくでしょう．

文系の人にとって数学は楽しくない科目かもしれません．しかし，第1志望の大学に行くためには数学を避けては通れない人もいるでしょう．文系の人に「数学を好きになってください」とは言いませんが，数学が原因で夢をあきらめるような寂しいことにはなってほしくありません．数学はコツコツとがんばって勉強していけば，次第に力が伸びていく科目です．粘り強い努力を積み重ね，その手で「合格」を勝ち取ってください．この本が君の努力を合格につなげてくれるでしょう．さあ，早速はじめましょう！

目 次

1 展開と因数分解

[1]　次の式を展開せよ．

(1)　$(x^2+3x+2)(x^2-3x+2)$

(2)　$(a+b)(a-b)(a^2+ab+b^2)(a^2-ab+b^2)$　(京都産業大)

[2]　次の式を因数分解せよ．

(1)　$2x^3+4x^2y-6xy^2$　(2)　$x^3+(y-2)x^2-(2y+15)x-15y$

(3)　$12x^2+5xy-2y^2$　(4)　$3x^2+5xy-2y^2-x+5y-2$

(5)　$(x+1)(x+2)(x+3)(x+4)-24$

(6)　$a^2b-a^2c+b^2a-c^2a+b^2c-c^2b$

(7)　$27a^3-8b^3$　(徳島大／白鷗大／松山大／京都産業大／摂南大)

解答

[1](1)　$(x^2+3x+2)(x^2-3x+2)=\{(x^2+2)+3x\}\{(x^2+2)-3x\}$

$=(x^2+2)^2-(3x)^2$

$=x^4+4x^2+4-9x^2$

$=\boldsymbol{x^4-5x^2+4}$

(2)　$(a+b)(a-b)(a^2+ab+b^2)(a^2-ab+b^2)$　☜「うまい組合せ」を考える

$=(a+b)(a^2-ab+b^2)\times(a-b)(a^2+ab+b^2)$

$=(a^3+b^3)(a^3-b^3)$

$=\boldsymbol{a^6-b^6}$

[2](1)　$2x^3+4x^2y-6xy^2=2x(x^2+2xy-3y^2)$　☜まず共通因数をくくり出す

$=\boldsymbol{2x(x+3y)(x-y)}$

(2)　次数の低い方の文字 y について整理すると，

$x^3+(y-2)x^2-(2y+15)x-15y=(x^2-2x-15)y+x^3-2x^2-15x$

$=(x^2-2x-15)y+(x^2-2x-15)x$

$=(x^2-2x-15)(y+x)$

$=\boldsymbol{(x-5)(x+3)(x+y)}$

(3)　$12x^2+5xy-2y^2=12x^2+5yx-2y^2$

$=\boldsymbol{(3x+2y)(4x-y)}$　☜ 3 ╳ $2y$ → $8y$；4 ╳ $-y$ → $-3y$；計 $5y$

(4)　x について整理すると，

$3x^2+5xy-2y^2-x+5y-2=3x^2+(5y-1)x-2y^2+5y-2$

$=3x^2+(5y-1)x-(2y^2-5y+2)$　☜ 1 ╳ -2 → -4；2 ╳ -1 → -1；計 -5

$=3x^2+(5y-1)x-(y-2)(2y-1)$

$=\{3x-(y-2)\}\{x+(2y-1)\}$　☜ 3 ╳ $-(y-2)$ → $-y+2$；1 ╳ $(2y-1)$ → $6y-3$；計 $5y-1$

$=\boldsymbol{(3x-y+2)(x+2y-1)}$

(5)　$(x+1)(x+2)(x+3)(x+4)-24$

$=(x^2+5x+4)(x^2+5x+6)-24$　☜ 共通の x^2+5x が得られる組合せを考えて展開する

$=(t+4)(t+6)-24$　　($x^2+5x=t$ とおいた)

$=t^2+10t$

$=t(t+10)$

$=(x^2+5x)(x^2+5x+10)$

$=\boldsymbol{x(x+5)(x^2+5x+10)}$　☜ 特別な指示がなければ，因数分解は係数が有理数の範囲で行うことが一般的である

(6)　a について整理すると，

$$a^2b-a^2c+b^2a-c^2a+b^2c-c^2b=(b-c)a^2+(b^2-c^2)a+b^2c-c^2b$$
$$=(b-c)a^2+(b-c)(b+c)a+bc(b-c)$$
$$=(b-c)\{a^2+(b+c)a+bc\}$$
$$=\boldsymbol{(b-c)(a+b)(a+c)}$$

(7)　$27a^3-8b^3=(3a)^3-(2b)^3$

$=(3a-2b)\{(3a)^2+3a\cdot 2b+(2b)^2\}$

$=\boldsymbol{(3a-2b)(9a^2+6ab+4b^2)}$　☝ $x^3-y^3=(x-y)(x^2+xy+y^2)$ において，x を $3a$，y を $2b$ と考えた

解説講義

展開や因数分解は，小問集合のなかで出題されることがある．ここでは，数学Ⅱで学習する“3乗”に関係する展開，因数分解も含めて確認しておくことにしよう．

“3乗”に関係する公式として，次のものを正確に(符号を間違えやすい！)覚えておこう．

展開公式として，覚えておくべきものは，

$$(x+y)^3=x^3+3x^2y+3xy^2+y^3,\quad (x-y)^3=x^3-3x^2y+3xy^2-y^3$$
$$(x+y)(x^2-xy+y^2)=x^3+y^3,\quad (x-y)(x^2+xy+y^2)=x^3-y^3$$

である．[1](2)では，この展開公式が使えそうな組合せを考えるところが大切である．

上に示した展開公式の左辺と右辺を逆にすれば因数分解の公式となるわけであるが，特に，

$$x^3+y^3=(x+y)(x^2-xy+y^2),\quad x^3-y^3=(x-y)(x^2+xy+y^2)$$

は使う場面が多い．[2](7)ではこの公式を用いている．

公式を覚えておくことは勉強の第一歩であるが，それだけでは不十分である．少し複雑な式の因数分解をするときには，

① 共通因数がある場合は，まず共通因数をくくり出す

② 複数の文字を含む式では，次数の低い文字について整理する

③ 同じものが出てきたら置きかえをしてみる(同じものが得られそうな組合せを考える)

ということに注意して考えることが重要である．

文系数学の必勝ポイント

因数分解は，

共通因数はあるか？／次数の低い文字はどれか？／置きかえは使えそうか？

ということに気をつけて考える

2 式の値の計算 (1)

[1]　$x+y=\sqrt{5}$，$xy=1$ のとき，$x^2+y^2=$ □，$x^3+y^3=$ □ である．

[2]　$x+\dfrac{1}{x}=\sqrt{7}$ のとき，$x^2+\dfrac{1}{x^2}=$ □，$x^3+\dfrac{1}{x^3}=$ □ である．

（名城大／大阪産業大）

解答

[1]　$x+y=\sqrt{5}$，$xy=1$ より，

$$x^2+y^2=(x+y)^2-2xy=(\sqrt{5})^2-2\cdot1=\mathbf{3}$$
$$x^3+y^3=(x+y)^3-3xy(x+y)=(\sqrt{5})^3-3\cdot1\cdot\sqrt{5}=\mathbf{2\sqrt{5}}$$

[2]　$x+\dfrac{1}{x}=\sqrt{7}$ より，

$$x^2+\frac{1}{x^2}=\left(x+\frac{1}{x}\right)^2-2\cdot x\cdot\frac{1}{x}=(\sqrt{7})^2-2=\mathbf{5}$$
$$\begin{aligned}x^3+\frac{1}{x^3}&=\left(x+\frac{1}{x}\right)^3-3\cdot x\cdot\frac{1}{x}\left(x+\frac{1}{x}\right)\\&=(\sqrt{7})^3-3\cdot1\cdot\sqrt{7}\\&=\mathbf{4\sqrt{7}}\end{aligned}$$

解説講義

x，y からなる式で，

$$x^2+y^2,\ x^3+5xy+y^3,\ \frac{1}{x}+\frac{1}{y},\ (x-y)^2$$

のように，x と y を互いに入れ換えても，その式が変わらない（つまり，見た目は変わるがそれを整理すれば元の式と同じになる）ようなものを**対称式**という．対称式は $x+y$ と xy（これらを基本対称式という）を用いて表すことができる．数学Ⅱの範囲のものも含めると，

(Ⅰ) $\boldsymbol{x^2+y^2=(x+y)^2-2xy}$　　(Ⅱ) $\boldsymbol{x^3+y^3=(x+y)^3-3xy(x+y)}$

(Ⅲ) $\boldsymbol{(x-y)^2=(x+y)^2-4xy}$

の3つがよく登場するものである．(Ⅰ)，(Ⅱ) は使う場面が特に多いので暗記しておくとよいが，その場で導くことも容易である．(Ⅰ) は中学校で習った展開公式：$(x+y)^2=x^2+2xy+y^2$ において，$2xy$ を移項しただけである．(Ⅱ) は $(x+y)^3=x^3+3x^2y+3xy^2+y^3$ において，$3x^2y+3xy^2$，すなわち $3xy(x+y)$ を移項しただけである．

[2] は，y を $\dfrac{1}{x}$ として (Ⅰ)，(Ⅱ) を用いる問題であり，入試でも頻出である．

文系数学の必勝ポイント

対称式では，次の3つの関係式が頻出である

(Ⅰ) $\boldsymbol{x^2+y^2=(x+y)^2-2xy}$　　(Ⅱ) $\boldsymbol{x^3+y^3=(x+y)^3-3xy(x+y)}$

(Ⅲ) $\boldsymbol{(x-y)^2=(x+y)^2-4xy}$

3 式の値の計算(2)

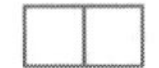

$x+y+z=5$，$xy+yz+zx=3$，$xyz=-7$ のとき，
$x^2+y^2+z^2=$ □ であり，$x^3+y^3+z^3=$ □ である．　(摂南大)

解答

与えられた条件から，

$$\begin{aligned}x^2+y^2+z^2&=(x+y+z)^2-2(xy+yz+zx)\\&=5^2-2\cdot3\\&=\mathbf{19}\end{aligned}$$

$$\begin{aligned}x^3+y^3+z^3&=(x+y+z)(x^2+y^2+z^2-xy-yz-zx)+3xyz\\&=5\cdot(19-3)+3\cdot(-7)\\&=80-21\\&=\mathbf{59}\end{aligned}$$

<補足>

展開公式：$(x+y+z)^2=x^2+y^2+z^2+2(xy+yz+zx)$ に条件の値を代入して，

$$5^2=x^2+y^2+z^2+2\cdot3$$

を得て，$x^2+y^2+z^2=19$ を導いてもよい．本質的には上の解答と同じである．

解説講義

3文字の場合の関係式として覚えておくとよいものは，

(Ⅰ) $\boldsymbol{x^2+y^2+z^2=(x+y+z)^2-2(xy+yz+zx)}$

(Ⅱ) $\boldsymbol{x^3+y^3+z^3=(x+y+z)(x^2+y^2+z^2-xy-yz-zx)+3xyz}$

である．(Ⅰ)は，

$$展開公式：(x+y+z)^2=x^2+y^2+z^2+2xy+2yz+2zx$$

を変形したものである．

また，高校の教科書では大きく扱われていないが「因数分解の公式」として，

$$x^3+y^3+z^3-3xyz=(x+y+z)(x^2+y^2+z^2-xy-yz-zx)$$

がある．(Ⅱ)の関係式は，$-3xyz$ を移項したものである．この因数分解の公式をその場で導くことは難しいから，丸暗記でも構わないので，この因数分解の公式か(Ⅱ)の関係式のいずれかを覚えておいた方がよいだろう．数学の入試問題のなかには，「知っていれば簡単に解けたのに…」という「“知識” をもっているかを確認するだけの問題」もあるのが現実である．わずかな努力を惜しんだことを後悔しないように，がんばって覚えておこう．

文系数学の必勝ポイント

3文字の場合の頻出の関係式

(Ⅰ) $\boldsymbol{x^2+y^2+z^2=(x+y+z)^2-2(xy+yz+zx)}$

(Ⅱ) $\boldsymbol{x^3+y^3+z^3=(x+y+z)(x^2+y^2+z^2-xy-yz-zx)+3xyz}$

4 整数部分，小数部分

$\sqrt{14}$ の整数部分を a，小数部分を b とするとき，
(1) a，b の値を求めよ．
(2) $\dfrac{1}{b}$ の整数部分を c，小数部分を d とするとき，c，d の値を求めよ．

(東北学院大)

解答

(1) $9<14<16$ より，$3<\sqrt{14}<4$ であるから，$\sqrt{14}$ の整数部分 a は，$a=\mathbf{3}$.
また，$\sqrt{14}$ の整数部分が 3 であるから，$\sqrt{14}$ の小数部分 b は，

$$b=\boldsymbol{\sqrt{14}-3}$$ ☜ 整数部分を引いて，小数部分を求める

(2) $b=\sqrt{14}-3$ であるから，有理化して整理すると，

$$\frac{1}{b}=\frac{1}{\sqrt{14}-3}=\frac{\sqrt{14}+3}{(\sqrt{14}-3)(\sqrt{14}+3)}=\frac{\sqrt{14}+3}{14-9}=\frac{\sqrt{14}+3}{5}$$

ここで，$3<\sqrt{14}<4$ より，$6<\sqrt{14}+3<7$ となるので，

$$\frac{6}{5}<\frac{\sqrt{14}+3}{5}<\frac{7}{5}$$

☝ $3<\sqrt{14}<4$ の各辺に 3 を足した

これより，$1.2<\dfrac{1}{b}<1.4$ であることが分かる．したがって，$\dfrac{1}{b}$ について，

$$\text{整数部分 } c=\mathbf{1},\ \text{小数部分 } d=\frac{\sqrt{14}+3}{5}-1=\boldsymbol{\frac{\sqrt{14}-2}{5}}$$

解説講義

たとえば，5.287 は「整数部分が 5，小数部分が 0.287」である．このとき，$5.287=5+0.287$ が成り立っているから，小数部分の 0.287 は，$5.287-5$ という計算によって得られることが分かる．つまり，小数点以下の数値がどんなに長く続いていたとしても，小数部分は，

(小数部分)＝(その数)−(整数部分)

という計算によって求めることができる．

小数部分を求めるためには，先に整数部分を求めておかなければならないが，整数部分はその数がいくつくらいかを考えるとすぐに分かる場合が多く，整数部分を求めることは難しくない．ただし，(2) で扱った $\dfrac{\sqrt{14}+3}{5}$ のような“単純でない”数の整数部分は，解答に示しているように，不等式を使って導くのがよい．(1) も含めて，不等式を用いて整数部分を説明する「記述」ができるとさらによいので，丁寧に勉強を進めていこう．

文系数学の必勝ポイント

小数部分は，整数部分を先に求めておき，
(小数部分)＝(その数)−(整数部分)
で計算する

5 比例式

実数 x，y，z が，$\dfrac{x+y}{5}=\dfrac{y+z}{6}=\dfrac{z+x}{7}$ $(\neq 0)$ を満たすとき，

$\dfrac{xy+yz+zx}{x^2+y^2+z^2}$ の値を求めよ．　　(愛知学院大)

解答

$\dfrac{x+y}{5}=\dfrac{y+z}{6}=\dfrac{z+x}{7}=k(\neq 0)$ とすると，

☜「$=k$」とおくところがポイント

$$\begin{cases} x+y=5k & \cdots① \\ y+z=6k & \cdots② \\ z+x=7k & \cdots③ \end{cases}$$

となる．①＋②＋③ より，

$$2(x+y+z)=18k$$

$$x+y+z=9k \quad \cdots④$$

① を ④ に代入すると，

$$5k+z=9k$$

$$\therefore\ z=4k$$

② を ④ に代入すると，

$$x+6k=9k \qquad \therefore\ x=3k$$

③ を ④ に代入すると，

$$y+7k=9k \qquad \therefore\ y=2k$$

したがって，

$$\frac{xy+yz+zx}{x^2+y^2+z^2}=\frac{3k\cdot 2k+2k\cdot 4k+4k\cdot 3k}{(3k)^2+(2k)^2+(4k)^2}=\frac{6k^2+8k^2+12k^2}{9k^2+4k^2+16k^2}=\frac{26k^2}{29k^2}=\mathbf{\frac{26}{29}}$$

☜ 対称性を生かして左のように解くとよい．
一応，次のように解くことも可能ではある．
① より，$y=5k-x$ であり，② に代入すると，

$$z=6k-y$$
$$=6k-(5k-x)$$
$$=k+x.$$

これを ③ に代入すると，

$$(k+x)+x=7k$$

となり，$x=3k$ が得られる．さらに，

$$y=5k-x=5k-3k=2k$$
$$z=7k-x=7k-3k=4k$$

となる

解説講義

本問の条件式のような，$\dfrac{b}{a}=\dfrac{d}{c}$ という形の式を**比例式**という．比例式は $ad=bc$ のように変形しても，うまく活用することはできない．上の解答のように，比例式は「$=k$」とおいて，k を使って考えるところがポイントである．

本問の条件式「$\dfrac{x+y}{5}=\dfrac{y+z}{6}=\dfrac{z+x}{7}$」は，「$(x+y):(y+z):(z+x)=5:6:7$」のように書かれることもある．この場合も，「$x+y=5k$，$y+z=6k$，$z+x=7k$」と k を使って考える．もちろん，$x+y=5$，$y+z=6$，$z+x=7$ としてはいけない．たとえば，$x+y=50$，$y+z=60$，$z+x=70$ であっても条件式は成り立つからである．

文系数学の必勝ポイント

比例式は「$=k$」とおいて考える

6 絶対値の取り扱い

[1]　方程式 $|x-1|-2x=10$ を解け.　(東北学院大)
[2]　不等式 $2|x-3|\leqq x+2$ を解け.　(中央大)
[3]　方程式 $|x-1|+2|x-3|=5$ を解け.　(中央大)

解答

[1]
$$|x-1|-2x=10 \quad \cdots①$$

(ア)　$x-1\geqq 0$ すなわち $x\geqq 1$ のとき,
①より,
$$x-1-2x=10$$
$$x=-11$$
これは $x\geqq 1$ を満たさない.

(イ)　$x-1<0$ すなわち $x<1$ のとき,
①より,
$$-(x-1)-2x=10$$
$$x=-3$$
(これは $x<1$ を満たす)

(ア), (イ)より, 方程式①の解は,
$$\boldsymbol{x=-3}$$

[2]
$$2|x-3|\leqq x+2 \quad \cdots②$$

(ア)　$x-3\geqq 0$ すなわち $x\geqq 3$ のとき,
②より,
$$2(x-3)\leqq x+2$$
$$x\leqq 8$$
$x\geqq 3$ も考えて,
$$3\leqq x\leqq 8 \quad \cdots③$$

(イ)　$x-3<0$ すなわち $x<3$ のとき,
②より,
$$-2(x-3)\leqq x+2$$
$$x\geqq \frac{4}{3}$$
$x<3$ も考えて,
$$\frac{4}{3}\leqq x<3 \quad \cdots④$$

(ア), (イ)より, 不等式②を満たす x の範囲は, ③または④であるから, これらをまとめて,
$$\boldsymbol{\frac{4}{3}\leqq x\leqq 8}$$

[3]
$$|x-1|+2|x-3|=5 \quad \cdots⑤$$

(ア)　$x\geqq 3$ のとき, ⑤より,
$$(x-1)+2(x-3)=5$$
$x=4$ (これは $x\geqq 3$ を満たす)

(イ)　$1\leqq x<3$ のとき, ⑤より,
$$(x-1)-2(x-3)=5$$
$$x=0$$
これは $1\leqq x<3$ を満たさない.

☜ $x-1\geqq 0$ となる x の範囲は $x\geqq 1$.
$x-3\geqq 0$ となる x の範囲は $x\geqq 3$.
これを整理すると次のようになる.

x	…	1	…	3	…
$x-1$	−	0	+	+	+
$x-3$	−	−	−	0	+

上の表から, "絶対値の中身" について,
(ア) $x\geqq 3$ のとき, 両方とも 0 以上
(イ) $1\leqq x<3$ のとき,
$x-1$ は 0 以上, $x-3$ は負
(ウ) $x<1$ のとき, 両方とも負
と分かる

(ウ)　$x<1$ のとき，⑤より，

$$-(x-1)-2(x-3)=5$$

$$x=\frac{2}{3}\ (\text{これは}\ x<1\ \text{を満たす})$$

(ア)，(イ)，(ウ)より，方程式⑤の解は，

$$\boldsymbol{x=4,\ \frac{2}{3}}$$

解説講義

絶対値は数直線上における原点からの距離であるから，3の絶対値も -3 の絶対値もともに3である．つまり，$|3|=3$，$|-3|=3$ である．（絶対値はもともと距離であるから，絶対値は0以上である）

絶対値を含む問題では，まず絶対値記号を外すことを考える．絶対値記号のなかの式（本書では“絶対値の中身”と呼ぶ）が0以上であれば $|3|=3$ のようにそのまま絶対値記号を外しても構わないが，“絶対値の中身”が負の場合にそのまま外すと，$|-3|=-3$ という間違った式になってしまう．“絶対値の中身”が負の場合はマイナスを1つ取り付けて，
$|-3|=-(-3)=3$ と扱わなければならない．**絶対値は，中身の正負に注目して外す**ことがポイントであり，場合分けをして1つずつ丁寧に解答していくことが大切である．

[3]は絶対値が2つあるため，“絶対値の中身”が両方とも0以上，片方だけ0以上，両方とも負という3つの場合が起こるので，3つの場合に分けて考える．必要に応じて，表などを利用して“絶対値の中身”の正負の様子を整理してみるのもよい．

文系数学の必勝ポイント

絶対値は中身の正負で場合分け！　$|A|=\begin{cases} A & (A\geqq 0\ \text{のとき}) \\ -A & (A<0\ \text{のとき}) \end{cases}$

One Point コラム

絶対値は中身の正負で場合分けを行うことが基本であるが，

$|X|=c$，$|X|<c$，$|X|>c$（ただし，c は正の定数）

という形のものは，（ピッタリとこの形になっているかを確認しよう）

$$|X|=c \iff X=\pm c$$
$$|X|<c \iff -c<X<c$$
$$|X|>c \iff X<-c,\ c<X$$

と処理することができる．

不等式 $|x-3|\leqq 6$ を解くと，□である．　（南山大）

解答

$|x-3|\leqq 6$ より，$-6\leqq x-3\leqq 6$ となるから，求める解は，

$$\boldsymbol{-3\leqq x\leqq 9}$$

7 根号の取り扱い（二重根号など）

[1]　$1<a<3$ のとき，$\sqrt{(a-1)^2}+\sqrt{(a-3)^2}$ を簡単にせよ．

（産業能率大）

[2]　$\sqrt{9-6\sqrt{2}}$ の二重根号を外して簡単にせよ．（青山学院大）

解答

[1]　$1<a<3$ のとき，$a-1>0$，$a-3<0$ であることに注意すると，

$$\sqrt{(a-1)^2}+\sqrt{(a-3)^2}=|a-1|+|a-3| = (a-1)-(a-3) = \mathbf{2}$$

☜「2乗のルート」はそのまま外してはいけない！

[2]　$\sqrt{9-6\sqrt{2}}=\sqrt{9-2\sqrt{18}} =\sqrt{6-2\sqrt{18}+3} =\sqrt{(\sqrt{6}-\sqrt{3})^2} =|\sqrt{6}-\sqrt{3}| =\boldsymbol{\sqrt{6}-\sqrt{3}}$

☜ まず $\sqrt{●-2\sqrt{■}}$ のように $\sqrt{■}$ の前に“2”を作る．本問では $6\sqrt{2}=2\cdot3\sqrt{2}=2\sqrt{18}$ と変形して“2”を作っている

☜ 足して9，掛けて18となる2つの数が6と3であることに注目して二重根号を外す

解説講義

「2乗のルート」は要注意である．安易に $\sqrt{A^2}=A$ と変形すると誤りになる場合がある．たとえば $A=-3$ の場合，$\sqrt{(-3)^2}=-3$ は誤りである．もちろん，$\sqrt{(-3)^2}(=\sqrt{9})=3$ が正しい．

$\sqrt{A^2}$ の正しい変形は，$\sqrt{A^2}=|A|$ である．**6** で学習したように，絶対値は“中身の正負”に注目することが大切であったから，「2乗のルート」についてまとめておくと，

$$\sqrt{A^2}=|A|=\begin{cases} A & (A\geqq 0 \text{ のとき}) \\ -A & (A<0 \text{ のとき}) \end{cases}$$

ということである．

もう1つ，二重根号の外し方を覚えておこう．二重根号は，模範解答のように，うまく $(\quad)^2$ を作ればよい．その際のコツは，まず，二重根号を外したい式を，$\sqrt{●\pm2\sqrt{■}}$ という形に変形することである．さらに，$a+b=●$，$ab=■$ を満たす a，b の値を見つければ，

$$\sqrt{●\pm2\sqrt{■}}=\sqrt{(a+b)\pm2\sqrt{ab}}=\sqrt{(\sqrt{a}\pm\sqrt{b})^2}=\sqrt{a}\pm\sqrt{b} \text{（複号同順で，} a>b\text{）}$$

という要領で，無事に二重根号を外すことができる．

文系数学の必勝ポイント

(Ⅰ)「2乗のルート」は，$\sqrt{A^2}=|A|$ である

(Ⅱ) 二重根号は，$\sqrt{(a+b)\pm2\sqrt{ab}}$ を満たす a，b を見つけて，

$\sqrt{(a+b)+2\sqrt{ab}}=\sqrt{a}+\sqrt{b}$，$\sqrt{(a+b)-2\sqrt{ab}}=\sqrt{a}-\sqrt{b}$ $(a>b)$

という形で外す

8 集合

1から100までの自然数の集合をUとする．Uの部分集合で，2の倍数の集合をA，3の倍数の集合をBとする．$A \cup B$の要素の個数は□，$\overline{A} \cap \overline{B}$の要素の個数は□である．　(北海道科学大)

解答

集合Xの要素の個数を$n(X)$のように表すこととする．

$100 \div 2 = 50$より，$n(A) = 50$　☜ $A = \{2,\ 4,\ 6,\ \cdots,\ 98,\ 100\}$

$100 \div 3 = 33.3\cdots$より，$n(B) = 33$　☜ $B = \{3,\ 6,\ 9,\ \cdots,\ 96,\ 99\}$

$A \cap B$は，6の倍数の集合であり，$100 \div 6 = 16.6\cdots$より，$n(A \cap B) = 16$

よって，$A \cup B$の要素の個数$n(A \cup B)$は，

$$n(A \cup B) = n(A) + n(B) - n(A \cap B)$$
☜ 包除原理を用いて計算する
$$= 50 + 33 - 16 = \mathbf{67}$$

さらに，

$$n(\overline{A} \cap \overline{B}) = n(\overline{A \cup B})$$
☜ ド・モルガンの法則
$$= 100 - n(A \cup B)$$
☜「$A \cup B$でないもの」は，全体から「$A \cup B$であるもの」を除けばよい
$$= 100 - 67 = \mathbf{33}$$

解説講義

集合の要素の個数（範囲としては数学A）に関する典型問題である．

和集合$A \cup B$の要素の個数$n(A \cup B)$を，$n(A \cup B) = n(A) + n(B)$と単純に足してはいけない．このように計算すると，$A \cap B$の要素（$A$と$B$の両方に属するもの，本問では6の倍数）をダブルカウントしてしまうことになる．したがって，$n(A) + n(B)$という計算では$A \cap B$の要素を1回多く数えてしまっているから，$n(A \cup B)$は，

$$\boldsymbol{n(A \cup B) = n(A) + n(B) - n(A \cap B)}$$

と計算することが正しい．この関係式は**包除原理**と呼ばれる重要なものである．

Aでない集合を$\overline{A}$と表し補集合と呼ぶ．ここでは，**ド・モルガンの法則**を確認しよう．右の表において，斜線の引かれた部分が$\overline{A} \cap \overline{B}$，赤色に塗られた部分が$A \cup B$である．$\overline{A} \cap \overline{B}$は赤色に塗られていない部分（つまり，$A \cup B$でない部分）であるから，

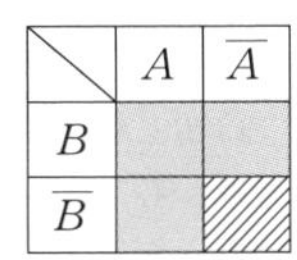

$$\boldsymbol{\overline{A} \cap \overline{B} = \overline{A \cup B}}$$

が成り立つことが分かる．

文系数学の必勝ポイント

(Ⅰ) **和集合$A \cup B$の要素の個数は，包除原理を用いて計算する**

$$\boldsymbol{n(A \cup B) = n(A) + n(B) - n(A \cap B)}$$

(Ⅱ) **ド・モルガンの法則**

$$\boldsymbol{\overline{A} \cap \overline{B} = \overline{A \cup B},\quad \overline{A} \cup \overline{B} = \overline{A \cap B}}$$

9 命題

[1]　x, yを実数とする．命題『$xy<9$ ならば $x<3$ または $y<3$』の逆，裏，対偶をそれぞれ述べよ．（明海大）

[2]　実数a, bに関する命題『$a+b<0$ ならば $a<0$ または $b<0$』を命題Pとする．

(1)　命題Pの真偽を答えよ．

(2)　命題Pの逆を命題Qとする．命題Qの真偽を答えよ．（茨城大）

解答

[1]　命題『$xy<9$ ならば $x<3$ または $y<3$』の逆，裏，対偶は，

逆　：**『$x<3$ または $y<3$ ならば $xy<9$』**

裏　：**『$xy\geqq 9$ ならば $x\geqq 3$ かつ $y\geqq 3$』**

対偶：**『$x\geqq 3$ かつ $y\geqq 3$ ならば $xy\geqq 9$』**

（参考）
・逆と裏は偽である
（反例：$x=10$, $y=1$）
・対偶は真である．よって，元の命題も真である

[2](1)　命題Pの対偶は

$$『a\geqq 0 \text{ かつ } b\geqq 0 \text{ ならば } a+b\geqq 0』$$

であり，これは真である．

よって，命題Pの対偶が真なので，命題Pも**真**である．

(2)　命題Qは『$a<0$ または $b<0$ ならば $a+b<0$』である．

反例として，$a=-3$, $b=5$ が存在するので，命題Qは**偽**である．

解説講義

少々しつこい気もするが，否定に関してもう一度確認しておこう．『$x<3$』の否定は『$x\geqq 3$』である．しかし，『$x<3$ または $y<3$』の否定は『$x\geqq 3$ または $y\geqq 3$』ではない．**8** で学習したド・モルガンの法則から，$A\cup B$ の否定である $\overline{A\cup B}$ は，$\overline{A}\cap\overline{B}$ である．したがって，『$x<3$ または $y<3$』の否定は『$x\geqq 3$ かつ $y\geqq 3$』が正しい．“または”や“かつ”を含んだ条件の否定は要注意であり，

$$\overline{A \text{ または } B}=\overline{A} \text{ かつ } \overline{B},\quad \overline{A \text{ かつ } B}=\overline{A} \text{ または } \overline{B}$$

である．「否定によって“または”と“かつ”はひっくり返る」と覚えておくとよいだろう．

命題『p ならば q』に対して『q ならば p』を**逆**，『$\overline{p}$ ならば $\overline{q}$』を**裏**，『$\overline{q}$ ならば $\overline{p}$』を**対偶**と呼ぶ．**元の命題と対偶は真偽が一致する**が，元の命題と逆，裏については，真偽が一致する場合も一致しない場合もある．ある命題Pの真偽が考えにくい場合には，[2](1)のように，命題Pの対偶の真偽を検討することによって，元の命題Pの真偽が判定できることを知っておきたい．

文系数学の必勝ポイント

(Ⅰ) 命題『p ならば q』について，
『q ならば p』が逆，『$\overline{p}$ ならば $\overline{q}$』が裏，『$\overline{q}$ ならば $\overline{p}$』が対偶

(Ⅱ) 元の命題と対偶は真偽が一致する（逆，裏とは一致しない場合もある）

10 背理法

(1)　n を自然数とするとき，n^2 が偶数ならば，n は偶数であることを示せ．

(2)　(1) を利用して，$\sqrt{2}$ は有理数でないことを示せ．ただし，有理数は最大公約数が1である2つの整数 a，b ($b \neq 0$) を用いて，$\dfrac{a}{b}$ と表すことができる実数である．

(宮崎大)

解答

(1)　「n^2 が偶数」のとき，n は偶数でないと仮定する．

このとき，$n=2k-1$ (k は自然数) とおけて，

$$n^2=(2k-1)^2=4k^2-4k+1=2(2k^2-2k)+1$$

となるので，n^2 は奇数である．しかし，これは「n^2 が偶数」であることに矛盾する．

したがって，n^2 が偶数ならば，n は偶数である．

「2で割ると1余る」ということは，奇数である，ということである

(2)　$\sqrt{2}$ が有理数であると仮定すると，

$$\sqrt{2}=\frac{a}{b}\ (a,\ b \text{ は互いに素な自然数}) \quad \cdots ①$$

とおける．① の両辺を2乗すると，

$$2=\frac{a^2}{b^2} \qquad \therefore\ a^2=2b^2 \qquad \cdots ②$$

整数 a，b の最大公約数が1のとき，a と b は互いに素であるという

② より，a^2 は偶数であるから，(1) の結果より，a は偶数である．

そこで，$a=2c$ (c は自然数) とおくと，② より，

$$4c^2=2b^2 \qquad \therefore\ b^2=2c^2 \qquad \cdots ③$$

③ より，b^2 は偶数であるから，(1) の結果より，b は偶数である．

以上より，a，b はどちらも偶数 (2の倍数) であるが，これは「a，b は互いに素な自然数である」ことに矛盾する．

したがって，$\sqrt{2}$ は有理数でない．

有理数でない実数が「無理数」である

解説講義

背理法とは，ある事柄 A を証明したいときに，A でないと仮定すると何らかの矛盾が起こることを導き，A であると結論付ける証明方法である．

(1) は，「n^2 が偶数」という条件のもとで「n は偶数である」ことを証明する問題である．そこで，「n は偶数でない (つまり，n は奇数である)」と仮定する．その結果，n^2 は奇数であることが導かれるが，これは「n^2 が偶数」という条件に矛盾する．したがって，「n は偶数でない」という仮定は誤りであり，「n は偶数である」ということが正しい，と結論付けている．

また，本問を通して，有理数とはどのような数か，ということも確認しておこう．本問は出題された問題文をそのまま掲載しているが，(2) の問題文のなかで，「有理数は最大公約数

が1である2つの整数a, b ($b \neq 0$) を用いて, $\dfrac{a}{b}$ と表すことができる実数」と有理数の説明を書いてくれている. しかしながら, このような説明を書いてくれる大学は少なく, この事柄は知っておかなければならない知識である. そして,「a, bが互いに素である」として"分数"を設定しておくことも大切である.「a, bが互いに素である」としておかないと背理法による証明で"矛盾"が起こらなくなってしまう. 覚えることも多く大変であるが, 焦らずに勉強を進めてほしい.

文系数学の**必勝**ポイント

背理法によってある事柄Aを証明するときには, Aでないと仮定して何らかの矛盾を導く

11 必要条件, 十分条件

次の空欄に適するものを①～④から選べ. ただし, x, yは実数とする.

① 必要条件であるが十分条件ではない
② 十分条件であるが必要条件ではない
③ 必要十分条件である
④ 必要条件でも十分条件でもない

(1) $x=3$ は $x^2=3x$ であるための□.
(2) $x^2=y^2$ は $x=y$ であるための□.
(3) $x>y$ は $x^2>y^2$ であるための□.
(4) $x^2+y^2=0$ は $x=y=0$ であるための□.
(5) xとyが有理数であることは, $x+y$が有理数であるための□.
(6) $\angle A=90°$ は四角形ABCDが長方形であるための□.
(7) $\angle A=90°$ は三角形ABCが直角三角形であるための□.

(北里大／愛知工業大／大同大／奈良大)

解答

(1) $p:x=3$, $q:x^2=3x$ とする.
・$p \Rightarrow q$ は真
・$p \Leftarrow q$ は偽（反例：$x=0$）
したがって, pはqであるための ②：**十分条件**である.

(2) $p:x^2=y^2$, $q:x=y$ とする.
・$p \Rightarrow q$ は偽（反例：$x=5$, $y=-5$）
・$p \Leftarrow q$ は真
したがって, pはqであるための ①：**必要条件**である.

(3)　$p：x>y$，$q：x^2>y^2$　とする．
・$p \Rightarrow q$ は偽（反例：$x=2$，$y=-3$）
・$p \Leftarrow q$ は偽（反例：$x=-5$，$y=1$）
したがって，p は q であるための ④：**必要条件でも十分条件でもない**．

(4)　$p：x^2+y^2=0$，$q：x=y=0$　とする．
$x^2 \geqq 0$，$y^2 \geqq 0$ であるから，$x^2+y^2=0$ が成り立つとき，$x=y=0$ である．
よって，$x^2+y^2=0 \Leftrightarrow x=y=0$ である．　☜ **$p \Rightarrow q$ は真，$p \Leftarrow q$ も真ということである**
したがって，p は q であるための ③：**必要十分条件**である．

(5)　$p：x$ と y が有理数，$q：x+y$ が有理数　とする．
・$p \Rightarrow q$ は真
・$p \Leftarrow q$ は偽（反例：$x=\sqrt{2}$，$y=-\sqrt{2}$）
したがって，p は q であるための ②：**十分条件**である．

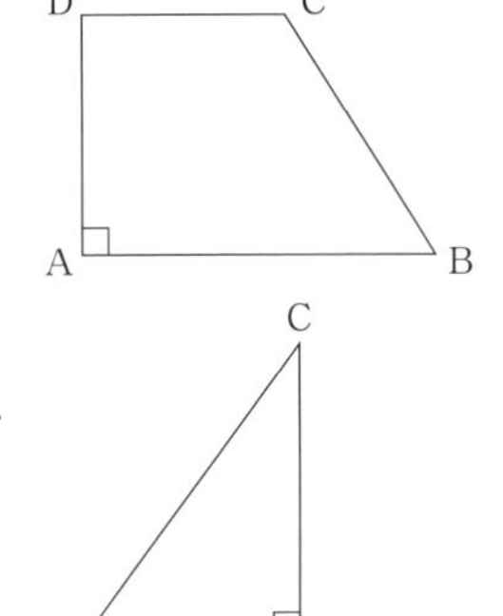

(6)　$p：\angle A=90°$，q：四角形 ABCD が長方形　とする．
・$p \Rightarrow q$ は偽（反例：右のような四角形 ABCD）
・$p \Leftarrow q$ は真
したがって，p は q であるための ①：**必要条件**である．

(7)　$p：\angle A=90°$，q：三角形 ABC が直角三角形　とする．
・$p \Rightarrow q$ は真
・$p \Leftarrow q$ は偽（反例：右のような直角三角形 ABC）
したがって，p は q であるための ②：**十分条件**である．

解説講義

命題『$p \Rightarrow q$（p ならば q）』が真であるとき，「p は q であるための**十分条件**」という．一方，命題『$p \Leftarrow q$（q ならば p）』が真であるとき，「p は q であるための**必要条件**」という．主語に注目して“主語から矢印が出ていたら十分条件，主語に矢印が入ってきたら必要条件”と覚えている受験生が多いようであるが，大いに結構である．(1)は，『$p \Rightarrow q$』のみが真であり「p は何条件ですか？」と問われている．よって，主語である p から矢印が出ているから，「p は q であるための十分条件」であると判断している．

数式や図形などいろいろな事柄が題材となって出題されるが，命題の真偽を正しく判定することができれば難しくない．本当に反例がないか，ということを落ち着いて検討することを心がけよう．

文系数学の必勝ポイント

必要条件，十分条件は，主語から矢印が出るか（十分条件），矢印が入るか（必要条件）で判断するのも1つの方法である
・命題『$p \Rightarrow q$』が真のとき，「p は q であるための十分条件」
・命題『$p \Leftarrow q$』が真のとき，「p は q であるための必要条件」

12 包含関係の利用

[1]　命題R『$x>3$ ならば $x \geqq -3$』の真偽，命題Rの裏の真偽をそれぞれ答えよ．
（流通経済大）

[2]　x，y は実数とする．次の空欄に適するものを①～④から選べ．

① 必要条件であるが十分条件ではない
② 十分条件であるが必要条件ではない
③ 必要十分条件である　　④ 必要条件でも十分条件でもない

「$x^2+y^2 \leqq 1$」は「$-1 \leqq x \leqq 1$ かつ $-1 \leqq y \leqq 1$」であるための□．
（北見工業大）

解答

[1]　命題Rは，$x>3$ の範囲が $x \geqq -3$ の範囲に含まれるから，**真**である．

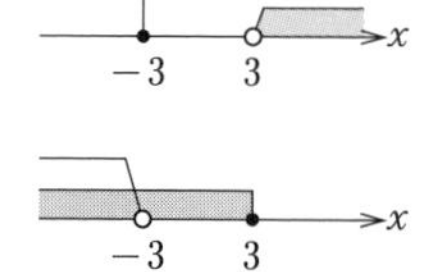

命題Rの裏は『$x \leqq 3$ ならば $x<-3$』であるが，反例として $x=2$ があり，これは**偽**である．

[2]　p：$x^2+y^2 \leqq 1$，q：$-1 \leqq x \leqq 1$ かつ $-1 \leqq y \leqq 1$　とする．

p，q を満たす $(x,\ y)$ の存在する領域を P，Q とすると，P，Q は右の図のようになり，

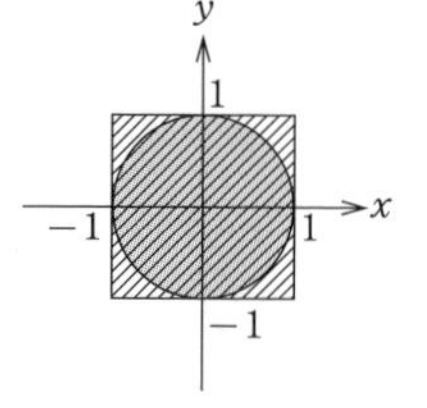

$P \subset Q$（P は Q に含まれる）　☜ P は赤色で塗られた円の内部，Q は正方形の内部である．（周も含む）

であるから，

$p \Rightarrow q$ は真，　$p \Leftarrow q$ は偽

である．

したがって，p は q であるための②：**十分条件**である．

解説講義

仮定や結論を数直線，集合，領域（[2]で用いた領域の図示は数学Ⅱ）で表すことができる場合は，その包含関係から真偽を判定できる．

$x>3$ の範囲は $x \geqq -3$ の範囲からはみ出さないから（はみ出したら，そこが反例になる），「$x>3$ であれば必ず $x \geqq -3$」であり，[1]の命題Rは真である．

[2]も，条件を満たす $(x,\ y)$ の存在する領域を xy 平面に図示して，領域 P が Q に含まれることに注目する．P が Q に含まれるということは，「P を満たすものは絶対に Q を満たす」ということになり，$p \Rightarrow q$ が真であると分かる．

文系数学の必勝ポイント

命題の真偽の判定

- **数直線，領域の包含関係に注目してみる**
- **集合 P が集合 Q に含まれるとき，命題『P ならば Q』は真である**

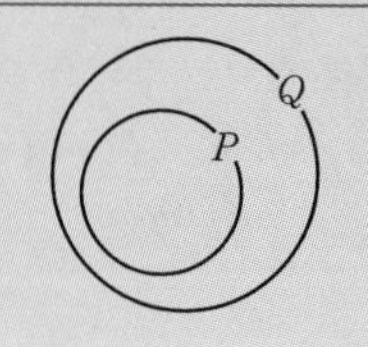

13　2次関数の決定

グラフが次の条件を満たすような2次関数の式を求めよ.

(1)　頂点が $(1,\ -2)$ で，点 $(3,\ 2)$ を通る.

(2)　3点 $(-1,\ 0)$，$(1,\ -6)$，$(3,\ 4)$ を通る.　　　　(福岡大)

解答

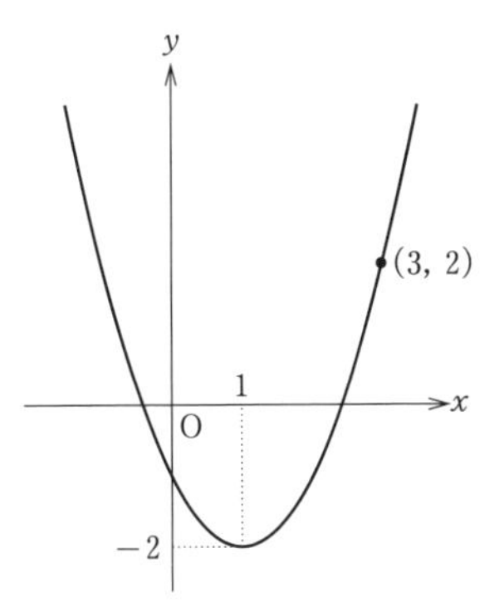

(1)　求める2次関数は，頂点が $(1,\ -2)$ であるから，

$$y=a(x-1)^2-2\ \ (a\neq 0)\qquad \cdots①$$

とおける. ①は点 $(3,\ 2)$ を通るから，

$$2=a(3-1)^2-2$$

$$2=4a-2$$

$$a=1$$

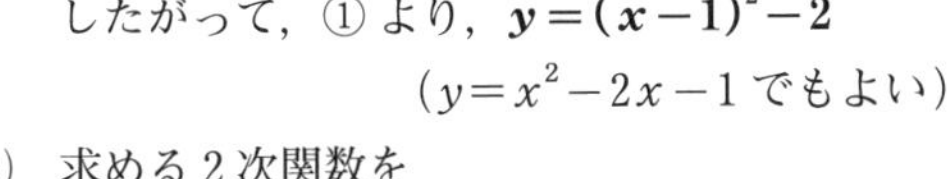

したがって，①より，$\boldsymbol{y=(x-1)^2-2}$

$(y=x^2-2x-1$ でもよい$)$

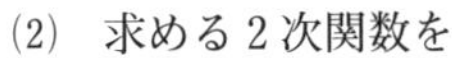

(2)　求める2次関数を

$$y=ax^2+bx+c\ \ (a\neq 0)\qquad \cdots②$$

とおくと，3点 $(-1,\ 0)$，$(1,\ -6)$，$(3,\ 4)$ を通るから，

$$\begin{cases} 0=a-b+c & \cdots③ \\ -6=a+b+c & \cdots④ \\ 4=9a+3b+c & \cdots⑤ \end{cases}$$

③，④，⑤を解くと，$a=2$，$b=-3$，$c=-5$ となるから，②より，

$$\boldsymbol{y=2x^2-3x-5}$$

☜ ③−④より，
$6=-2b$
$b=-3$
このとき，③，⑤は，
$\begin{cases} a+c=-3 \\ 9a+c=13 \end{cases}$
となるから，
$a=2$，$c=-5$

解説講義

$y=ax^2$ を平行移動した放物線で，頂点が $(p,\ q)$ であるものは，

$$y=a(x-p)^2+q$$

である. このとき，$x=p$ が軸の方程式である. 2次関数を扱うときには，頂点や軸が重要な役割を果たすことが多いので，この形の式をきちんと使えるようにしなければならない.

(2)は通る3点の座標しか与えられておらず，この条件から頂点や軸の情報をつかむことはできない. そのような場合は，$y=ax^2+bx+c$ とおいた方が扱いやすくなる.

$y=a(x-p)^2+q$ と $y=ax^2+bx+c$ という2つの式の使い分けをできるようにしよう.

文系数学の必勝ポイント

2次関数（放物線）の式

(Ⅰ) 頂点が $(p,\ q)$，軸が $x=p$ である放物線は，$y=a(x-p)^2+q$ である

(Ⅱ) 頂点や軸の情報がない場合は，$y=ax^2+bx+c$ の形を使ってみる

14 グラフの移動

放物線 $y=x^2-2x+2$ を，x 軸方向に 2，y 軸方向に -2 だけ平行移動したのち，原点に関して対称移動したときの，移動後の放物線の方程式を求めよ．

（産業能率大）

解答

放物線 $y=x^2-2x+2$ …① を C_0 とし，C_0 を x 軸方向に 2，y 軸方向に -2 だけ平行移動した放物線を C_1，C_1 を原点に関して対称移動した放物線を C_2 とする．

<解答 1：頂点の移動に注目する>

① は，$y=(x-1)^2+1$ と変形できるので，C_0 の頂点は $(1,\ 1)$ である．これより，C_1 の頂点は，$(1+2,\ 1-2)$ より，$(3,\ -1)$ となる．

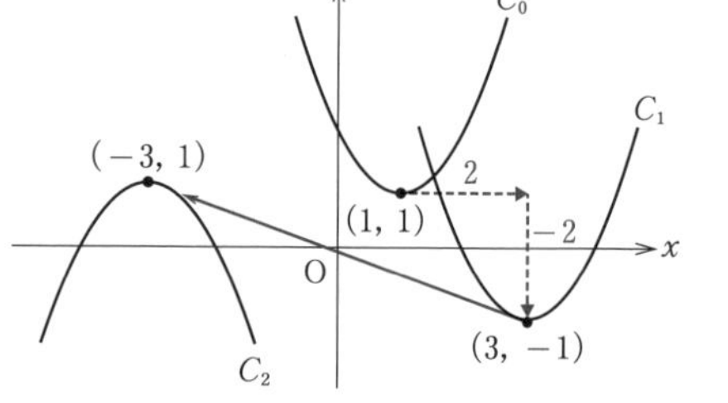

さらに，C_2 の頂点は，$(-3,\ 1)$ となる．

C_0，C_1 は下に凸であるが，C_2 は C_1 を原点に関して対称移動した放物線であるから，上に凸である．このことにも注意すると，求めるべき C_2 の方程式は，

$$\boldsymbol{y=-(x+3)^2+1}$$

$(y=-x^2-6x-8$ でもよい$)$

<解答 2：「書きかえ」によって平行移動，対称移動を扱う>

C_1 は，C_0 を x 軸方向に 2，y 軸方向に -2 だけ平行移動しているから，

$$y-(-2)=(x-2)^2-2(x-2)+2$$

☜ $C_0：y=x^2-2x+2$ において，x を $x-2$，y を $y-(-2)$ に書きかえる

$$y=x^2-6x+8$$

さらに，C_2 は，C_1 を原点に関して対称移動した放物線であるから，

$$-y=(-x)^2-6(-x)+8$$

☜ x を $-x$，y を $-y$ に書きかえる

$$\boldsymbol{y=-x^2-6x-8}$$

解説講義

放物線の移動は，解答 1 のように「頂点の移動」に注目する方法があるが，放物線以外の場合にも対応できるようにするためには，解答 2 に示した“書きかえ”による処理を知っておかないといけない．以下の事柄を覚えておこう．

- x 軸方向に p，y 軸方向に q だけ平行移動 ➡ x を $x-p$，y を $y-q$ に書きかえる
- x 軸（y 軸）に関して対称移動 ➡ y を $-y$（x を $-x$）に書きかえる
- 原点に関して対称移動 ➡ x を $-x$，y を $-y$ に書きかえる

文系数学の必勝ポイント

(Ⅰ) 放物線の移動は，頂点の移動に注目する

(Ⅱ) 平行移動，対称移動は，“書きかえ”による処理も大切である

15 2次関数の最大最小問題

2次関数 $y=2x^2-3x+1\ (-1 \leqq x \leqq 2)$ の最大値，最小値をそれぞれ求めよ．（中央大）

解答

$$y=2x^2-3x+1$$
$$=2\left(x^2-\frac{3}{2}x\right)+1$$ ☜ x^2 の係数で x^2 と x の項をくくってから（　）^{2} を作る
$$=2\left\{\left(x-\frac{3}{4}\right)^2-\frac{9}{16}\right\}+1$$
$$=2\left(x-\frac{3}{4}\right)^2-\frac{9}{8}+1$$
$$=2\left(x-\frac{3}{4}\right)^2-\frac{1}{8} \quad \cdots①$$

これより，① の頂点は $\left(\frac{3}{4},\ -\frac{1}{8}\right)$ であり，$-1 \leqq x \leqq 2$ におけるグラフは右のようになる．

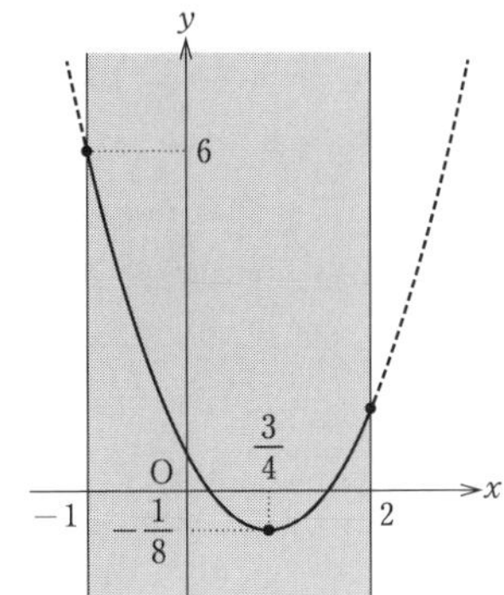

したがって，

最大値 6，最小値 $-\frac{1}{8}$

解説講義

2次関数の最大値，最小値は，グラフを使って考える．指定された範囲（定義域）でグラフを描いて，“一番高いところ”が最大値，“一番低いところ”が最小値であることから求めるだけである．したがって，まずグラフを描くために頂点を求めなければならない．頂点を求めるためには解答のように**平方完成**を行えばよい．この作業で計算ミスをすると大きく点数を失う場合が多いので，迅速かつ正確にできるようにしておく必要がある．

当然のことであるが，関数の最大最小の問題は，**正しい範囲で正しい関数を分析**してはじめて正解となる．平方完成して即座に「頂点のところが最小！」と答えている誤答をよく見かける．本問は頂点が定義域の $-1 \leqq x \leqq 2$ に含まれているから，頂点の y 座標である $-\frac{1}{8}$ が最小値になるのである．（もし定義域が $x \leqq 0$ であれば最小値は $-\frac{1}{8}$ ではない）

難しい内容ではないので，下の必勝ポイントに書かれた手順に従って，丁寧に解答することを心がけよう．

文系数学の必勝ポイント

2次関数の最大最小問題

（手順1）平方完成して頂点を求める
（手順2）定義域を確認する
（手順3）グラフを描いて「頂点」と「端の値」に注目する

16 置きかえの利用

xが実数全体を変化するとき，関数$y=(x^2+2x)^2+4(x^2+2x)+2$の最小値を求めよ．　(東邦大)

解答

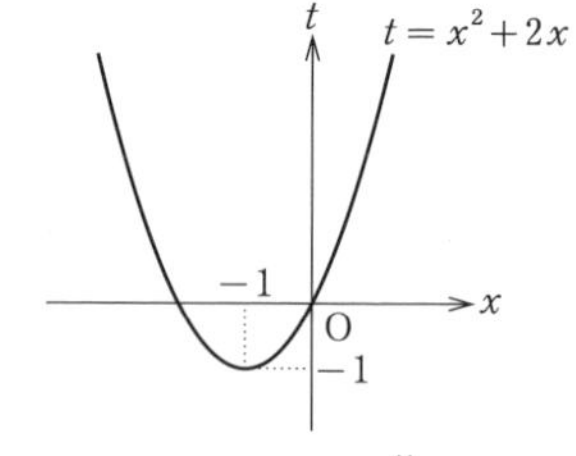

$x^2+2x=t$とおくと，

$$y=(x^2+2x)^2+4(x^2+2x)+2$$
$$=t^2+4t+2$$
$$=(t+2)^2-2\quad\cdots①$$

このグラフの頂点は(−2, −2)である

ここで，$t=x^2+2x$より，

$$t=(x+1)^2-1$$

となるから，xが実数全体を変化するとき，tの範囲は,

$$t\geqq-1$$

である．

$t\geqq-1$において①のグラフは右のようになるから，$t=-1$のときにyは最小となり，最小値は，

$$(-1+2)^2-2=\mathbf{-1}$$

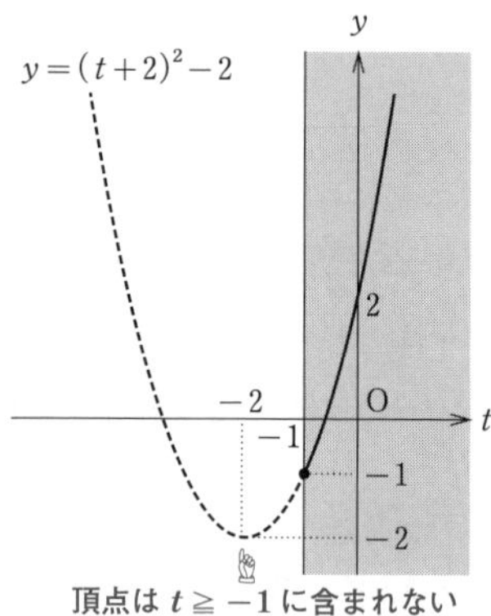

頂点は$t\geqq-1$に含まれない

解説講義

関数を扱うときに，置きかえはよく行われる操作である．本問は置きかえをするときの注意事項を確認する問題である．①のグラフの頂点に注目して「最小値は-2」と間違えた人はいないだろうか？

$y=(x^2+2x)^2+4(x^2+2x)+2$を展開するとxの4次関数になってしまうので，x^2+2xが2か所にあることに注目し，$x^2+2x=t$と置きかえてyをtの2次関数として扱う．しかし，ここに落とし穴がある！ **15** で勉強したように，関数の最大最小は『正しい範囲で正しい関数を分析』しなければならない．tの2次関数として扱うのであれば，『正しいtの範囲』で①の関数を分析する必要がある．問題文にxはすべての実数をとって変化すると書いてあるが，tのとり得る値の範囲は書かれていない．したがって，$t=(x+1)^2-1$と変形してtのとり得る値の範囲が$t\geqq-1$であることを求めて，この範囲で①の関数の最小値を求めなければならない．

置きかえによって考えやすい式が得られたと喜んでいると痛い目にあう．**「置きかえをしたら，新しい文字のとり得る値の範囲を確認する」**ということを忘れないように注意しよう．

文系数学の必勝ポイント

置きかえをしたら，新しい文字のとり得る値の範囲を確認する

17　2変数の最大最小問題

x，y は $x+y=3$，$x\geqq 0$，$y\geqq 0$ を満たして変化する．このとき，$z=(x-2)y+1$ の最大値，最小値を求めよ．　(流通科学大)

解答

$x+y=3$ より，$y=3-x$ …① である．① を用いると，

$$\begin{aligned} z &= (x-2)y+1 \\ &= (x-2)(3-x)+1 \quad \text{☜ } y\text{を消去して }x\text{ だけの式にして考える} \\ &= -x^2+5x-5 = -\left(x-\frac{5}{2}\right)^2+\frac{5}{4} \quad \cdots② \end{aligned}$$

ここで，$y\geqq 0$ であるから，① より，

$$3-x\geqq 0$$

となり，$x\leqq 3$ である．これと $x\geqq 0$ から，x の範囲は，

$$0\leqq x\leqq 3 \quad \cdots③$$

よって，③ の範囲で ② のグラフを描くと右のようになるから，

最大値 $\frac{5}{4}$，最小値 -5

解説講義

$z=(x-2)y+1$ であるから，z は x と y によって値が定められる2変数の関数である．**複数の変数がある場合は，変数を減らすことが基本方針**である．本問では x と y の間に $x+y=3$ という関係があるから，これを用いて y を消去し，まず z を x だけで表してみないといけない（y だけで表してもよい）．

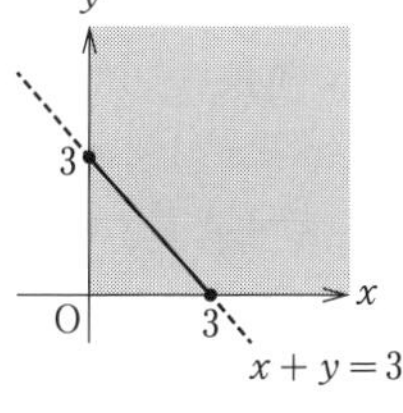

ここまでの作業は比較的スムーズにできる人が多いのだが，x の範囲をきちんと考えずに「$x\geqq 0$ で ② のグラフを描いて，最大値 $\frac{5}{4}$，最小値なし」と間違える人が目立つ．確かに問題文には $x\geqq 0$ と書いてあるが，同時に $y\geqq 0$ とも書かれている．y を消去したからと言って $y\geqq 0$ の条件を無視してよいわけではない！　解答に示したように，$y\geqq 0$ であるためには $x\leqq 3$ でなければならない．$x+y=3$ のグラフからも $x\geqq 0$ かつ $y\geqq 0$ である x の範囲は，$0\leqq x\leqq 3$ と分かるだろう．

文字を消去して1文字になっても油断してはいけない．**「範囲に関する条件を見落としていないか？」**ということに注意しよう．

文系数学の必勝ポイント

2変数の最大最小問題

- **1文字を消去して変数を1つにして考える**
- **その際に「変数のとり得る値の範囲（変域）」に十分注意する**

18 軸が動く2次関数の最大最小

a を実数の定数とする．
x の2次関数 $y=x^2-2ax+a+1\ (-1\leqq x\leqq 1)$ について，
(1) この2次関数の最小値 m を，a を用いて表せ．また，m の最大値を求めよ．
(2) この2次関数の最大値 M を，a を用いて表せ．　　　(奈良大)

解答

$f(x)=x^2-2ax+a+1$ とすると，$f(x)=(x-a)^2-a^2+a+1$ となるので，$y=f(x)$ のグラフは，軸が $x=a$ で下に凸の放物線である．

(1) 軸が $-1\leqq x\leqq 1$ の範囲に含まれる場合と含まれない場合によって，次の3つの場合がある．

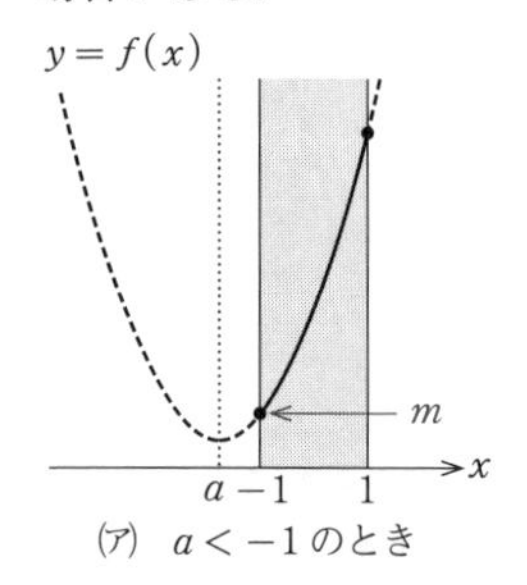

(ア) $a<-1$ のとき

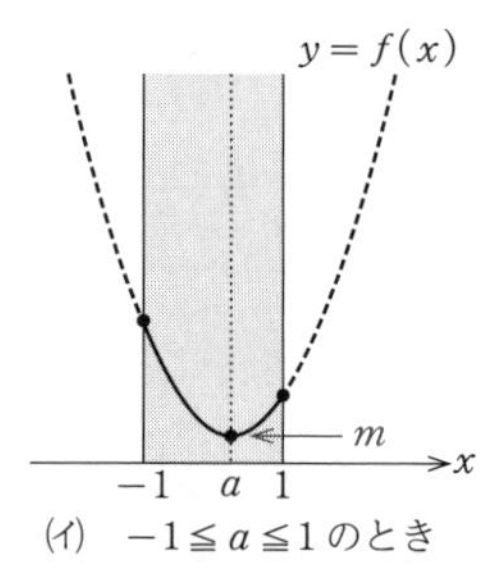

(イ) $-1\leqq a\leqq 1$ のとき

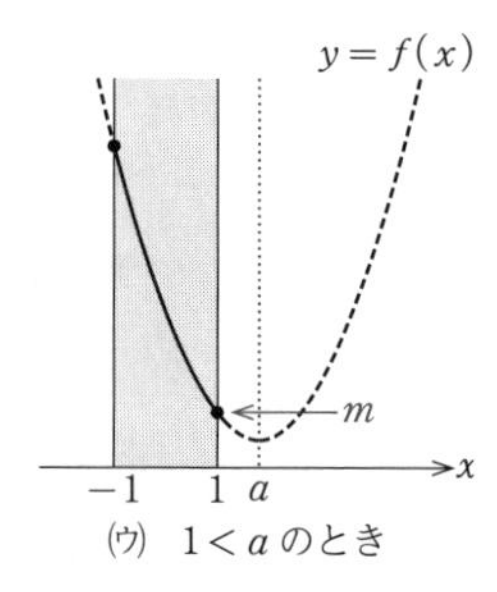

(ウ) $1<a$ のとき

(ア) $a<-1$ のとき，区間の左端で最小になり，$m=f(-1)=3a+2$
(イ) $-1\leqq a\leqq 1$ のとき，頂点で最小になり，$m=f(a)=-a^2+a+1$
(ウ) $1<a$ のとき，区間の右端で最小になり，$m=f(1)=-a+2$

以上より，

$$\boldsymbol{m=\begin{cases}3a+2 & (a<-1\text{ のとき})\\ -a^2+a+1 & (-1\leqq a\leqq 1\text{ のとき})\\ -a+2 & (1<a\text{ のとき})\end{cases}}$$

☜ 場合分けは，
$a\leqq -1,\ -1<a<1,\ 1\leqq a$
$a\leqq -1,\ -1\leqq a\leqq 1,\ 1\leqq a$
などでもよい

また，m は a の関数になっているから，横軸を a 軸として m のグラフを描くと次のようになる．

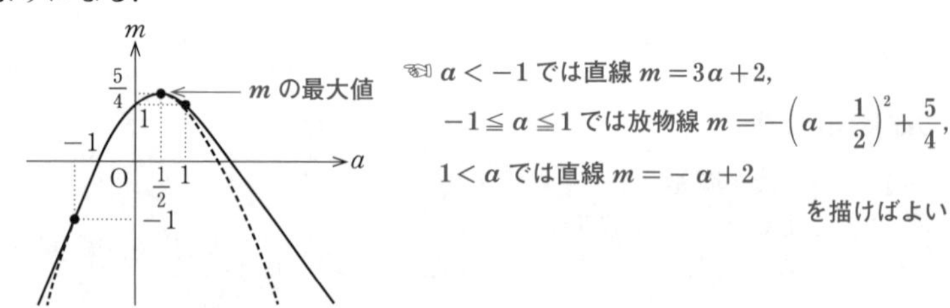

☜ $a<-1$ では直線 $m=3a+2$，
$-1\leqq a\leqq 1$ では放物線 $m=-\left(a-\frac{1}{2}\right)^2+\frac{5}{4}$，
$1<a$ では直線 $m=-a+2$
を描けばよい

グラフより，a が変化するとき，m の最大値は $\boldsymbol{\frac{5}{4}}$

⑵　範囲の中央である $x=0$ に対して，軸の位置が左側と右側の2つの場合がある．

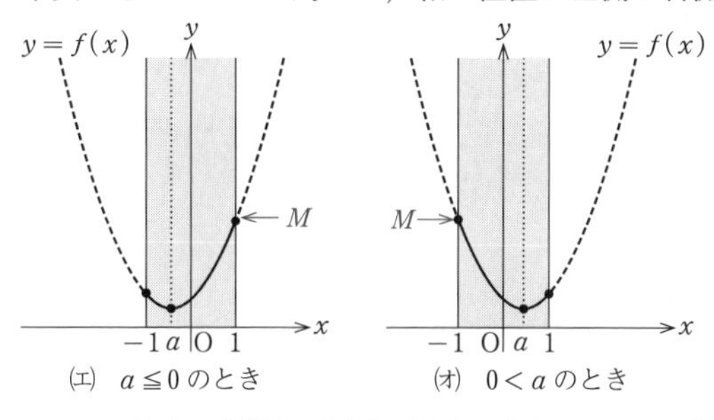

㈠　$a\leqq 0$ のとき　　㈡　$0<a$ のとき

☜ $a\leqq 0$ であれば，軸が定義域に含まれていても，定義域の左にはみ出していても，$f(1)$ が最大である．㈠の図は，$a\leqq 0$ の場合の一例を描いている

㈠　$a\leqq 0$ のとき，区間の右端で最大になり，$M=f(1)=-a+2$

㈡　$0<a$ のとき，区間の左端で最大になり，$M=f(-1)=3a+2$

以上より，

$$M=\begin{cases}-a+2 & (a\leqq 0\text{ のとき})\\ 3a+2 & (0<a\text{ のとき})\end{cases}$$

☜ 場合分けは，
$a<0$，$0\leqq a$
$a\leqq 0$，$0\leqq a$
などでもよい

解説講義

⑴において，平方完成して即座に「最小値 $m=-a^2+a+1$」と書いて間違えなかっただろうか？　本問の2次関数は，式の中に文字 a が入っている．文字 a がいくつという情報は問題文に書かれていないから，a の値に応じてグラフの位置は変化していく．もし頂点（軸）が定義域の $-1\leqq x\leqq 1$ に含まれていれば，頂点で最小になるから $m=-a^2+a+1$ である．しかし，頂点（軸）が $-1\leqq x\leqq 1$ に含まれていない可能性もあり，その場合は $m=-a^2+a+1$ にはならない．そこで，⑴では，

軸が区間の左にはみ出す／軸が区間に含まれる／軸が区間の右にはみ出す

の3つに分けて考えた．下に凸の放物線では区間の端か頂点で最小値をとることに注目し，

区間の左端で最小／頂点で最小／区間の右端で最小

という視点で場合分けを行ってもよい．

このように考えると，最大値 M については，頂点で最大になることはない（下に凸であるから）から，

区間の右端で最大／区間の左端で最大

の2つに分けて考えればよいことがつかみやすいだろう．そして，それは，

軸が区間の中央より左側にある／軸が区間の中央より右側にある

ということになる．

軸の位置に注目して場合分けを行う問題は極めて重要である．手を動かしてグラフを描き，しっかりと練習しておこう．

文系数学の必勝ポイント

軸が動く2次関数の最大最小

軸と定義域の位置関係に注目して場合分けを行う．頻出パターンは，

その1：軸が定義域に含まれるか，含まれないか

その2：軸が定義域の中央より左側か，右側か

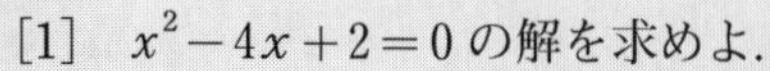

19 2次方程式の解の公式と判別式

[1]　$x^2-4x+2=0$ の解を求めよ．

[2]　$x^2-kx+1=0$（k は実数の定数）が重解をもつときの k の値を求めよ．（中央大）

解答

[1]　解の公式から，

$$x=\frac{-(-2)\pm\sqrt{(-2)^2-1\cdot2}}{1}=2\pm\sqrt{2}$$

☜ $x=\dfrac{-b'\pm\sqrt{b'^2-ac}}{a}$ を使った（$a=1$，$b'=-2$，$c=2$ である）

[2]　$x^2-kx+1=0$ の判別式を D とすると，

$$D=(-k)^2-4\cdot1\cdot1=k^2-4$$

重解をもつのは $D=0$ のときであるから，

$k^2-4=0$ より，$\boldsymbol{k=\pm2}$

☜ $ax^2+bx+c=0$ の判別式を D とすると，$D=b^2-4ac$ である．（$a=1$，$b=-k$，$c=1$ である）

解説講義

解の公式は次の2つの形がある．（以下，a，b，b'，c は実数で $a\neq0$ とする）

2次方程式 $ax^2+bx+c=0$ の解は，$\boldsymbol{x=\dfrac{-b\pm\sqrt{b^2-4ac}}{2a}}$　…①

2次方程式 $ax^2+2b'x+c=0$ の解は，$\boldsymbol{x=\dfrac{-b'\pm\sqrt{b'^2-ac}}{a}}$　…②

②の形は，x の係数が偶数の場合に有効である．x の係数が文字の場合は，$2kx$ や $2(k+1)x$ のように2できれいにくくれるような式の場合に有効である．

$ax^2+bx+c=0$ の解は①であるから，$ax^2+bx+c=0$ が実数解をもつかは，①の根号内，すなわち b^2-4ac の正負で判別することができる．つまり，$D=b^2-4ac$ とすると，

$D>0$ のとき，異なる2つの実数解をもつ
$D=0$ のとき，実数の重解をもつ
$D<0$ のとき，実数解は存在しない（共役な2つの虚数解をもつ：数学Ⅱ）

となる．D のことを**判別式**という．

これと同様にして，$ax^2+2b'x+c=0$ の解の様子は b'^2-ac の正負で判別できる．この場合は $D=b'^2-ac$ とは書かず，$\dfrac{D}{4}=b'^2-ac$ と書く．

文系数学の必勝ポイント

2次方程式の判別式（$a\neq0$ とする）

(Ⅰ) **$ax^2+bx+c=0$ の判別式は $D=b^2-4ac$ であり，**

$$\begin{cases}D>0\text{ のとき，異なる2つの実数解をもつ}\\D=0\text{ のとき，実数の重解をもつ}\\D<0\text{ のとき，実数解は存在しない}\end{cases}$$

(Ⅱ) **$ax^2+2b'x+c=0$ に対しては $\dfrac{D}{4}=b'^2-ac$ を用いる**

20 2次不等式

[1]　次の2次不等式を解け．

(1)　$x^2-3x+2>0$　　(2)　$x^2-3x+1>0$　　(3)　$x^2-3x+5>0$

[2]　2次不等式 $ax^2-4x+b<0$ の解が $-3<x<5$ であるとき，定数 a，b の値を求めよ．

(中央大／立教大)

解答

[1] (1)　$x^2-3x+2>0$ より，

$$(x-1)(x-2)>0$$

$$\boldsymbol{x<1,\ 2<x}$$

因数分解できるときには，因数分解をして，不等式の解を求める

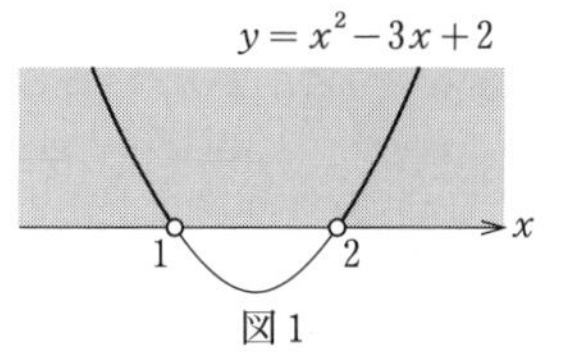

図1

(2)　$x^2-3x+1>0$　…①

$x^2-3x+1=0$ を解くと，$x=\dfrac{3\pm\sqrt{5}}{2}$ となるから，① の解は，

$$\boldsymbol{x<\frac{3-\sqrt{5}}{2},\ \frac{3+\sqrt{5}}{2}<x}$$

解の公式で「$=0$」となる x の値を求める

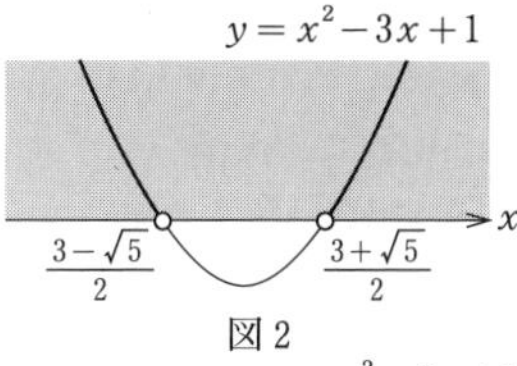

図2

(3)　$x^2-3x+5>0$　…②

② を変形すると，

$$\left(x-\frac{3}{2}\right)^2+\frac{11}{4}>0$$

頂点が $\left(\dfrac{3}{2},\ \dfrac{11}{4}\right)$ の放物線である

となる．右の図3のグラフから，② の解は，

すべての実数

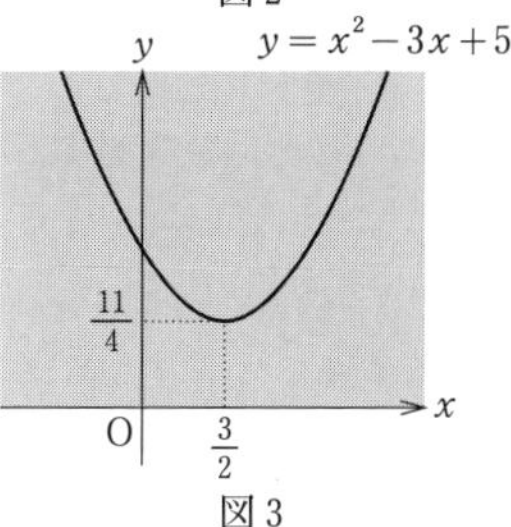

図3

[2]　$f(x)=ax^2-4x+b$ とすると，このグラフが右の図4のようになればよいので，求める条件は，

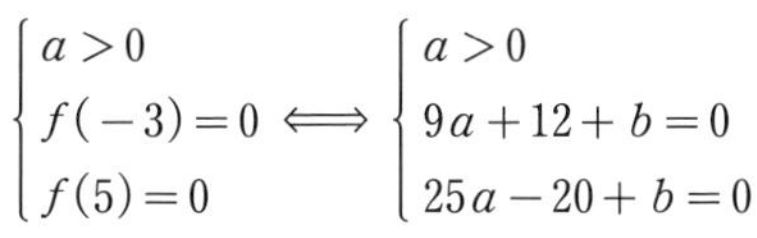

$$\begin{cases} a>0 \\ f(-3)=0 \\ f(5)=0 \end{cases} \iff \begin{cases} a>0 \\ 9a+12+b=0 \\ 25a-20+b=0 \end{cases}$$

これを解くと，

$$\boldsymbol{a=2,\quad b=-30}$$

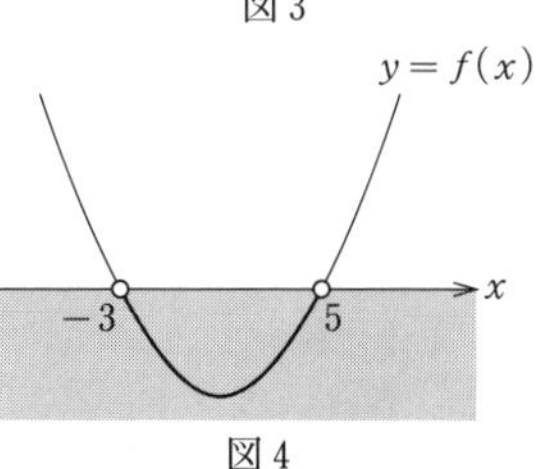

図4

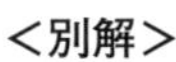

<別解>

$ax^2-4x+b<0$ の解が $-3<x<5$ であるのは，$a>0$ のもとで，$ax^2-4x+b<0$ が，

$$a(x+3)(x-5)<0\quad すなわち\quad ax^2-2ax-15a<0$$

と変形できるときである．よって，x の項と定数項に注目すると，

$$-4=-2a\quad かつ\quad b=-15a$$

であるから，求める a，b の値は，

$$\boldsymbol{a=2,\quad b=-30}$$

長いけど，しっかり読もう！

解説講義

文系の入試では，2次不等式の応用的な問題がよく出題されるが，2次不等式の考え方の本質を理解していないとまったく解けないことになってしまう．本問において，[1] の(1)と(2)は正解できたが(3)で間違えてしまった人は，2次不等式を単なる計算と思っていて，考え方の本質を理解できていない可能性があるので注意しよう．

そもそも「$x^2-3x+2>0$ を解け」とはどういうことか？　これは「x^2-3x+2 において x の値をいろいろ変えて計算していったときに，その計算結果が正になる x の範囲を求めよ」ということである．このとき，実際に x にいろいろな値を代入していくわけにはいかない．しかし，2次関数を勉強した人はグラフという便利な道具を知っている．グラフを使えば，いちいち計算しなくても計算結果の様子を目で見て判断できる．x^2-3x+2 は，$(x-1)(x-2)$ となるから，$x^2-3x+2=0$ となる x，すなわち $y=x^2-3x+2$ のグラフと x 軸との交点は $x=1$，2 と分かり，グラフは解答の図1のようになる．したがって，x^2-3x+2 の計算結果が正になる範囲は，グラフから「$x<1$，$2<x$」であることが分かり，これが(1)の不等式の解である．

(1)の左辺は因数分解できてグラフと x 軸との交点が $x=1$，2 とすぐに分かったが，(2)の左辺は因数分解できない．そこで，方程式 $x^2-3x+1=0$ を解いてグラフと x 軸との交点を求め，図2のグラフを手に入れる．このグラフから，x^2-3x+1 の計算結果が正になる範囲は $x<\frac{3-\sqrt{5}}{2}$，$\frac{3+\sqrt{5}}{2}<x$ と求められる．

(3)の左辺も因数分解できないので(2)と同様に $x^2-3x+5=0$ を解くと，$x=\frac{3\pm\sqrt{-11}}{2}$ となるが，これは実数ではない（この瞬間に，「解なし」と答えてしまう人がいるがそれは違う！）．このことから「$y=x^2-3x+5$ と x 軸との交点は存在しない」ことになるから，見方を変えて，平方完成して頂点を求めてグラフを描いてみると図3が得られる．図3より，x がいくつであっても x^2-3x+5 の計算結果は正であると分かるから，$x^2-3x+5>0$ の解は「すべての実数」になる．

[2] も，どのようなグラフであれば解が「$-3<x<5$」になるかを考えてみるとよい．

2次不等式を単なる計算と考えず，背景にグラフがあることを強く認識しておくとよい．

文系数学の必勝ポイント

2次不等式

背景にグラフがあることを強く認識しておく

(Ⅰ) 因数分解できるときは，$\alpha<\beta$ として，

$$(x-\alpha)(x-\beta)>0 \text{ のとき，} x<\alpha,\ \beta<x$$

$$(x-\alpha)(x-\beta)<0 \text{ のとき，} \alpha<x<\beta$$

と一発で処理する

(Ⅱ) 因数分解できないときは，解の公式で「$=0$」となる実数 x の値を求めておき，グラフを意識して考えると安全である

(Ⅲ)「$=0$」となる実数 x が存在しないときは，頂点を求めてグラフを考える

21 すべての x に対して2次不等式が成り立つ条件

2次不等式 $x^2+(a-3)x+a>0$（a は定数）がすべての実数 x に対して成り立つような a の値の範囲を求めよ．（岩手大）

解答

$f(x)=x^2+(a-3)x+a$ とすると，

$$f(x)=\left(x+\frac{a-3}{2}\right)^2-\frac{(a-3)^2}{4}+a$$

☜ グラフを使って考えたいので，まず平方完成をする（計算ミスをしないように，慎重に！）

$$=\left(x+\frac{a-3}{2}\right)^2+\frac{-a^2+10a-9}{4}$$

すべての実数 x に対して $f(x)>0$ になる条件は，$y=f(x)$ のグラフが右のように，x 軸よりも上側のみに存在する場合であるから，

$y=f(x)$　$\frac{-a^2+10a-9}{4}$　x　$-\frac{a-3}{2}$

頂点の y 座標：$\dfrac{-a^2+10a-9}{4}>0$

が成り立つことである．よって，$-a^2+10a-9>0$ より，

$$a^2-10a+9<0$$

☜ 2次不等式は，2乗の係数を正の状態にしてから解く

$$(a-1)(a-9)<0 \qquad \therefore\ \boldsymbol{1<a<9}$$

<別解>

$x^2+(a-3)x+a=0$ の判別式を D とすると，$D<0$ である．ここで，

$$D=(a-3)^2-4a=a^2-10a+9$$

☜ $D>0$ ではない！

となるから，$a^2-10a+9<0$ を解くと，$\boldsymbol{1<a<9}$

解説講義

「すべての実数 x に対して $f(x)>0$ になる」のは，解答に示したように，$y=f(x)$ のグラフがつねに x 軸の上側にある場合（グラフが x 軸の上側に浮かび上がっている状態）である．もしグラフの一部が x 軸より下側に存在していたとすると，その部分において不等式 $f(x)>0$ は成り立たないことになってしまう．グラフが一番下にきている部分（つまり最小値）は頂点であるから，解答のように，**(頂点の y 座標)>0** となる条件を考えればよい．

なお，$y=f(x)$ のグラフが x 軸の上側に浮かび上がると，$y=f(x)$ は x 軸と共有点をもたない．つまり，$f(x)=0$ となる実数 x が存在しないことになる．そこで，「$f(x)=0$ となる実数 x が存在しない条件」である「$D<0$」を考えて別解のように解くこともできる．平方完成がメンドウな式の場合には，この方法も有効である．（$D>0$ としてしまっている誤答がよくあるので注意すること）

文系数学の必勝ポイント

すべての実数 x に対して $ax^2+bx+c>0$（ただし $a>0$）が成り立つ条件

手法1：平方完成をして「(頂点の y 座標)>0」を考える

手法2：$ax^2+bx+c=0$ の判別式を準備して「$D<0$」を考える

22 $p \leqq x \leqq q$ において2次不等式が成り立つ条件

$f(x)=2x^2-4ax+a+1$（a は定数）とする．$0 \leqq x \leqq 4$ においてつねに $f(x)>0$ が成り立つような a の値の範囲を求めよ．（秋田大）

解答

$$f(x)=2x^2-4ax+a+1=2(x-a)^2-2a^2+a+1$$

となるので，$y=f(x)$ のグラフは，軸が $x=a$ で下に凸の放物線である．

(ア)

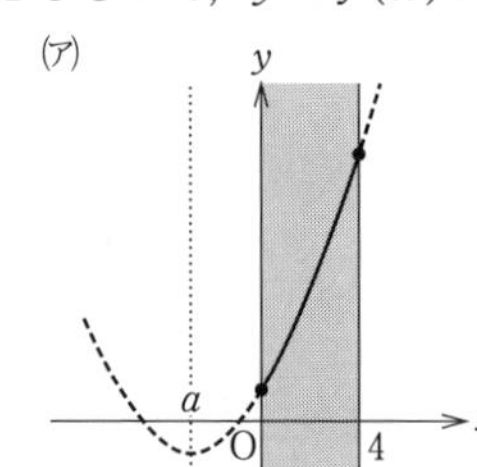

(イ)

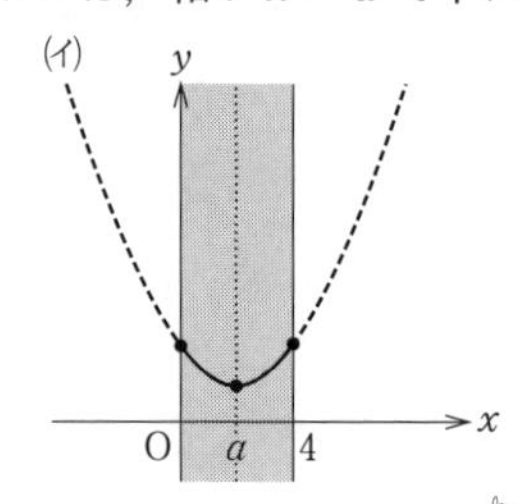

(ウ)

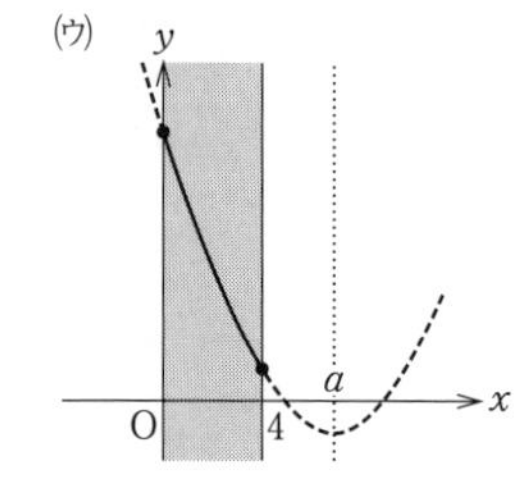

(ア)　$a<0$ のとき，

$0 \leqq x \leqq 4$ における最小値は $f(0)=a+1$ であり，つねに $f(x)>0$ となる条件は，

$$a+1>0 \text{ より，} a>-1$$

$a<0$ も考えると，

$$-1<a<0 \qquad \cdots①$$

軸が動く2次関数の最小値に注目して考えるので，**18** で学習したように，軸が定義域に含まれる場合と含まれない場合に分けて考える

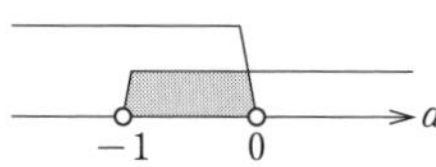

(イ)　$0 \leqq a \leqq 4$ のとき，$0 \leqq x \leqq 4$ における最小値は $-2a^2+a+1$（頂点の y 座標）であり，つねに $f(x)>0$ となる条件は，

$$-2a^2+a+1>0 \text{ より，} -\frac{1}{2}<a<1$$

$-2a^2+a+1>0$ を変形すると，
$2a^2-a-1<0$
$(2a+1)(a-1)<0$
となる

$0 \leqq a \leqq 4$ も考えると，

$$0 \leqq a<1 \qquad \cdots②$$

(ウ)　$4<a$ のとき，$0 \leqq x \leqq 4$ における最小値は $f(4)=-15a+33$ であり，つねに $f(x)>0$ となる条件は，

$$-15a+33>0 \text{ より，} a<\frac{11}{5}$$

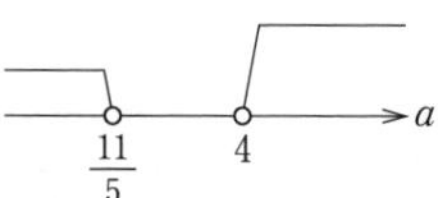

となるが，これは $4<a$ を満たしていない．

(ア)，(イ)，(ウ)より，求める a の値の範囲は，①と②をまとめて，

$$\mathbf{-1<a<1}$$

「$-1<a<0$ または $0 \leqq a<1$」をまとめて表した

解説講義

21 と同様にして，グラフが一番下にきている部分（つまり最小値）に注目する．**21** は「すべての実数 x に対して $f(x)>0$ となる条件」であったから，最小値をとる頂点に注目した．

本問は「$0 \leqq x \leqq 4$ のすべての x に対して $f(x)>0$ となる条件」であるから，$0 \leqq x \leqq 4$ における最小値に注目する．その際，$y=f(x)$ のグラフは文字 a を含んでいて軸の位置が変化する．そこで，18 で学習したように，軸が $0 \leqq x \leqq 4$ に含まれる場合と含まれない場合に分けて考えている．

文系数学の必勝ポイント

区間 $p \leqq x \leqq q$ においてつねに $ax^2+bx+c>0$ が成り立つ条件
$p \leqq x \leqq q$ における最小値を求めて，「(最小値)>0」を考える

23　2次方程式の解の配置問題

x の2次方程式 $x^2-2mx+m+2=0$ …① について，

(1)　① が1より大きな異なる2つの実数解をもつような m の値の範囲を求めよ．

(2)　① が1より大きな解と1より小さな解をもつような m の値の範囲を求めよ．

（青山学院大）

解答

$f(x)=x^2-2mx+m+2$ とすると，

$$f(x)=(x-m)^2-m^2+m+2$$

(1)　$y=f(x)$ のグラフが右のようになればよいから，

$$\begin{cases} \text{頂点の } y \text{ 座標：} -m^2+m+2<0 & \cdots② \\ \text{軸の位置：} m>1 & \cdots③ \\ \text{範囲の端の値：} f(1)=-m+3>0 & \cdots④ \end{cases}$$

✎ $y=f(x)$ のグラフが，x 軸の $x>1$ の部分と異なる2点で交わるような条件を考えている

② より，$m^2-m-2>0$ となり，

$$(m+1)(m-2)>0$$
$$m<-1,\quad 2<m$$

④ より，

$$m<3$$

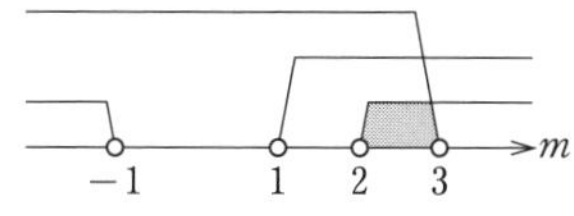

以上より，②，③，④ を同時に満たす m の範囲を求めると，

$$\mathbf{2<m<3}$$

(2)　$y=f(x)$ のグラフが右のようになればよいから，

$$f(1)=-m+3<0$$

である．したがって，

$$\mathbf{m>3}$$

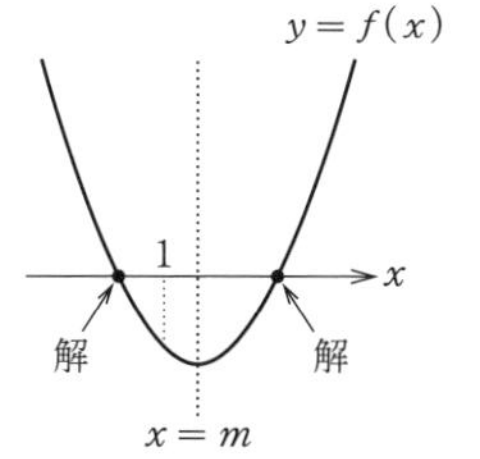

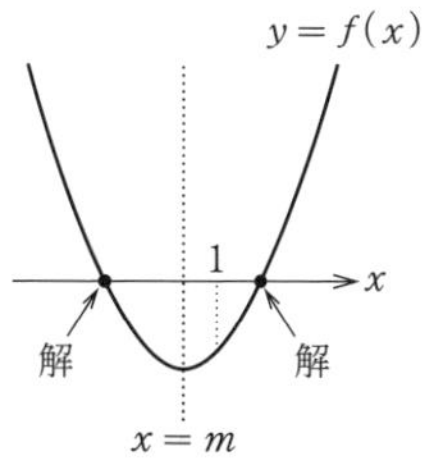

解説講義

2次方程式 $f(x)=0$ がある条件を満たす解をもつように未知数の条件を決定する問題を「解の配置問題」と呼ぶことがある．解の配置問題はグラフを使って考えることが重要である．

$y=f(x)$ で $y=0$ にすると $f(x)=0$ となる．よって，方程式 $f(x)=0$ の解を求めることは，$y=f(x)$ のグラフで $y=0$ になるときの x，つまり $y=f(x)$ と x 軸との交点の x 座標を求めていることになる．したがって，(1)では，$f(x)=0$ の2つの解がともに1より大きくなってほしいから，$y=f(x)$ と x 軸との交点の x 座標が2つとも1より大きくなるグラフを考えている．解の配置問題では，このようにして条件を満たすグラフを考えて，そのグラフを手に入れるために必要な条件を絞り込んでいく．条件を絞り込むときには，

(I) 頂点の y 座標の正負　(II) 軸の位置　(III) 範囲の端の値（特定のところの y の値）の正負

の3つに注目することが多い．ただし，いつでもこの3つのすべてを考えるというわけではない．(2)では軸の位置はどこにあっても $f(1)<0$ であれば条件を満たすグラフになる．また，$f(1)<0$ であればグラフが浮かび上がることはなく，必ず x 軸と異なる2点で交わるので，頂点の y 座標の条件も必要ない．

なお，頂点の y 座標の正負のかわりに，① の判別式 D の正負を考えてもよい．(1)では，$D>0$ を考えると解答の ② 式が得られる．

暗記するのではなく，練習を通して，条件の絞り込み方を身につけよう．

文系数学の必勝ポイント

2次方程式の解の配置問題

条件を満たすグラフをイメージして，条件の絞り込みを行う．特に注目すべき点は，

(I) 頂点の y 座標の正負　(II) 軸の位置　(III) 範囲の端の値の正負
（判別式の正負）

One Point コラム

数学が苦手な人の1つの特徴として「グラフを使って考えようとしない」ことが挙げられる．数学の力を伸ばしていくためには，ちょっとした問題でも自分の手でグラフを描いて考えてみる練習をしていくとよい．グラフは高校数学のとても重要な道具であり，これを使いこなすことができないと，戦い（入試）で勝つことは難しい．特に，方程式や不等式のグラフを使って考える問題は，極めて頻出である．

最後にもう一度まとめておく．

$f(x)=0$ を満たす x の値 ➡ $y=f(x)$ のグラフと x 軸の交点の x 座標

$f(x)>0$ を満たす x の範囲 ➡ $y=f(x)$ のグラフが x 軸より上にある x の範囲

$f(x)<0$ を満たす x の範囲 ➡ $y=f(x)$ のグラフが x 軸より下にある x の範囲

24 三角比の相互関係

[1]　$\tan\theta=-\frac{1}{4}\ (90^\circ<\theta<180^\circ)$ のとき，$\cos\theta$，$\sin\theta$ の値を求めよ．

[2]　$\sin\theta+\cos\theta=\frac{2}{3}$ のとき，$\sin\theta\cos\theta$，$\sin^3\theta+\cos^3\theta$ の値を求めよ．

（松山大／立教大）

解答

[1]　$\tan\theta=-\frac{1}{4}$ であるから，$1+\tan^2\theta=\frac{1}{\cos^2\theta}$ より，

$$1+\frac{1}{16}=\frac{1}{\cos^2\theta}\qquad\therefore\ \cos^2\theta=\frac{16}{17}$$

☞ これより，$\cos\theta=\pm\frac{4}{\sqrt{17}}$ となるので，正，負どちらの値が適切なのかを考える

$90^\circ<\theta<180^\circ$ より $\cos\theta<0$ であるから，

$$\cos\theta=-\frac{4}{\sqrt{17}}=-\boldsymbol{\frac{4\sqrt{17}}{17}}$$

次に，$\tan\theta=\frac{\sin\theta}{\cos\theta}$ より，$\sin\theta=\tan\theta\times\cos\theta=-\frac{1}{4}\times\left(-\frac{4\sqrt{17}}{17}\right)=\boldsymbol{\frac{\sqrt{17}}{17}}$

[2]　$\sin\theta+\cos\theta=\frac{2}{3}$ の両辺を 2 乗すると，

$$\sin^2\theta+2\sin\theta\cos\theta+\cos^2\theta=\frac{4}{9},\ \text{すなわち，}\ 1+2\sin\theta\cos\theta=\frac{4}{9}$$

これより，$2\sin\theta\cos\theta=-\frac{5}{9}$ となり，$\sin\theta\cos\theta=\boldsymbol{-\frac{5}{18}}$ となる．さらに，

$$\sin^3\theta+\cos^3\theta=(\sin\theta+\cos\theta)(\sin^2\theta-\sin\theta\cos\theta+\cos^2\theta)$$
$$=\frac{2}{3}\left(1+\frac{5}{18}\right)=\boldsymbol{\frac{23}{27}}$$

☝ $x^3+y^3=(x+y)(x^2-xy+y^2)$ で，x を $\sin\theta$，y を $\cos\theta$ にした

解説講義

$\sin\theta$，$\cos\theta$，$\tan\theta$ の間には，次の 3 つの関係が成り立っている．

(Ⅰ) $\boldsymbol{\sin^2\theta+\cos^2\theta=1}$　(Ⅱ) $\boldsymbol{\tan\theta=\frac{\sin\theta}{\cos\theta}}$　(Ⅲ) $\boldsymbol{1+\tan^2\theta=\frac{1}{\cos^2\theta}}$

$\sin\theta$，$\cos\theta$，$\tan\theta$ のうちの 1 つが分かると，これらを用いて，残り 2 つを求めることができる．その際，[1] の解答のように，求める三角比の値の正負にも注意を払いたい．

[2] の $\sin^3\theta+\cos^3\theta$ は，因数分解でなく，対称式の考え方を用いて，

$$\sin^3\theta+\cos^3\theta=(\sin\theta+\cos\theta)^3-3\sin\theta\cos\theta(\sin\theta+\cos\theta)$$

に条件の値を代入して求めてもよい．2 を見直そう．

文系数学の必勝ポイント

三角比の相互関係

(Ⅰ) $\boldsymbol{\sin^2\theta+\cos^2\theta=1}$　(Ⅱ) $\boldsymbol{\tan\theta=\frac{\sin\theta}{\cos\theta}}$　(Ⅲ) $\boldsymbol{1+\tan^2\theta=\frac{1}{\cos^2\theta}}$

25 余弦定理・正弦定理・面積公式・内接円の半径

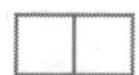

[1]　三角形ABCにおいて，$AB=5$，$AC=8$，$\angle BAC=60°$であるとする．

(1)　BCの長さを求めよ．

(2)　三角形ABCの外接円の半径Rを求めよ．

(3)　三角形ABCの面積Sを求めよ．

(4)　三角形ABCの内接円の半径rを求めよ．　(慶應義塾大)

[2]　三角形ABCにおいて，$AC=4$，$\angle BAC=120°$，$\sin B=\dfrac{2}{\sqrt{7}}$であるとする．辺BC，辺ABの長さをそれぞれ求めよ．　(名城大)

解答

[1] (1)　余弦定理を用いると，

$$BC^2=8^2+5^2-2\cdot8\cdot5\cdot\cos60°=64+25-2\cdot8\cdot5\cdot\frac{1}{2}=49 \qquad \therefore\ BC=\mathbf{7}$$

(2)　正弦定理を用いると，$\dfrac{BC}{\sin A}=2R$となるから，

$$R=\frac{BC}{2\sin A}=\frac{7}{2\sin60°}=\frac{7}{2\cdot\frac{\sqrt{3}}{2}}=\mathbf{\frac{7}{\sqrt{3}}}$$

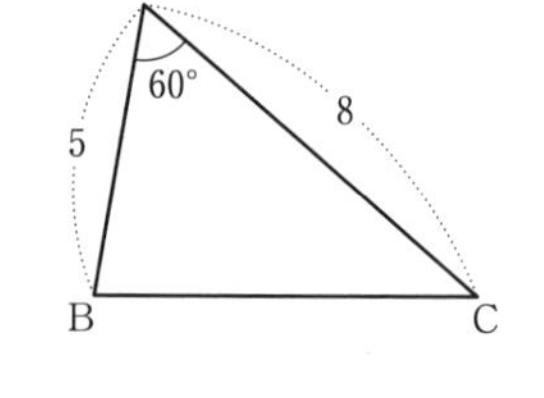

(3)　$S=\dfrac{1}{2}\cdot AC\cdot AB\cdot\sin A=\dfrac{1}{2}\cdot8\cdot5\cdot\dfrac{\sqrt{3}}{2}=\mathbf{10\sqrt{3}}$

(4)　$S=\dfrac{1}{2}r(BC+CA+AB)$が成り立つから，

$$10\sqrt{3}=\frac{1}{2}r(7+8+5) \qquad \therefore\ r=\mathbf{\sqrt{3}}$$

[2]　正弦定理より，$\dfrac{BC}{\sin A}=\dfrac{AC}{\sin B}$となるから，

$$BC=\frac{AC}{\sin B}\times\sin A$$

☜ 正弦定理は，向かい合う角と辺をペアにする

$$=\frac{4}{\frac{2}{\sqrt{7}}}\times\frac{\sqrt{3}}{2}=\frac{4\sqrt{7}}{2}\times\frac{\sqrt{3}}{2}=\mathbf{\sqrt{21}}$$

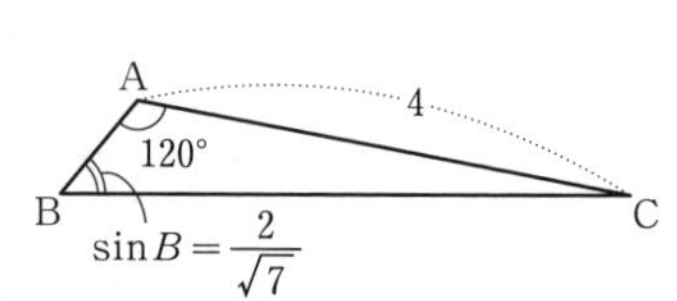

また，余弦定理より，

$$BC^2=AB^2+AC^2-2\cdot AB\cdot AC\cdot\cos120°$$

となるから，$AB=x$とすると，

$$21=x^2+16-2\cdot x\cdot4\cdot\left(-\frac{1}{2}\right)$$

$$(x+5)(x-1)=0$$

☜ 整理すると，
$21=x^2+16+4x$
$x^2+4x-5=0$
となる

$x>0$より，$x=1$であるから，

$$AB=\mathbf{1}$$

解説講義

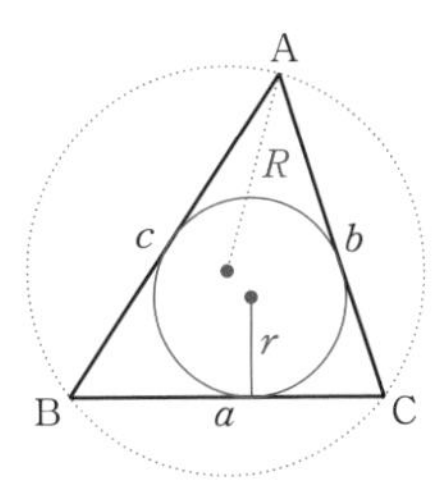

三角比の分野の図形問題で特によく使う公式は，次の4つである．

(Ⅰ) 余弦定理：$a^2=b^2+c^2-2bc\cos A$

(Ⅱ) 正弦定理：$\dfrac{a}{\sin A}=\dfrac{b}{\sin B}=\dfrac{c}{\sin C}=2R$

(Rは三角形ABCの外接円の半径とする)

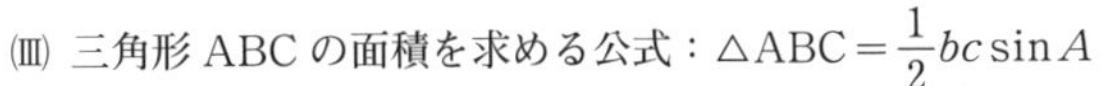

(Ⅲ) 三角形ABCの面積を求める公式：$\triangle\mathrm{ABC}=\dfrac{1}{2}bc\sin A$

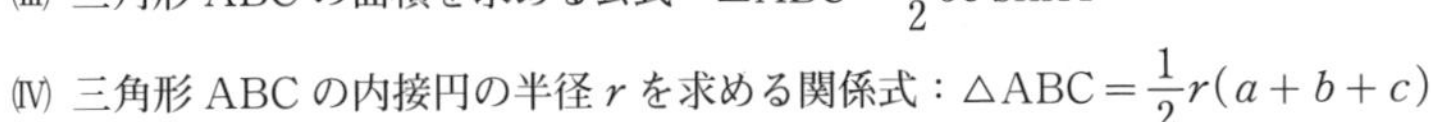

(Ⅳ) 三角形ABCの内接円の半径rを求める関係式：$\triangle\mathrm{ABC}=\dfrac{1}{2}r(a+b+c)$

公式を文字通り“暗記”することも必要であるが，その特徴や使い方を，練習を通じて習得することがもっと大切である．

(Ⅰ)の余弦定理は，3辺の長さが与えられている場合，2辺とその間の角が与えられている場合に特に有効である．

(Ⅱ)の正弦定理は，角の情報が多く分かっている場合に余弦定理よりも使いやすい．

(Ⅲ)の面積公式は，

2辺とその間の角のサインで面積は計算できる($\triangle\mathrm{ABC}=\dfrac{1}{2}ca\sin B$などでもよい)

と覚えておくとよい．

また，[2]の辺ABの長さは求められただろうか？　余弦定理を使うことが分かっても，

$$\mathrm{AB}^2=\mathrm{BC}^2+\mathrm{CA}^2-2\cdot\mathrm{BC}\cdot\mathrm{CA}\cdot\cos\angle\mathrm{ACB}$$

と立式すると，$\cos\angle\mathrm{ACB}$の値が分からず困ってしまう．ABを求めたいから$\mathrm{AB}^2=\sim$と立式するのではなく，$\angle\mathrm{BAC}=120°$を生かすように立式することが大切である．

文系数学の必勝ポイント

三角比の重要な定理，公式

(Ⅰ) **余弦定理**：$\boldsymbol{a^2=b^2+c^2-2bc\cos A}$

(Ⅱ) **正弦定理**：$\boldsymbol{\dfrac{a}{\sin A}=\dfrac{b}{\sin B}=\dfrac{c}{\sin C}=2R}$ (Rは三角形ABCの外接円の半径)

(Ⅲ) **面積**：$\boldsymbol{\triangle\mathrm{ABC}=\dfrac{1}{2}bc\sin A}$

(Ⅳ) **内接円半径r**：$\boldsymbol{\triangle\mathrm{ABC}=\dfrac{1}{2}r(a+b+c)}$ (rは三角形ABCの内接円の半径)

One Point コラム

ヘロンの公式は，三角形の3辺の長さが分かっているときに，面積を一気に計算できる公式である．3辺の長さがa，b，cで，$l=\dfrac{1}{2}(a+b+c)$とすると，

$$\text{面積 } S=\sqrt{l(l-a)(l-b)(l-c)}$$

と計算できる．しかし，3辺の長さが分かっていればコサインを計算でき，相互関係を用いればサインも計算できる．そうすれば，上の公式(Ⅲ)から面積は求められる．したがって，ヘロンの公式は覚えておいても損はないが，「知らないとすごく困る」というものではない．覚えるかは各自の判断でよいだろう．

26 角の二等分線

[1]　AB＝2，BC＝4，CA＝3 の三角形 ABC において，∠A の二等分線が辺 BC と交わる点を D とする．次の値を求めよ．

(1)　$\cos B$　　(2)　線分 BD　　(3)　線分 AD　　(学習院大)

[2]　AB＝5，BC＝7，CA＝3 の三角形 ABC において，∠A の二等分線が辺 BC と交わる点を D とする．

∠A の大きさと線分 AD の長さをそれぞれ求めよ．　(実践女子大)

解答

[1] (1)　三角形 ABC に余弦定理を用いると，

$$\cos B = \frac{2^2+4^2-3^2}{2\cdot2\cdot4} = \mathbf{\frac{11}{16}}$$

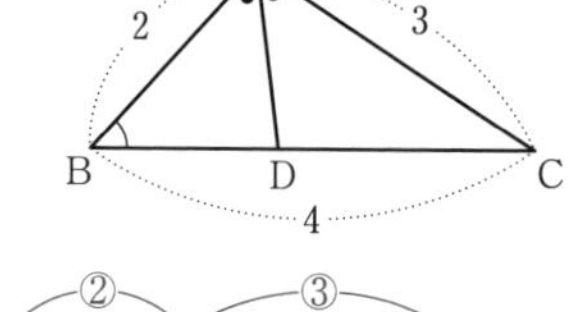

(2)　直線 AD は ∠A を二等分するから，

$$\mathrm{BD}:\mathrm{DC} = \mathrm{AB}:\mathrm{AC} = 2:3$$

よって，

$$\mathrm{BD} = \mathrm{BC}\times\frac{2}{2+3} = 4\times\frac{2}{5} = \mathbf{\frac{8}{5}}$$

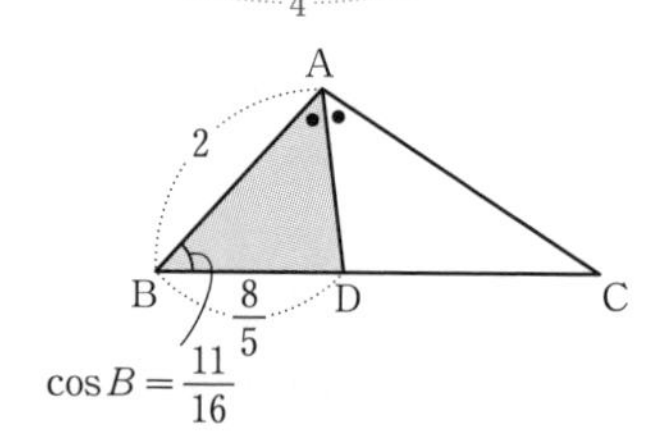

(3)　三角形 ABD に余弦定理を用いると，

$$\begin{aligned}\mathrm{AD}^2 &= \mathrm{AB}^2+\mathrm{BD}^2-2\cdot\mathrm{AB}\cdot\mathrm{BD}\cdot\cos B\\ &= 4+\frac{64}{25}-2\cdot2\cdot\frac{8}{5}\cdot\frac{11}{16}\\ &= \frac{54}{25}\end{aligned}$$

したがって，

$$\mathrm{AD} = \mathbf{\frac{3\sqrt{6}}{5}}$$

[2]　余弦定理より，$\cos A = \dfrac{3^2+5^2-7^2}{2\cdot3\cdot5} = -\dfrac{1}{2}$ となるから，

$$\angle \mathrm{A} = \mathbf{120°}$$

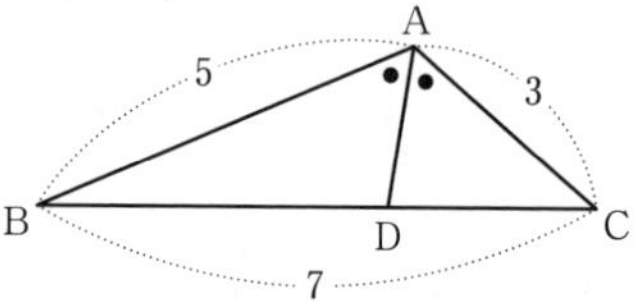

また，面積について，

$$\triangle\mathrm{ABD}+\triangle\mathrm{ACD} = \triangle\mathrm{ABC}$$

が成り立つから，

$$\frac{1}{2}\cdot5\cdot\mathrm{AD}\cdot\sin60°+\frac{1}{2}\cdot3\cdot\mathrm{AD}\cdot\sin60° = \frac{1}{2}\cdot5\cdot3\cdot\sin120°$$

☜ 面積は 2 辺とその間の角のサインで計算する

$$\frac{1}{2}\cdot5\cdot\mathrm{AD}\cdot\frac{\sqrt{3}}{2}+\frac{1}{2}\cdot3\cdot\mathrm{AD}\cdot\frac{\sqrt{3}}{2} = \frac{1}{2}\cdot5\cdot3\cdot\frac{\sqrt{3}}{2}$$

$$5\sqrt{3}\,\mathrm{AD}+3\sqrt{3}\,\mathrm{AD} = 15\sqrt{3}$$

☜ 両辺に 4 を掛けて分母を払った

$$5\mathrm{AD}+3\mathrm{AD} = 15$$

☜ 両辺を $\sqrt{3}$ で割った

$$\mathrm{AD} = \mathbf{\frac{15}{8}}$$

解説講義

数学 A で学習する角の二等分線の性質を用いる三角比の問題は，入試でも頻出である．右図のように ∠A の二等分線を引いたとき，

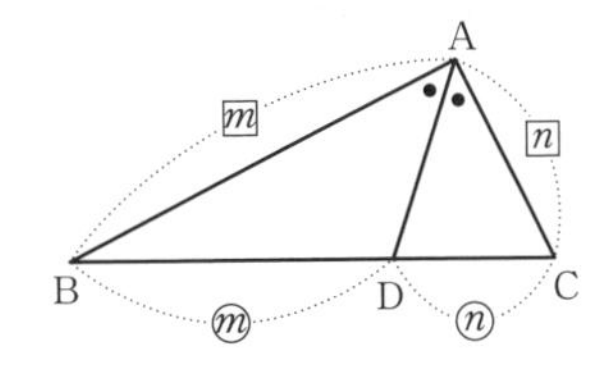

$$\mathbf{BD : DC = AB : AC}$$

が成り立つ．

ここでは，「角の二等分線の問題」の 2 つのタイプの解法の違いも理解しておきたい．

［1］，［2］ともに，∠A の二等分線を引いて辺 BC との交点を D とし，AD の長さを求める問題になっている．［1］では誘導に従って余弦定理を使った計算を行って AD を求めているが，［2］では面積に注目して AD を求めている．「**(左の面積)＋(右の面積)＝(全体の面積)**」という当たり前の式を立てているだけであるが，この考え方も使えるようにしていきたい．なお，面積に注目する解法は「二等分する角が 60° や 120° のような三角比の値が計算できる角の場合に有効」ということまで知っておくとよい．（数学Ⅱの 2 倍角の公式を使えば，その他の場合でも使えることもあるが，入試においては稀である）

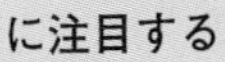

文系数学の必勝ポイント

角の二等分線の長さ

二等分する角の三角比が分かる場合（二等分する角が 60° や 120° の場合），

(左の面積)＋(右の面積)＝(全体の面積)

に注目する

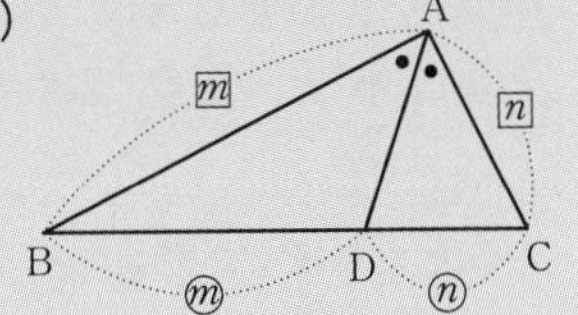

角の二等分線の性質

$$\mathbf{BD : DC = AB : AC}$$

One Point コラム

角の二等分線の性質は，補助線を引いて示す方法（教科書などを見てみよう）が有名であるが，次のように面積に注目して示すこともできる．

線分の分割比と面積比の対応に注意する．

上の解説講義の図で，二等分している角について，$\angle \mathrm{BAD} = \angle \mathrm{CAD} = \theta$ とすると，

$$\begin{aligned} \mathrm{BD : DC} &= \triangle \mathrm{ABD} : \triangle \mathrm{ACD} \qquad \cdots\bigstar \\ &= \left(\frac{1}{2}\mathrm{AB}\cdot\mathrm{AD}\sin\theta\right) : \left(\frac{1}{2}\mathrm{AC}\cdot\mathrm{AD}\sin\theta\right) \\ &= \mathrm{AB : AC} \end{aligned}$$

となる．ご覧の通り，わずか 3 行で証明終了である．

★のように，線分の分割比と三角形の面積比の対応関係に注目することは，問題を解くときにもよく使う事柄であるから，このことも見直しておくとよい．

27 三角形の成立条件

xは正の実数とする．三角形ABCにおいて，AB$=x$，BC$=x+1$，CA$=x+2$とする．

(1) xのとり得る値の範囲を求めよ．

(2) $\angle$ABC$=\theta$とするとき，$\cos\theta$をxを用いて表せ．

(3) 三角形ABCが鈍角三角形になるようなxの値の範囲を求めよ．

(奈良女子大)

解答

(1) 三角形ABCの辺のうち最大のものは，辺CAである．

よって，三角形ABCが成立する条件は，

$$x+2<x+(x+1)$$ ☜ CA＜AB＋BC

$$\boldsymbol{x>1}$$

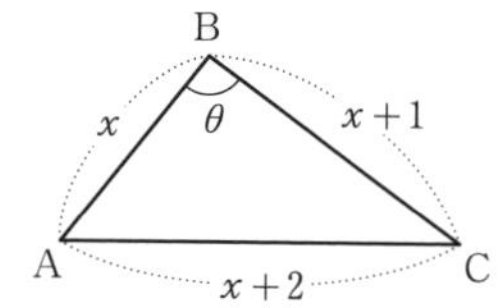

(2) 余弦定理より，

$$\cos\theta=\frac{x^2+(x+1)^2-(x+2)^2}{2x(x+1)}=\frac{x^2-2x-3}{2x(x+1)}=\frac{(x-3)(x+1)}{2x(x+1)}=\boldsymbol{\frac{x-3}{2x}}$$

(3) 最大の辺が辺CAであるから，$\angle$ABC$=\theta$が三角形ABCの最大の角である．

よって，三角形ABCが鈍角三角形になる条件は$\theta>90°$，すなわち$\cos\theta<0$が成り立つことである．したがって，(2)の結果を用いると，

$$\frac{x-3}{2x}<0$$

☜ (1)より$x>1$なので，(分母)>0である．よって，(分子)<0であり，$x<3$となる

これより$x<3$であり，(1)の結果とあわせて，

$$\boldsymbol{1<x<3}$$

解説講義

たとえば，3辺の長さが10，3，5の三角形は存在しない．右図のように，長さ10の辺を置いたとき，その両端に長さ3と5の辺を取り付けても，この2辺の長さの合計は8しかないから，この2本の辺をつなげることはできない．

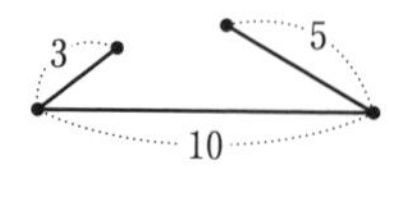

したがって，3辺の長さがa，b，c（$0<a\leqq b\leqq c$）のときに三角形が存在できる条件は，

$c<a+b$，つまり，**(最大辺の長さ)＜(残り2辺の長さの和)**

である．

3辺a，b，cの大小関係が不明な場合は，「$a<b+c$，$b<c+a$，$c<a+b$」の連立不等式を考えればよい．(これらを整理して得られる$|a-b|<c<a+b$という不等式を使うこともできる)

文系数学の必勝ポイント

三角形の成立条件

(最大辺の長さ)＜(残り2辺の長さの和) にならないと三角形は作れない

28 $\sin A:\sin B:\sin C=a:b:c$

△ABCにおいて，$\sin A:\sin B:\sin C=3:7:8$ が成り立っているとき，$\cos C=$ □ である．さらに，△ABCの面積が $54\sqrt{3}$ であるとき，△ABCの内接円の半径 r は □ である．　(慶應義塾大)

解答

3辺の長さを，$BC=a$，$CA=b$，$AB=c$ とすると，正弦定理から，

$$\sin A:\sin B:\sin C=a:b:c$$

である．よって，$\sin A:\sin B:\sin C=3:7:8$ であるから，

$$a:b:c=3:7:8$$

☜ これは比の式であるから，$a=3$，$b=7$，$c=8$ としてはいけない（$a=6$，$b=14$，$c=16$ かも知れない）

となる．そこで，

$$a=3k,\ b=7k,\ c=8k\quad(k>0)\qquad\cdots①$$

とおくと，余弦定理より，$\cos C=\dfrac{9k^2+49k^2-64k^2}{2\cdot3k\cdot7k}=-\dfrac{1}{7}$ である．

また，$0°<C<180°$ より，$\sin C>0$ であり，

$$\sin C=\sqrt{1-\left(-\frac{1}{7}\right)^2}=\sqrt{\frac{48}{49}}=\frac{4\sqrt{3}}{7}$$

さらに，△ABCの面積を S とすると，$S=\dfrac{1}{2}\cdot3k\cdot7k\cdot\dfrac{4\sqrt{3}}{7}=6k^2\sqrt{3}$ である．

ゆえに，$S=54\sqrt{3}$ であるとき，

$$6k^2\sqrt{3}=54\sqrt{3}\ より，\ k=3$$

☜ $k>0$ である

となるので，① より，$a=9$，$b=21$，$c=24$ となる．したがって，内接円の半径 r は，

$$54\sqrt{3}=\frac{1}{2}r(9+21+24)\ より，\ r=2\sqrt{3}$$

☜ $S=\dfrac{1}{2}r(a+b+c)$

解説講義

$\dfrac{x}{a}=\dfrac{y}{b}$ と $a:b=x:y$ は，変形するとどちらの式も $ay=bx$ となる．つまり，2つの式は見た目が違うだけであり，互いに書きかえることができる．同様にして，$\dfrac{x}{a}=\dfrac{y}{b}=\dfrac{z}{c}$ という式は，$a:b:c=x:y:z$ と書きかえることができる．

したがって，正弦定理の $\dfrac{a}{\sin A}=\dfrac{b}{\sin B}=\dfrac{c}{\sin C}$ という式も，

$$\sin A:\sin B:\sin C=a:b:c$$

と書きかえる（表現を変える）ことができる．

文系数学の必勝ポイント

正弦定理のもう1つの表現
正弦定理から「$\sin A:\sin B:\sin C=a:b:c$」が成り立つ

29 円に内接する四角形

円に内接する四角形 ABCD が，$AB=2$，$BC=3$，$CD=4$，$DA=2$ を満たすとき，$BD=$ □，四角形 ABCD の面積は □ である．

（中京大）

解答

四角形 ABCD は円に内接しているから，対角の和は $180°$ である．

よって，$\angle BAD=\theta$ とすると，

$$\angle BCD=180°-\theta$$

まず，三角形 ABD に余弦定理を用いると，

$$BD^2=2^2+2^2-2\cdot2\cdot2\cdot\cos\theta$$
$$=8-8\cos\theta \qquad \cdots①$$

一方，三角形 BCD に余弦定理を用いると，

$$BD^2=3^2+4^2-2\cdot3\cdot4\cdot\cos(180°-\theta)$$
$$=25-24(-\cos\theta)$$

☜ $\cos(180°-\theta)=-\cos\theta$

$$=25+24\cos\theta \qquad \cdots②$$

①，② より，

$$8-8\cos\theta=25+24\cos\theta$$

$$-32\cos\theta=17 \qquad \therefore\ \cos\theta=-\frac{17}{32}$$

これを ①：$BD^2=8(1-\cos\theta)$ に代入すると，

$$BD^2=8\left(1+\frac{17}{32}\right)=8\cdot\frac{49}{32}=\frac{49}{4} \qquad \therefore\ BD=\boldsymbol{\frac{7}{2}}$$

次に，四角形 ABCD の面積を S とすると，

$$S=\triangle BAD+\triangle BCD=\frac{1}{2}\cdot2\cdot2\cdot\sin\theta+\frac{1}{2}\cdot3\cdot4\cdot\sin(180°-\theta)$$
$$=2\sin\theta+6\sin\theta$$

☜ $\sin(180°-\theta)=\sin\theta$

$$=8\sin\theta \qquad \cdots③$$

$0°<\theta<180°$ より $\sin\theta>0$ であるから，

$$\sin\theta=\sqrt{1-\cos^2\theta}=\sqrt{1-\frac{17^2}{32^2}}=\frac{7\sqrt{15}}{32}$$

☜ この式は，
$$\sqrt{\frac{32^2-17^2}{32^2}}=\sqrt{\frac{(32+17)(32-17)}{32^2}}=\frac{\sqrt{49\cdot15}}{32}=\frac{7\sqrt{15}}{32}$$
と計算すると“大きな数”を避けられる

したがって，③ より，

$$S=8\cdot\frac{7\sqrt{15}}{32}=\boldsymbol{\frac{7\sqrt{15}}{4}}$$

解説講義

本問のような「円に内接する四角形」を題材にした三角比の問題は，極めて頻出である．円に内接する四角形で最も重要な事柄は，

円に内接する四角形は，対角の和が 180° である

ということであり，

$$\sin(180^\circ-\theta)=\sin\theta,\quad \cos(180^\circ-\theta)=-\cos\theta$$

という関係を使って解く設問が非常に多い．

また，“対角線の長さ”を求める問題も定番の設問である．与えられた条件に応じて解き方は変わるが，解答のように「対角線を共有する２つの三角形に注目して，余弦定理の連立方程式（本問では①と②）を立てて考える」という方法は覚えておこう．

文系数学の必勝ポイント

円に内接する四角形で覚えておくべきことは，

(Ⅰ)「対角の和が 180°」であり，次の関係に注意する

$$\sin(180^\circ-\theta)=\sin\theta,\quad \cos(180^\circ-\theta)=-\cos\theta$$

(Ⅱ) 対角線の長さは，余弦定理を連立して求める方法がある

One Point コラム

本問で用いた「$\sin(180^\circ-\theta)=\sin\theta$，$\cos(180^\circ-\theta)=-\cos\theta$」の関係式以外に，

$$\sin(90^\circ-\theta)=\cos\theta,\quad \cos(90^\circ-\theta)=\sin\theta$$

も忘れてはならない基本的な関係式である．

30 立体の計量

四面体 OABC において，OA＝OB＝OC＝7，AB＝5，BC＝7，CA＝8 とする．O から平面 ABC に下ろした垂線を OH とするとき，次の問に答えよ．

(1)　∠BAC の大きさを求めよ．　　(2)　三角形 ABC の面積 S を求めよ．

(3)　線分 AH，OH の長さをそれぞれ求めよ．

(4)　四面体 OABC の体積 V を求めよ．　　(広島工業大)

解答

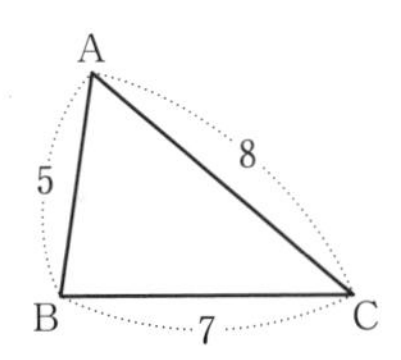

(1)　三角形 ABC に余弦定理を用いると，

$$\cos\angle BAC=\frac{5^2+8^2-7^2}{2\cdot5\cdot8}=\frac{1}{2}$$

となるから，$\angle BAC=\mathbf{60^\circ}$

(2)　$S=\frac{1}{2}\cdot AB\cdot AC\cdot\sin60^\circ=\frac{1}{2}\cdot5\cdot8\cdot\frac{\sqrt{3}}{2}=\mathbf{10\sqrt{3}}$

(3)　3つの直角三角形 OHA，OHB，OHC において，

$$\mathrm{OA}=\mathrm{OB}=\mathrm{OC}=7,\ \mathrm{OH}\ は共通$$

であるから，

$$\triangle\mathrm{OHA}\equiv\triangle\mathrm{OHB}\equiv\triangle\mathrm{OHC}$$

☞ 斜辺と他の一辺が等しいから，直角三角形の合同条件が満たされている

よって，対応する辺の長さは等しいから，

$$\mathrm{HA}=\mathrm{HB}=\mathrm{HC}$$

☞ H を中心として，3頂点 A，B，C を通る円を描くことができる

が成り立つ．

したがって，H は三角形 ABC の外心であり，AH の長さは三角形 ABC の外接円の半径 R を求めればよい．

三角形 ABC に正弦定理を用いると，

$$\frac{\mathrm{BC}}{\sin 60^\circ}=2R\ (=2\mathrm{AH})\ より，\ \mathrm{AH}=\frac{7}{2\sin 60^\circ}=\frac{7}{\sqrt{3}}$$

次に，直角三角形 OHA に三平方の定理を用いると，

$$\mathrm{OH}=\sqrt{\mathrm{OA}^2-\mathrm{AH}^2}=\sqrt{49-\frac{49}{3}}=7\sqrt{\frac{2}{3}}=\frac{7\sqrt{6}}{3}$$

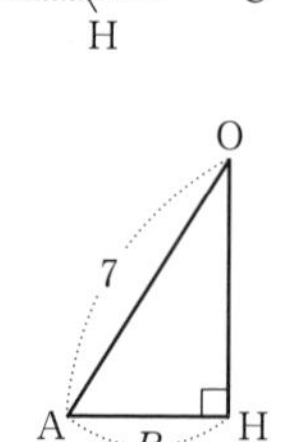

(4)　体積 V は，底面を三角形 ABC，高さを OH と考えて，

$$V=\frac{1}{3}\cdot\triangle\mathrm{ABC}\cdot\mathrm{OH}=\frac{1}{3}\cdot 10\sqrt{3}\cdot\frac{7\sqrt{6}}{3}=\frac{70\sqrt{2}}{3}$$

解説講義

三角比の問題は，いろいろな立体が題材となるので「こうすればよい！」という魔法の解き方はない．出題者が何を要求しているかをよく考え，どの部分（もっと言えば，どの三角形）に注目すればよいかを考える．(1)と(3)では ∠BAC や AH を問われているので，底面の三角形 ABC に注目する．さらに，AH を求めた上で OH を求めたいから，そのときは直角三角形 OHA に注目する．

切断面を考える場合などもあり，いろいろな問題に挑戦してみることが大切である．

文系数学の必勝ポイント

立体の計量

問われている内容から，どの三角形に注目すればよいかを考える

One Point コラム

OA＝OB＝OC のように1つの頂点から残り3つの頂点までの長さが等しい四面体は，しばしば入試に登場する．このとき O から平面 ABC に下ろした垂線の足 H が三角形 ABC の外心になることは，(3)の解答のなかで考えた通りである．OA＝OB＝OC でさらに三角形 ABC が正三角形であれば（たとえば，OABC が正四面体の場合），正三角形 ABC において外心と重心は一致するから，H は三角形 ABC の重心であると言ってもよい．

31 平均値，最頻値，中央値

10個の値 1，3，8，5，8，(1)，3，7，7，1 からなるデータの平均値は5，最頻値は (2)，中央値は (3) である．（千葉工業大）

解答

(1) 値が不明のデータを x とする．平均値が5であるから，

$$\frac{1}{10}(1+3+8+5+8+x+3+7+7+1)=5$$

分母を払って整理すると，$43+x=50$ となるので，値が不明のデータは **7** である．

(2) 問題のデータで最も個数の多い値は7であるから，最頻値は **7** である．

(3) 10個のデータを小さい順に並べると，右のようになる．

1，1，3，3，5，7，7，7，8，8
（5，7：この2つの値の平均が中央値である）

よって，中央値は，$\dfrac{5+7}{2}=\mathbf{6}$ である．

解説講義

本問のデータの個数は10であるが，これをデータの**大きさ**ということがある．

データの特徴を表す数値を代表値といい，代表値として，平均値，中央値，最頻値がよく用いられる．

データの値が x_1，x_2，x_3，…，x_n の n 個であるとする．

このデータの**平均値** $\overline{x}$ は，

$$\overline{x}=\frac{1}{n}(x_1+x_2+x_3+\cdots+x_n)$$

である．また，データにおいて最も個数の多い値を**最頻値**(モード)という．

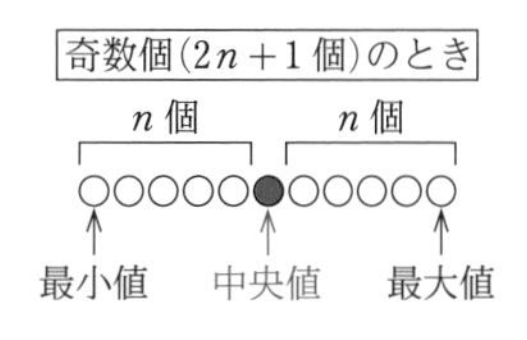

さらに，すべてのデータを小さい順に並べたとき，中央の順位にくる値を**中央値(メジアン)**という．データの個数が奇数個(2n＋1個)の場合は，ちょうど中央の順位にくる値が存在して，それが中央値である．一方，データの個数が偶数個(2n個)の場合の中央値は，n番目と$n+1$番目のデータの平均値を中央値とする．本問は10個のデータであるから，5番目と6番目の値の平均値が中央値である．

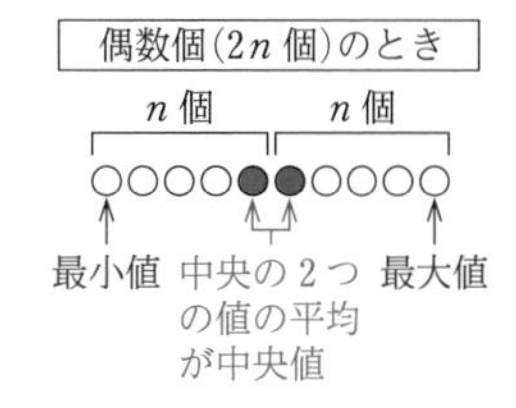

文系数学の必勝ポイント

データの代表値

最頻値 … データの個数が最も多い値

中央値 … 小さい順に並べたときに中央の順位にくる値

32 四分位数，箱ひげ図

［1］ 次のデータの第 1 四分位数，第 3 四分位数，四分位範囲を求めよ．

4，5，6，7，8，9，10，11，12，17，20

［2］ 次のデータの箱ひげ図をかけ．なお，箱ひげ図は，データの最小値，第 1 四分位数，中央値，第 3 四分位数，最大値を表現した図とする．

34，23，27，31，21，32，25，35

（北海学園大／筑波技術大）

解答

［1］

4，5，6，7，8，9，10，11，12，17，20

↑ 小さい方のデータの中央値が Q_1　↑ Q_2　↑ 大きい方のデータの中央値が Q_3

第 2 四分位数 Q_2 はこのデータの中央値であり，$Q_2=9$ である．

第 1 四分位数 Q_1 は，中央値より小さい方の 4，5，6，7，8 の 5 つのデータの中央値であり，$Q_1=\mathbf{6}$ である．

第 3 四分位数 Q_3 は，中央値より大きい方の 10，11，12，17，20 の 5 つのデータの中央値であり，$Q_3=\mathbf{12}$ である．さらに，四分位範囲は，

$$Q_3-Q_1=12-6=\mathbf{6}$$

☜ これを 2 で割った値を四分位偏差という

［2］ 8 個のデータを小さい順に並べると，

21，23，25，27，31，32，34，35

平均が Q_1（23，25）　平均が Q_2（27，31）　平均が Q_3（32，34）

となるので，第 1 四分位数 Q_1，中央値 Q_2，第 3 四分位数 Q_3 は，

$$Q_1=\frac{23+25}{2}=24,\quad Q_2=\frac{27+31}{2}=29,\quad Q_3=\frac{32+34}{2}=33$$

である．最小値が 21，最大値が 35 であることも考えると，箱ひげ図は次のようになる．

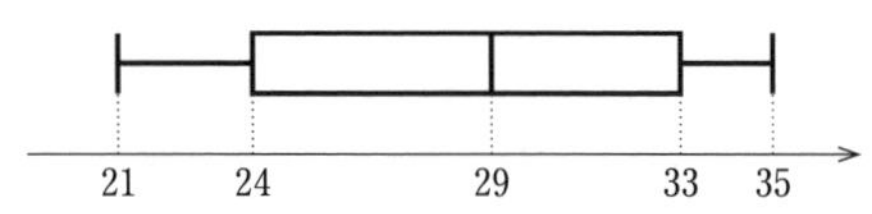

解説講義

データの分布を表すために，次の 5 つの数を使うことがある．

- **最大値** … データのなかで最も大きな値
- **最小値** … データのなかで最も小さな値
- **第 2 四分位数** … データの中央値
- **第 1 四分位数** … 小さい方から 4 分の 1 のところのデータ．中央値を境にしてデータの値の個数が等しくなるように分けたときの小さい方の中央値

・**第３四分位数** … 小さい方から４分の３のところのデータ．中央値を境にしてデータの値の個数が等しくなるように分けたときの大きい方の中央値

これらを１つの図にまとめて示したものが**箱ひげ図**であり，次のように表す．

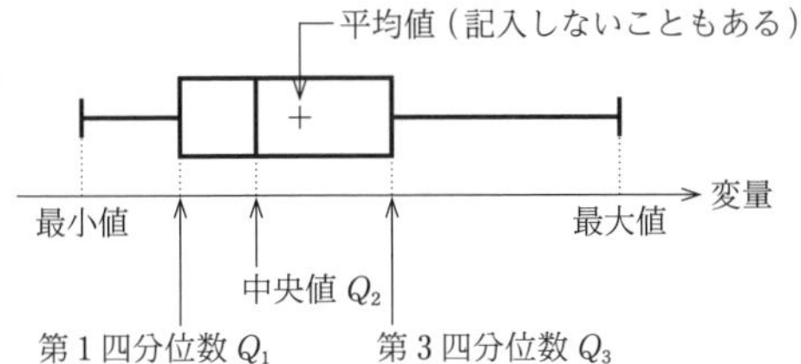

さらに，データの散らばりの度合いを示す指標として次のものを用いる．

・**範囲** … (最大値)－(最小値)の値

・**四分位範囲** … (第３四分位数)－(第１四分位数)の値

・**四分位偏差** … 四分位範囲を２で割った値

多くの用語が出てくるので，きちんとそれらを整理し，覚えていくことが大切である．

文系数学の必勝ポイント

データの分布の様子

第２四分位数 … データの中央値
第１四分位数 … 中央値より小さい方のデータの中央値
第３四分位数 … 中央値より大きい方のデータの中央値
四分位範囲 … (第３四分位数)－(第１四分位数) の値

33 分散，標準偏差

次のデータは，Ｈ君が受けた小テストの得点である．このデータの平均値と標準偏差を求めよ．

7, 5, 10, 9, 1, 2, 9, 6, 3, 8

（北海学園大）

解答

得点を x とし，得点の平均値を $\overline{x}$ とすると，

$$\overline{x}=\frac{1}{10}(7+5+10+9+1+2+9+6+3+8)=\frac{1}{10}\times 60=\mathbf{6}$$

これより，x の偏差とその２乗の値を求めると，次の表のようになる．

x	7	5	10	9	1	2	9	6	3	8
$x-\overline{x}$	1	-1	4	3	-5	-4	3	0	-3	2
$(x-\overline{x})^2$	1	1	16	9	25	16	9	0	9	4

x の分散を $s_x{}^2$ とすると，

$$s_x{}^2=\frac{1}{10}(1+1+16+9+25+16+9+0+9+4)=\frac{1}{10}\times 90=9$$

したがって，x の標準偏差を s_x とすると，

$$s_x=\sqrt{9}=\mathbf{3}$$ ☜ **標準偏差は分散の正の平方根**

<補足：分散 $s_x{}^2$ は次のように計算することもできる>

データの各値の2乗の平均値，すなわち，$\overline{x^2}$ を求めると，

$$\overline{x^2}=\frac{1}{10}(7^2+5^2+10^2+9^2+1^2+2^2+9^2+6^2+3^2+8^2)=\frac{1}{10}\cdot 450=45$$

これと $\overline{x}=6$ であることから，

$$s_x{}^2=\overline{x^2}-(\overline{x})^2=45-6^2=9$$

解説講義

データの散らばりを表すものとして，**分散**と**標準偏差**がある．

n 個のデータの値を x_1，x_2，x_3，…，x_n とし，その平均値を $\overline{x}$ とするとき，分散 $s_x{}^2$ は，

$$\boldsymbol{s_x{}^2=\frac{1}{n}\{(x_1-\overline{x})^2+(x_2-\overline{x})^2+(x_3-\overline{x})^2+\cdots+(x_n-\overline{x})^2\}} \quad \cdots(*)$$

である．$x_1-\overline{x}$，$x_2-\overline{x}$，…，$x_n-\overline{x}$ は偏差といい，**分散は「"偏差の2乗" の平均」**である．偏差はデータと平均値の差であるから，データの散らばりが大きいと偏差は大きくなり，分散の値も大きくなる．つまり，分散の値が大きいほど，データの散らばりの度合いが大きいということになる．(逆に，分散の値が小さいと，データは平均の近くに集まっていて散らばりの度合いが小さい)

そして，分散を計算するときには，

平均 $\overline{x}$ を求める ➡ 偏差 $x-\overline{x}$ を求める ➡ 偏差の2乗 $(x-\overline{x})^2$ を求める

という手順で表を作って慎重に計算を進めよう．

さらに，(*) を変形すると，

$$s_x{}^2=\frac{1}{n}(x_1{}^2+x_2{}^2+x_3{}^2+\cdots+x_n{}^2)-(\overline{x})^2$$

となるから，分散の値は，

(x の分散)＝(x^2 の平均値)－(xの平均値)^2 …(★)

と計算できることも知っておきたい．実は，入試問題のなかには，(★) の式をうまく使えないと苦労する問題も少なくないのである．

なお，標準偏差 s_x は分散 $s_x{}^2$ の正の平方根である．分散と同様に，標準偏差の値が大きいほど，データの散らばりの度合いは大きい．

文系数学の必勝ポイント

(I) 分散は "偏差の2乗" の平均である

(II) 標準偏差は分散の正の平方根である

(III) 分散は，

(x の分散)＝(x^2 の平均値)－(x の平均値)^2

と計算することもできる

34 共分散，相関係数

2つの変量 x，y のデータが，5個の x，y の値の組として次のように与えられているとする．x と y の相関係数を求めよ．

x	12	14	11	8	10
y	11	12	14	10	8

（信州大）

解答

x の平均 $\overline{x}$ は，$\overline{x}=\dfrac{1}{5}(12+14+11+8+10)=\dfrac{1}{5}\cdot 55=11$

y の平均 $\overline{y}$ は，$\overline{y}=\dfrac{1}{5}(11+12+14+10+8)=\dfrac{1}{5}\cdot 55=11$

これより，偏差，偏差の2乗，偏差の積について，次の表が得られる．

x	12	14	11	8	10
$x-\overline{x}$	1	3	0	-3	-1
$(x-\overline{x})^2$	1	9	0	9	1
y	11	12	14	10	8
$y-\overline{y}$	0	1	3	-1	-3
$(y-\overline{y})^2$	0	1	9	1	9
$(x-\overline{x})(y-\overline{y})$	0	3	0	3	3

…①

☜ この平均が分散 $s_x{}^2$ で，そこから，標準偏差 s_x を求める

…②

☜ ここから分散 $s_y{}^2$，標準偏差 s_y を求める

☜ ①と②の積である．この平均が共分散 s_{xy} である

x の分散 $s_x{}^2$ は，$s_x{}^2=\dfrac{1}{5}(1+9+0+9+1)=\dfrac{1}{5}\cdot 20=4$ である．

y の分散 $s_y{}^2$ は，$s_y{}^2=\dfrac{1}{5}(0+1+9+1+9)=\dfrac{1}{5}\cdot 20=4$ である．

よって，x の標準偏差 s_x は $s_x=2$，y の標準偏差 s_y は $s_y=2$ である．

また，x，y の共分散 s_{xy} は，

$$s_{xy}=\frac{1}{5}(0+3+0+3+3)=\frac{1}{5}\cdot 9=1.8$$

☜ 共分散は，x と y の偏差の積を準備して，その平均を計算すればよい

以上より，x，y の相関係数 r は，

$$r=\frac{s_{xy}}{s_x s_y}=\frac{1.8}{2\times 2}=\mathbf{0.45}$$

解説講義

ここでは，2つの変量 x，y の組が与えられるような問題を考える．

対応する2つの変量 x，y の値の組 $(x_1,\ y_1)$，$(x_2,\ y_2)$，…，$(x_n,\ y_n)$ において，x，y の平均値をそれぞれ $\overline{x}$，$\overline{y}$ とする．このとき，**「x と y の偏差の積の平均」**を**共分散**という．すなわち，共分散を s_{xy} とすると，s_{xy} は，次の式で表される．

$$\boldsymbol{s_{xy}=\frac{1}{n}\{(x_1-\overline{x})(y_1-\overline{y})+(x_2-\overline{x})(y_2-\overline{y})+\cdots+(x_n-\overline{x})(y_n-\overline{y})\}}$$

さらに，x，yの関係の強さを表す指標として，**相関係数**が用いられる．xとyの相関係数rは，xの標準偏差s_xとyの標準偏差s_yと共分散s_{xy}を用いて，次の式で計算される．

$$r=\frac{s_{xy}}{s_x s_y}=\frac{(x,\ y\text{の共分散})}{(x\text{の標準偏差})\times(y\text{の標準偏差})}$$

相関係数を計算するときには，解答にあるような表を作り，解答の手順で(つまり，平均，分散，標準偏差，共分散という順で)必要な値を準備して計算するとよい．

rの値は$-1\leqq r\leqq 1$であり，rが1に近くなるほど「xが大きくなるとyも大きくなる傾向が強い」ということであり，「正の相関がある」という．一方，rが-1に近くなるほど「xが大きくなるとyは小さくなる傾向が強い」ということであり，「負の相関がある」という．

散布図で相関係数の意味を理解しておくことも大切である．

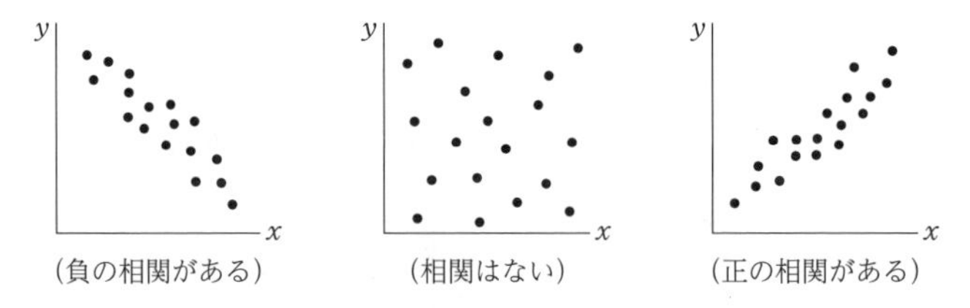

(負の相関がある)　(相関はない)　(正の相関がある)

文系数学の**必勝**ポイント

相関係数の計算

$$(x,\ y\text{の相関係数})=\frac{(x,\ y\text{の共分散})}{(x\text{の標準偏差})\times(y\text{の標準偏差})}$$

35　2つのグループの平均と分散

A班10名，B班10名に対して試験を実施した．その結果，A班は平均点8，得点の分散12，B班は平均点12，得点の分散16であった．このとき，A班とB班を合わせたときの全体の平均点は［　　］，得点の分散は［　　］である．

(関東学院大)

解答

A班の得点をx_1，x_2，…，x_{10}とすると，平均点が8であるから，

$$\frac{1}{10}(x_1+x_2+\cdots+x_{10})=8$$

$$x_1+x_2+\cdots+x_{10}=80 \qquad \cdots①$$

A班の分散は12であるから，

$$\frac{1}{10}(x_1{}^2+x_2{}^2+\cdots+x_{10}{}^2)-8^2=12$$

33 で学習したように，xの分散は，
$(x^2\text{の平均値})-(x\text{の平均値})^2$
で計算できる

$$(x_1{}^2 + x_2{}^2 + \cdots + x_{10}{}^2) - 640 = 120$$

$$x_1{}^2 + x_2{}^2 + \cdots + x_{10}{}^2 = 760 \quad \cdots②$$

B 班の得点を y_1, y_2, …, y_{10} とすると，平均点が 12 であるから，

$$\frac{1}{10}(y_1 + y_2 + \cdots + y_{10}) = 12$$

$$y_1 + y_2 + \cdots + y_{10} = 120 \quad \cdots③$$

B 班の分散は 16 であるから，

$$\frac{1}{10}(y_1{}^2 + y_2{}^2 + \cdots + y_{10}{}^2) - 12^2 = 16$$

$$(y_1{}^2 + y_2{}^2 + \cdots + y_{10}{}^2) - 1440 = 160$$

$$y_1{}^2 + y_2{}^2 + \cdots + y_{10}{}^2 = 1600 \quad \cdots④$$

☜ ② を導いたときと同様にして，y の分散は，
$(y^2$ の平均値$) - (y$ の平均値$)^2$
と計算する

①，③ を用いると，全体の平均点は，

$$\frac{1}{20}\{(x_1 + x_2 + \cdots + x_{10}) + (y_1 + y_2 + \cdots + y_{10})\} = \frac{1}{20}(80 + 120)$$

$$= \mathbf{10}$$

さらに，②，④ と，全体の平均が 10 であることから，全体の分散は，

$$\frac{1}{20}\{(x_1{}^2 + x_2{}^2 + \cdots + x_{10}{}^2) + (y_1{}^2 + y_2{}^2 + \cdots + y_{10}{}^2)\} - 10^2$$

$$= \frac{1}{20}(760 + 1600) - 100$$

$$= 118 - 100$$

$$= \mathbf{18}$$

☜ (20 人の得点の 2 乗の平均値) から (20 人の得点の平均値)^2 を引いて，20 人全体の分散を求める

解説講義

本問のように，2 つのグループ A，B の平均と分散の値から全体の平均や分散の値を求める問題は，この単元の代表的な問題である．それぞれの変量が不明であっても，変量の合計と変量の 2 乗の合計は求めることができるので，それらの値から全体の平均や分散を計算することができる．

この問題で大切なことは，分散の計算において，

$$(x \text{ の分散}) = (x^2 \text{ の平均値}) - (x \text{ の平均値})^2 \quad \cdots(*)$$

と計算できることを用いることである．A 班の分散は，「A 班の 10 人の得点の 2 乗の平均値」と「A 班の平均値の 2 乗」を用いて扱う．B 班についても同様であり，②，④ を準備しておく．そして，全体の分散は，「20 人の得点の 2 乗の平均値」と「20 人の得点の平均値の 2 乗」を用いて計算すればよい．

巻末の演習問題に，分散が (*) の式で計算できることを証明する問題が用意されているので取り組んでみよう．

文系数学の必勝ポイント

2 つのグループ全体の分散の値を求める問題

$(x$ の分散$) = (x^2$ の平均値$) - (x$ の平均値$)^2$ であることを利用する

36 順列と組合せ

[1]　0，1，2，3，4，5の6個の数字から異なる4個の数字を使って4桁の整数を作る．

(1)　整数は全部で何通りできるか．　　(2)　偶数は何通りできるか．

[2]　男子8人と女子5人の生徒のなかから4人を選んで委員会を作る．

(1)　委員の選び方は全部で何通りか．

(2)　少なくとも1人の女子が委員になる選び方は何通りか．

（日本文理大／愛知大）

解答

[1] (1)　千の位，百の位，十の位，一の位の順に決めていくと，

千の位は0以外の数字で，5通り　☜ 千の位は1，2，3，4，5のいずれかである

百の位は千の位の数字以外の数字で，5通り　☜ もし千の位が1ならば，百の位は0，2，3，4，5のいずれかである

十の位は千の位と百の位以外の数字で，4通り

一の位は千の位と百の位と十の位以外の数字で，3通り

したがって，作られる整数は全部で，

$$5 \cdot 5 \cdot 4 \cdot 3 = \mathbf{300}\ \textbf{(通り)}$$

(2)　まず，奇数が何通りできるかを求める．一の位，千の位，百の位，十の位の順に決めていくと，

一の位は1か3か5で，3通り

千の位は0と一の位の数字以外の数字で，4通り　☜ もし一の位が5ならば，千の位は0，5を除いた1，2，3，4のいずれかである

百の位は一の位と千の位以外の数字で，4通り

十の位は一の位と千の位と百の位以外の数字で，3通り

よって，作られる奇数は，

$$3 \cdot 4 \cdot 4 \cdot 3 = 144\ (\text{通り})$$

したがって，作られる偶数は，

$$300 - 144 = \mathbf{156}\ \textbf{(通り)}$$

☜ 全体から条件を満たさないものを除くという考え方は，つねに注意しておきたい

<別解：直接，偶数について考える>

一の位が0の偶数は，一，千，百，十の位の順に決めていくと，

$$1 \cdot 5 \cdot 4 \cdot 3 = 60\ \text{通り}$$

一の位が2の偶数は，一，千，百，十の位の順に決めていくと，

$$1 \cdot 4 \cdot 4 \cdot 3 = 48\ \text{通り}$$

一の位が4の偶数は，一，千，百，十の位の順に決めていくと，

$$1 \cdot 4 \cdot 4 \cdot 3 = 48\ \text{通り}$$

したがって，作られる偶数は，

$$60 + 48 + 48 = \mathbf{156}\ \textbf{(通り)}$$

[2] (1)　13人から4人の委員を選ぶから，

$$_{13}C_4=\frac{13\cdot12\cdot11\cdot10}{4\cdot3\cdot2\cdot1}=\mathbf{715}\ \textbf{(通り)}$$

(2)　女子を含まないような委員の選び方は，

$$_8C_4=\frac{8\cdot7\cdot6\cdot5}{4\cdot3\cdot2\cdot1}=70\ (通り)$$

であるから，少なくとも女子1人を含む選び方は，

$$715-70=\mathbf{645}\ \textbf{(通り)}$$

☜ 女子が1人，2人，3人，4人の場合をすべて考えると大変であるから，女子を含まない委員の選び方を求めて，それを全体(715通り)から引く

解説講義

異なる n 個のものから異なる r 個を選び，それを横一列に並べて得られる順列(並べ方)の総数は，n から小さい方に r 個の整数を掛けていき，

$$_nP_r=\underbrace{n(n-1)(n-2)\cdots\cdots(n-r+1)}_{r\text{個}}$$

と計算できる．

順列の問題は，丁寧に1つずつ数えていくことが大切であり，[1]の解答はそれを実践した解答になっている．しかしながら，数えることに慣れてきたら，もう少しスピーディーに数えたい．[1] (1)であれば，

千の位は0以外の数字で，5通り，

千の位以外は残りの5個のなかから3個を選んで並べるので，$_5P_3=5\cdot4\cdot3=60$ 通り

であるから，$5\cdot60=300$ (通り) という具合に済ませたい．

一方，[2]は委員を選ぶ問題であるが，これは“一列に並べる”問題ではない．つまり，「順序」は考慮しないで「組の作り方（委員会に所属する 4 人の選び方)」を考える問題である．このような，順序を考えずに組の作り方（いくつかのものの選び方）を考える問題では，組合せの考え方を用いる．すなわち，異なる n 個のものから異なる r 個を選ぶ選び方は，

$$_nC_r=\frac{_nP_r}{r!}=\frac{n(n-1)(n-2)\cdots\cdots(n-r+1)}{r(r-1)(r-2)\cdots\cdots2\cdot1}$$

と計算できることを用いる．

なお，[1]，[2]の両方で「全体から条件を満たさないものを引く」という考え方を使っているが，このような考え方にも慣れておきたい．

文系数学の必勝ポイント

順列と組合せの基本的な違い

順序を考慮して，並べ方を計算する問題 ➡ Pを使って計算する

順序は考慮せず，組の作り方を計算する問題 ➡ Cを使って計算する

One Point コラム

考えてみよう．[1]と似ているが，「0から5までを何度でも使ってよい場合，4桁の整数は何通りできるだろうか？」

千の位は1から5の5通りで，その他の位は0から5の6通りずつあるから，$5\cdot6\cdot6\cdot6=1080$ 通りが正解である．同じものが含まれていたり，同じものを何度も使える場合は，$_nP_r$ も $_nC_r$ も原則的には使えないので注意しよう．

37 いろいろな順列

男子5人，女子3人の8人を横一列に並べるとき，
(1) 並べ方は全部で何通りか．
(2) 両端が女子となる並べ方は何通りか．
(3) 女子3人が隣り合う並べ方は何通りか．
(4) 女子どうしが互いに隣り合わない並べ方は何通りか．　(中部大)

解答

(1) 8人を横一列に並べる並べ方を考えて，

$8!=8\cdot7\cdot6\cdot5\cdot4\cdot3\cdot2\cdot1=$ **40320 (通り)**

☜ ${}_8P_8$ であるが，これは 8! (8の階乗) と書くことが多い

(2) まず，両端の女子の決め方が，$3\cdot2=6$ 通りある．
次に，両端を除く残りの6人の並べ方は，$6!=720$ 通りある．したがって，

$6\times720=$ **4320 (通り)**

(3) 女子3人を「かたまり」にして，男子5人と「女子3人のかたまり」を横一列に並べる並べ方は，

☜ まず 男$_1$，男$_2$，男$_3$，男$_4$，男$_5$ (女－女－女) を並べる

$6!=6\cdot5\cdot4\cdot3\cdot2\cdot1=720$ 通り

次に，女子3人についての並べかえが $3!=6$ 通りある．したがって，$720\times6=$ **4320 (通り)**

☜ (女－女－女) のなかでの女子どうしの並べかえ

(4) まず，男子5人を横一列に並べると，$5!=120$ 通りある．
次に，両端と男子どうしのすき間の6か所のうちの3か所に女子3人を並べると，並べ方は，$6\cdot5\cdot4=120$ 通りある．
したがって，$120\times120=$ **14400 (通り)**

☜ ① まず男子5人を並べる
∧男∧男∧男∧男∧男∧
② このなかの3か所に 女$_1$，女$_2$，女$_3$ を並べる

解説講義

(4)に注意しよう．(3)で女子3人が隣り合う並び方を4320通りと求めているが，これを全体の40320通りから引いても(4)の正解にはならない．(3)の4320通りを全体から引くと，「3人が隣り合っていない場合」は除くことができているが，「2人だけが隣り合っている場合」を除ききれていない．隣り合わない並べ方を求めるときには，隣り合うものを引くのではなく，上の解答のように，“すき間や端に並べていく”方針が安全である．男子のすき間や端に女子を1人ずつ並べていけば，女子どうしが互いに隣り合うことは起こりえない．

文系数学の必勝ポイント

いろいろな順列
(Ⅰ) 両端指定 ➡ まず両端を並べてから，残りの部分を並べる
(Ⅱ) 隣り合う ➡ 隣り合うものは「ひとかたまり」で扱う
(Ⅲ) 隣り合わない ➡ すき間埋め込み処理
(制限のないものを先に並べておき，隣り合ってはいけないものをすき間や端に並べていく)

38 円順列

教師2人と生徒4人が円形のテーブルのまわりに座るとき，
(1) 座り方は全部で何通りか．
(2) 2人の教師が向かい合う座り方は何通りか．　　　　　　　　　　　　　　(愛知大)

解答

Aを①に固定

(1) 2人の教師をA，Bとして，Aを①の座席に固定する．
残りの5人が②から⑥のどの席に座るかを考えると，

$$5! = 5 \cdot 4 \cdot 3 \cdot 2 \cdot 1 = \mathbf{120}\ \text{(通り)}$$

(2) (1)と同様にして，Aを①の座席に固定する．
Bの席はAの向かい側の④に限られる(つまり，1通り)．
A，B以外の4人を②，③，⑤，⑥に並べる並べ方は，

$$4! = 4 \cdot 3 \cdot 2 \cdot 1 = 24\ \text{(通り)}$$

したがって，$1 \times 24 = \mathbf{24}$ **(通り)**

解説講義

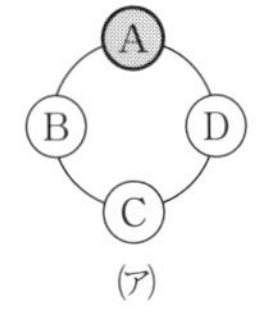

(ア)

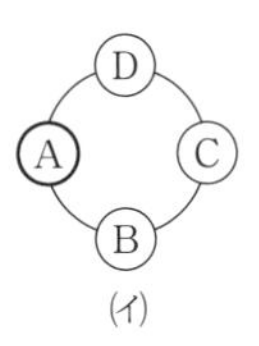

(イ)

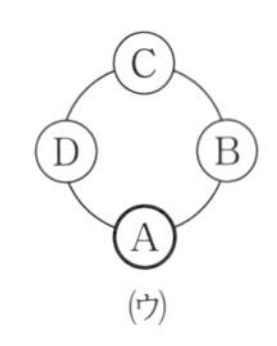

(ウ)

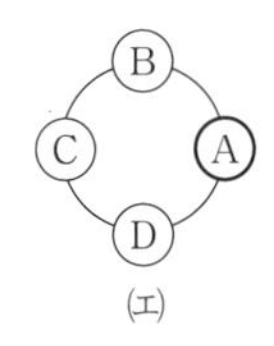

(エ)

いくつかのものを円形に並べるときには，**回転させて一致する並べ方は同じ並べ方とみなす**のがルールである．たとえば，上の図の(イ)，(ウ)，(エ)は，“Aが上に来るように”回転させると(ア)と同じになるから，これらは異なる4通りではなく，全部まとめて1通りである．このように，回転させて一致するかしないかを比べるときには，“Aが上に来るように”回転させて比べるという方法が妥当だろう．それならば，最初からAを上に固定しておけば，回転させて比べる必要はなく，(イ)，(ウ)，(エ)を考えなくて済む．Aを上に固定すると，残り3つの場所はAの向かい側，左側，右側と明確に区別できる場所であり，そこにB，C，Dをどのように配置するかを考えるだけである．したがって，4個のものを円形に並べるときには，Aは上に固定してしまって残り3個のものを並べることになるから，$(4-1)!=6$ 通りの並べ方があることが分かる．

一般に異なる n 個のものを円形に並べる並べ方は $(n-1)!$ 通りとなるが，これを単なる公式として覚えるのではなく，「**1つを固定して残りのものの並べ方を考える**」という本質的な部分も，きちんと理解しておくとよい．

文系数学の必勝ポイント

円順列

(Ⅰ) 1つを固定して残りのものの並べ方を考えることが本質である
(Ⅱ) 異なる n 個のものを円形に並べる並べ方は $(n-1)!$ 通り

39 同じものを含む順列

[1]　E, S, S, E, N, C, Eの7文字を横一列に並べる並べ方は何通りか.　(大東文化大)

[2]　右の図のような道路がある.

(1)　AからBに行く最短の経路は何通りか.

(2)　PもQも通らずにAからBに行く最短の経路は何通りか.　(愛知学泉大)

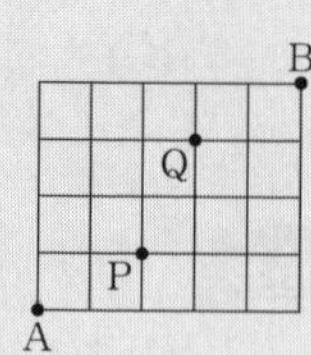

解答

[1]　Eが3つ, Sが2つあることに注意すると, $\dfrac{7!}{3!2!}=$ **420 (通り)**

[2] (1)　AからBの経路は, →5つ, ↑4つの並べ方を考えて,

$$\frac{9!}{5!4!}=\mathbf{126}\ \text{(通り)}$$

☜ AからBの進み方は, →↑→→↑↑→↑→ のように矢印を並べて表現できる

(2)　・Pを通る経路は, $\dfrac{3!}{2!}\times\dfrac{6!}{3!3!}=60$ (通り) …①

✎ AからPまでが $\dfrac{3!}{2!}$ 通り, PからBまでが $\dfrac{6!}{3!3!}$ 通り

・Qを通る経路は, $\dfrac{6!}{3!3!}\times\dfrac{3!}{2!}=60$ (通り) …②

・PもQも通る経路は, $\dfrac{3!}{2!}\times\dfrac{3!}{2!}\times\dfrac{3!}{2!}=27$ (通り) …③

①, ②, ③より, PまたはQを通る経路は,

$$60+60-27=93\ \text{(通り)}$$

したがって, PもQも通らない経路は,

$$126-93=\mathbf{33}\ \text{(通り)}$$

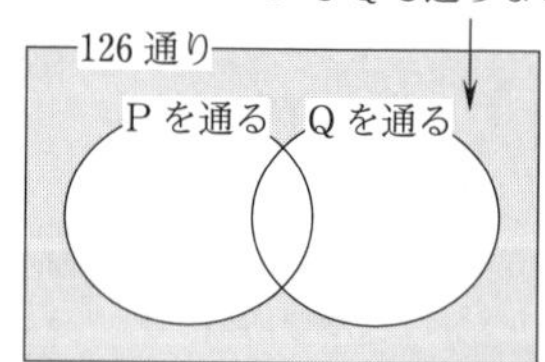

解説講義

a_1, a_2, b, cを並べることを考えよう. これらを横一列に並べる並べ方は4!通りある. このとき, a_1とa_2は区別しているので,「a_1, a_2, b, c」と「a_2, a_1, b, c」は, 異なる並べ方として扱う. もしa_1とa_2の2つを区別しないのであれば, これらは同じ並べ方になるから, 2!で割らないといけない. つまり, a_1, a_2, b, cを並べるのであれば4!通りの並べ方があるが, a, a, b, cの並べ方は$\dfrac{4!}{2!}$通りである.

このように, 同じものが含まれているときにそれらを横一列に並べる場合には, **同じものの個数の階乗で割って計算**すればよい. [2]の最短経路の問題は, 矢印の並べ方に帰着させて考えればよく,「同じものを含む順列」の代表的な問題である.

文系数学の必勝ポイント

(Ⅰ) 同じものを含む順列

a, a, a, a, b, b, b, c, c, dの並べ方は, $\dfrac{10!}{4!3!2!}$ 通りである

(Ⅱ) 最短経路の問題

「矢印の並べ方」を考えて, 同じものを含む順列で計算する

40 図形の作成

正八角形 $A_1A_2A_3A_4A_5A_6A_7A_8$ の頂点を結んで三角形を作る．

(1)　三角形は全部で何通りできるか．

(2)　正八角形と辺を共有する三角形は何通りできるか．　(神奈川大)

解答

(1)　A_1 から A_8 のなかから 3 つの頂点を選ぶから，

$${}_8C_3=\frac{8\cdot7\cdot6}{3\cdot2\cdot1}=\mathbf{56}\ \textbf{(通り)}$$

(2)　(ア)　正八角形と 2 辺を共有するもの

長さの等しい辺に挟まれる頂点（右図の黒丸）が A_1 から A_8 の 8 通りあるから，作られる三角形は，

8 (通り)

(イ)　正八角形と 1 辺のみを共有するもの

正八角形と辺 A_1A_2 のみを共有する三角形は，残り 1 つの頂点について，A_4 から A_7 の 4 通りの選び方があるから，そのような三角形は 4 通り作られる．

共有する辺が A_2A_3，A_3A_4，…，A_8A_1 の場合も同様で，4 通りずつの三角形が作られる．したがって，

$4\times8=32$ (通り)

(ア)，(イ) より，正八角形と辺を共有する三角形は，

$8+32=\mathbf{40}$ **(通り)**

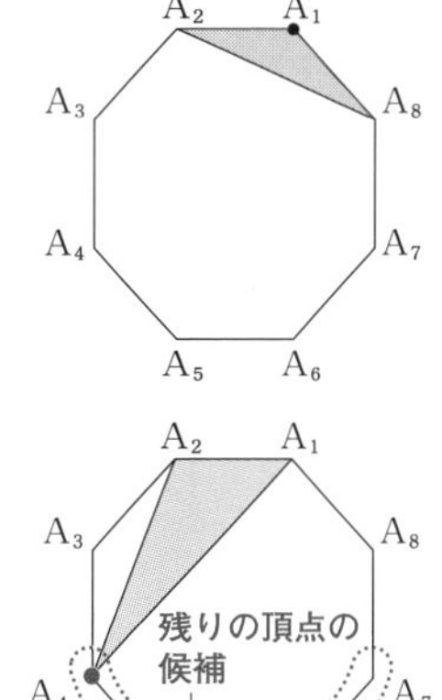

正八角形と辺 A_1A_2 を共有するとき，残りの頂点を A_3，A_8 にすると，1 辺ではなく 2 辺を共有してしまう

解説講義

三角形は 3 点を結ぶことによって作られるから，三角形が何通り作れるかということは，A_1 から A_8 の 8 個の点のなかからどの 3 点を選んで結ぶか（どの点を使って三角形を作るか）を考えればよい．したがって，使う点の「選び方」を組合せで計算すればよい．

もし「対角線は何本引けるか」という問題であれば，どの 2 点を結ぶかを考えればよく，${}_8C_2-8=20$ 本となる．（隣り合う 2 点を選ぶ場合が 8 通りあり，この場合は対角線ではなく辺になってしまうので除く必要がある）

図形が何通りできるかを考える問題はこの分野の典型問題であるが，本問のように「用意された点や辺（直線）の使い方」に帰着させて考えるものが大半である．

文系数学の必勝ポイント

図形を作成する問題は，用意された点や辺（直線）の使い方を考える

41 分配数に指定のあるグループ分け

男子6人，女子3人の計9人を次のように分ける分け方は何通りあるか．
(1) 4人，3人，2人の3組に分ける．
(2) 3人ずつA組，B組，C組の3組に分ける．
(3) 3人ずつ3組に分ける．
(4) どの組にも女子が入るように，3人ずつ3組に分ける．(東京家政学院大)

解答

(1) 9人から4人を選んで組を作り，残りの5人から3人を選んで組を作ればよい．

$${}_9C_4 \times {}_5C_3 (\times {}_2C_2) = \mathbf{1260}$$ **(通り)**　☜ 最後に残った2人は2人の組になる

(2) 9人からA組の3人を選び，残りの6人からB組の3人を選べばよいから，

$${}_9C_3 \times {}_6C_3 (\times {}_3C_3) = \mathbf{1680}$$ **(通り)**

(3) 3人ずつ3組に分ける分け方が x 通りあるとする．

3人ずつに分けた3組に，A組，B組，C組と名前をつけると，

「3人ずつA組，B組，C組の3組に分ける」

ことになり，そのような分け方は1680通りである．

3組への名前のつけ方は3! 通りあるから，

$$x \times 3! = 1680 \qquad \therefore\ x = \frac{1680}{3!} = \mathbf{280}$$ **(通り)**

☜ 3組に分ける（x 通り）

A	B	C
A	C	B
B	A	C
B	C	A
C	A	B
C	B	A

名前のつけ方（3! = 6通り）

(4) 3人の女子をPさん，Qさん，Rさんとする．

男子6人からPさんと同じ組に入る2人を選び，残りの4人からQさんと同じ組に入る2人を選べばよい(残りの2人はRさんと同じ組)．したがって，

$${}_6C_2 \times {}_4C_2 (\times {}_2C_2) = \mathbf{90}$$ **(通り)**

解説講義

分配数に指定があるグループ分けの問題は，組合せで順番に計算していけばよい．ただし，分配数が同じでグループに名前がついていない場合は，それらを区別することができないので，(3)のように「**区別できないグループ数の階乗で割る処理**」が必要になる．(3)の解答はやや詳しく書いてあるが，内容をきちんと理解した上で，「3人の組3つが区別できないから，(2)の結果を3! で割る」と覚えておいてもよいだろう．

(4)は分配数が同じで（問題文の文章中では）グループに名前はつけられていない．しかし，女子3人は区別できて別々の組に属するわけなので，Pさんの組，Qさんの組，Rさんの組という形で3つの組は区別できていることになる．

文系数学の必勝ポイント

分配数に指定のあるグループ分け
組合せで順番に計算するが，区別できないグループの存在に注意する

42 分配数に指定のないグループ分け

次の問に答えよ.

(1) 異なる6台のミニチュアカーを3人に配る配り方は何通りあるか.

(2) 異なる6台のミニチュアカーを3人ともに少なくとも1台配る配り方は何通りあるか.

(3) 同じ種類の6冊のノートを3人に配る配り方は何通りあるか.

(4) 同じ種類の6冊のノートを3人ともに少なくとも1冊配る配り方は何通りあるか.

(中央大)

解答

3人をA, B, Cとする.

(1) ミニチュアカーを[1], [2], [3], [4], [5], [6]とすると,

[1]を誰に配るか3通り, [2]を誰に配るか3通り, …

というように, [1]から[6]のそれぞれに3通りずつの配り方があるから,

$$3^6 = \mathbf{729}\ \textbf{(通り)}$$

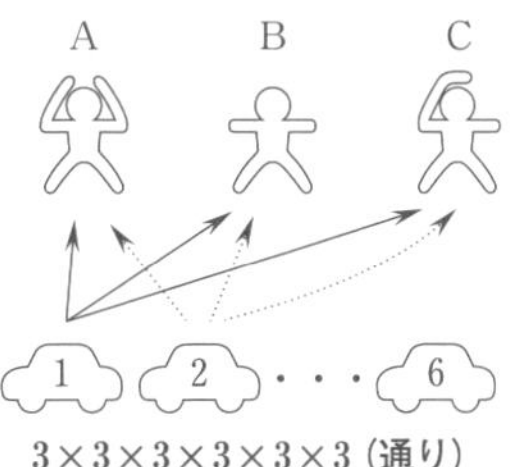

$3\times3\times3\times3\times3\times3$ (通り)

(1)で求めた729通りのなかには,
(ア)もらえない人が2人いる
(イ)もらえない人が1人いる
(ウ)もらえない人はいない
の場合がある. 本問で要求されているのは(ウ)の場合であるから, (ア)と(イ)の場合を除くことを考える

(2) (ア) もらえない人が2人いるとき

Aのみに配る, Bのみに配る, Cのみに配るという3通りがある.

(イ) もらえない人が1人のとき

AとBの2人に配る配り方は, [1]から[6]について2通りずつの配り方があるから, $2^6 = 64$ (通り)であるが, この64通りの配り方のなかには,「すべてAに配る」,「すべてBに配る」という2通りが含まれている. よって, AとBの2人に少なくとも1台配る配り方は,

$$64 - 2 = 62\ (通り)$$

2を引くところを忘れやすい!

である. BとC, CとAに配る場合もこれと同じ62通りなので, もらえない人が1人になる配り方は, $62 \times 3 = 186$ (通り)である.

(ア), (イ)より, 3人ともに少なくとも1台配る(もらえない人がいない)配り方は,

$$729 - 3 - 186 = \mathbf{540}\ \textbf{(通り)}$$

(3) 同じ種類の区別できないノートを○で表し,

○|○○○|○○　は「Aが1冊, Bが3冊, Cが2冊」

○○○||○○○　は「Aが3冊, Bが0冊, Cが3冊」

|○○○○○|○　は「Aが0冊, Bが5冊, Cが1冊」

のように,「左の仕切りより左がAのもの, 2つの仕切りの間がBのもの, 右の仕切りより右がCのもの」とする.

このとき, 3人に配る配り方は, ○6個と|2本の並べ方を考えて,

$$\frac{8!}{6!2!}=28\ (通り)$$ ☜ 39 の「同じものを含む順列」の計算

⑷ まず3人に1冊ずつノートを配っておき，残り3冊をA，B，Cに分ける分け方を⑶と同様にして計算すればよい．

よって，○3個と｜2本の並べ方を考えて，$\frac{5!}{3!2!}=$ **10（通り）**

＜重要な別解：仕切りを入れる場所を考える＞

○と｜で考えるが，

・｜が2本続いてはいけない

・｜が端に来てはいけない

ということに注意すると，

○∧○∧○∧○∧○∧○
この5か所のすき間から2か所を選んで仕切りを入れる

○と○の5か所のすき間から2か所を選んで｜を入れる入れ方

を考えればよいことになる．よって，どの2か所のすき間に｜を入れるかを考えて，

$_5C_2=$ **10（通り）**

解説講義

41 は「分配数に指定のあるグループ分け」であったが，本問は「分配数に指定のないグループ分け」である．このタイプの問題は“区別できるもの(異なるもの)”を分ける問題と“区別できないもの(同じもの)”を分ける問題で，解法が大きく異なる．

⑴，⑵が区別できるものを分ける問題であるが，これは「**1つ1つのものの分け方に注目する**」と覚えておくとよい．⑴であれば，“それぞれ”のミニチュアカーに対して3通りずつの分け方があるから，6台分で3^6通りと計算できる．なお，⑵のような問題も頻出であり，0台の人が発生してしまう場合を全体から除く方針で解くようにしよう．

一方，⑶では6冊のノートが区別できないので“それぞれ”という概念は存在せず，掛け算で計算していくことはできない．“それぞれ”という概念がないので，上の解答のように6個の同じ○を並べて“全体”をつかんでおき，そこに仕切りを入れて3つの組に分けていくことを考える．そうすると，○6個と｜2本の並べ方を考えることになるから，同じものを含む順列の要領で計算すればよい．

⑷は，別解も大切である．｜が2本連続したりしてはいけないから，ただ並べるだけではない．そこで，並べるという方針は捨てて，仕切りを入れる場所を考えている．

グループ分けの問題は標準的な考え方（解法）が決まっており，それを確実に習得することが大切である．問題のタイプの違いや考え方のポイントを，本書での学習を通じてしっかりと理解してもらいたい．

文系数学の必勝ポイント

分配数に指定のないグループ分け

(Ⅰ) 区別できるものを分ける ➡ 1つ1つのものの分け方に注目する

(Ⅱ) 区別できないものを分ける

・0個の組があってもよい ➡ ○と｜の並べ方で考える

・0個の組は認めない ➡ ○と○のすき間に｜を入れる考え方も大切

43 確率の基本

赤球3個，白球4個，青球5個が入っている袋から，同時に4個の球を取り出す．次の確率を求めよ．

(1) 取り出した球の色がすべて青色である確率．

(2) 取り出した球の色が3種類である確率．　　(東京理科大)

解答

12個の球はすべて区別する．取り出し方は全部で

$${}_{12}C_4=495 \text{ 通り}$$

☜ 12個の球を
赤$_1$，赤$_2$，赤$_3$，白$_1$，白$_2$，白$_3$，白$_4$，
青$_1$，青$_2$，青$_3$，青$_4$，青$_5$
のように，すべてを区別する．
すべてを区別しているから，
Cを使って計算できる

(1) 球の色がすべて青色である取り出し方は，

$${}_5C_4=5 \text{ 通り}$$

☜ 青$_1$～青$_5$のなかから，どの4個を取り出すかを考えている

ある．したがって，求める確率は，

$$\frac{5}{495}=\mathbf{\frac{1}{99}}$$

(2) 球の色が3種類のとき，どれか1色は2個取り出されている．

(ア) (赤，白，青)＝(2個，1個，1個)となる取り出し方は，

$${}_3C_2\times{}_4C_1\times{}_5C_1=60 \text{ (通り)}$$

☜ 重なりが起こらないように分けて考えるとよい

(イ) (赤，白，青)＝(1個，2個，1個)となる取り出し方は，

$${}_3C_1\times{}_4C_2\times{}_5C_1=90 \text{ (通り)}$$

(ウ) (赤，白，青)＝(1個，1個，2個)となる取り出し方は，

$${}_3C_1\times{}_4C_1\times{}_5C_2=120 \text{ (通り)}$$

よって，条件を満たす取り出し方は，$60+90+120=270$ 通りあるから，

$$\frac{270}{495}=\mathbf{\frac{6}{11}}$$

☜ (ア)，(イ)，(ウ)は同時に起こらない，つまり排反なので，$\frac{60}{495}+\frac{90}{495}+\frac{120}{495}$ と計算してもよい

解説講義

赤球2個と白球1個の入った袋から1個の球を取り出すとき，赤球を取り出す確率は $\frac{2}{3}$ (＝正解)である．このとき，君は頭のなかで無意識のうちに「赤球1番，赤球2番，白球という3つの球があって，赤色の球は赤球1番と赤球2番の2通りがあるから，確率は $\frac{2}{3}$」と考えている．このように，同じに見える赤球もきちんと区別して考えないと確率は正しく計算できない．まず，「**すべてを区別して考える**ことが確率の計算における基本である」ことを本問で確認しておこう．

文系数学の必勝ポイント

確率の基本的な注意

確率ではすべてを区別する(同じ色の球や同じ数字のカードがあっても，確率の問題ではすべてを区別して考える)

44 余事象

サイコロを3回投げたとき，出た目の積について確率を考える．3の倍数になる確率は $\boxed{(1)}$，6の倍数になる確率は $\boxed{(2)}$ である．　(順天堂大)

解答

目の出方は全部で，$6^3=216$ 通りある．

(1)　積が3の倍数になるのは，

3か6が少なくとも1回出た場合

である．そこで，積が3の倍数にならない確率を求めると，

3回とも1か2か4か5の場合

を考えて，$\dfrac{4^3}{6^3}=\dfrac{8}{27}$ となる．よって，求める確率は，

$$1-\frac{8}{27}=\mathbf{\frac{19}{27}}$$

条件を満たさない確率(余事象の確率)の方が計算しやすいので，これを求めておく

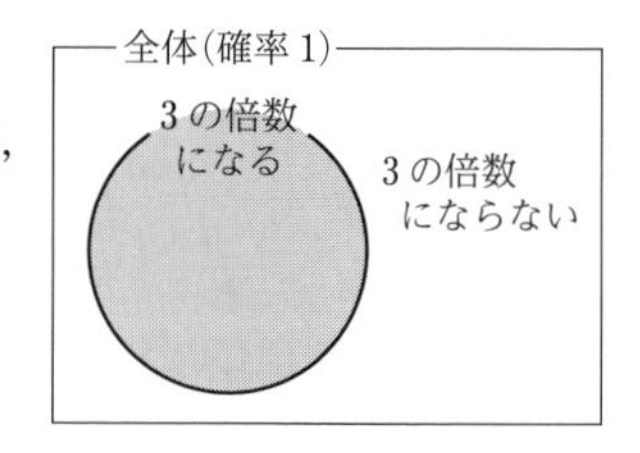

(2)　2つの事象 A，B を，

A：積が3の倍数，B：積が2の倍数

とすると，求める確率は $P(A\cap B)$ である．このとき，

$$P(\overline{A})=\frac{4^3}{6^3}=\frac{64}{216},\ P(\overline{B})=\frac{3^3}{6^3}=\frac{27}{216}$$

$$P(\overline{A}\cap\overline{B})=\frac{2^3}{6^3}=\frac{8}{216}$$

$\overline{A}$：積が3の倍数にならない
→3回とも1か2か4か5
$\overline{B}$：積が2の倍数にならない
→3回とも1か3か5
$\overline{A}\cap\overline{B}$：積が3の倍数でない
かつ，2の倍数でない
→3回とも1か5

である．これらを用いると，

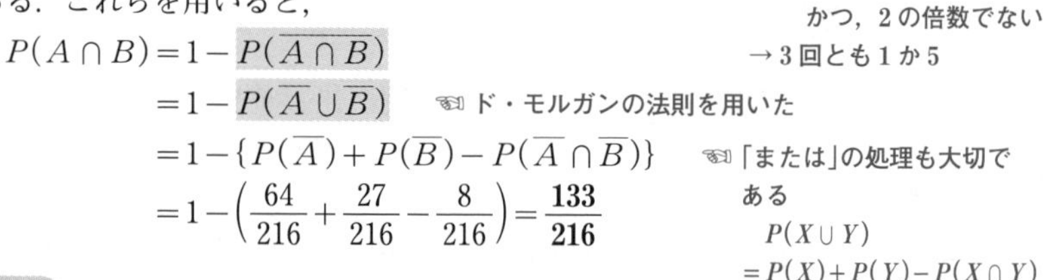

$$\begin{aligned}P(A\cap B)&=1-P(\overline{A\cap B})\\&=1-P(\overline{A}\cup\overline{B})\\&=1-\{P(\overline{A})+P(\overline{B})-P(\overline{A}\cap\overline{B})\}\\&=1-\left(\frac{64}{216}+\frac{27}{216}-\frac{8}{216}\right)=\mathbf{\frac{133}{216}}\end{aligned}$$

ド・モルガンの法則を用いた

「または」の処理も大切である
$P(X\cup Y)$
$=P(X)+P(Y)-P(X\cap Y)$

解説講義

事象 A でない確率を，事象 A の**余事象**の確率と呼び，$P(\overline{A})$ などと表す．

36 で学習したように，条件を満たすものを直接求めることが困難な場合（あるいは，条件を満たさないものの方が扱いやすいとき）は，条件を満たさないものを求めておき，それを全体から除く方針が有効である．確率でも同様であり，事象 A の起こる確率 $P(A)$ は，$P(A)=1-P(\overline{A})$ で計算できる．

(1)は「3か6が少なくとも1回出た場合」であるが，この余事象は「1回も3か6が出ない場合」でこの確率は計算しやすい．そこで，(1)は余事象に注目して解く．

(2)も，直接計算するのではなく余事象に注目する．求める確率は，$P(A\cap B)$ であるから，余事象の確率 $P(\overline{A\cap B})$ に注目して，$P(A\cap B)=1-P(\overline{A\cap B})$ のように計算する．ただし，$P(\overline{A\cap B})$ を計算するときに「**ド・モルガンの法則**」を使うので，見直しておこう．

文系数学の**必勝**ポイント

直接求めにくい確率

余事象に注目する(特に，「少なくとも〜」の確率は余事象が有効)

45 最大数，最小数の確率

サイコロを4回投げたとき，出た目の数を順に a, b, c, d として，そのなかの最大値を M とする．

(1) $M \leqq 5$ となる確率を求めよ．

(2) $M = 5$ となる確率を求めよ．　　(龍谷大)

解答

目の出方は全部で，$6^4 = 1296$ 通りある．

(1) $M \leqq 5$ となるのは「a, b, c, d がすべて5以下のとき」であるから，$\dfrac{5^4}{6^4} = \mathbf{\dfrac{625}{1296}}$

(2) $M = 5$ となるのは，

「a, b, c, d がすべて5以下で，かつ，

a, b, c, d の少なくとも1つが5のとき」

である．よって，条件を満たす目の出方は，

(すべて5以下) − (すべて4以下)

と考えると，$5^4 - 4^4$ (通り) ある．

したがって，求める確率は，

$$\frac{5^4 - 4^4}{6^4} = \frac{369}{1296} = \mathbf{\frac{41}{144}}$$

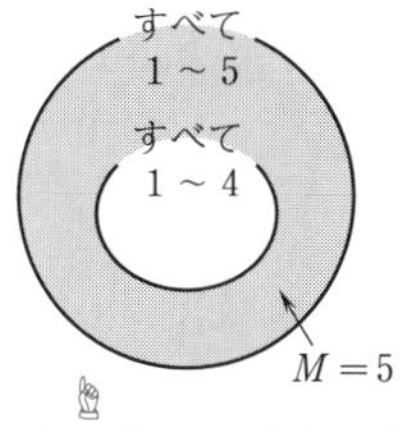

「$M \leqq 5$」の場合から「$M \leqq 4$ ($M < 5$)」の場合を除くと，「$M = 5$」の場合が残る

解説講義

最大値が5であるのは「6は一度も出ていなくて，少なくとも一度は5が出ている場合」である．6が一度でも出たら $M = 6$ になってしまうし，一度も5が出ないで毎回4以下であれば $M \leqq 4$ になってしまう．よって，毎回5以下でなければいけないが，このなかで一度も5が出ていない場合(= 毎回4以下の場合)は不適切なので，これを除けばよいと考える．

このテーマも入試では頻出であり，ベン図も参考にしながら考え方のポイントをしっかりと理解しておきたい．

文系数学の**必勝**ポイント

最大数，最小数の確率

いくつかの数字の最大値が M ➡ (すべて M 以下) − (すべて $M-1$ 以下)

いくつかの数字の最小値が m ➡ (すべて m 以上) − (すべて $m+1$ 以上)

46 ジャンケンの確率

5人で1回だけジャンケンをする.

(1) 勝者が2人になる確率を求めよ.

(2) あいこになる確率を求めよ.　　(東北学院大)

解答

(1) それぞれの人が，グー，チョキ，パーの3通りの手の出し方があるから，5人の手の出し方は全部で，

$3^5(=243)$ 通り　☜ 5人それぞれに，3通りずつの手の出し方がある

ある．このとき，

・勝者が誰かについて，${}_5C_2(=10)$ 通り　☜ 5人をA，B，C，D，Eとすると，勝者はこのなかのどの2人なのか？

・勝者がどの手で勝つかについて，3通り　☜ 勝者は，グー，チョキ，パーのどの手で勝つのか？

があることから，勝者が2人になる確率は，

$$\frac{{}_5C_2\times3}{3^5}=\mathbf{\frac{10}{81}}$$

(2) あいこになるのは，勝者が0人の場合である．そこで，余事象に注目し，勝者が0人にならない確率を求めてみる．(1)と同様にして考えると，

・勝者が1人になる確率は，$\dfrac{{}_5C_1\times3}{3^5}=\dfrac{5}{81}$

・勝者が2人になる確率は，$\dfrac{{}_5C_2\times3}{3^5}=\dfrac{10}{81}$

・勝者が3人になる確率は，$\dfrac{{}_5C_3\times3}{3^5}=\dfrac{10}{81}$

・勝者が4人になる確率は，$\dfrac{{}_5C_4\times3}{3^5}=\dfrac{5}{81}$

したがって，あいこになる確率は，

$$1-\left(\frac{5}{81}+\frac{10}{81}+\frac{10}{81}+\frac{5}{81}\right)=\frac{51}{81}=\mathbf{\frac{17}{27}}$$

☜ (あいこになる確率)
=(勝負が決まらない確率)
=1−(勝負が決まる確率)

解説講義

2，3人でのジャンケンであれば，手の出し方をすべて調べてみればよいが，人数が増えるとそうはいかない．ジャンケンの確率は，解答のように「**誰がどの手で勝つか**」を考えて解いていこう．

文系数学の必勝ポイント

ジャンケンの確率

(I)「誰がどの手で勝つか」を考える

(II) あいこの確率は余事象で考える(勝負が決まる確率を引く)

47 反復試行の確率

x 軸上を移動する点Pがある．点Pは最初，原点Oにあり，サイコロを投げるたびに，5以上の目が出たら $+1$，4以下の目が出たら -2 だけ x 軸上を移動するものとする．サイコロをちょうど5回投げたとき，

(1) 点Pが $x=3$ に到達して，5回後には $x=-1$ の位置にある確率を求めよ．

(2) 点Pが5回後には $x=-1$ の位置にある確率を求めよ．　　(中部大)

解答

サイコロを1回投げる試行において，

$$+1 \text{ 動く確率は } \frac{2}{6}=\frac{1}{3},\quad -2 \text{ 動く確率は } \frac{4}{6}=\frac{2}{3}$$

☜ 同じ試行を何回か繰り返す問題では，まず1回の試行について考えておく

(1) 条件を満たすのは，

$$+1,\ +1,\ +1,\ -2,\ -2$$

と移動したときに限られる．よって，求める確率は，

$$\frac{1}{3}\cdot\frac{1}{3}\cdot\frac{1}{3}\cdot\frac{2}{3}\cdot\frac{2}{3}=\mathbf{\frac{4}{243}}$$

☜ 起こる順序が指定されているから，その順序通りに確率を掛けていく

(2) 点Pが5回後に $x=-1$ の位置にあるのは，

5回中3回が $+1$ の移動で，残り2回が -2 の移動になった場合

である．したがって，求める確率は，

$${}_5C_3\left(\frac{1}{3}\right)^3\left(\frac{2}{3}\right)^2=10\cdot\frac{1}{27}\cdot\frac{4}{9}=\mathbf{\frac{40}{243}}$$

☜ 起こる順序が指定されていないから，その順序の入れかえが ${}_5C_3$ 通りだけあることを考慮しないといけない

解説講義

(2)では起こる順序の入れかえを考慮する必要がある．つまり，5回中3回が $+1$ の移動で残り2回が -2 の移動であるから，

$$+1,\ -2,\ +1,\ -2,\ +1 \quad \text{でも} \quad -2,\ +1,\ +1,\ +1,\ -2$$

でも構わない．したがって，起こる順序の入れかえが（5回のうちどの3回が $+1$ かを考えて）${}_5C_3$ 通りあり，その1つ1つのケースにおいて起こる確率が $\left(\frac{1}{3}\right)^3\left(\frac{2}{3}\right)^2$ であるから，${}_5C_3\left(\frac{1}{3}\right)^3\left(\frac{2}{3}\right)^2$ と計算する．同じことを何度か繰り返す（このような試行を**反復試行**という）ときの確率では，起こる順序が指定されているのか，起こる順序の入れかえが可能なのかをきちんとつかまないといけない．

文系数学の必勝ポイント

同じことを何度か繰り返すときの確率（反復試行の確率）

- **起こる順序の入れかえに注意する**
- **事象 A が確率 p，事象 B が確率 q で起こるとき，n 回中 r 回で A が起こり，残りの $n-r$ 回で B が起こる確率は，${}_nC_r p^r q^{n-r}$ である**

48 優勝者決定の確率

　あるゲームをするときにAがBに勝つ確率は $\frac{3}{5}$ であり，引き分けはないものとする．このゲームをAとBが繰り返し行い，先に3勝した者が優勝賞金を獲得する．

(1)　Aが3勝1敗で賞金を獲得する確率を求めよ．

(2)　Aが賞金を獲得する確率を求めよ．　(名城大)

解答

(1)　1回のゲームにおいて，Aが勝つ確率は $\frac{3}{5}$，Bが勝つ確率は $\frac{2}{5}$ である．

Aが3勝1敗で賞金を獲得するのは，

「1回目から3回目のゲームでAが2勝して，

4回目のゲームでAが勝つ場合」

である．したがって，求める確率は，

$$ {}_3C_2\left(\frac{3}{5}\right)^2\cdot\frac{2}{5}\times\frac{3}{5}=3\cdot\frac{9}{25}\cdot\frac{2}{5}\times\frac{3}{5}=\boldsymbol{\frac{162}{625}} $$

①　②　③　④

			A

Aはこのなかの2回で勝つ．

3回目のゲームが終わった時点でAは，あと1勝で賞金を獲得できる状態になり，4回目のゲームで3勝目をあげて，3勝1敗で賞金を獲得する

(2)　Aが賞金を獲得するのは，

(ア) 3勝0敗　(イ) 3勝1敗　(ウ) 3勝2敗

の場合がある．

(ア)の確率は，$\left(\frac{3}{5}\right)^3=\frac{27}{125}$ である．また，(イ)の確率は，(1)より $\frac{162}{625}$ である．

(ウ)の確率は，${}_4C_2\left(\frac{3}{5}\right)^2\left(\frac{2}{5}\right)^2\times\frac{3}{5}=6\cdot\frac{9}{25}\cdot\frac{4}{25}\times\frac{3}{5}=\frac{648}{3125}$

1回目から4回目のゲームでAが2勝して，5回目のゲームでAが勝つ

したがって，(ア)，(イ)，(ウ)より，

$$ \frac{27}{125}+\frac{162}{625}+\frac{648}{3125}=\frac{675+810+648}{3125}=\boldsymbol{\frac{2133}{3125}} $$

解説講義

(1)で，「4回中3回勝てばよいから，${}_4C_3\left(\frac{3}{5}\right)^3\cdot\frac{2}{5}$ だ！」とやってしまうと間違いである．単に「4回中3回勝つ」と考えると，そのなかには「A→A→A→Bの順に勝つケース」も含まれてしまう．先に3勝した時点で賞金がもらえるので，これは3勝1敗ではなく3勝0敗である．3勝1敗になるためには4ゲーム目までゲームが行われなければならないので，解答のように，3ゲーム目までのことと4ゲーム目のことを切り離して考えなければならない．

文系数学の必勝ポイント

優勝者決定の確率

ちょうど n 回目で優勝するのは，「$n-1$ 回目に“あと1勝の状態”になり，n 回目に勝って優勝を決める場合」である

49 条件付き確率

10本のくじのなかに当たりくじが4本ある．引いたくじは元に戻さないものとして，A，B，Cの3人がこの順に1本ずつくじを引く．

(1) Cがはずれる確率を求めよ．

(2) Cがはずれたとき，Aが当たっている条件付き確率を求めよ．

(東北学院大)

解答

(1)

	A	B	C	確率
(ア)	当たり	当たり	はずれ	$\frac{4}{10}\times\frac{3}{9}\times\frac{6}{8}=\frac{1}{10}$
(イ)	当たり	はずれ	はずれ	$\frac{4}{10}\times\frac{6}{9}\times\frac{5}{8}=\frac{1}{6}$
(ウ)	はずれ	当たり	はずれ	$\frac{6}{10}\times\frac{4}{9}\times\frac{5}{8}=\frac{1}{6}$
(エ)	はずれ	はずれ	はずれ	$\frac{6}{10}\times\frac{5}{9}\times\frac{4}{8}=\frac{1}{6}$

☜ 確率は起こる順序に従って計算する

上の場合を考えて，Cがはずれる確率は，$\frac{1}{10}+\frac{1}{6}+\frac{1}{6}+\frac{1}{6}=\frac{18}{30}=\mathbf{\frac{3}{5}}$

(2) 2つの事象 X，Y を，

X：Cがはずれを引く　　Y：Aが当たりを引く

と定めると，(1)より，$P(X)=\frac{3}{5}$ である．

☜ 条件付き確率の問題では，最初に X，Y などと事象を設定すると，文章に惑わされず，何を求めるべきかが分かりやすくなる

また，(ア)，(イ)より，$P(X\cap Y)=\frac{1}{10}+\frac{1}{6}=\frac{8}{30}=\frac{4}{15}$ である．

したがって，求める条件付き確率 $P_X(Y)$ は，

$$P_X(Y)=\frac{P(X\cap Y)}{P(X)}=\frac{\frac{4}{15}}{\frac{3}{5}}=\mathbf{\frac{4}{9}}$$

☜ 条件付き確率 $P_X(Y)$ は，$P(X)$ と $P(X\cap Y)$ を準備しておき，それらを $\frac{P(X\cap Y)}{P(X)}$ と分数の形に配置して計算するだけである

解説講義

2つの事象 X，Y があり，X が起こっているという状況のもとで Y が起こる確率を，X が起こったときに Y が起こる**条件付き確率**といい，$P_X(Y)$ で表す．条件付き確率 $P_X(Y)$ は，X が起こっているという状況のもとで確率を計算するから，X が起こる確率である $P(X)$ を分母にする．そのなかで Y も起こっている確率 $P(X\cap Y)$ を考えればよいから，$\boldsymbol{P_X(Y)=\frac{P(X\cap Y)}{P(X)}}$ で計算できる．

文系数学の必勝ポイント

X が起こったときに Y が起こる条件付き確率：$P_X(Y)=\frac{P(X\cap Y)}{P(X)}$

50 期待値の基本

赤球3個，青球2個，白球1個が入っている袋から球を1個取り出し，色を確かめてから袋に戻す．このような試行を最大で3回まで繰り返す．ただし，赤球を取り出したときは以降の試行を行わない．

(1) 試行が1回または2回で終わる確率は[　]である．

(2) 試行が1回行われるごとに100円受け取るとする．受け取る金額の期待値は[　]円である．

(大学入試センター試験／一部を抜粋して文言を変更)

解答

(1) 1回目に試行が終わるのは「1回目に赤球を取り出した場合」で，その確率は $\frac{3}{6}=\frac{1}{2}$ である．また，2回目に試行が終わるのは「1回目に赤球以外，2回目に赤球を取り出した場合」であり，その確率は，$\frac{3}{6}\times\frac{3}{6}=\frac{1}{4}$ である．

したがって，試行が1回または2回で終わる確率は，

$$\frac{1}{2}+\frac{1}{4}=\mathbf{\frac{3}{4}}$$

(2) 試行は最大で3回までしか行わないので，試行が3回で終わる確率は，(1)より，

$$1-\frac{3}{4}=\frac{1}{4}$$

☜ 余事象の確率に注目するとよい

以上より，受け取る金額と，その金額を得る確率は右の表のようになる．したがって，受け取る金額の期待値は，

金額	100	200	300	計
確率	$\frac{1}{2}$	$\frac{1}{4}$	$\frac{1}{4}$	1

$$100\cdot\frac{1}{2}+200\cdot\frac{1}{4}+300\cdot\frac{1}{4}=\mathbf{175}\ (\text{円})$$

☜ 各金額について，(金額)×(その金額を得る確率)を計算して，それらを足し合わせる

解説講義

金額や得点などの値に対して，それが得られる確率を掛けて合計したものを**期待値**という．少し堅苦しい言い方をすれば，X が x_1，x_2，x_3，…，x_n という値をとり，それらの値が得られる確率が p_1，p_2，p_3，…，p_n であるとき，X の期待値 $E(X)$ は，

$$\boldsymbol{E(X)=x_1p_1+x_2p_2+x_3p_3+\cdots+x_np_n}$$

である．期待値は平均と呼ぶこともあり，本問で得られた「175円」というのは，「100円しかもらえない場合もあるし，300円もらえる場合もあるが，平均すると175円もらえる」という意味をもっている．期待値を求めるときには，解答のような表を作って，情報を整理するとよい．なお，期待値は，数学B『統計的な推測』でより深く学ぶことになる．

文系数学の必勝ポイント

期待値は，「(金額や得点などの値)×(それが得られる確率)の和」である

51 三角形の外心と内心

図1において点Oは三角形ABCの外心，図2において点Iは三角形ABCの内心である．図の角α，βの大きさをそれぞれ求めよ．

（北海道科学大）

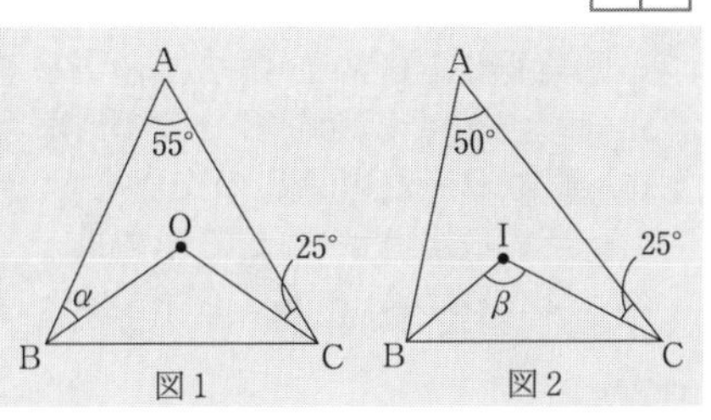

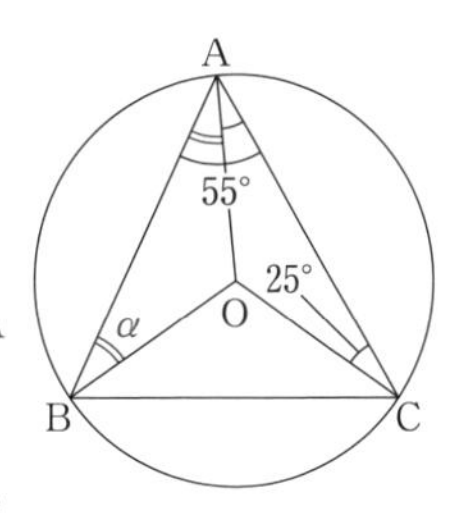

Oは三角形ABCの外心なので，OA＝OB＝OCである．

よって，三角形OACは二等辺三角形であり，$\angle \mathrm{OAC}=25^\circ$となり，$\angle \mathrm{OAB}=55^\circ-25^\circ=30^\circ$となる．

☝ $\angle \mathrm{OAC}=\angle \mathrm{OCA}$

さらに，三角形OABも二等辺三角形なので，

$$\alpha=\angle \mathrm{OAB}=\mathbf{30^\circ}$$

☜ $\angle \mathrm{OBA}=\angle \mathrm{OAB}$

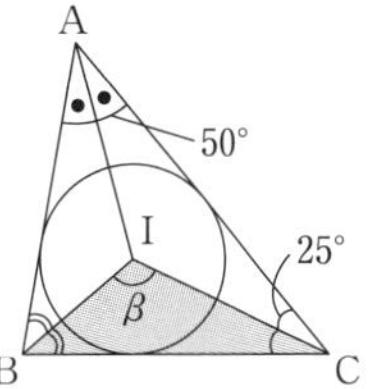

次に，Iは三角形ABCの内心なので，$\angle \mathrm{ICB}=\angle \mathrm{ICA}=25^\circ$となる．これより，$\angle \mathrm{ABC}=180^\circ-50^\circ-50^\circ=80^\circ$となり，

$$\angle \mathrm{IBC}=\angle \mathrm{ABC}\times\frac{1}{2}=80^\circ\times\frac{1}{2}=40^\circ$$

よって，三角形IBCの内角の和は180°であるから，

$$\beta=180^\circ-40^\circ-25^\circ=\mathbf{115^\circ}$$

解説講義

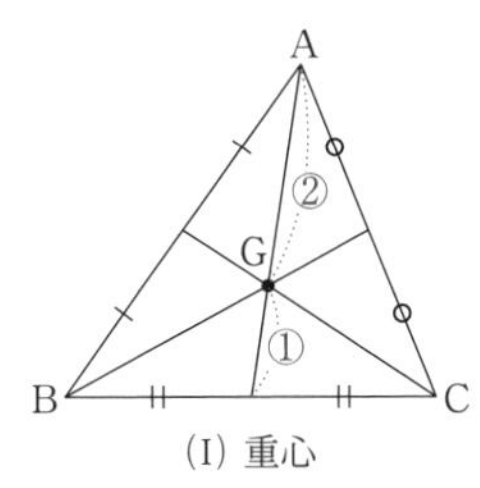

(I) 重心

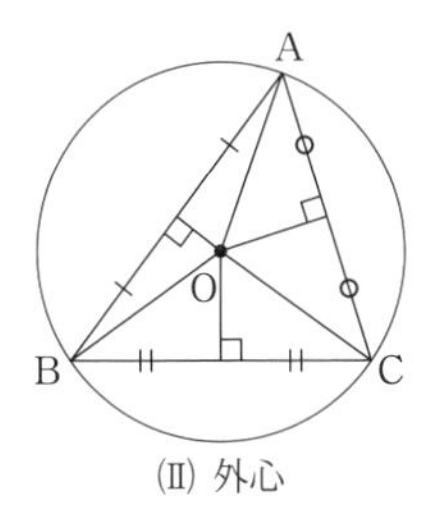

(II) 外心

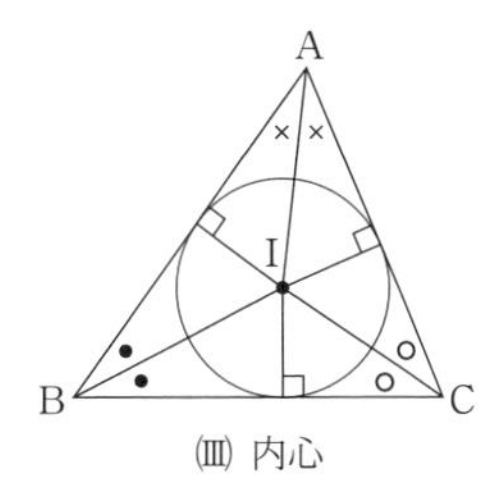

(III) 内心

(I)　三角形ABCの重心をGとすると，

　① Gは3本の**中線の交点**である　　② Gは各中線を2：1に内分する

(II)　三角形ABCの外心（外接円の中心）をOとすると，

　① Oは3本の**垂直二等分線の交点**である　　② OA＝OB＝OCである

(III)　三角形ABCの内心（内接円の中心）をIとすると，

　① Iは3本の**内角の二等分線の交点**である

文系数学の必勝ポイント

三角形の重心，外心，内心のそれぞれの特徴を整理しておこう

52 メネラウスの定理・チェバの定理

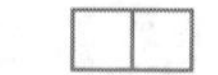

三角形ABCにおいて，辺ABを3：4に内分する点をD，辺BCを3：1に内分する点をEとする．また，線分AEと線分CDの交点をFとし，直線BFと辺ACの交点をGとする．

(1) 長さの比AF：FEを求めよ．

(2) 長さの比AG：GCを求めよ．（徳島大）

解答

(1) メネラウスの定理より，

$$\frac{AD}{DB}\cdot\frac{BC}{CE}\cdot\frac{EF}{FA}=1$$

$$\frac{3}{4}\cdot\frac{4}{1}\cdot\frac{EF}{FA}=1$$

$$\frac{EF}{FA}=\frac{1}{3}$$

AF：FE＝**3：1**

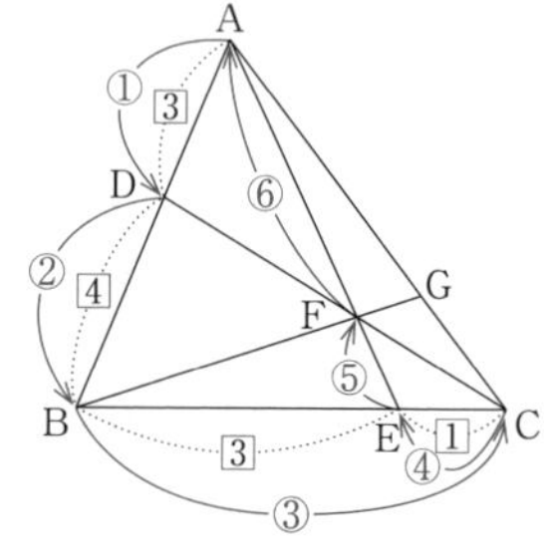

☜ メネラウスの定理は，①〜⑥の順番を間違えないように注意しよう．この順番のときに，

$$\frac{\text{①}}{\text{②}}\cdot\frac{\text{③}}{\text{④}}\cdot\frac{\text{⑤}}{\text{⑥}}=1$$

となる

(2) チェバの定理より，

$$\frac{AD}{DB}\cdot\frac{BE}{EC}\cdot\frac{CG}{GA}=1$$

$$\frac{3}{4}\cdot\frac{3}{1}\cdot\frac{CG}{GA}=1$$

$$\frac{CG}{GA}=\frac{4}{9}$$

AG：GC＝**9：4**

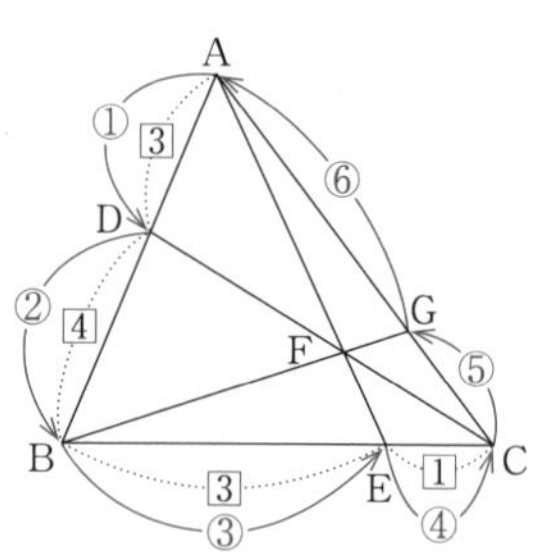

☜ チェバの定理は，三角形の"外側"をまわっていくだけである

解説講義

メネラウスの定理，チェバの定理は，次の①，②，③，④，⑤，⑥の順番に比(あるいは長さ)を使って分数式の積を考えたときに，その積が1になるというものである．

(I) メネラウスの定理

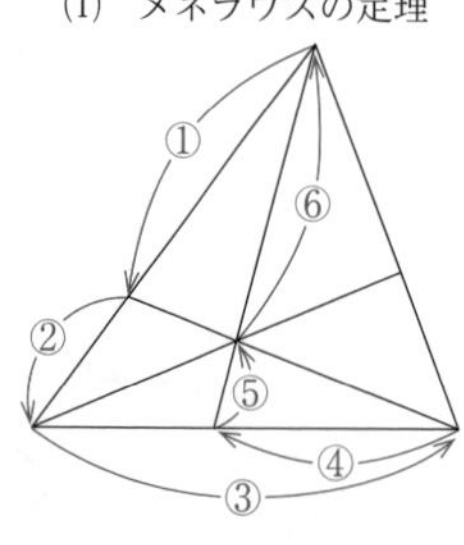

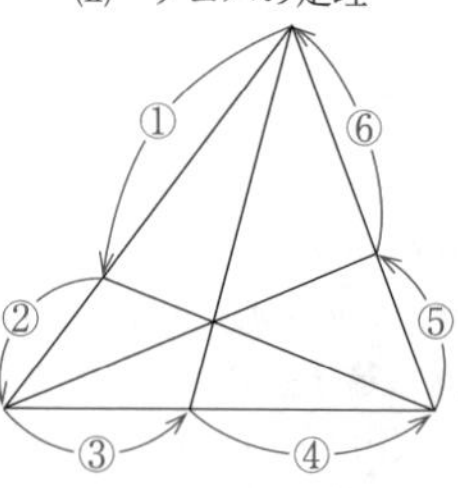
(II) チェバの定理

左のどちらの場合でも，

$$\frac{\text{①}}{\text{②}}\cdot\frac{\text{③}}{\text{④}}\cdot\frac{\text{⑤}}{\text{⑥}}=1$$

が成り立つ

文系数学の必勝ポイント

メネラウスの定理，チェバの定理は比をとっていく順番を正確に覚える

53 面積比

1辺の長さが2の正三角形ABCがある．辺ABを3：1に内分する点をP，辺BCの中点をQとし，線分CPとAQの交点をRとする．このとき，三角形ABRの面積を求めよ．　（上智大）

解答

メネラウスの定理より，$\dfrac{AP}{PB}\cdot\dfrac{BC}{CQ}\cdot\dfrac{QR}{RA}=1$ が成り立つから，条件より，

$$\frac{3}{1}\cdot\frac{2}{1}\cdot\frac{QR}{RA}=1 \quad \text{すなわち，} \quad \frac{QR}{RA}=\frac{1}{6}$$

が成り立つ．これより，QR：RA＝1：6であるから，

$$\triangle QBR : \triangle ABR = 1 : 6$$

となる．したがって，

$$\triangle ABR = \frac{6}{7}\times\triangle ABQ$$
$$= \frac{6}{7}\times\left(\frac{1}{2}\cdot 1\cdot\sqrt{3}\right)$$
$$= \boldsymbol{\frac{3}{7}\sqrt{3}}$$

三角形ABCは1辺が2の正三角形であるから，BQ＝1，AQ＝$\sqrt{3}$，∠AQB＝90°である

解説講義

「線分の分割比と面積比の関係」を確認しておこう．

この内容は中学の頃から使っているはずであるが，比の扱いが苦手な人は多い．右図において，BD：DC＝2：3とすると，面積比△ABD：△ACDはいくつになるか考えてみよう．

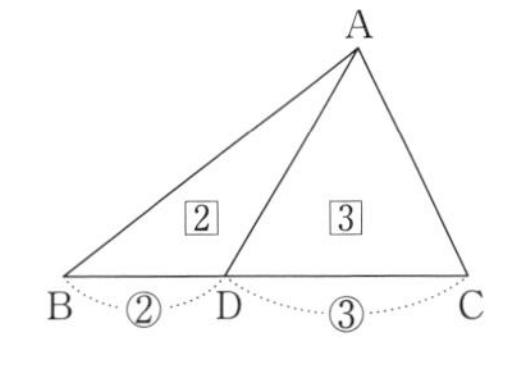

三角形の面積は $\frac{1}{2}$×(底辺)×(高さ) であるが，△ABDと△ACDは高さが等しいので，底辺の長さの比がBD：DC＝2：3であれば，三角形の面積は底辺の長さに比例するので，面積比△ABD：△ACD＝2：3となる．

このように，

線分の分割比から面積比が分かる．逆に，面積比から線分の分割比も分かる

という“行ったり来たりできる関係”であることをしっかり理解しておこう．

文系数学の必勝ポイント

面積比

線分の分割比と面積比の対応に注意する．
右図において
BD：DC＝△ABD：△ACD
である．

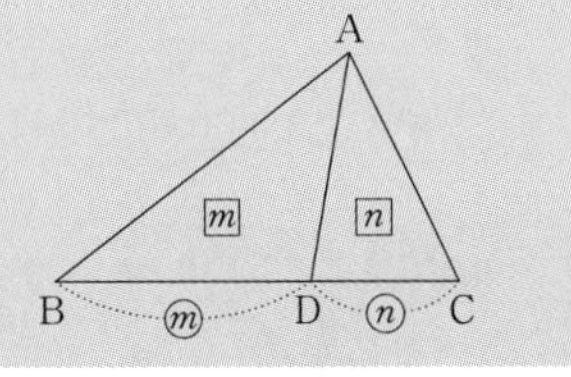

54 方べきの定理

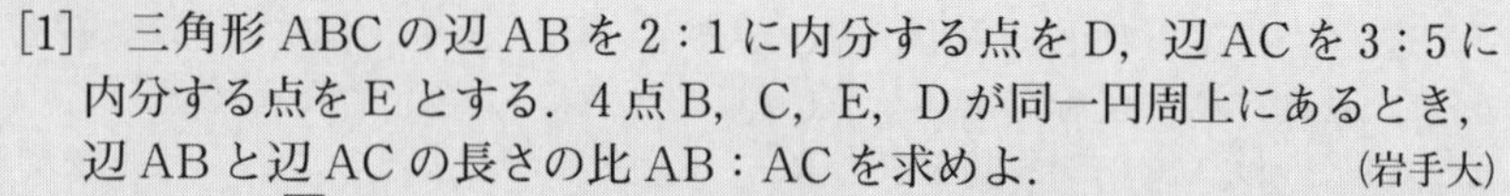

[1]　三角形ABCの辺ABを2：1に内分する点をD，辺ACを3：5に内分する点をEとする．4点B，C，E，Dが同一円周上にあるとき，辺ABと辺ACの長さの比AB：ACを求めよ．（岩手大）

[2]　半径$2\sqrt{3}$の円Kの円周上に3点A，B，Cがある．点Aにおける円Kの接線と直線BCの交点をPとし，$\angle BAC=60°$，$PA=3\sqrt{3}$，$PB<PC$とする．このとき，BC，PBの長さを求めよ．（名城大）

解答

[1]　右図のようになるから，方べきの定理より，$AD\cdot AB=AE\cdot AC$が成り立つ．比の条件を用いてこれを整理すると，

$$\frac{2}{3}AB\cdot AB=\frac{3}{8}AC\cdot AC$$ ☜ $AD=\frac{2}{3}AB$，$AE=\frac{3}{8}AC$

$$AB^2=\frac{9}{16}AC^2$$

$$AB=\frac{3}{4}AC$$　∴ **AB：AC＝3：4**

[2]　三角形ABCに正弦定理を用いると，$\frac{BC}{\sin 60°}=2\cdot 2\sqrt{3}$となるから，

$$BC=2\cdot 2\sqrt{3}\cdot\sin 60°=2\cdot 2\sqrt{3}\cdot\frac{\sqrt{3}}{2}=\mathbf{6}$$

次に，$PB=x$とすると，$PC=x+6$であり，方べきの定理より$PB\cdot PC=PA^2$が成り立つから，

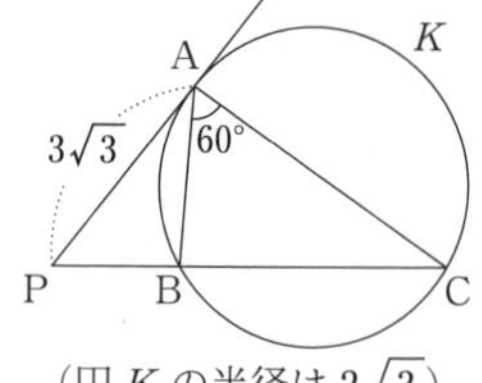

(円Kの半径は$2\sqrt{3}$)

$$x(x+6)=(3\sqrt{3})^2$$

$$x^2+6x-27=0$$

これより，$x>0$なので，$x=3$である．よって，**PB＝3**

解説講義

円に対して2本の直線が引かれているとき，次のような関係がそれぞれ成り立つ．これを**「方べきの定理」**と呼ぶ．

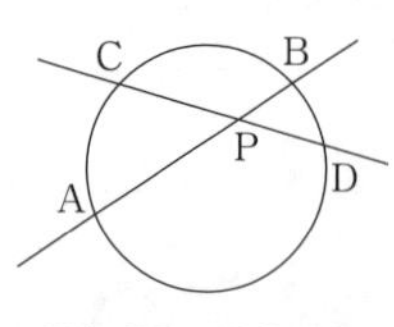

PA・PB＝PC・PD

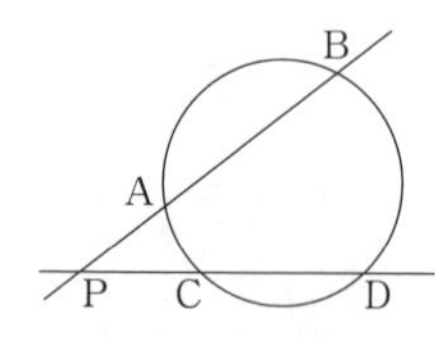

PA・PB＝PC・PD

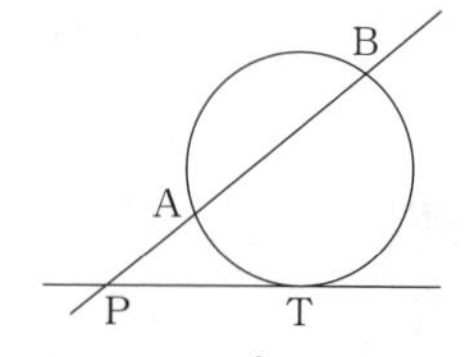

PA・PB＝PT²（Tは接点）

文系数学の必勝ポイント

方べきの定理

円に対して2本の直線が通っているときに注意しておく

55 二項定理

[1]　$(3x^2-2)^6$ の展開式において，x^6 の係数を求めよ．（武蔵大）

[2]　$\left(2x^2-\dfrac{1}{2x}\right)^6$ の展開式において，定数項を求めよ．（神奈川大）

[3]　$(2x-y+z)^8$ の展開式において，$x^2y^3z^3$ の係数を求めよ．（鹿児島大）

解答

[1]　$(3x^2-2)^6$ の展開式の一般項は，

$$_6C_r(3x^2)^{6-r}\cdot(-2)^r={}_6C_r\cdot3^{6-r}\cdot(-2)^r\cdot x^{12-2r}$$

（$(a+b)^n$ の展開式の一般項は $_nC_ra^{n-r}b^r$ であり，n を 6，a を $3x^2$，b を -2 としている）

である．x^6 は，$12-2r=6$ より $r=3$ の場合を考えればよく，求める係数は，

$$_6C_3\cdot3^3\cdot(-2)^3=20\cdot27\cdot(-8)=\mathbf{-4320}$$

（$_6C_r\cdot3^{6-r}\cdot(-2)^r$ で $r=3$ として計算する）

[2]　$\left(2x^2-\dfrac{1}{2x}\right)^6$ の展開式の一般項は，

$$_6C_r(2x^2)^{6-r}\cdot\left(-\frac{1}{2x}\right)^r={}_6C_r\cdot2^{6-r}\cdot x^{12-2r}\cdot\left(-\frac{1}{2}\right)^r\cdot\frac{1}{x^r}={}_6C_r\cdot2^{6-r}\cdot\left(-\frac{1}{2}\right)^r\cdot\frac{x^{12-2r}}{x^r}$$

である．定数項は，$12-2r=r$ より $r=4$ の場合を考えればよく，定数項は，

$$_6C_4\cdot2^2\cdot\left(-\frac{1}{2}\right)^4=15\cdot\frac{1}{2^2}=\mathbf{\frac{15}{4}}$$

（$_6C_4={}_6C_2=\dfrac{6\cdot5}{2\cdot1}=15$ と計算するとラクである）

[3]　$(2x-y+z)^8$ の展開式の一般項は，

$$\frac{8!}{p!q!r!}(2x)^p(-y)^qz^r=\frac{8!}{p!q!r!}\cdot2^p\cdot(-1)^q\cdot x^py^qz^r\quad（ただし，p+q+r=8）$$

である．$x^2y^3z^3$ は，$p=2$，$q=3$，$r=3$ の場合を考えればよく，求める係数は，

$$\frac{8!}{2!3!3!}\cdot2^2\cdot(-1)^3=560\cdot4\cdot(-1)=\mathbf{-2240}$$

解説講義

$(a+b)^n$ を展開すると，

$$(a+b)^n={}_nC_0a^n+{}_nC_1a^{n-1}b+{}_nC_2a^{n-2}b^2+\cdots+{}_nC_ra^{n-r}b^r+\cdots+{}_nC_nb^n\quad（n は自然数）$$

となる．この展開公式を**二項定理**という．この式において，$_nC_ra^{n-r}b^r$ を展開式の**一般項**という．

本問のような展開式の係数を決める問題では，二項定理で展開式の一般項を r を使って準備しておき，要求されている項が得られる r の値を決定して計算を進めていけばよい．

なお，$(a+b+c)^n$ の展開式の一般項は $\dfrac{n!}{p!q!r!}a^pb^qc^r$（ただし，$p+q+r=n$）であり，こちらは多項定理と呼ばれている．

文系数学の必勝ポイント

二項定理

$$(a+b)^n={}_nC_0a^n+{}_nC_1a^{n-1}b+{}_nC_2a^{n-2}b^2+\cdots+\underline{{}_nC_ra^{n-r}b^r}+\cdots+{}_nC_nb^n$$

係数決定では，まず一般項を準備する

56 分数式の計算

次の式を簡単にせよ．

(1) $\dfrac{x+11}{2x^2+7x+3}-\dfrac{x-10}{2x^2-3x-2}$　　(2) $1-\dfrac{1}{1-\dfrac{1}{1-x}}$ (駒澤大／名城大)

解答

(1) $(\text{与式})=\dfrac{x+11}{(x+3)(2x+1)}-\dfrac{x-10}{(x-2)(2x+1)}$　☜ それぞれの分母を因数分解した

$$=\frac{(x+11)(x-2)}{(x+3)(x-2)(2x+1)}-\frac{(x-10)(x+3)}{(x+3)(x-2)(2x+1)}$$

$$=\frac{(x^2+9x-22)-(x^2-7x-30)}{(x+3)(x-2)(2x+1)}$$

☝ 分母を $(x+3)(x-2)(2x+1)$ で通分した

$$=\frac{8(2x+1)}{(x+3)(x-2)(2x+1)}$$

$$=\boldsymbol{\frac{8}{(x+3)(x-2)}}$$

(2) $1-\dfrac{1}{1-\dfrac{1}{1-x}}=1-\dfrac{1\times(1-x)}{\left(1-\dfrac{1}{1-x}\right)\times(1-x)}$　☜ 分母と分子の両方に $1-x$ を掛ける

$$=1-\frac{1-x}{(1-x)-1}$$

$$=1+\frac{1-x}{x}$$

$$=\frac{x+(1-x)}{x}$$

$$=\boldsymbol{\frac{1}{x}}$$

解説講義

言うまでもなく，$\dfrac{1}{6}+\dfrac{1}{10}$ は，$6(=2\cdot3)$ と $10(=2\cdot5)$ の最小公倍数である $30(=2\cdot3\cdot5)$ で通分して計算する．

文字を含む分数式の足し算，引き算も，これと同じ要領で分母を通分して計算すればよい．(1)では，分母が $(x+3)(2x+1)$ と $(x-2)(2x+1)$ の分数どうしの引き算を行うので，分母を $(x+3)(x-2)(2x+1)$ で通分して計算する．

(2)のような計算も苦手な人が多い．通分を繰り返して整理するのもよいのだが，上の解答のように「分母と分子に等しいものを掛けて整理する」というやり方も便利である．

文系数学の必勝ポイント

分数式の足し算，引き算

最小公倍数で通分して計算する

57 恒等式の未定係数の決定

等式 $4x^2=a(x-1)(x-2)+b(x-1)+4$ が x についての恒等式となるような定数 a，b の値を求めよ．（福岡大）

解答

$$4x^2=a(x-1)(x-2)+b(x-1)+4 \quad \cdots①$$

<解法1：係数比較法>

① は，右辺を展開して整理すると，

$$4x^2=ax^2+(b-3a)x+(2a-b+4)$$

となる．これが x についての恒等式となるから，両辺の係数を比較すると，

$$a=4,\ b-3a=0,\ 2a-b+4=0$$

☜ x^2，x，定数項の比較を行う

である．これより，求める a，b の値は，$\boldsymbol{a=4}$，$\boldsymbol{b=12}$

<解法2：数値代入法>

① で $x=2$ とすると，$16=0+b\cdot1+4$ となるから，$b=12$ である．

① で $x=0$ とすると，$0=a\cdot(-1)\cdot(-2)+b\cdot(-1)+4$ となるから，

$$0=2a-12+4 \qquad \therefore\ a=4$$

逆に，$a=4$，$b=12$ のとき，① の右辺は

$$4(x-1)(x-2)+12(x-1)+4=4x^2$$

となり，確かに恒等式となる．したがって，

$$\boldsymbol{a=4,\ b=12}$$

☜ $a=4$，$b=12$ は，$x=2$ と $x=0$ で ① が成り立つための条件であり，すべての x に対して ① が成り立つかは分からない．そのため，このような確認が必要となる

解説講義

$x+2=5$ のように特定の値(この場合は $x=3$)に対してのみ等号が成り立つ等式を**方程式**と呼ぶのに対して，$(x+1)^2-2x=x^2+1$ …★ のようにすべての x に対して等号が成り立つ等式を**恒等式**と呼ぶ．★の左辺を整理すると，右辺の x^2+1 と一致するから，どのような x の値に対しても等号が成立するのである．「恒等式になるように」と言われたときには，両辺を整理したときに同じ式になる，と考えて係数を比較すればよい．このように両辺の係数を比較して，恒等式の未定係数を決定する方法を「**係数比較法**」と呼ぶ．

一方「**数値代入法**」は，特定の値に対して成り立つように未定係数を決めていく方法である．ただし，そうして得られた値を用いたときに，与式が確かに恒等式になっていることを確認する必要があるので注意しないといけない．

恒等式という言葉を使わずに「すべての x に対して成り立つように」,「x の値によらず成り立つように」という表現が用いられることもあるが，考え方は変わらない．

文系数学の必勝ポイント

恒等式の未定係数の決定

係数比較法 ➡ 両辺を整理し，係数を比較して未定係数を決定する

数値代入法 ➡ 計算しやすい値を代入して未定係数を決定する

58 等式の証明

$a+b+c=0$ のとき，$(b-a)(c-a)=2a^2+bc$ が成り立つことを証明せよ．

(高知大)

解答

<解答1：手法1を用いる>

$a+b+c=0$ …(*) が成り立つとき，

$$
\begin{aligned}
(b-a)(c-a) &= bc-(b+c)a+a^2 \\
&= bc-(-a)a+a^2 \quad ((*)\text{ より，} b+c=-a) \\
&= 2a^2+bc
\end{aligned}
$$

☜ (左辺)を変形していったら(右辺)になったので，(左辺)と(右辺)は等しい

となるので，$(b-a)(c-a)=2a^2+bc$ が成り立つ．

<解答2：手法2を用いる>

$a+b+c=0$ が成り立つとき，$c=-a-b$ であるから，

$$
\begin{aligned}
(b-a)(c-a) &= (b-a)(-a-b-a) \\
&= (b-a)(-b-2a) \\
&= 2a^2-ab-b^2 \quad \cdots ①
\end{aligned}
$$

☜ (左辺)を a，b のみで表した

$$
\begin{aligned}
2a^2+bc &= 2a^2+b(-a-b) \\
&= 2a^2-ab-b^2 \quad \cdots ②
\end{aligned}
$$

☜ (右辺)も a，b のみで表したところ，① と一致した．これは，(左辺)と(右辺)が等しいことを意味している

①，② より，$(b-a)(c-a)=2a^2+bc$ が成り立つ．

解説講義

等式「$P=Q$」と示すときには，

手法1：P を変形していき，Q と一致することを導く

手法2：P と Q をそれぞれ変形したものが一致していることを示す

という2通りの方法が一般的である．実際の入試問題では，手法1よりも手法2の手順に従って証明することの方が多い．上に示した<解答2>では，「左辺と右辺をそれぞれ整理するとどちらも $2a^2-ab-b^2$ になって一致するから，(左辺)＝(右辺)である」というように，手法2の考え方を用いている．

また，本問のように「等式の条件式」が与えられている場合には，その条件式を使って文字を減らして考えることが多い．文字を減らして考えることは，数学のいろいろな問題を考える上での基本である．

文系数学の必勝ポイント

等式「$P=Q$」は，次のいずれかの手法で示すことが一般的である

手法1：P を変形していき，Q と一致することを導く

手法2：P と Q をそれぞれ変形したものが一致していることを示す

59 不等式の証明

$a>0$, $b>0$ のとき，次の不等式が成り立つことを示せ．

[1]　$(a+b)(a^3+b^3) \geqq (a^2+b^2)^2$　（青山学院大）

[2]　$\sqrt{2(a+b)} \geqq \sqrt{a}+\sqrt{b}$　（龍谷大）

解答

[1]　$(a+b)(a^3+b^3)-(a^2+b^2)^2$　☜まず,「大－小」, つまり (左辺) − (右辺) を準備する

$$=(a^4+ab^3+a^3b+b^4)-(a^4+2a^2b^2+b^4)$$

$$=ab(a^2-2ab+b^2)$$

☜上の式は $a^3b-2a^2b^2+ab^3$ と整理される

$$=ab(a-b)^2$$

☜2次式では平方完成を検討してみることが基本である

$a>0$, $b>0$ より，$ab(a-b)^2 \geqq 0$ であるから，

$$(a+b)(a^3+b^3)-(a^2+b^2)^2 \geqq 0$$

となる．したがって，

$$(a+b)(a^3+b^3) \geqq (a^2+b^2)^2$$

根号があるので，(左辺) − (右辺) ではなく，(左辺)^2 − (右辺)^2 を準備する☟

[2]　$\{\sqrt{2(a+b)}\}^2-(\sqrt{a}+\sqrt{b})^2=2(a+b)-(a+2\sqrt{ab}+b)$

$$=a-2\sqrt{ab}+b$$

$$=(\sqrt{a}-\sqrt{b})^2$$

$(\sqrt{a}-\sqrt{b})^2 \geqq 0$ より，

$$\{\sqrt{2(a+b)}\}^2-(\sqrt{a}+\sqrt{b})^2 \geqq 0$$

となるので，

$$\{\sqrt{2(a+b)}\}^2 \geqq (\sqrt{a}+\sqrt{b})^2 \quad \cdots①$$

<u>$\sqrt{2(a+b)}>0$, $\sqrt{a}+\sqrt{b}>0$</u> であるから，① より，

$$\sqrt{2(a+b)} \geqq \sqrt{a}+\sqrt{b}$$

☜ $x \geqq 0$, $y \geqq 0$ のとき，
$x^2 \geqq y^2 \iff x \geqq y$　…★
である．「$x \geqq 0$, $y \geqq 0$」でなければ★は成り立たない．① から結論を導くときにはこのことを用いるので，アンダーラインの一言を書くべきである

解説講義

不等式「$P \geqq Q$」を証明するときには，通常，この与えられた式のまま示すことはしない．まず $P-Q$（つまり，**大－小**）を設定して，これを分析する．そして「$P-Q \geqq 0$」を示すことができたら，これは「$P \geqq Q$」を証明できたことになる．『**不等式の証明では，まず，大－小を設定する**』ということを覚えておかないといけない．

さらに，“$\geqq 0$”を示すときには平方完成がよく用いられることも常識にしておきたい．文字が実数であれば2乗は0以上である，ということを利用している．平方完成以外には「因数分解して，その符号の組合せを考える」ということもある（たとえば，正×正＞0など）．

文系数学の必勝ポイント

(Ⅰ) 不等式の証明は，まず，大－小を設定して考える

(Ⅱ) “$\geqq 0$”を示すときには，平方完成がよく用いられる

60 相加平均と相乗平均の大小関係

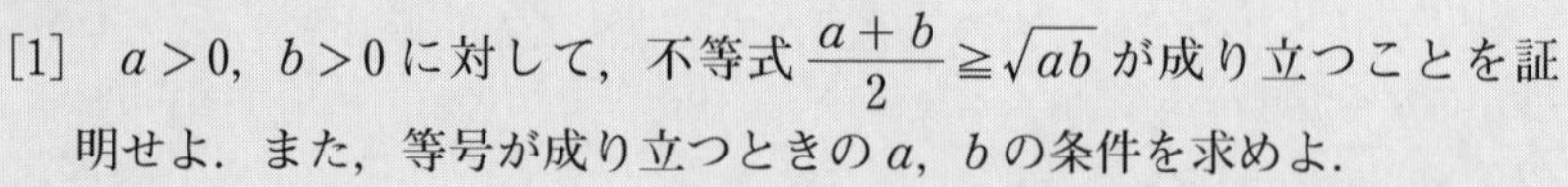

［1］ $a>0$，$b>0$ に対して，不等式 $\dfrac{a+b}{2} \geqq \sqrt{ab}$ が成り立つことを証明せよ．また，等号が成り立つときの a，b の条件を求めよ．

［2］ x を正の数とするとき，$\dfrac{x^2+x+9}{x}$ の最小値を求めよ． （桜美林大）

解答

［1］ $\dfrac{a+b}{2}-\sqrt{ab}=\dfrac{a-2\sqrt{ab}+b}{2}=\dfrac{(\sqrt{a}-\sqrt{b})^2}{2} \geqq 0 \quad \cdots①$

☜ 本問は，2乗したものを考えなくても，「大－小」を設定すれば証明できる

これより，$\dfrac{a+b}{2} \geqq \sqrt{ab}$ である．

また，等号が成り立つ条件は，① で等号が成り立つ場合を考えると，

$$\sqrt{a}-\sqrt{b}=0,\ \text{すなわち},\ a=b$$

［2］ $y=\dfrac{x^2+x+9}{x}=x+1+\dfrac{9}{x}$ とする．

☜ 分数式の最大最小では，相加相乗の大小関係をよく使う

$x>0$ であるから，相加平均と相乗平均の大小関係を用いると，

$$x+\frac{9}{x} \geqq 2\sqrt{x\cdot\frac{9}{x}}=6$$

☜ $a+b \geqq 2\sqrt{ab}$ の形で使う（a を x，b を $\dfrac{9}{x}$ と考えた）

両辺に1を足すと，

$$x+1+\frac{9}{x} \geqq 6+1 \qquad \therefore\ y \geqq 7$$

$a+b \geqq 2\sqrt{ab}$ において等号が成り立つのは，$a=b$ のときである

これらの不等式で等号が成り立つのは，$x=\dfrac{9}{x}$ より $x=3$ のときである．よって，

最小値 7

$x>0$ で，$x^2=9$ である

解説講義

［1］で証明した不等式が「**相加平均と相乗平均の大小関係**」であり，［2］のような**分数式の最大値，最小値を求める問題で用いられることが多い**．相加平均と相乗平均の大小関係は，分母を払って，$\boldsymbol{a+b \geqq 2\sqrt{ab}}$ の形で使うことが非常に多いということも知っておくとよい．

上の解答では，「$y \geqq 7$」が得られた後に，「最小値7」と一気に答えてはいない．これは「$y \geqq 7$ ならば最小値は7」と言えないためである．もし y の最小値が8や9だったとしても y は7より小さくないので「$y \geqq 7$」という不等式は間違っていない．そこで，$y \geqq 7$ という不等式が成り立つことから，最小値が7未満になることはないので，「もし $y \geqq 7$ の不等式で等号が成立することがあれば，最小値は7と確定する」ということになるから，「$y \geqq 7$」が得られた後に，この不等式における等号成立条件を調べているのである．

文系数学の必勝ポイント

相加平均と相乗平均の大小関係

(Ⅰ) $a>0$，$b>0$ に対して，$a+b \geqq 2\sqrt{ab}$ が成り立つ

(Ⅱ) 分数式の最大最小 ➡ 相加相乗を利用する（等号成立条件を確認！）

61 複素数の計算

i は虚数単位とする．次の数を $a+bi$（a，b は実数）の形で表せ．

(1)　$(3-i)(4+5i)$　　(2)　$\dfrac{(2+i)^2}{2-i}$　　（大阪経済大／京都産業大）

解答

(1)　$(3-i)(4+5i)=12+15i-4i-5i^2=12+11i-5\cdot(-1)$　☜ $i^2=-1$ である

$=\mathbf{17+11}\boldsymbol{i}$

(2)　$\dfrac{(2+i)^2}{2-i}=\dfrac{(2+i)^3}{(2-i)(2+i)}$　☜ 分母，分子に $2-i$ の共役な複素数 $2+i$ を掛ける

$=\dfrac{2^3+3\cdot2^2\cdot i+3\cdot2\cdot i^2+i^3}{4-i^2}$　☜ 展開公式：$(x+y)^3=x^3+3x^2y+3xy^2+y^3$ を分子に用いる

$=\dfrac{8+12i+6\cdot(-1)+(-1)i}{4-(-1)}$　☜ $i^2=-1$ より，$i^3=i^2\cdot i=(-1)i$ となる

$=\dfrac{8+12i-6-i}{5}=\boldsymbol{\dfrac{2}{5}+\dfrac{11}{5}i}\left(=\dfrac{2+11i}{5}\right)$　☜ $\dfrac{2}{5}$ を実部，$\dfrac{11}{5}$ を虚部という

解説講義

複素数の計算では，$\boldsymbol{i^2=-1}$ に注意すれば，i を文字と考えて普通の文字式を扱うときと同じように計算できる．

そして，$p+qi$（p，q は実数）に対して，$p-qi$ を**共役な複素数**と呼ぶことを知っておこう．通常，複素数を取り扱うときには，「分母に i を残さない」ことが普通である．分母から i を追い出すときには，解答のように分母の共役な複素数を分母と分子の両方に掛ければよい．$(p+qi)(p-qi)=p^2+q^2$ であるから，分母から i を追い出すことができる．

文系数学の必勝ポイント

複素数の計算

(Ⅰ) i は普通の文字と同様に扱えばよい．ただし，$i^2=-1$ である

(Ⅱ) 分母から i を追い出すときには，共役な複素数を分母と分子に掛ける

One Point コラム

大学入試にはさまざまな“数”が登場する．それを整理すると右のようになるが，きちんと理解できているだろうか？ 10 では有理数について学んだが，他の“数”についても，教科書の説明を見直しておくとよいだろう．

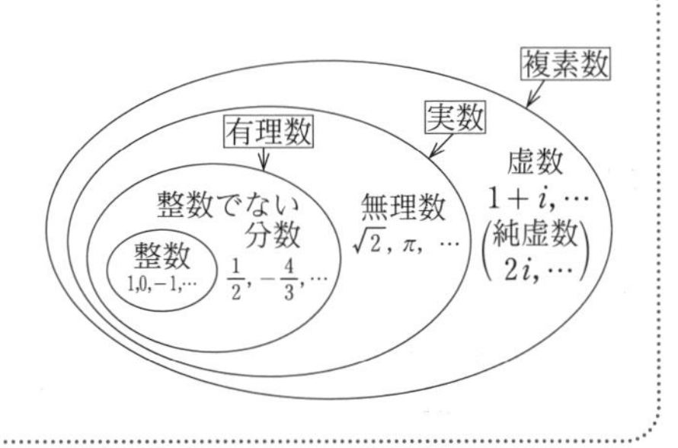

62 複素数の相等

i は虚数単位とする.

[1]　$(2+3i)x+(4+5i)y=6+7i$ を満たす実数 x, y の値を求めよ.

[2]　$z^2=-2i$ を満たす複素数 z を求めよ.　　(桜美林大／東北学院大)

解答

[1]　与式の左辺を整理すると,

$$(2x+4y)+(3x+5y)i=6+7i$$

x, y は実数であるから,

$$2x+4y=6,\ 3x+5y=7$$

☜ 両辺の実部と虚部を比較する

これを解くと, 求める実数 x, y の値は,

$$\boldsymbol{x=-1,\ y=2}$$

[2]　$z=p+qi$ (p, q は実数) とすると, z が $z^2=-2i$ を満たすとき,

$$(p+qi)^2=-2i$$

$$(p^2-q^2)+2pqi=-2i$$

p, q は実数であるから,

$$\begin{cases} p^2-q^2=0 & \cdots① \\ 2pq=-2 & \cdots② \end{cases}$$

☜ 両辺の実部と虚部を比較する.
右辺の $-2i$ は, $0-2i$ と考える

① より, $(p-q)(p+q)=0$ となるから, $p=q$ または $p=-q$ である.

$p=q$ のとき, ② より,

$$2q^2=-2\quad すなわち\quad q^2=-1$$

となるが, これは q が実数であることに反する.

$p=-q$ のとき, ② より,

$$-2q^2=-2\qquad \therefore\ q=\pm 1$$

① を $p^2=q^2$ と変形して, $p=q$ のみしか考えないミスがよくある. $p=-q$ であっても $p^2=q^2$ は成り立つ

このとき, p の値も求めると, $(p,\ q)=(-1,\ 1)$, $(1,\ -1)$ となる.

したがって, $z^2=-2i$ を満たす複素数 z は, $\boldsymbol{z=-1+i,\ 1-i}$

解説講義

複素数 $p+qi$ (p, q は実数) において, p を実部, q を虚部と呼ぶ. 2つの複素数があって, 実部と虚部がともに等しい場合, その2つの複素数は等しいとする. つまり,

$$\boldsymbol{p+qi=r+si \iff p=r\ かつ\ q=s\quad (p,\ q,\ r,\ s\ は実数)}$$

である. この事柄を「複素数の相等」と呼ぶことがある.

文系数学の必勝ポイント

複素数の相等

$$\boldsymbol{p+qi=r+si \iff p=r\ かつ\ q=s\quad (p,\ q,\ r,\ s\ は実数)}$$

63 2次方程式の解と係数の関係

2次方程式 $2x^2+3x+k=0$ において，2つの解の比が $1:2$ であるとき，定数 k の値を求めよ．　（神奈川大）

解答

条件から2つの解は，α，2α $(\alpha \neq 0)$ とおける．このとき，解と係数の関係より，

$$\begin{cases} \alpha+2\alpha=-\dfrac{3}{2} & \cdots① \\ \alpha\cdot 2\alpha=\dfrac{k}{2} & \cdots② \end{cases}$$

が成り立つ．① より，$\alpha=-\dfrac{1}{2}$ である．② より，$k=4\alpha^2$ であるから，

$$k=4\alpha^2=4\cdot\left(-\frac{1}{2}\right)^2=\mathbf{1}$$

解説講義

$$\boxed{\quad ? \quad}=0 \quad \cdots①$$

2次方程式 ① の解が $x=1$，3であるならば，① はどんな方程式だったのだろうか？

難しいことはない．$x=1$，3が解として得られるわけであるから，

$$(x-1)(x-3)=0$$

である．つまり，

$$x^2-4x+3=0$$

が ① の正体である．ちなみに，$2x^2-8x+6=0$ や $3x^2-12x+9=0$ でも正しい．

これと同じように考えてみよう．2次方程式 $ax^2+bx+c=0$ $(a \neq 0)$ の2つの解を α，β とする．$ax^2+bx+c=0$ は $x^2+\dfrac{b}{a}x+\dfrac{c}{a}=0$ と変形できるから，これが α，β を解にもつと考えると，

$$x^2+\frac{b}{a}x+\frac{c}{a}=(x-\alpha)(x-\beta)$$

すなわち，

$$x^2+\frac{b}{a}x+\frac{c}{a}=x^2-(\alpha+\beta)x+\alpha\beta$$

が成り立つことになる．よって，両辺の係数を比較すると，

$$\boldsymbol{\alpha+\beta=-\frac{b}{a},\quad \alpha\beta=\frac{c}{a}}$$

となる．これを「**解と係数の関係**」と呼ぶ．解と係数の関係を用いると，方程式を解いて解を求めなくても，2つの解の和と積が簡単に求められる．

文系数学の必勝ポイント

2次方程式の解と係数の関係

$ax^2+bx+c=0$ の2解が α，β のとき，$\alpha+\beta=-\dfrac{b}{a}$，$\alpha\beta=\dfrac{c}{a}$ が成り立つ

64 解から方程式を作る

2次方程式 $x^2-4x-2=0$ の2つの解を α, β とするとき，$\dfrac{\alpha^2}{\beta}$ と $\dfrac{\beta^2}{\alpha}$ を解とする2次方程式を1つ求めよ．（立教大）

解答

$x^2-4x-2=0$ の2つの解が α, β であるから，解と係数の関係より，

$$\alpha+\beta=4,\ \alpha\beta=-2 \qquad \cdots①$$

が成り立つ．

$\dfrac{\alpha^2}{\beta}$ と $\dfrac{\beta^2}{\alpha}$ を解にもつ2次方程式の1つは，

$$\left(x-\frac{\alpha^2}{\beta}\right)\left(x-\frac{\beta^2}{\alpha}\right)=0$$

すなわち，

$$x^2-\left(\frac{\alpha^2}{\beta}+\frac{\beta^2}{\alpha}\right)x+\frac{\alpha^2}{\beta}\cdot\frac{\beta^2}{\alpha}=0 \qquad \cdots②$$

ここで，① を用いると，

$$\frac{\alpha^2}{\beta}+\frac{\beta^2}{\alpha}=\frac{\alpha^3+\beta^3}{\alpha\beta}=\frac{(\alpha+\beta)^3-3\alpha\beta(\alpha+\beta)}{\alpha\beta}=\frac{4^3-3\cdot(-2)\cdot 4}{-2}=-44$$

$$\frac{\alpha^2}{\beta}\cdot\frac{\beta^2}{\alpha}=\alpha\beta=-2$$

であるから，② より，求める2次方程式の1つは，

$$\boldsymbol{x^2+44x-2=0}\ \ (2x^2+88x-4=0\ \text{などでもよい})$$

☜ 63 の解説講義で，$x=1$, 3を解にもつ2次方程式が，
$(x-1)(x-3)=0$
であることを確認した．この考え方をここでも用いている

☜ $\dfrac{\alpha^2}{\beta}+\dfrac{\beta^2}{\alpha}$ と，$\dfrac{\alpha^2}{\beta}\cdot\dfrac{\beta^2}{\alpha}$ の値が分かれば，条件を満たす2次方程式は求められたことになる

☜ 解と係数の関係を用いる問題では，2 で学習した対称式を使うことが多いので，
$\alpha^2+\beta^2=(\alpha+\beta)^2-2\alpha\beta$
$\alpha^3+\beta^3=(\alpha+\beta)^3-3\alpha\beta(\alpha+\beta)$
をきちんと覚えておこう

解説講義

63 の解説講義のなかで，解と係数の関係が成り立つ理由を説明してあるが，それが理解できていれば容易だろう．$x=p$, q を解とする2次方程式（x^2 の係数は1とする）は，

$$(x-p)(x-q)=0 \iff x^2-(p+q)x+pq=0$$

である．したがって，2解の和 $p+q$ と2解の積 pq が分かれば，$x=p$, q を解とする2次方程式は求められたも同然である．この結果を安易に記憶するのではなく，きちんと理解をしておくことが大切である．

文系数学の必勝ポイント

解から方程式を作る

$x=p$, q を解とする2次方程式（x^2 の係数は1とする）は，

$$\boldsymbol{(x-p)(x-q)=0\quad\text{すなわち}\quad x^2-(p+q)x+pq=0}$$

65 整式の除法

x の整式 x^4+px^2+q が x^2-2x+4 で割り切れるとき，定数 p, q の値を求めよ．　（神戸女子大）

解答

$$
\begin{array}{rl}
 & x^2+2x+p \\ \hline
x^2-2x+4 \,\big) & x^4 \quad + \quad px^2 \quad + q \\
 & x^4-2x^3+4x^2 \\ \hline
 & 2x^3+(p-4)x^2 \\
 & 2x^3-4x^2+8x \\ \hline
 & px^2-8x+q \\
 & px^2-2px+4p \\ \hline
 & (2p-8)x+(q-4p)
\end{array}
$$

上の計算から，x^4+px^2+q が x^2-2x+4 で割り切れるとき，

$$2p-8=0 \quad \text{かつ} \quad q-4p=0$$

☜ 余りが $(2p-8)x+(q-4p)$ であるから，これが 0 であればよい

である．求める p, q の値は，これを解いて，

$$\boldsymbol{p=4,\ q=16}$$

<別解>

x^4+px^2+q が x^2-2x+4 で割り切れるとき，

商を x^2+ax+b

☜ 4 次式を 2 次式で割っているから，商は 2 次式になる．x^4 の係数は 1 なので，商は ax^2+bx+c ではなく，x^2+ax+b とおけばよい

とおくと，

$$x^4+px^2+q=(x^2-2x+4)(x^2+ax+b)$$

が成り立つ．右辺を展開して整理すると，この式は，

$$x^4+px^2+q=x^4+(a-2)x^3+(-2a+b+4)x^2+(4a-2b)x+4b$$

となる．よって，両辺の係数を比較すると，

$$0=a-2,\ p=-2a+b+4,\ 0=4a-2b,\ q=4b$$

☜ 左から 1 つ目の式から $a=2$．これを 3 つ目の式に代入すると，$b=4$ が得られる．それらを 2 つ目と 4 つ目の式に代入して，p と q を求める

が得られる．これを解くと，

$$\boldsymbol{p=4,\ q=16}$$

解説講義

上の解答のように，整式の割り算は，数のときの割り算と同じ要領で計算できる．

別解は，**66** の解説講義の冒頭に書かれている割り算についての等式を用いたものである．**66** で学習する「剰余の定理」もこの等式から導ける定理であるが，割り算の問題ではこの等式が活躍する場面が多い．

文系数学の必勝ポイント

整式の割り算は，数のときの割り算と同じ要領で筆算ができる

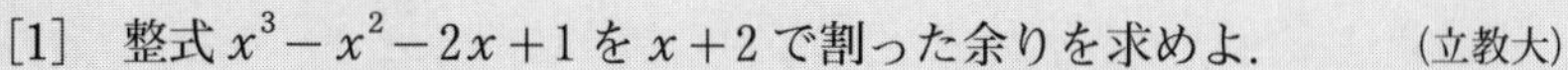

66 剰余の定理

[1]　整式 x^3-x^2-2x+1 を $x+2$ で割った余りを求めよ．　（立教大）
[2]　x についての整式 $P(x)=x^3+ax^2-16$ が $x-2$ で割り切れるとき，定数 a の値を求めよ．　（成蹊大）

解答

[1]　$f(x)=x^3-x^2-2x+1$ とする．
剰余の定理より，$f(x)$ を1次式 $x+2$ で割った余りは $f(-2)$ であるから，

$$f(-2)=(-2)^3-(-2)^2-2\cdot(-2)+1=\mathbf{-7}$$

[2]　$P(x)$ が $x-2$ で割り切れるとき，$P(2)=0$ が成り立つから，

$$2^3+a\cdot 2^2-16=0$$
$$\boldsymbol{a=2}$$

解説講義

x の整式 $f(x)$ を $g(x)$ で割ったときの商を $Q(x)$，余りを $R(x)$ とすると，

$$\boldsymbol{f(x)=g(x)Q(x)+R(x)}$$

が成り立つ．ただし，($R(x)$ の次数) < ($g(x)$ の次数)，または $R(x)=0$ である．

整式の割り算についての問題ではこの等式を用いることが多い．余りの $R(x)$ の次数は $g(x)$ の次数より低いことにも注意する．この関係を用いると，剰余の定理を導くことができる．

整式 $f(x)$ を1次式 $x-\alpha$ で割った余りは定数である．そこで，$f(x)$ を $x-\alpha$ で割ったときの余りを r，商を $Q(x)$ とすると，

$$f(x)=(x-\alpha)Q(x)+r \qquad \cdots①$$

が成り立つ．① において $x=\alpha$ とすると，

$$f(\alpha)=0+r$$

となるから，

$$余り\ r=f(\alpha)$$

と分かる．つまり，

$f(x)$ を1次式 $x-\alpha$ で割った余りは $f(\alpha)$

である．これを**剰余の定理**という．剰余の定理を用いれば，整式を1次式で割った余りは，実際に割り算を行わなくても求めることができる．（商は実際に割らないと求められない）

さらに，整式 $f(x)$ が $x-\alpha$ で割り切れるとき，余りは0であるから，

$f(x)$ が $x-\alpha$ で割り切れる　$\Longleftrightarrow$　$f(\alpha)=0$

となる．これは**因数定理**と呼ばれている．

文系数学の必勝ポイント

1次式で割った余り

(I) **$f(x)$ を1次式 $x-\alpha$ で割った余りは $f(\alpha)$ である　<剰余の定理>**
(II) **$f(x)$ が1次式 $x-\alpha$ で割り切れる $\Longleftrightarrow$ $f(\alpha)=0$　<因数定理>**

67 余りの問題

整式 $P(x)$ を $x-1$ で割った余りは13, $(x-3)^2$ で割った余りは $2x+3$ である.

(1) $P(x)$ を $x-3$ で割った余りを求めよ.

(2) $P(x)$ を $(x-1)(x-3)$ で割った余りを求めよ.　(青山学院大)

解答

$P(x)$ を $x-1$ で割った余りは13であるから, 剰余の定理より,

$$P(1)=13 \quad \cdots①$$

$P(x)$ を $(x-3)^2$ で割った商を $Q_1(x)$ とすると, 余りは $2x+3$ であるから,

$$P(x)=(x-3)^2Q_1(x)+2x+3 \quad \cdots②$$

が成り立つ.

(1) $P(x)$ を $x-3$ で割った余りは $P(3)$ である. よって, ② で $x=3$ として,

$$P(3)=0+2\cdot3+3=\mathbf{9} \quad \cdots③$$

(2) $P(x)$ を $(x-1)(x-3)$ で割った商を $Q_2(x)$, 余りを $ax+b$ とすると,

$$P(x)=(x-1)(x-3)Q_2(x)+ax+b \quad \cdots④$$

が成り立つ.

2次式で割った余りを求めたいので, 余りを1次式で設定して割り算についての等式を立てる

④ で $x=1$, 3 にすると,

$$\begin{cases} P(1)=a+b=13 & (① より) \quad \cdots⑤ \\ P(3)=3a+b=9 & (③ より) \quad \cdots⑥ \end{cases}$$

⑤, ⑥ を解くと, $a=-2$, $b=15$ となるので, 求める余りは,

$$\mathbf{-2x+15}$$

解説講義

割り算についての等式「$f(x)=g(x)Q(x)+R(x)$」を立てて考える代表的な問題である.

n 次式(n は自然数)で割った余りは, $n-1$ 次以下の式なので, 2次式で割った余りを考えるときには1次式で, 3次式で割った余りを考えるときには2次式で余りを設定して考え始めることになる. 割り算を行えば商も出てくるので, 商は $Q(x)$ (何らかの x の整式) などとしておき, 割り算についての等式を立ててみよう.

$f(x)=g(x)Q(x)+R(x)$ の式を立てたら, 求めたいものは余りであるから商は邪魔である. 商を消すことのできる x の値 (本問であれば $x=1$, 3) を考えて, 余りの部分に関する情報 (本問であれば ⑤, ⑥) を手に入れれば, もはや解けたも同然である.

文系数学の必勝ポイント

余りの問題

(Ⅰ) 割り算についての等式 $f(x)=g(x)Q(x)+R(x)$ を立てて考える

(Ⅱ) n 次式で割った余りは, $n-1$ 次式で設定する

(Ⅲ) 商を消すことのできる x の値を考える

68 高次方程式

[1]　$x^3-21x^2+128x-180=0$ を解け．　(久留米大)
[2]　$2x^3+3x^2+2x-2=0$ を解け．　(法政大)

解答

[1]　$x^3-21x^2+128x-180=0$　…①

　左辺に $x=2$ を代入してみると，☜ いくつかの値を代入して，① の解の1つを見つける

$$(\text{左辺})=8-21\cdot4+128\cdot2-180=0$$

となるから，$x=2$ は ① の解である．よって，左辺は $x-2$ を因数にもち，①より，

$$(x-2)(x^2-19x+90)=0$$
$$(x-2)(x-9)(x-10)=0$$
$$\boldsymbol{x=2,\ 9,\ 10}$$

☜
2	1	−21	128	−180
		2	−38	180
	1	−19	90	0

(組立除法)

[2]　$2x^3+3x^2+2x-2=0$　…②

　[1]と同様の手順で，$x=\frac{1}{2}$ が ② を満たすことを確認して，

$$\left(x-\frac{1}{2}\right)(2x^2+4x+4)=0$$
$$(2x-1)(x^2+2x+2)=0$$
$$\boldsymbol{x=\frac{1}{2},\ -1\pm i}$$

☜
$\frac{1}{2}$	2	3	2	−2
		1	2	2
	2	4	4	0

(組立除法)

解説講義

　たとえば，3次方程式 $(x-1)(x-2)(x+3)=0$ の解は，$x=1,\ 2,\ -3$ とすぐに分かる．つまり，高次方程式は因数分解できれば解を求めることができる．

　高次方程式を解くときには，1，−1，2，−2，… などを順番に代入していき，まず解を1つ見つける．[1]であれば，$x=1$ を代入しても ① は成立しないが，$x=2$ を代入すると ① が成立することを計算用紙で計算して発見する．$x=2$ が方程式の解であることが分かったので，① は $(x-2)(\cdots\cdots\cdots)=0$ と変形できる．そこで，① の左辺の式を $x-2$ で割って，因数分解した形に変形して考えていく．簡便な割り算の方法である組立除法を用いるとよい．

　順番に値を代入していくときには「定数項の約数(負のものまで含めて)」を，易しそうな値から順に代入していくとよい．ただし，[2]のように最高次の項の係数が1でない場合は，その最高次の係数([2]であれば2)を分母とする分数が解になっていることもある．整数をいくつか試してみて，なかなか解が見つからない場合は，このような分数を試してみよう．

文系数学の必勝ポイント

高次方程式

(Ⅰ) 定数項の約数を代入して解を見つけ，因数分解する
(α が $P(x)=0$ の解 ➡ $P(x)=0$ は $(x-\alpha)(\cdots\cdots)=0$ と変形できる)
(Ⅱ) 最高次の項の係数が1でない場合は，分数が解になる可能性も考える

69　3次方程式の解と係数の関係

$x^3+x+1=0$ の解を α, β, γ とする.

(1) $\alpha^2+\beta^2+\gamma^2$ の値を求めよ.

(2) α^2, β^2, γ^2 を解にもつ3次方程式を1つ求めよ.　(東京理科大)

解答

(1) $x^3+x+1=0$ の解が $x=\alpha$, β, γ であるから, 解と係数の関係より,

$$\alpha+\beta+\gamma=0,\ \alpha\beta+\beta\gamma+\gamma\alpha=1,\ \alpha\beta\gamma=-1$$

が成り立つ. これを用いると,

3 を見直そう

$$\alpha^2+\beta^2+\gamma^2=(\alpha+\beta+\gamma)^2-2(\alpha\beta+\beta\gamma+\gamma\alpha)=0-2\cdot1=\mathbf{-2}$$

(2) α^2, β^2, γ^2 を解にもつ3次方程式の1つは,

$$(x-\alpha^2)(x-\beta^2)(x-\gamma^2)=0$$

64 と同じ考え方である

すなわち,

$$x^3-(\alpha^2+\beta^2+\gamma^2)x^2+(\alpha^2\beta^2+\beta^2\gamma^2+\gamma^2\alpha^2)x-\alpha^2\beta^2\gamma^2=0 \quad \cdots①$$

① は上の式を展開して整理しただけである

ここで,

$$\alpha^2+\beta^2+\gamma^2=-2$$

$$\begin{aligned}\alpha^2\beta^2+\beta^2\gamma^2+\gamma^2\alpha^2&=(\alpha\beta+\beta\gamma+\gamma\alpha)^2-2(\alpha\beta\cdot\beta\gamma+\beta\gamma\cdot\gamma\alpha+\gamma\alpha\cdot\alpha\beta)\\&=(\alpha\beta+\beta\gamma+\gamma\alpha)^2-2\alpha\beta\gamma(\beta+\gamma+\alpha)\\&=1^2-2\cdot(-1)\cdot0=1\end{aligned}$$

$$\alpha^2\beta^2\gamma^2=(\alpha\beta\gamma)^2=(-1)^2=1$$

$\alpha\beta=a$, $\beta\gamma=b$, $\gamma\alpha=c$ とすると,

$$\begin{aligned}&\alpha^2\beta^2+\beta^2\gamma^2+\gamma^2\alpha^2\\&=a^2+b^2+c^2\\&=(a+b+c)^2-2(ab+bc+ca)\\&=(\alpha\beta+\beta\gamma+\gamma\alpha)^2\\&\quad-2(\alpha\beta\cdot\beta\gamma+\beta\gamma\cdot\gamma\alpha+\gamma\alpha\cdot\alpha\beta)\end{aligned}$$

となる

よって, ① より, 求める3次方程式の1つは,

$$\boldsymbol{x^3+2x^2+x-1=0}$$

解説講義

$ax^3+bx^2+cx+d=0$, すなわち, $x^3+\dfrac{b}{a}x^2+\dfrac{c}{a}x+\dfrac{d}{a}=0$ が $x=\alpha$, β, γ を解にもつとき,

$$x^3+\frac{b}{a}x^2+\frac{c}{a}x+\frac{d}{a}=(x-\alpha)(x-\beta)(x-\gamma)$$

が成り立つ. 右辺を展開して整理をし, 両辺の係数を比較すると,

$$\boldsymbol{\alpha+\beta+\gamma=-\frac{b}{a},\ \alpha\beta+\beta\gamma+\gamma\alpha=\frac{c}{a},\ \alpha\beta\gamma=-\frac{d}{a}}$$

が成り立つことが分かる. 右辺を展開する計算が大変であるが, 一度やってみるとよい.

文系数学の必勝ポイント

3次方程式の解と係数の関係

$ax^3+bx^2+cx+d=0$ の解が $x=\alpha$, β, γ であるとき,

$$\boldsymbol{\alpha+\beta+\gamma=-\frac{b}{a},\ \alpha\beta+\beta\gamma+\gamma\alpha=\frac{c}{a},\ \alpha\beta\gamma=-\frac{d}{a}}$$

70 虚数解の性質

x の3次方程式 $x^3-4x^2+ax+b=0$ が $1+i$ を解にもつとき，実数 a，b の値と $1+i$ 以外の解を求めよ．　(神奈川大)

解答

$$x^3-4x^2+ax+b=0 \quad \cdots(*)$$

$x=1+i$ が実数係数の3次方程式 $(*)$ の解であるから，$x=1-i$ も $(*)$ の解である．

もう1つの解を γ とすると，解と係数の関係より，

$$\begin{cases}(1+i)+(1-i)+\gamma=4\\(1+i)(1-i)+(1-i)\gamma+\gamma(1+i)=a\\(1+i)(1-i)\gamma=-b\end{cases}$$

(注: $1+i$ と $1-i$ はセットで解になる)

(注: $1+i$ を α，$1-i$ を β と考えて，69 で学習した3次方程式の解と係数の関係を用いる)

が成り立つ．$i^2=-1$ に注意して整理すると，

$$\begin{cases}2+\gamma=4\\1-i^2+2\gamma=a\\(1-i^2)\gamma=-b\end{cases} \quad \therefore \begin{cases}\gamma=2 & \cdots①\\2+2\gamma=a & \cdots②\\2\gamma=-b & \cdots③\end{cases}$$

(注: $\gamma=2$ を②に代入して $2+2\cdot2=a$　$a=6$ 　$\gamma=2$ を③に代入して $2\cdot2=-b$　$b=-4$)

①，②，③を解くと，$\gamma=2$，$a=6$，$b=-4$ となる．以上より，

$a=6$，$b=-4$，$1+i$ 以外の解は $1-i$ と 2

<別解>

$x=1+i$ は $(*)$ の解であるから，

$$(1+i)^3-4(1+i)^2+a(1+i)+b=0$$
$$(a+b-2)+(a-6)i=0$$

(注: 解は方程式を満たすので，$(*)$ に $x=1+i$ を代入した)

a，b は実数であるから，

$$a+b-2=0 \quad かつ \quad a-6=0 \qquad \therefore\ a=6,\ b=-4$$

(注: 62 で学習した「複素数の相等」の考え方)

このとき，$(*)$ は，$x^3-4x^2+6x-4=0$ となり，

$$(x-2)(x^2-2x+2)=0 \qquad \therefore\ x=2,\ 1\pm i$$

以上より，**$a=6$，$b=-4$，$1+i$ 以外の解は $1-i$ と 2**

解説講義

係数が実数の n 次方程式では，**$p+qi$ が解ならば，共役な複素数である $p-qi$ も解になっている**ことを知っておきたい．このことを知っていれば，1つ目の解答のように解と係数の関係を用いて非常にスッキリと解くことができる．

文系数学の必勝ポイント

実数係数の n 次方程式の虚数解
$p+qi$ と $p-qi$ は必ずセットで解になる

71　1の虚数立方根 ω

ω が $x^2+x+1=0$ の解の1つであるとき，次の式の値を計算せよ．

(1) $\dfrac{1}{\omega^8}+\dfrac{1}{\omega^4}$　　(2) $2\omega^{300}+\omega^{200}+\omega^{100}+1$

(3) $(\omega^{200}+1)^{100}+(\omega^{100}+1)^{10}+2$　　（西南学院大）

解答

ω が $x^2+x+1=0$ の解であるから，$\omega^2+\omega+1=0$ …① が成り立つ．

① の両辺に $\omega-1$ を掛けると，

$$(\omega-1)(\omega^2+\omega+1)=0$$

となる．左辺を展開して整理すると，$\omega^3-1=0$ となるから，$\omega^3=1$ …② である．

(1) $\dfrac{1}{\omega^8}+\dfrac{1}{\omega^4}=\dfrac{1}{(\omega^3)^2\cdot\omega^2}+\dfrac{1}{\omega^3\cdot\omega}=\dfrac{1}{\omega^2}+\dfrac{1}{\omega}$　☜ 分母の計算で ② を用いている

$=\dfrac{1+\omega}{\omega^2}=\dfrac{-\omega^2}{\omega^2}=\mathbf{-1}$　☜ $\omega^2+\omega+1=0$ …① より，$1+\omega=-\omega^2$

(2) $2\omega^{300}+\omega^{200}+\omega^{100}+1=2(\omega^3)^{100}+(\omega^3)^{66}\cdot\omega^2+(\omega^3)^{33}\cdot\omega+1$

$=2+\omega^2+\omega+1=\mathbf{2}$

(3) $\omega^{200}=\omega^2$，$\omega^{100}=\omega$ であることに注意すると，

$(\omega^{200}+1)^{100}=(\omega^2+1)^{100}=(-\omega)^{100}=\omega^{100}=\omega$　☜ $\omega^2+\omega+1=0$ より，$\omega^2+1=-\omega$

$(\omega^{100}+1)^{10}=(\omega+1)^{10}=(-\omega^2)^{10}=\omega^{20}=\omega^2$　☜ $\omega^2+\omega+1=0$ より，$\omega+1=-\omega^2$

これより，

$(\omega^{200}+1)^{100}+(\omega^{100}+1)^{10}+2=\omega+\omega^2+2=(\omega+\omega^2+1)+1=\mathbf{1}$

解説講義

3乗すると1になる虚数，すなわち $x^3=1$ を満たす虚数を ω（オメガ）と書くことが多い．問題文のなかで，「$x^3=1$ を満たす虚数」と書かれていたら，「あっ！　ω の問題だ！」と気がついてほしい．ω は $x^3=1$ を満たすので，$\omega^3=1$ が成り立つ．

また，$x^3=1$ は $(x-1)(x^2+x+1)=0$ と変形できるから，ω は $x^2+x+1=0$ の解とも言える．したがって，問題文のなかで，「$x^2+x+1=0$ を満たす虚数」と書かれる場合もあり，本問がそれである．そして，ω は $x^2+x+1=0$ を満たすので，$\omega^2+\omega+1=0$ も成り立つ．

ω の問題では，上の解答でも利用しているが，

$$\boldsymbol{\omega^3=1,\ \omega^2+\omega+1=0}$$

という2つの関係式を使いこなすことが大切である．特に，$\omega^3=1$ を用いると，

$$\omega^3=\omega^6=\omega^9=\omega^{12}=\omega^{15}=\cdots\cdots=1$$

となるから，これを利用して“次数下げ”が可能になる．

文系数学の必勝ポイント

ω の問題は，$\omega^3=1$，$\omega^2+\omega+1=0$ であることを利用する

72 分点の公式

座標平面上に 3 点 A(2, 0), B(4, 2), C(3, 7) がある.

(1) 線分 AB を 2 : 1 に内分する点 D の座標を求めよ.

(2) 線分 AB を 4 : 1 に外分する点 E の座標を求めよ.

(3) 三角形 ABC の重心 G の座標を求めよ.　　（東洋大）

解答

(1) D は線分 AB を 2 : 1 に内分するから, D は,

$\left(\dfrac{1\cdot2+2\cdot4}{2+1},\ \dfrac{1\cdot0+2\cdot2}{2+1}\right)$ すなわち, $\left(\dfrac{\mathbf{10}}{\mathbf{3}},\ \dfrac{\mathbf{4}}{\mathbf{3}}\right)$

(2) E は線分 AB を 4 : 1 に外分するから, E は,

$\left(\dfrac{(-1)\cdot2+4\cdot4}{4+(-1)},\ \dfrac{(-1)\cdot0+4\cdot2}{4+(-1)}\right)$ すなわち, $\left(\dfrac{\mathbf{14}}{\mathbf{3}},\ \dfrac{\mathbf{8}}{\mathbf{3}}\right)$

(3) G は三角形 ABC の重心であるから, G は,

$\left(\dfrac{2+4+3}{3},\ \dfrac{0+2+7}{3}\right)$ すなわち, **(3, 3)**　☜「足して 3 で割ると重心」と覚えておくとよい

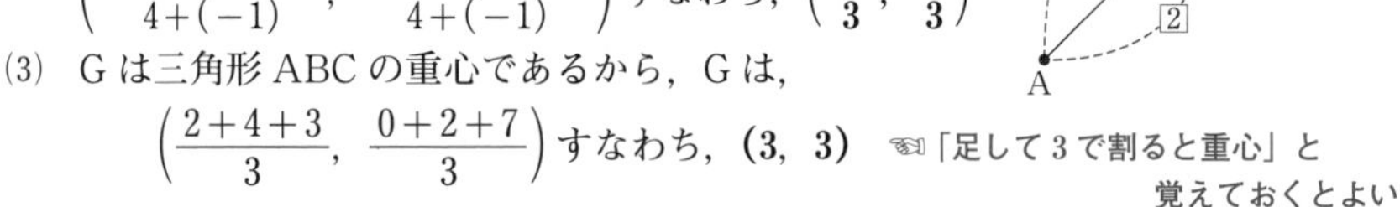

解説講義

内分点, 外分点, 重心の座標は確実に求められるようにしよう.

A(x_1, y_1), B(x_2, y_2), C(x_3, y_3) とする. このとき,

・線分 AB を $m : n$ に内分する点は, $\left(\dfrac{nx_1+mx_2}{m+n},\ \dfrac{ny_1+my_2}{m+n}\right)$

・線分 AB を $m : n$ に外分する点は, $\left(\dfrac{(-n)x_1+mx_2}{m+(-n)},\ \dfrac{(-n)y_1+my_2}{m+(-n)}\right)$

・三角形 ABC の重心は, $\left(\dfrac{x_1+x_2+x_3}{3},\ \dfrac{y_1+y_2+y_3}{3}\right)$

外分については「線分 AB を $m : n$ に外分」と言われて, その点がどのあたりにあるか分からないと, 図が描けなくて困る場面が出てくる. 「A から m だけ進んで, 向きを変えて n だけ進むと B に着く」というイメージで, 外分の意味をきちんと理解しておこう.

文系数学の必勝ポイント

内分点, 外分点

P は線分 AB を $m : n$ に内分

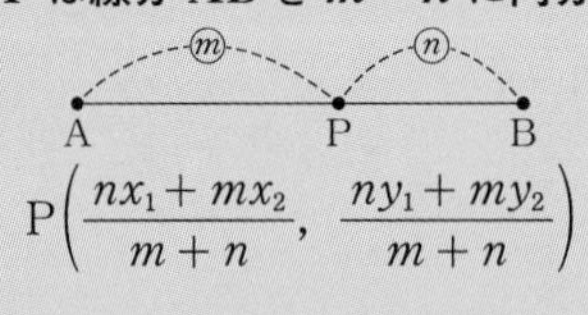

P$\left(\dfrac{nx_1+mx_2}{m+n},\ \dfrac{ny_1+my_2}{m+n}\right)$

Q は線分 AB を $m : n$ に外分

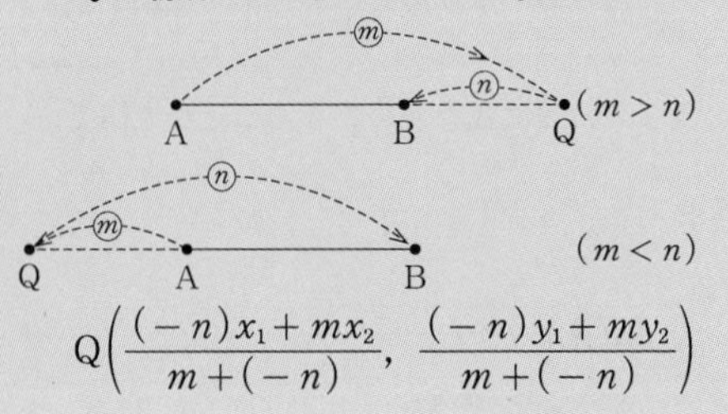

Q$\left(\dfrac{(-n)x_1+mx_2}{m+(-n)},\ \dfrac{(-n)y_1+my_2}{m+(-n)}\right)$

73 2直線の位置関係

座標平面上に，直線 $l:2x+3y-6=0$ がある．点 $(2,\ -1)$ を通る直線で，l に平行な直線 l_1 と，l に垂直な直線 l_2 の方程式をそれぞれ求めよ．

（中部大）

解答

直線 l の式を変形すると $y=-\dfrac{2}{3}x+2$ となるから，

l の傾きは $-\dfrac{2}{3}$ である．これより，

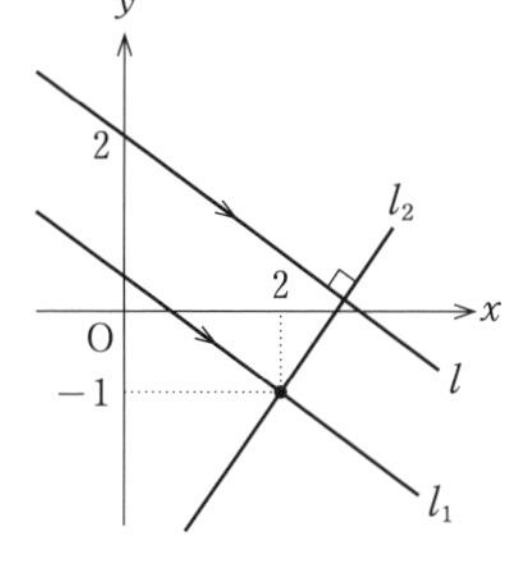

l に平行な直線 l_1 の傾きは $-\dfrac{2}{3}$，

l に垂直な直線 l_2 の傾きは $\dfrac{3}{2}$　☜ l の傾きと l_2 の傾きの積が -1 である

と分かる．

よって，点 $(2,\ -1)$ を通り，直線 l に平行な直線 l_1 は，

$$y-(-1)=-\frac{2}{3}(x-2)$$

☜ 直線の方程式は，通る1点と傾きから求められるようにしよう

$$\therefore\ \boldsymbol{y=-\frac{2}{3}x+\frac{1}{3}}$$

また，点 $(2,\ -1)$ を通り，直線 l に垂直な直線 l_2 は，

$$y-(-1)=\frac{3}{2}(x-2)\qquad \therefore\ \boldsymbol{y=\frac{3}{2}x-4}$$

解説講義

点 $(x_1,\ y_1)$ を通り，傾きが m の直線の方程式は，

$$\boldsymbol{y-y_1=m(x-x_1)}$$

である．直線を扱うときには，この形の式がよく用いられる．

傾き m

$(x_1,\ y_1)$

2直線 $l_1:y=m_1x+n_1$ と $l_2:y=m_2x+n_2$ が平行になる条件，垂直になる条件は，傾きについて次の関係が成立することである．

(i) 2直線 l_1，l_2 が平行になる条件は，$\boldsymbol{m_1=m_2}$ **（傾きが等しい）**
　（さらに，$n_1=n_2$ が成り立つときは「2直線が一致している状態」である）

(ii) 2直線 l_1，l_2 が垂直になる条件は，$\boldsymbol{m_1m_2=-1}$ **（傾きの積が -1）**

文系数学の必勝ポイント

直線の方程式

(Ⅰ) 点 $(x_1,\ y_1)$ を通り，傾きが m の直線の方程式は，

$$\boldsymbol{y-y_1=m(x-x_1)}$$

(Ⅱ) 2直線の位置関係は，傾きに注目する

平行 ➡ 傾きが等しい　　　垂直 ➡ 傾きの積が -1

74 線対称

　Oを原点とする座標平面上に，2点 A(1, 2)，P(4, 3) がある．
(1)　点Aに関して，Pと対称な点Rの座標を求めよ．
(2)　直線OAに関して，Pと対称な点Qの座標を求めよ．　（北海道科学大）

解答

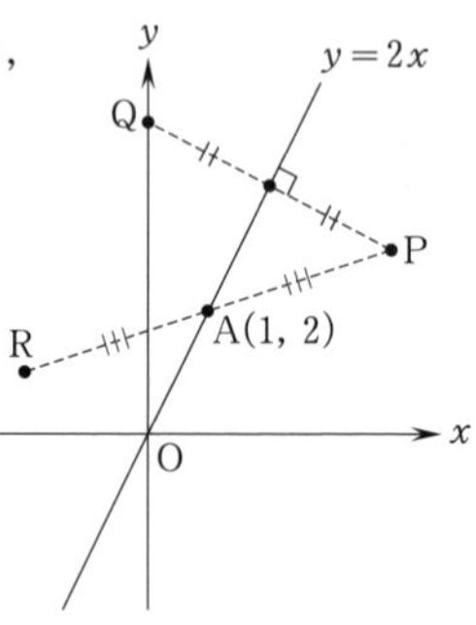

(1)　R(m, n) とすると，点Aが線分PRの中点になるから，

$$\frac{4+m}{2}=1,\quad \frac{3+n}{2}=2$$

となる．これを解くと，$m=-2$，$n=1$ となるから，

R(−2, 1)

(2)　直線OAの方程式は $y=2x$ である．

Q(a, b) とする．線分PQの中点 $\left(\frac{4+a}{2},\ \frac{3+b}{2}\right)$ が直線 $y=2x$ 上にあるから，

$$\frac{3+b}{2}=2\cdot\frac{4+a}{2}\qquad \therefore\ -2a+b=5\qquad \cdots①$$

また，直線PQの傾きは $\frac{b-3}{a-4}$ であるが，直線PQと $y=2x$ は直交するから，

$$\frac{b-3}{a-4}\times 2=-1$$

☜ 傾きの積が −1 のとき，2直線は直交する

$$(b-3)\cdot 2=-(a-4)$$

$$a+2b=10\qquad \cdots②$$

①，② を解くと，$a=0$，$b=5$ となるから，

Q(0, 5)

解説講義

(1)のようなPとRの関係を点対称，(2)のようなPとQの関係を線対称という．
点対称はとても易しい．線分PRの中点がAになっていることに注目するだけである．
線対称は点対称に比べると複雑であるが，これも決して難しい話ではない．「2点P，Qが直線 l について対称」とは「直線 l で折り曲げるとPとQが重なる」ということである．したがって，

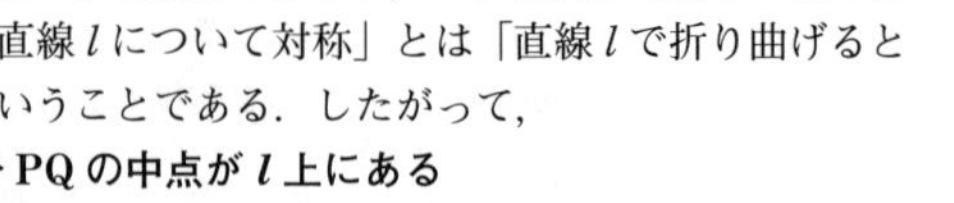
(i) **線分PQの中点が l 上にある**
(ii) **(直線PQ) ⊥ l**

という2つのことに注目して式を立てて考えればよい．

文系数学の**必勝**ポイント

線対称（2点P，Qが直線 l について対称）の問題は，
(i) 線分PQの中点が l 上にある　　(ii) (直線PQ) ⊥ l
であることに注目して式を立てる

75 点と直線の距離の公式

座標平面上に3点A$(-1,\ -2)$，B$(6,\ 2)$，C$(2,\ 5)$がある．点Aから直線BCに垂線AHを引くとAH＝□であり，三角形ABCの面積は□である．（京都産業大）

解答

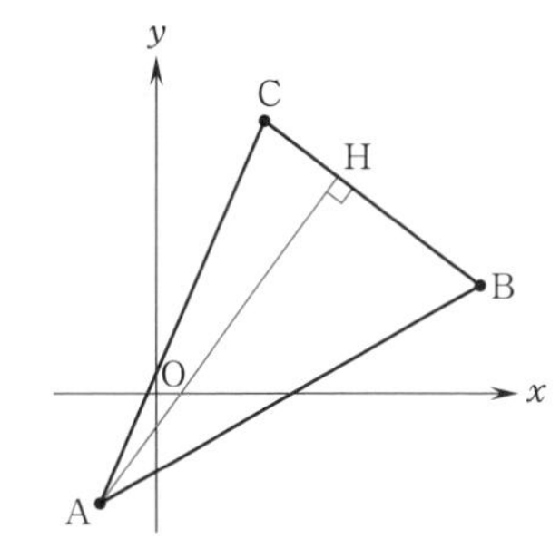

B$(6,\ 2)$，C$(2,\ 5)$より，

$$(\text{直線BCの傾き})=\frac{2-5}{6-2}=-\frac{3}{4}$$

であるから，直線BCは，

$$y-2=-\frac{3}{4}(x-6)$$

$$\therefore\ 3x+4y-26=0$$

よって，点と直線の距離の公式を用いると，

$$\mathrm{AH}=\frac{|3\cdot(-1)+4\cdot(-2)-26|}{\sqrt{3^2+4^2}}=\frac{|-37|}{\sqrt{25}}=\mathbf{\frac{37}{5}}$$

☜ 点と直線の距離の公式は，直線の式を $ax+by+c=0$ の形に変形してから使う

次に，線分BCの長さを求めると，

$$\mathrm{BC}=\sqrt{(2-6)^2+(5-2)^2}=5$$

☜ 2点間の距離の公式

したがって，三角形ABCの面積は，底辺をBC，高さをAHと考えて，

$$\triangle\mathrm{ABC}=\frac{1}{2}\cdot5\cdot\frac{37}{5}=\mathbf{\frac{37}{2}}$$

解説講義

「点と直線の距離の公式」の使い方を確認しよう．

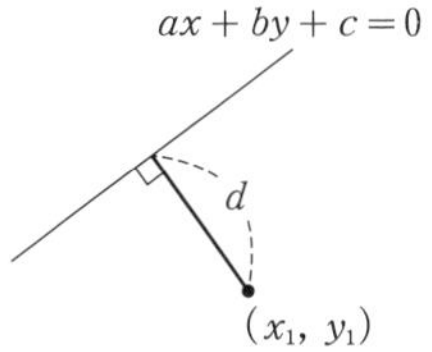

点$(x_1,\ y_1)$から直線$ax+by+c=0$までの距離をdとすると，

$$\boldsymbol{d=\frac{|ax_1+by_1+c|}{\sqrt{a^2+b^2}}}$$

である．直線の式が$y=mx+n$の形ではこの公式は使えないので，直線の式は$ax+by+c=0$の形に変形しておく必要がある．これは円と直線の位置関係を調べる問題などでもよく用いる重要な公式なので，正確に使えるようにしておかないといけない．

後半のBCの長さは**「2点間の距離の公式」**で求めている．2点$(x_1,\ y_1)$，$(x_2,\ y_2)$を結ぶ線分の長さをLとすると，$L=\sqrt{(x_2-x_1)^2+(y_2-y_1)^2}$である．

文系数学の必勝ポイント

点と直線の距離の公式

点$(x_1,\ y_1)$から直線$ax+by+c=0$までの距離をdとすると，

$$\boldsymbol{d=\frac{|ax_1+by_1+c|}{\sqrt{a^2+b^2}}}$$

76 円の方程式

[1]　2点 $\mathrm{A}(5-2\sqrt{2},\ 1+2\sqrt{2})$，$\mathrm{B}(5+2\sqrt{2},\ 1-2\sqrt{2})$ を直径の両端とする円の方程式を求めよ．

[2]　座標平面上に3点 $\mathrm{A}(1,\ 3)$，$\mathrm{B}(5,\ -5)$，$\mathrm{C}(4,\ 2)$ がある．
三角形ABCの外接円の中心と半径を求めよ．

[3]　x 軸と y 軸に接し，$\mathrm{P}(2,\ 1)$ を通る円の方程式を求めよ．

[4]　$x^2+y^2-2mx+2my+3m^2-2m-5=0$ が円を表すような定数 m の値の範囲を求めよ．　（西南学院大／大分大／京都産業大／関西学院大）

解答

[1]　線分ABの中点をMとすると，

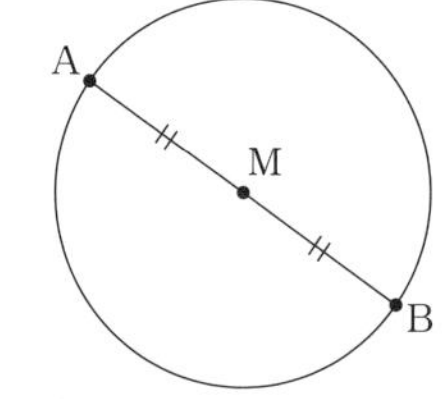

$$\begin{cases}\dfrac{(5-2\sqrt{2})+(5+2\sqrt{2})}{2}=5\\[2mm]\dfrac{(1+2\sqrt{2})+(1-2\sqrt{2})}{2}=1\end{cases}$$

より，M(5, 1) であり，Mが円の中心である．

次に，線分MBの長さを求めると，　☜ MAの長さを求めてもよい

$$\mathrm{MB}=\sqrt{\{(5+2\sqrt{2})-5\}^2+\{(1-2\sqrt{2})-1\}^2}=\sqrt{(2\sqrt{2})^2+(-2\sqrt{2})^2}=4$$

であり，これが半径である．したがって，求める円の方程式は，

$$\boldsymbol{(x-5)^2+(y-1)^2=16}$$

[2]　三角形ABCの外接円は，3点A，B，Cを通る円である．この円の方程式を

$$x^2+y^2+lx+my+n=0 \qquad \cdots①$$

とおくと，①がA，B，Cを通ることから，

$$\begin{cases}1+9+l+3m+n=0 & \cdots②\\ 25+25+5l-5m+n=0 & \cdots③\\ 16+4+4l+2m+n=0 & \cdots④\end{cases}$$

☜ ①の x，y にA，B，Cの座標を代入する

②−③，③−④より n を消去すると，

$$\begin{cases}-40-4l+8m=0\\ 30+l-7m=0\end{cases} \quad \therefore \begin{cases}-l+2m=10\\ l-7m=-30\end{cases}$$

これを解くと，$l=-2$，$m=4$ となり，②に代入すると $n=-20$ となる．

したがって，外接円の方程式は，①より，

$$x^2+y^2-2x+4y-20=0$$

☜ このままでは中心，半径は分からないので，x と y のそれぞれについて平方完成をする

となる．これを変形すると，

$$(x-1)^2+(y+2)^2=25$$

となるから，

中心 (1,　−2)，半径 5

[3]　半径を $r(>0)$ とすると，P(2, 1) を通るから，

中心は第1象限に存在して，(r, r) と表せる．

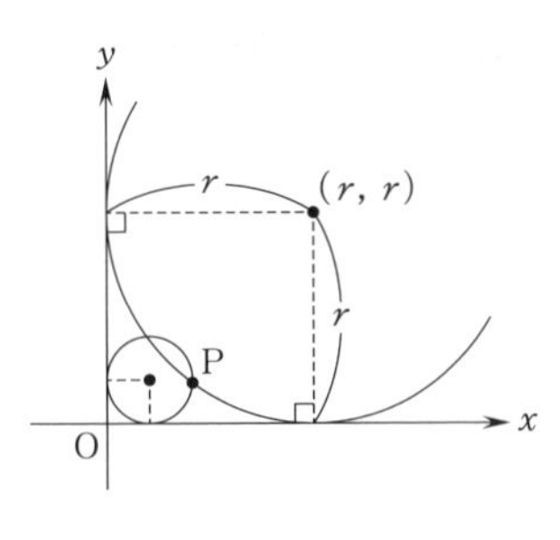

よって，求める円の方程式は，

$$(x-r)^2+(y-r)^2=r^2 \quad \cdots⑤$$

とおける．

⑤ が P(2, 1) を通るから，

$$(2-r)^2+(1-r)^2=r^2$$

$$r^2-6r+5=0$$

$$r=1,\ 5$$

したがって，⑤ より，求める円の方程式は，

$$\boldsymbol{(x-1)^2+(y-1)^2=1,\quad (x-5)^2+(y-5)^2=25}$$

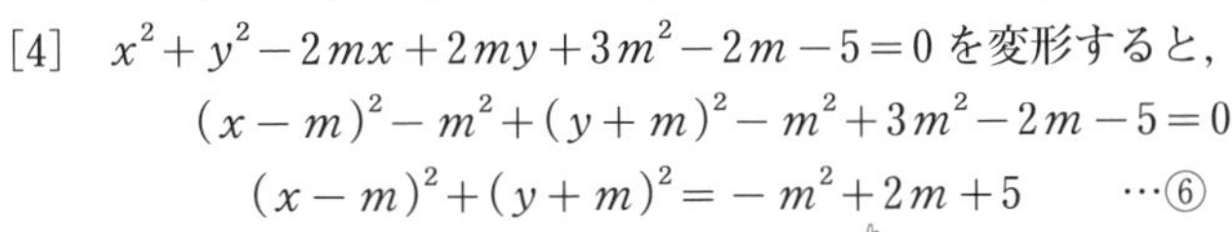

[4]　$x^2+y^2-2mx+2my+3m^2-2m-5=0$ を変形すると，

$$(x-m)^2-m^2+(y+m)^2-m^2+3m^2-2m-5=0$$

$$(x-m)^2+(y+m)^2=-m^2+2m+5 \quad \cdots⑥$$

⑥ が円を表すのは，

$$-m^2+2m+5>0$$

が成り立つときである．これより，

$$m^2-2m-5<0$$

となるので，求める m の範囲は，

$$\boldsymbol{1-\sqrt{6}<m<1+\sqrt{6}}$$

たとえば，$m=-2$ としてみると，⑥ は，

$$(x+2)^2+(y-2)^2=-3 \quad \cdots★$$

となるが「半径が $\sqrt{3}\,i$ (虚数)」になることはあり得ない．つまり，★は円を表していない．

(x, y が実数のとき，★の左辺は 0 以上であるから，★を満たす (x, y) は存在せず，★は円を表さない)

解説講義

中心が (a, b) で半径が $r(>0)$ の円の方程式は，

$$(x-a)^2+(y-b)^2=r^2$$

である．円を扱うときには，問題文から，まず中心と半径の情報を把握することが大切である．

しかし，問題文の条件からいつでも中心や半径の情報が読み取れるわけではない．これらの情報が読み取れない場合には，[2] のように，$x^2+y^2+lx+my+n=0$ とおいて考える．

なお，円の問題では中心と半径が重要な情報になるので，$x^2+y^2+lx+my+n=0$ の形の式は，x と y に関して平方完成をして，$(x-a)^2+(y-b)^2=r^2$ の形に変形して扱うようにしよう．

文系数学の必勝ポイント

円の方程式

(Ⅰ) 中心が $(a,\ b)$ で半径が $r(>0)$ の円の方程式は，

$(x-a)^2+(y-b)^2=r^2$ (中心や半径につながる情報を見逃さない！)

(Ⅱ) $x^2+y^2+lx+my+n=0$ は，平方完成すると中心と半径が分かる

77 円と直線の位置関係

座標平面上に円 $C:(x-2)^2+(y+3)^2=13$ と直線 $l:2x-y+k=0$ がある．

(1) C と l が異なる2点で交わるような定数 k の値の範囲を求めよ．

(2) C と l の交点をP，Qとする．$\mathrm{PQ}=\dfrac{2\sqrt{5}}{5}$ となる定数 k の値を求めよ．

(高崎経済大)

解答

(1) 円 C は中心が A$(2,\ -3)$ で半径が $\sqrt{13}$ の円である．

中心 A$(2,\ -3)$ から直線 $l:2x-y+k=0$ までの距離を d とすると，点と直線の距離の公式より，

$$d=\frac{|2\cdot2-(-3)+k|}{\sqrt{2^2+(-1)^2}}=\frac{|7+k|}{\sqrt{5}}\qquad\cdots①$$

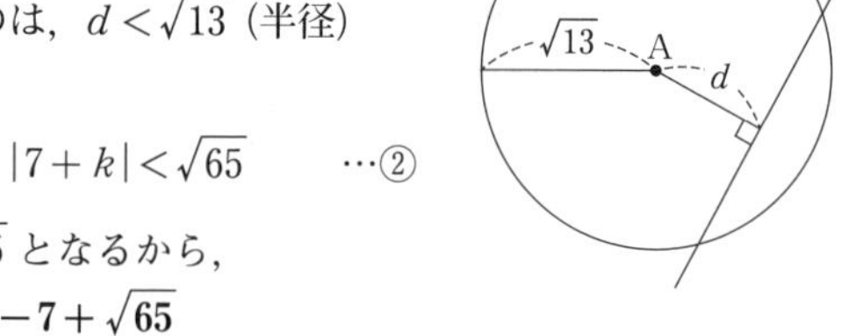

C と l が異なる2点で交わるのは，$d<\sqrt{13}$ (半径) のときであるから，

$$\frac{|7+k|}{\sqrt{5}}<\sqrt{13}\qquad\therefore\ |7+k|<\sqrt{65}\qquad\cdots②$$

② より，$-\sqrt{65}<7+k<\sqrt{65}$ となるから，

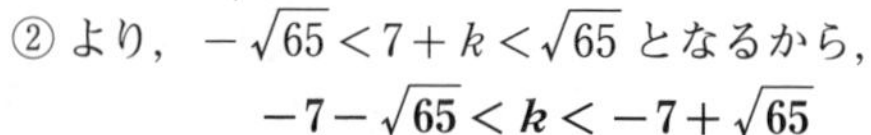

$$\boldsymbol{-7-\sqrt{65}<k<-7+\sqrt{65}}$$

(2) 右の図のように，線分PQの中点をMとすると，

$$\mathrm{PM}=\mathrm{QM}=\frac{\sqrt{5}}{5},\quad \angle\mathrm{AMP}=\angle\mathrm{AMQ}=90^\circ$$

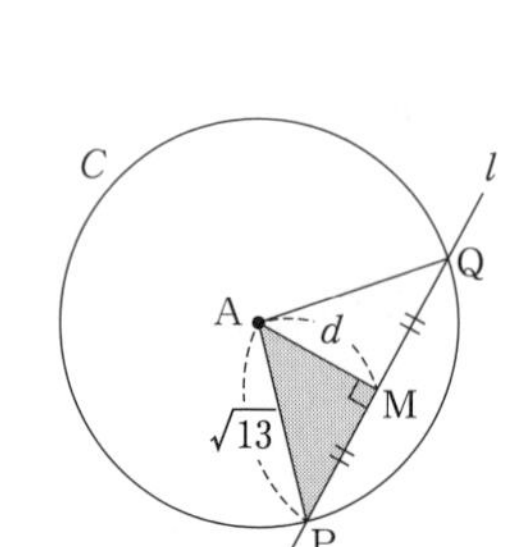

である．三角形APMに三平方の定理を用いると，

$$d^2+\left(\frac{\sqrt{5}}{5}\right)^2=(\sqrt{13})^2\qquad\therefore\ d^2=\frac{64}{5}$$

$d>0$ より，$d=\dfrac{8}{\sqrt{5}}$ であるから，① より，

$$\frac{|7+k|}{\sqrt{5}}=\frac{8}{\sqrt{5}}\qquad\therefore\ |7+k|=8\qquad\cdots③$$

③ より，$7+k=8,\ -8$ となるから，

$$\boldsymbol{k=1,\ -15}$$

この解答の②，③を解くところでは，6 の「One Point コラム」で紹介した考え方を用いている

<補足>

$|x|^2=x^2$ (x は実数) であることを用いて，② は次のように解いてもよい．

② の両辺は0以上であるから，両辺を2乗しても同値であり，

$$49+14k+k^2<65$$

☜ $|7+k|^2=(7+k)^2=49+14k+k^2$ である

となる．これを整理すると，$k^2+14k-16<0$ となり，正解が得られる．

同様にして，③ も両辺を2乗すると，$49+14k+k^2=64$ となり，これを解いて

$k=1$, -15 を導くことができる．

解説講義

円と直線の位置関係を調べるときには，**円の中心から直線までの距離 d と円の半径 r の大小関係**に注目するとよい．つまり，次のように整理することができる．(このときの d は，点と直線の距離の公式を用いて準備する)

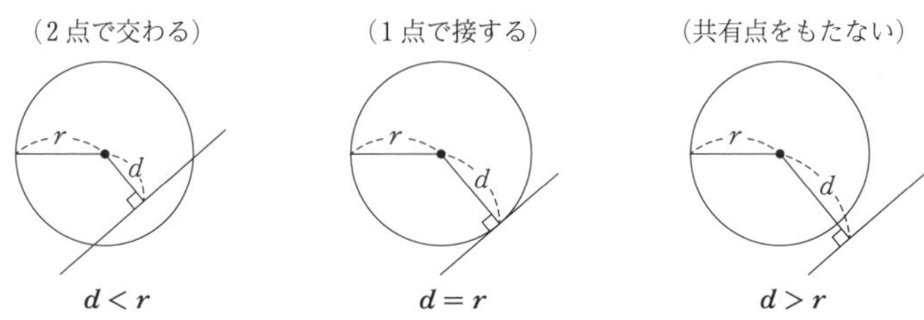

また(2)のような弦の長さの問題では，交点の座標を求めたりはせずに，図を使いながら解決することが大切である．もちろん，円の中心と弦の中点を結ぶ直線が弦を垂直に二等分していることは，絶対に忘れてはいけない基本事項の1つである．

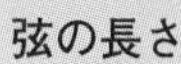

の必勝ポイント

円と直線の位置関係

中心から直線までの距離 d と半径 r の大小関係に注目する

弦の長さ

直角三角形に注目して，三平方の定理を利用する

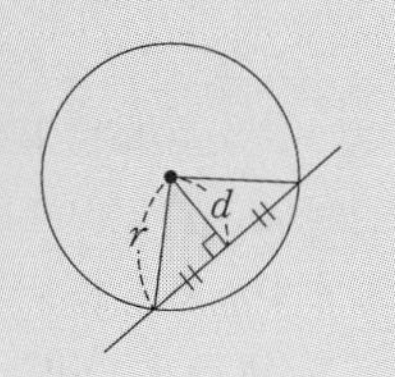

One Point コラム

教科書には，円と直線の位置関係を「判別式を使って考える方法」も出ている．その方法を使うと，(1)は次のように解くことになる．

円 $C:(x-2)^2+(y+3)^2=13$ と直線 $l:2x-y+k=0$ $(y=2x+k)$ から，y を消去すると，

$$(x-2)^2+(2x+k+3)^2=13$$

$$\therefore\ 5x^2+4(k+2)x+k^2+6k=0 \qquad \cdots④$$

④の実数解が C と l の共有点の x 座標なので，④が異なる2つの実数解をもつ条件を考える．④の判別式を D とすると，

$$\frac{D}{4}=\{2(k+2)\}^2-5(k^2+6k)=-k^2-14k+16$$

であり，$\dfrac{D}{4}>0$ より，

$$-k^2-14k+16>0$$

$$k^2+14k-16<0$$

$$\therefore\ -7-\sqrt{65}<k<-7+\sqrt{65}$$

このような解答も間違っていないが，計算量を考えると実戦的なやり方ではない．解答に示した d と r の大小関係に注目するやり方がオススメである．

78 原点が中心の円の接線

点 $(2,\ -4)$ を通り，円 $x^2+y^2=10$ に接する直線を求めよ．

（慶應義塾大）

解答

＜解法 1：原点が中心の円の接線の公式を利用する＞

接点を $\mathrm{P}(a,\ b)$ とすると，P における接線の方程式は，

$$ax+by=10 \qquad \cdots①$$

であり，これが点 $(2,\ -4)$ を通るから，

$$2a-4b=10$$

$$a=2b+5 \qquad \cdots②$$

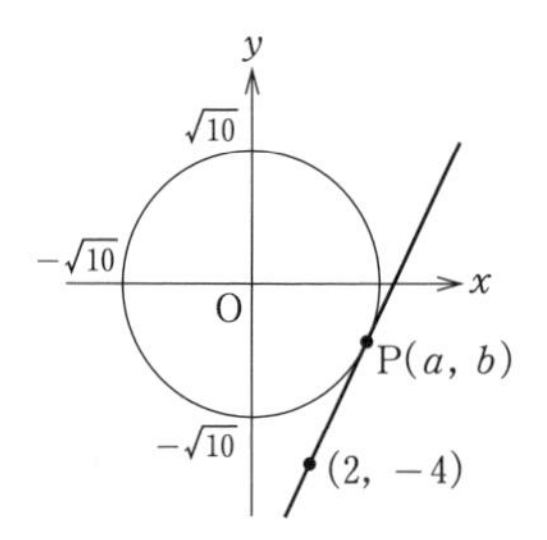

また，$\mathrm{P}(a,\ b)$ は円 $x^2+y^2=10$ 上にあるから，

$$a^2+b^2=10 \qquad \cdots③$$

② を ③ に代入すると，$(2b+5)^2+b^2=10$ となり，整理すると，

$$(b+1)(b+3)=0$$

$$b=-1,\ -3$$

② から a の値も求めると，

$$(a,\ b)=(3,\ -1),\ (-1,\ -3)$$

したがって，求める直線は，① より，

$$\boldsymbol{3x-y=10,\quad -x-3y=10}$$

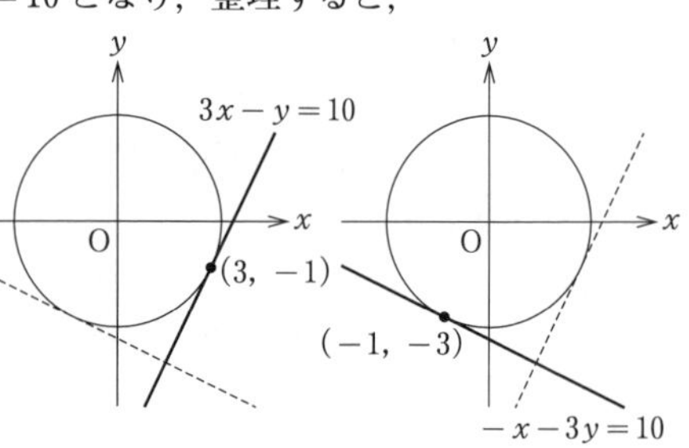

＜解法 2：中心からの距離に注目する考え方＞

点 $(2,\ -4)$ を通り傾きが m の直線は，$y+4=m(x-2)$，すなわち，

$$mx-y-2m-4=0 \qquad \cdots④$$

と表せる．④ が円 $x^2+y^2=10$ に接するのは，

$$\frac{|0-0-2m-4|}{\sqrt{m^2+(-1)^2}}=\sqrt{10}$$

☜ 円の中心 $(0,\ 0)$ から $mx-y-2m-4=0$ までの距離が，円の半径 $\sqrt{10}$ と一致したときに，④ は円 $x^2+y^2=10$ に接する

が成り立つときであり，

$$|-2m-4|=\sqrt{10}\sqrt{m^2+1}$$

両辺を 2 乗して整理すると，

$$4m^2+16m+16=10(m^2+1)$$

$$(m-3)(3m+1)=0$$

$$m=3,\ -\frac{1}{3}$$

✎ **77** の補足を見直してみよう

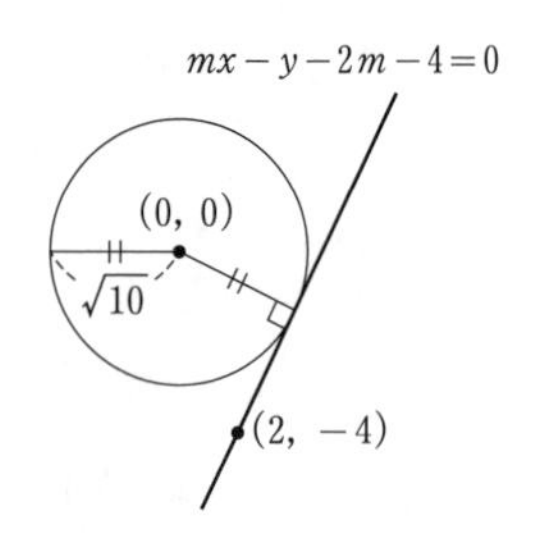

したがって，求める直線は，④ より，

$$\boldsymbol{3x-y=10,\quad -x-3y=10}$$

解説講義

円の接線は「(中心から直線までの距離) = (円の半径)」となることに注目して解くことが基本である．その解答が解法2である．しかし，円の中心が原点の場合には，

円 $x^2+y^2=r^2$ 上の点 $(a,\ b)$ における接線は，$ax+by=r^2$

であることを利用するのもよい．その解答が解法1である．

文系数学の必勝ポイント

原点が中心の円の接線

円 $x^2+y^2=r^2$ 上の点 $(a,\ b)$ における接線は，

$$ax+by=r^2$$

である

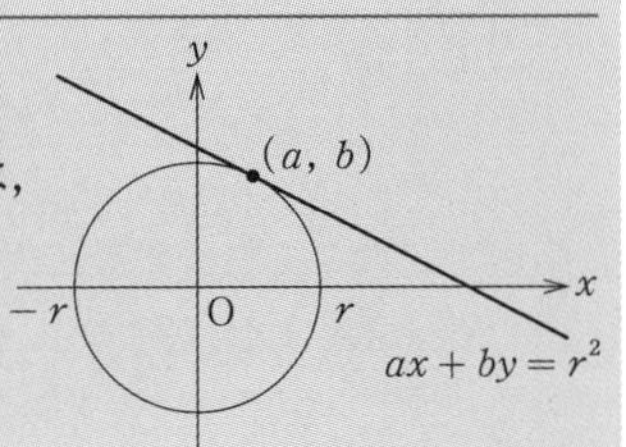

79 定点を通る図形

円 $x^2+y^2-2mx-2m-2=0$ は定数 m の値に関係なくある定点を通る．その定点の座標を求めよ．　(早稲田大)

解答

求める定点を $(a,\ b)$ とすると，m の値に関係なく，

$$a^2+b^2-2ma-2m-2=0$$

☜ **円 $x^2+y^2-2mx-2m-2=0$ が点 $(a,\ b)$ を通る条件は，**

$$a^2+b^2-2ma-2m-2=0$$

が成り立つことである．
どのような m に対してもこれが成り立つための $a,\ b$ の条件を考える

すなわち，

$$(a^2+b^2-2)-2(a+1)m=0$$

が成り立つから，

$$\begin{cases} a^2+b^2-2=0 & \cdots① \\ a+1=0 & \cdots② \end{cases}$$

② より，$a=-1$ である．① に代入すると，$1+b^2-2=0$ となり，$b=\pm1$ である．

したがって，求める定点は，$\boldsymbol{(-1,\ 1),\ (-1,\ -1)}$

解説講義

「m の値に関係なく」と書かれているから，m に注目して式を整理していけばよい．つまり，m を含む項と m を含まない項に分けて整理する．あとは，すべての m に対して成り立つことから，恒等式で学習した係数比較法の要領で計算を進めればよい．

文系数学の必勝ポイント

定点を通る図形

m の値に関係なく通る点 ➡ m について整理して恒等式と見る

80 軌跡（1）

座標平面上に2点A$(-2, 0)$，B$(1, 0)$がある．PA：PB＝2：1を満たす点Pの描く軌跡を求めよ．　　（福岡大）

解答

点Pを(X, Y)とする．　☜ Pの軌跡を求めたいから，Pを(X, Y)とおいて，X，Yの満たす関係を考える

PA：PB＝2：1より，PA＝2PBであるから，

$$\sqrt{(X+2)^2+Y^2}=2\sqrt{(X-1)^2+Y^2}$$　☜ 2点間の距離の公式

両辺を2乗して整理すると，

$$X^2+4X+4+Y^2=4(X^2-2X+1+Y^2)$$
$$3X^2-12X+3Y^2=0$$
$$X^2-4X+Y^2=0$$
$$(X-2)^2+Y^2=4$$

したがって，点Pの描く軌跡は，

円 $(x-2)^2+y^2=4$

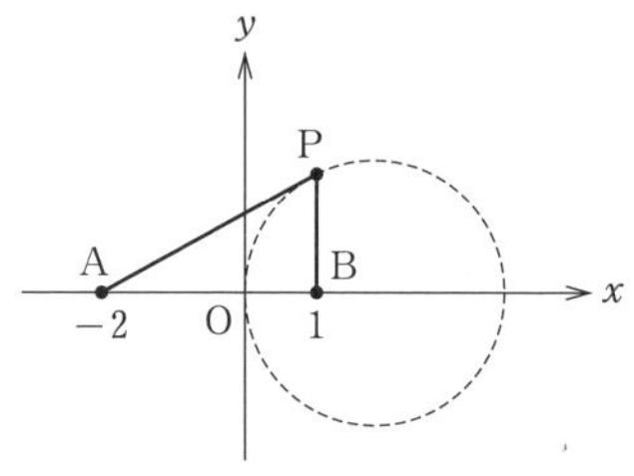

解説講義

条件を満たす点の集まりが**軌跡**である．問題文の「点Pの描く軌跡を求めよ」というのは，「PA：PB＝2：1を満たす点Pはいくつもあるが，その点をつないでいくとどのような図形になるかを考えてみなさい」という意味である．

上の解答では，条件を満たす点Pを(X, Y)としたときに，$(X-2)^2+Y^2=4$が成り立つことが分かったので，点Pは円$(x-2)^2+y^2=4$上にあることになる．つまり，点Pの描く軌跡はこの円であることが分かる．少し乱暴にまとめてしまうと，軌跡を求めることは，**条件を満たす点の座標を(X, Y)としたときに，X，Yが満たす関係式を求めること**である．

軌跡を求めるときの一般的な手順は次のようになる．なお，次の（手順4）は，行わなくてもよいことも多い．

（手順1） 条件を満たす点を(X, Y)とおく
（手順2） 問題で与えられた条件（言葉などで書かれている条件）を，X，Yを使って書いてみる
（手順3） 手順2で得られた式を整理して，X，Yについて成り立つ関係式を求める（どのような図形か分かる形まで変形する）
（手順4） 手順3で導かれた関係式が表す図形上で，点(X, Y)が動く範囲を調べる
（手順5） X，Yで書かれた関係式をx，yを使って書きかえて答えとする

文系数学の必勝ポイント

軌跡

求める軌跡上の点を(X, Y)とおき，X，Yが満たす関係式を導く

81 軌跡(2)

[1]　放物線 $y=x^2-2(2a-2)x+4a-4$ の頂点をPとする．$0<a\leqq 2$ の範囲を a が変化するとき，Pの軌跡を求めよ．　(北海道科学大)

[2]　2点A(0, 3)，B(0, 1)と円 $C:(x-2)^2+(y-2)^2=1$ がある．点Qが円 C の周上を動くとき，三角形ABQの重心Gの軌跡を求めよ．　(高崎経済大)

解答

[1]
$$y=x^2-2(2a-2)x+4a-4$$
$$=\{x-(2a-2)\}^2-(2a-2)^2+4a-4$$

これより，頂点Pを $(X,\ Y)$ とすると，

$$\begin{cases} X=2a-2 & \cdots① \\ Y=-(2a-2)^2+4a-4 & \cdots② \end{cases}$$

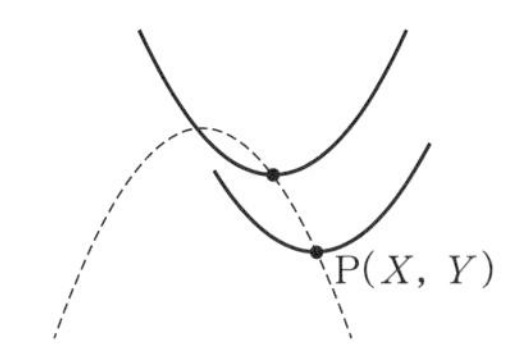

①より，$a=\dfrac{1}{2}X+1$ …③ であり，①と③を②に代入すると，

$$Y=-X^2+4\left(\frac{1}{2}X+1\right)-4$$
$$=-X^2+2X$$

☜ a を消去して，X，Y の関係式を導く

また，$0<a\leqq 2$ のとき，③より，$0<\dfrac{1}{2}X+1\leqq 2$ となるから，

$$-2<X\leqq 2$$

☜ X の範囲に制限ができることに注意する（80 の手順4）

以上より，Pの軌跡は，

放物線 $y=-x^2+2x$ の $-2<x\leqq 2$ の部分

[2]　Q$(s,\ t)$ とすると，Qは円 C の周上を動くから，

$$(s-2)^2+(t-2)^2=1 \quad \cdots①$$

Gを $(X,\ Y)$ とすると，Gは三角形ABQの重心であるから，

$$\begin{cases} X=\dfrac{0+0+s}{3}=\dfrac{s}{3} \\ Y=\dfrac{3+1+t}{3}=\dfrac{4+t}{3} \end{cases} \quad \therefore \begin{cases} s=3X & \cdots② \\ t=3Y-4 & \cdots③ \end{cases}$$

☝ s，t を消去して，X，Y の関係式を導く

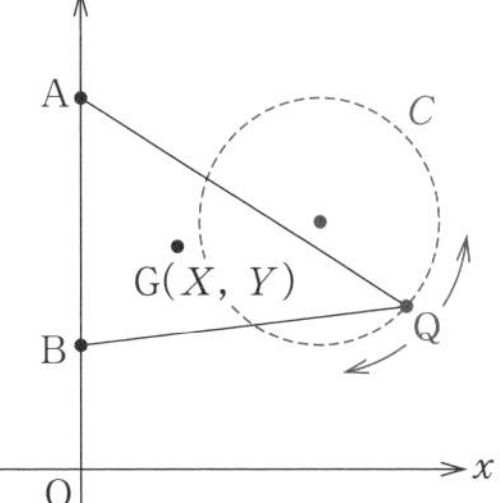

②，③を①に代入すると，

$$(3X-2)^2+(3Y-6)^2=1$$

となり，整理すると，

$$\left(X-\frac{2}{3}\right)^2+(Y-2)^2=\frac{1}{9}$$

☝ この式は，展開しないで次のように整理しよう

$$\left\{3\left(X-\frac{2}{3}\right)\right\}^2+\{3(Y-2)\}^2=1$$
$$9\left(X-\frac{2}{3}\right)^2+9(Y-2)^2=1$$
$$\left(X-\frac{2}{3}\right)^2+(Y-2)^2=\frac{1}{9}$$

以上より，Gの軌跡は，

円 $\left(x-\dfrac{2}{3}\right)^2+(y-2)^2=\dfrac{1}{9}$

解説講義

[1] では，求める軌跡上の点を $(X,\ Y)$ としたときに，①，② のように X，Y はどちらも a を用いて表されている．このときの a を媒介変数と呼ぶ．媒介変数を用いて X，Y が表されているときには，媒介変数を消去して X，Y の満たす関係式を求めればよい．

文系数学の必勝ポイント

媒介変数で表される軌跡の問題
媒介変数を消去して，X，Y の満たす関係式を導く

82 領域の図示

xy 平面で，不等式 $(y-x^2)(y-3x)<0$ で表される領域を図示せよ．

（山梨大）

解答

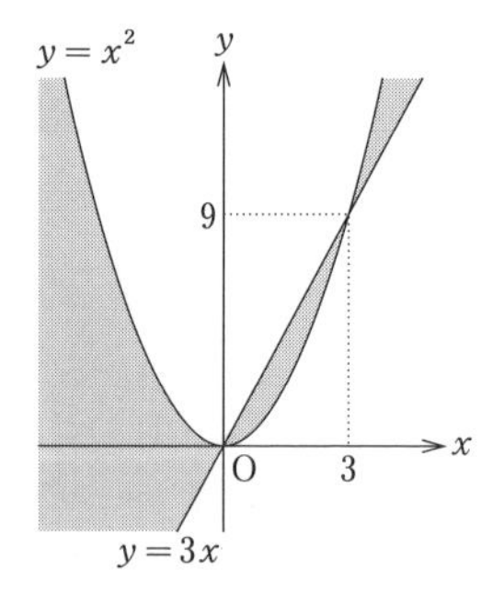

$(y-x^2)(y-3x)<0$ より，

$$\begin{cases} y-x^2>0 \\ y-3x<0 \end{cases} \quad \text{または} \quad \begin{cases} y-x^2<0 \\ y-3x>0 \end{cases}$$

すなわち，

$$\begin{cases} y>x^2 \\ y<3x \end{cases} \quad \text{または} \quad \begin{cases} y<x^2 \\ y>3x \end{cases}$$

よって，求める領域は右図の灰色に塗られた部分で，境界は含まない．

解説講義

不等式で表された領域を図示するときの基本は，

$y>f(x)$ は $y=f(x)$ の上側，$y<f(x)$ は $y=f(x)$ の下側

$(x-a)^2+(y-b)^2>r^2$ は円の外側，$(x-a)^2+(y-b)^2<r^2$ は円の内側

ということである．

なお，$(\quad)(\quad)<0$，$(\quad)(\quad)>0$ のような，因数分解された式で表される不等式の領域を考えることもよくある．この場合は，展開して式をグチャグチャにするのではなく，符号の組合せを考えて解決する．本問であれば，$(\quad)(\quad)$ の掛け算が負になるから「正×負」または「負×正」であればよい，と考える．

文系数学の必勝ポイント

領域の図示
$(\quad)(\quad)>0$，$(\quad)(\quad)<0$ の領域 ➡ 符号の組合せを考える

83 領域における最大最小

実数 x, y が3つの不等式 $3x-y-6\leqq 0$, $x+3y-12\leqq 0$, $2x+y-4\geqq 0$ を同時に満たしている.

(1) 3つの不等式を満たす (x, y) の存在する領域 D を図示せよ.

(2) x, y が3つの不等式を満たして変化するとき, $x+y$ の最大値, 最小値を求めよ.

(3) x, y が3つの不等式を満たして変化するとき, x^2+y^2 の最大値, 最小値を求めよ.

(愛知学院大)

解答

(1) 与えられた3つの不等式は,

$$y\geqq 3x-6,\quad y\leqq -\frac{1}{3}x+4,\quad y\geqq -2x+4$$

と変形できる. これより, 求める領域 D は右図の灰色に塗られた部分で, 境界を含む.

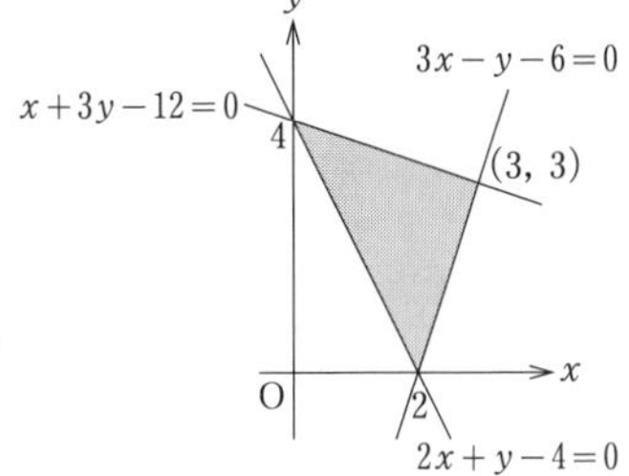

(2) $x+y=k$ とおくと, $y=-x+k$ …① である.

① は傾きが -1, y 切片が k の直線である.

① を D と共有点をもつ範囲で動かして, y 切片 k の最大値, 最小値に注目する.

(ア) ① が点 $(3, 3)$ を通るときに k は最大になり,

$$k=x+y=3+3=6$$

(イ) ① が点 $(2, 0)$ を通るときに k は最小になり,

$$k=x+y=2+0=2$$

(ア), (イ) より,

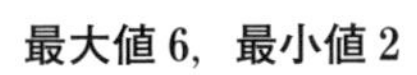

最大値 6, 最小値 2

(3) $x^2+y^2=l$ とおくと, l は,

原点と点 $\mathrm{P}(x, y)$ との距離 OP の2乗

である. そこで $\mathrm{P}(x, y)$ を D 内で動かして, 距離 OP の最大値, 最小値に注目する.

(ウ) $\mathrm{P}(x, y)$ が $(3, 3)$ であるときに l は最大になり,

$$l=x^2+y^2=3^2+3^2=18$$

(エ) $\mathrm{P}(x, y)$ が, 原点から直線 $2x+y-4=0$ に下ろした垂線の足になっているときに l は最小になり,

$$\mathrm{OP}=\frac{|0+0-4|}{\sqrt{2^2+1^2}}=\frac{4}{\sqrt{5}}$$

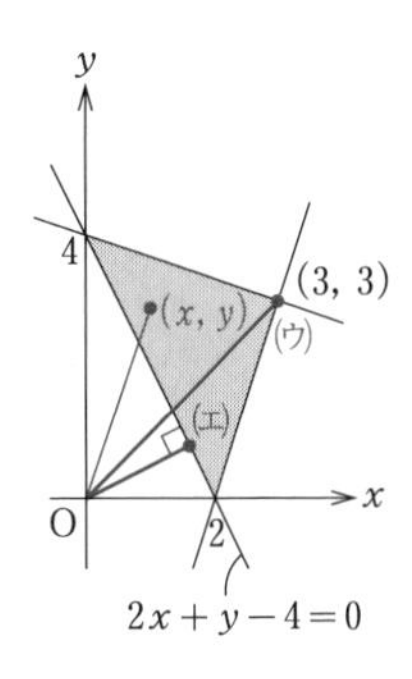

となるから，$l=\left(\dfrac{4}{\sqrt{5}}\right)^2=\dfrac{16}{5}$ である．

☜ l は距離 OP の「2 乗」である．焦って，「最小値は $\dfrac{4}{\sqrt{5}}$」と答えてしまわないように注意しよう

(ウ)，(エ) より，

最大値 18，最小値 $\dfrac{16}{5}$

解説講義

領域における最大最小問題は，考えたい式を「$=k$」などとおいて，k の図形的な意味を考えて解いていく．

(2) は $x+y$ の最大最小を求めたいのであるが，$x+y=k$ とおいたので k の最大最小を求めればよい．ここで「この k は何か？」と考えてみると，$y=-x+k$ と変形できることから「k は傾き -1 の直線の y 切片」になっていることが分かる．そこで，傾き -1 の直線をいろいろ考えてみて，y 切片 k が最大になる状況と最小になる状況を図から見つけて，そのときの k の値を求める．ただし，$(x,\ y)$ は領域 D 内にしか存在しないので，D と共有点をもつ範囲内でしか直線 $y=-x+k$ は動かせない．

(3) は l が距離 OP の 2 乗になっているから，原点からの距離の最大最小に注目すればよい．あるいは，$x^2+y^2=l$ を「原点を中心とする半径 $\sqrt{l}$ の円」と見て，半径 $\sqrt{l}$ の最大最小に注目してもよい．これは，結局，原点からの距離に注目することになるので，解答と本質的な違いはない．

文系数学の必勝ポイント

領域における最大最小問題

考えたい式を「$=k$」とおいて，k の図形的な意味を考えてみる

- **$ax+by=k$ とおくと，k は「直線の y 切片」に関係してくる**
- **$(x-a)^2+(y-b)^2=k$ とおくと，k は「2 点 $(x,\ y)$ と $(a,\ b)$ の距離の 2 乗」である**

One Point コラム

円と直線の位置関係はすでに学習した重要事項であるが，ここでは 2 円の位置関係についてコメントしておく．

半径が r_1，r_2 $(r_1>r_2)$ である 2 つの円の中心を C_1，C_2 とし，C_1 と C_2 の距離を d とする．2 円の位置関係は，この d と r_1，r_2 の和や差を考える．つまり，次の通りである．

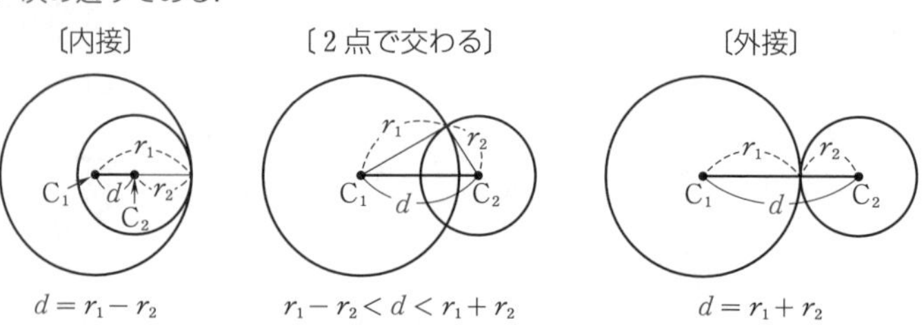

84 単位円の使い方

$-\pi<\theta<\pi$ において，$\sin\left(\theta-\dfrac{\pi}{3}\right)=\dfrac{1}{2}$ を満たす θ を求めよ．

（立教大）

解答

$$\begin{cases}\sin\left(\theta-\dfrac{\pi}{3}\right)=\dfrac{1}{2} & \cdots① \\ -\pi<\theta<\pi & \cdots②\end{cases}$$

$-\pi<\theta<\pi$ であるとき，辺々から $\dfrac{\pi}{3}$ を引くと，

$-\pi-\dfrac{\pi}{3}<\theta-\dfrac{\pi}{3}<\pi-\dfrac{\pi}{3}$

$-\dfrac{4}{3}\pi<\theta-\dfrac{\pi}{3}<\dfrac{2}{3}\pi$

$\theta-\dfrac{\pi}{3}=t$ とおくと，$-\dfrac{4}{3}\pi<\theta-\dfrac{\pi}{3}<\dfrac{2}{3}\pi$ であるから，①，② は，

$$\begin{cases}\sin t=\dfrac{1}{2} & \cdots③ \\ -\dfrac{4}{3}\pi<t<\dfrac{2}{3}\pi & \cdots④\end{cases}$$

となる．

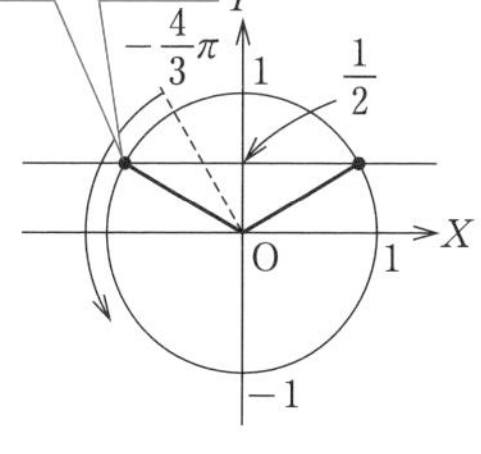

③，④ を満たす t は，④ の範囲に注意すると，

$$t=-\frac{7}{6}\pi,\ \frac{\pi}{6}$$

“高さ”が $\dfrac{1}{2}$ になる角 t を求める

である．したがって，

$$\theta-\frac{\pi}{3}=-\frac{7}{6}\pi,\ \frac{\pi}{6}$$

t から θ に戻していく

$$\boldsymbol{\theta=-\frac{5}{6}\pi,\ \frac{\pi}{2}}$$

解説講義

三角関数 $\sin\theta$，$\cos\theta$ は，単位円（半径1の円）を用いて，

$\sin\theta$ は，図の点Pの Y 座標（高さ），

$\cos\theta$ は，図の点Pの X 座標（左右方向の位置）

と定められている．

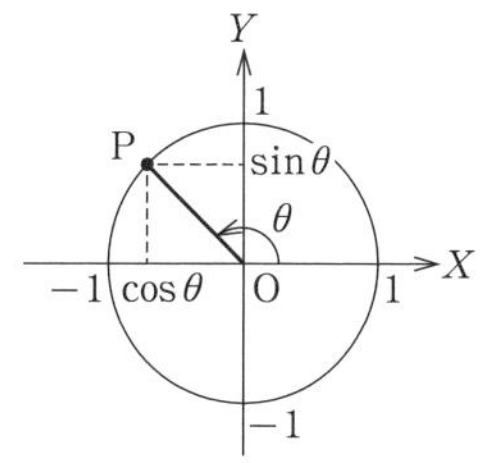

したがって，「$\sin\theta=\dfrac{1}{2}$ を満たす θ を求めよ」ということは「単位円上において“高さ”が $\dfrac{1}{2}$ になるような角 θ は？」と問われているのであり，そのような θ を単位円を使って考えればよい．

本問は角 θ についての方程式というより，角 $\theta-\dfrac{\pi}{3}$ についての方程式であり，いきなり θ を求めることは難しい．置きかえを利用するなどして1つずつ丁寧に処理する必要がある．

文系数学の必勝ポイント

単位円による三角関数の定義

単位円において，サインは“高さ（Y 座標）”，コサインは“左右の位置（X 座標）”

85 加法定理

$0<\alpha<\frac{\pi}{2}$，$\frac{\pi}{2}<\beta<\pi$ とする．$\cos\alpha=\frac{3}{5}$，$\sin\beta=\frac{5}{13}$ であるとき，$\sin(\alpha+\beta)$ の値を求めよ．（同志社大）

解答

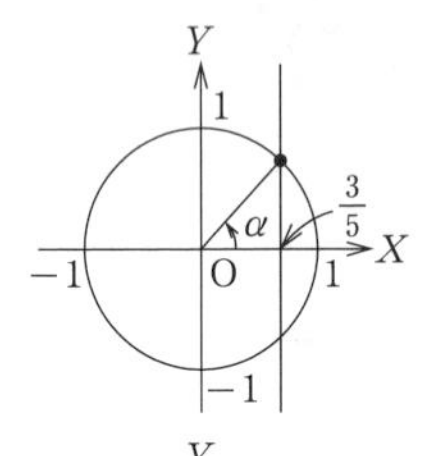

$\cos\alpha=\frac{3}{5}$ より，$\sin^2\alpha=1-\cos^2\alpha=1-\frac{9}{25}=\frac{16}{25}$ となり，

$0<\alpha<\frac{\pi}{2}$ より $\sin\alpha>0$ なので，$\sin\alpha=\frac{4}{5}$ である．

$\sin\beta=\frac{5}{13}$ より，

$$\cos^2\beta=1-\sin^2\beta=1-\frac{25}{169}=\frac{144}{169}$$

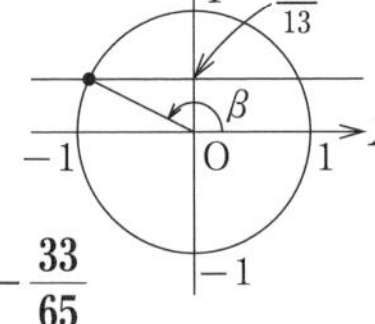

となり，$\frac{\pi}{2}<\beta<\pi$ より $\cos\beta<0$ なので，$\cos\beta=-\frac{12}{13}$ である．

したがって，加法定理を用いると，

$$\sin(\alpha+\beta)=\sin\alpha\cos\beta+\cos\alpha\sin\beta=\frac{4}{5}\cdot\left(-\frac{12}{13}\right)+\frac{3}{5}\cdot\frac{5}{13}=-\mathbf{\frac{33}{65}}$$

解説講義

まず注意しておきたいことは，三角関数の値の正負をいい加減に済ませないことである．単位円を考えれば明らかであるが，$\sin\theta$ は単位円では“高さ（Y 座標の値）”になるので，単位円の上半分にある角（たとえば，$0<\theta<\pi$）において正の値をとる．同様に，$\cos\theta$ は右半分にある角（たとえば，$-\frac{\pi}{2}<\theta<\frac{\pi}{2}$）において正の値をとる．

加法定理は三角関数のいろいろな公式のもとになる重要な公式である．次の 86 では「2倍角の公式」を使う問題を学習するが，2倍角の公式は，次の加法定理，

$$\sin(\alpha+\beta)=\sin\alpha\cos\beta+\cos\alpha\sin\beta,\qquad \cos(\alpha+\beta)=\cos\alpha\cos\beta-\sin\alpha\sin\beta$$

において，α と β を両方とも θ にすることによって，

$$\sin(\theta+\theta)=\sin\theta\cos\theta+\cos\theta\sin\theta,\qquad \cos(\theta+\theta)=\cos\theta\cos\theta-\sin\theta\sin\theta$$

となって，

$$\boldsymbol{\sin2\theta=2\sin\theta\cos\theta,\quad \cos2\theta=\cos^2\theta-\sin^2\theta}$$

が得られる．さらに，$\sin^2\theta+\cos^2\theta=1$ を用いると，$\cos2\theta$ は，

$$\boldsymbol{\cos2\theta=1-2\sin^2\theta,\quad \cos2\theta=2\cos^2\theta-1}$$

の形で表せることが分かる．次は，これを使う練習だ．がんばろう！

文系数学の必勝ポイント

加法定理

$$\sin(\alpha\pm\beta)=\sin\alpha\cos\beta\pm\cos\alpha\sin\beta \qquad \tan(\alpha\pm\beta)=\frac{\tan\alpha\pm\tan\beta}{1\mp\tan\alpha\tan\beta}$$

$$\cos(\alpha\pm\beta)=\cos\alpha\cos\beta\mp\sin\alpha\sin\beta$$

（複号同順）

86　2倍角の公式

$0 \leqq \theta < 2\pi$ とする．次の方程式，不等式を解け．

(1)　$\cos 2\theta - \sin\theta = 0$　　　(2)　$1 + 3\cos\theta > \cos 2\theta$

(3)　$\sin 2\theta = \sqrt{3}\cos\theta$

（福岡大／関西学院大／中央大）

解答

(1)　$\cos 2\theta - \sin\theta = 0$ より，

$$1 - 2\sin^2\theta - \sin\theta = 0$$

☜ 左辺に2倍角の公式を用いて，$\sin\theta$ のみで表した

$$2\sin^2\theta + \sin\theta - 1 = 0$$

$$(2\sin\theta - 1)(\sin\theta + 1) = 0$$

$$\sin\theta = \frac{1}{2},\ -1$$

☜ 単位円を使って，“高さ（Y 座標）”が $\frac{1}{2}$，-1 となる状況を考える

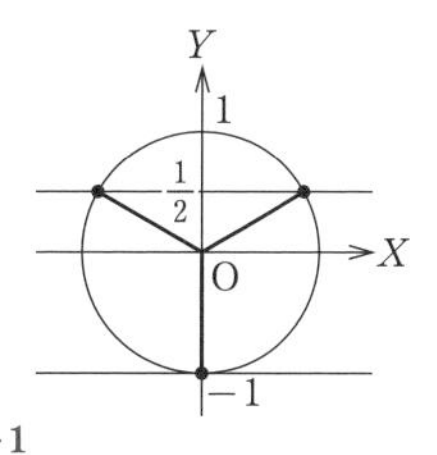

したがって，

$$\boldsymbol{\theta = \frac{\pi}{6},\ \frac{5}{6}\pi,\ \frac{3}{2}\pi}$$

(2)　$1 + 3\cos\theta > \cos 2\theta$ より，

$$1 + 3\cos\theta > 2\cos^2\theta - 1$$

☜ 右辺に2倍角の公式を用いて，$\cos\theta$ のみで表した

$$2\cos^2\theta - 3\cos\theta - 2 < 0$$

$$(2\cos\theta + 1)(\cos\theta - 2) < 0$$

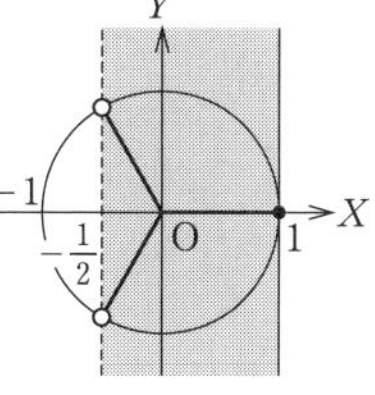

$-1 \leqq \cos\theta \leqq 1$ より，

$$-\frac{1}{2} < \cos\theta \leqq 1$$

☜ “左右の位置（X 座標）”が $-\frac{1}{2}$ より大きく1以下となる状況を考える

したがって，

$$\boldsymbol{0 \leqq \theta < \frac{2}{3}\pi,\quad \frac{4}{3}\pi < \theta < 2\pi}$$

(3)　$\sin 2\theta = \sqrt{3}\cos\theta$ より，

$$2\sin\theta\cos\theta = \sqrt{3}\cos\theta$$

☜ これを $\cos\theta$ で割ってはいけない

$$2\sin\theta\cos\theta - \sqrt{3}\cos\theta = 0$$

$$\cos\theta(2\sin\theta - \sqrt{3}) = 0$$

☜ $\cos\theta$ でくくった

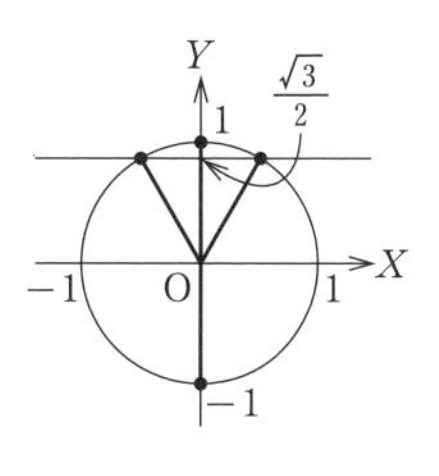

これより，$\cos\theta = 0$ または $\sin\theta = \frac{\sqrt{3}}{2}$ であるから，

$$\boldsymbol{\theta = \frac{\pi}{3},\ \frac{\pi}{2},\ \frac{2}{3}\pi,\ \frac{3}{2}\pi}$$

解説講義

三角関数の問題では「**角と三角関数の種類（サイン，コサイン）をそろえて考える**」ということが基本方針である．本問では，問題のなかに出てくる角が 2θ と θ であるから，まず2倍角の公式を使って角を θ に，もっと言えば，(1)は $\sin\theta$ で，(2)は $\cos\theta$ でそろえて考える．

ただ，(3)では，$2\sin\theta\cos\theta = \sqrt{3}\cos\theta$ と変形した後で，両辺を $\cos\theta$ で割って $2\sin\theta = \sqrt{3}$

としてしまう間違いがよく見られる．$\cos\theta=0$ の場合は $\cos\theta$ で割ることができないので，このような変形はできない．

文系数学の必勝ポイント

三角方程式，不等式

角と三角関数の種類をそろえて考える

2 倍角の公式

$$\sin 2\theta=2\sin\theta\cos\theta,$$
$$\cos 2\theta=\cos^2\theta-\sin^2\theta=1-2\sin^2\theta=2\cos^2\theta-1$$

One Point コラム

「3 倍角の公式は覚えた方がいいですか？」という相談をよく受ける．2 倍角の公式は頻繁に使うから暗記しておくべきであるが，3 倍角の公式は 2 倍角の公式に比べると出題頻度はかなり低いため，無理に覚える必要はないだろう．

「加法定理と 2 倍角の公式で導ける」ということを，自分の手を一度動かして経験しておけば，試験場で必要に応じて準備することができるので心配ない．なお，入試では「3 倍角の公式を導け」という出題もしばしば見られる．

「$\boldsymbol{\cos 3\theta=4\cos^3\theta-3\cos\theta}$」は次のように導かれる．

$$\begin{aligned}\cos 3\theta&=\cos(2\theta+\theta)\\&=\cos 2\theta\cos\theta-\sin 2\theta\sin\theta &&\text{（加法定理より）}\\&=(2\cos^2\theta-1)\cos\theta-2\sin\theta\cos\theta\cdot\sin\theta &&\text{（2 倍角の公式より）}\\&=(2\cos^2\theta-1)\cos\theta-2\cos\theta(1-\cos^2\theta) &&\text{（相互関係より）}\\&=2\cos^3\theta-\cos\theta-2\cos\theta+2\cos^3\theta\\&=4\cos^3\theta-3\cos\theta.\end{aligned}$$

「$\boldsymbol{\sin 3\theta=3\sin\theta-4\sin^3\theta}$」も同じようにして導いてみよう．

3 倍角の公式を用いる方程式を 1 題紹介しておくので，公式の導出をマスターできたらやってみよう．

> $0\leqq\theta\leqq\pi$ とするとき，方程式 $\cos 3\theta+3\cos 2\theta+5\cos\theta+3=0$ を満たす θ を求めよ．　（立教大）

$\cos 3\theta=4\cos^3\theta-3\cos\theta$ であるから，与式より，

$$(4\cos^3\theta-3\cos\theta)+3(2\cos^2\theta-1)+5\cos\theta+3=0$$
$$4\cos^3\theta+6\cos^2\theta+2\cos\theta=0$$
$$2\cos\theta(2\cos^2\theta+3\cos\theta+1)=0$$
$$2\cos\theta(\cos\theta+1)(2\cos\theta+1)=0$$
$$\cos\theta=0,\ -1,\ -\frac{1}{2}$$

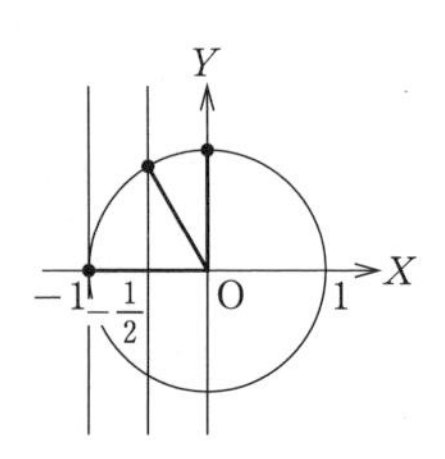

$0\leqq\theta\leqq\pi$ であるから，

$$\boldsymbol{\theta=\frac{\pi}{2},\ \frac{2}{3}\pi,\ \pi}$$

87 合成（1）

$f(x)=\sin x+\sqrt{3}\cos x$ について，

(1)　x が実数全体を動くとき，$f(x)$ の最大値，最小値を求めよ．

(2)　x が $0\leqq x\leqq\dfrac{\pi}{2}$ の範囲を動くとき，$f(x)$ の最大値，最小値を求めよ．

（上智大）

解答

$f(x)=\sin x+\sqrt{3}\cos x=2\sin\left(x+\dfrac{\pi}{3}\right)$ と変形できる．　☜合成は次の図を使うと便利である

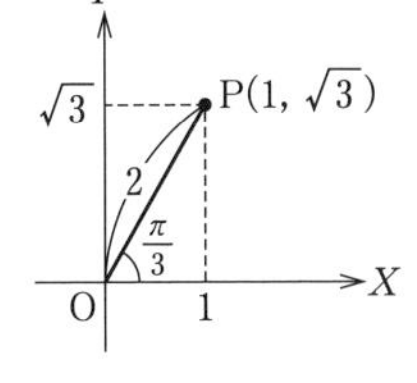

(1)　x が実数全体を動くとき，$x+\dfrac{\pi}{3}$ はすべての値をとって変化する．よって，

$$-1\leqq\sin\left(x+\frac{\pi}{3}\right)\leqq 1$$

であるから，$-2\leqq 2\sin\left(x+\dfrac{\pi}{3}\right)\leqq 2$ となる．したがって，

最大値 2，最小値 −2

(2)　$0\leqq x\leqq\dfrac{\pi}{2}$ より，$\dfrac{\pi}{3}\leqq x+\dfrac{\pi}{3}\leqq\dfrac{5}{6}\pi$ であるから，

$$\frac{1}{2}\leqq\sin\left(x+\frac{\pi}{3}\right)\leqq 1$$

☜単位円から，高さの変化する範囲を読み取る

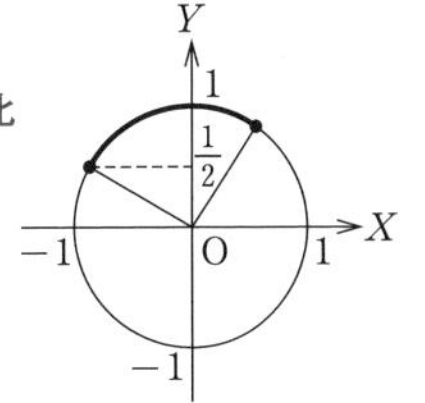

これより，$1\leqq 2\sin\left(x+\dfrac{\pi}{3}\right)\leqq 2$ となる．したがって，

最大値 2，最小値 1

解説講義

サインとコサインが $a\sin\theta+b\cos\theta$ という形で混ざっている場合には**三角関数の合成**を行って，$r\sin(\theta+\alpha)$ というサインだけの式にして考えるとよい．実際に $a\sin\theta+b\cos\theta$ を $r\sin(\theta+\alpha)$ の形に合成するときには，次のような手順が分かりやすい．

（手順 1） 原点を O とする座標平面上に点 P$(a,\ b)$ をとる．

（手順 2） 線分 OP の長さ r と，動径 OP を表す角 α を求める．

（手順 3） 求めた r と α を用いて $r\sin(\theta+\alpha)$ と表す．

なお，本問のように，合成を行った後に三角関数の式のとり得る値の範囲を考える問題は，極めて頻出の重要問題である．単位円を使って「**“高さ”の変化する範囲がサインの値の変化する範囲**」と解釈するところを十分にトレーニングしておきたい．

文系数学の必勝ポイント

$a\sin\theta+b\cos\theta$ の取り扱い

$a\sin\theta+b\cos\theta$ は，点 P$(a,\ b)$ をとって，

“長さ r”と“角度 α”

を読み取り，$r\sin(\theta+\alpha)$ の形に変形（合成）する

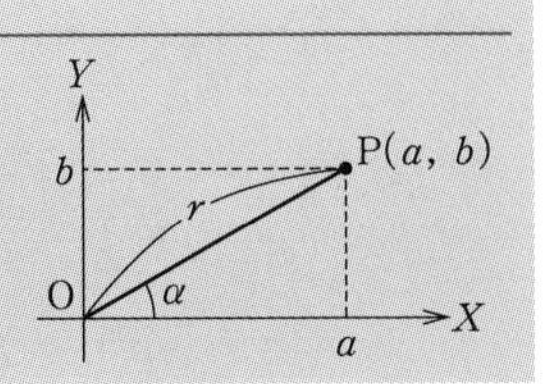

88 合成(2)

$f(x)=3\sin x+4\cos x$ とする.

(1) x が $0\leqq x<2\pi$ の範囲を動くとき, $f(x)$ の最大値, 最小値を求めよ.

(2) x が $0\leqq x\leqq\pi$ の範囲を動くとき, $f(x)$ の最大値, 最小値を求めよ.

(明治学院大)

解答

$f(x)=3\sin x+4\cos x$ より,

$$f(x)=5\sin(x+\alpha)$$

合成したときの角 α が不明の場合は, α のまま合成をしておき, $\sin\alpha$ と $\cos\alpha$ の値を書き添えておく

と変形できる. ただし, α は,

$$\sin\alpha=\frac{4}{5},\quad \cos\alpha=\frac{3}{5}$$

を満たす右の図の角とする.

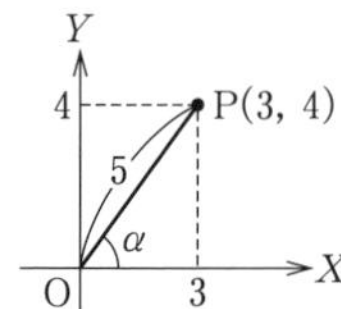

(1) $0\leqq x<2\pi$ より, $\alpha\leqq x+\alpha<2\pi+\alpha$ である. よって,

$$-1\leqq\sin(x+\alpha)\leqq 1$$

単位円上をグルッと1周動いていく

であるから, $-5\leqq 5\sin(x+\alpha)\leqq 5$ となる. したがって,

最大値5, 最小値 −5

(2) $0\leqq x\leqq\pi$ より, $\alpha\leqq x+\alpha\leqq\pi+\alpha$ である. よって,

$$-\frac{4}{5}\leqq\sin(x+\alpha)\leqq 1$$

高さの変化を読み取る

であるから, $-4\leqq 5\sin(x+\alpha)\leqq 5$ となる. したがって,

最大値5, 最小値 −4

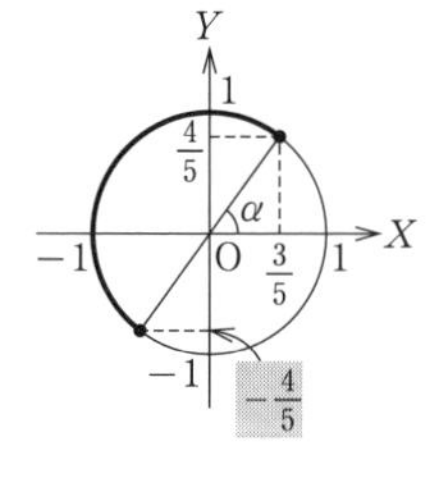

<補足：最小値について>

$\sin(x+\alpha)$ が最小になるのは, 角 $x+\alpha$ が $\pi+\alpha$ になるときである.

よって, $\sin(x+\alpha)$ の最小値は $\sin(\pi+\alpha)$ であるから,

$$\sin(\pi+\alpha)=\sin\pi\cos\alpha+\cos\pi\sin\alpha=0+(-1)\cdot\frac{4}{5}=-\frac{4}{5}$$

加法定理を用いている

として最小値を求めてもよい.

解説講義

$r\sin(\theta+\alpha)$ の形に合成をしたときに, 角 α が具体的に求められない場合がある. この場合には, 上の解答のように, α を使って合成を行っておき, その α に関する情報として $\sin\alpha$ と $\cos\alpha$ の値を書き添えることが一般的である.

α を使ったままだと「大丈夫かな？」と不安になるかも知れないが, 合成した後は前問と同じように単位円を使ってとり得る値の範囲を求めればよい. 高さの変化に注目だ！

文系数学の必勝ポイント

角 α が具体的に分からない場合の合成

α のまま合成を行い, $\sin\alpha$ と $\cos\alpha$ の値を書き添えておく

89 三角関数の最大最小(1)　～倍角戻し～

関数 $y=3\sin^2 x+4\sin x\cos x-\cos^2 x$ $\left(0\leqq x\leqq\dfrac{\pi}{2}\right)$ の最大値，最小値を求めよ．　(小樽商科大)

解答

2倍角の公式を変形すると，

$\sin 2x=2\sin x\cos x$ より，$\sin x\cos x=\dfrac{1}{2}\sin 2x$

$\cos 2x=1-2\sin^2 x$ より，$\sin^2 x=\dfrac{1}{2}(1-\cos 2x)$

$\cos 2x=2\cos^2 x-1$ より，$\cos^2 x=\dfrac{1}{2}(1+\cos 2x)$

☜ 角 x で表された与式を，すべて角 $2x$ で表すことを考える

これらを用いると，与式から，

$$y=3\cdot\frac{1}{2}(1-\cos 2x)+4\cdot\frac{1}{2}\sin 2x-\frac{1}{2}(1+\cos 2x)$$
$$=2\sin 2x-2\cos 2x+1$$
$$=2\sqrt{2}\sin\left(2x-\frac{\pi}{4}\right)+1$$

☜ 角が $2x$ であるが，これまでと同じ手順で合成をする．ただし，$r\sin(2x+\alpha)$ の形に合成したとき，α は $\dfrac{7}{4}\pi$ ではなく $-\dfrac{\pi}{4}$ とした方がこの後の計算がラクである

$0\leqq x\leqq\dfrac{\pi}{2}$ より，$0\leqq 2x\leqq\pi$ であり，

$$-\frac{\pi}{4}\leqq 2x-\frac{\pi}{4}\leqq\frac{3}{4}\pi$$

このとき，単位円を用いると，

$$-\frac{1}{\sqrt{2}}\leqq\sin\left(2x-\frac{\pi}{4}\right)\leqq 1$$

☜ 単位円から，高さの変化する範囲を読み取る

$$-2\leqq 2\sqrt{2}\sin\left(2x-\frac{\pi}{4}\right)\leqq 2\sqrt{2}$$

$$-1\leqq 2\sqrt{2}\sin\left(2x-\frac{\pi}{4}\right)+1\leqq 2\sqrt{2}+1$$

☜ これより，$-1\leqq y\leqq 2\sqrt{2}+1$ である

したがって，

最大値 $2\sqrt{2}+1$，最小値 -1

解説講義

2倍角の公式を使うと角 x の式を角 $2x$ の式で表すことも可能である．本書では，その操作を記憶に残してもらうために「倍角戻し」と名付けておく．文系の入試で「倍角戻し」が行われるのは，本問のような，

$$a\sin^2 x+b\cos^2 x+c\sin x\cos x\quad (a,\ b,\ c\ は定数)$$

の場合が圧倒的に多い．x の式を $2x$ の式で表せたら，あとは合成して前問と同様に考える．

文系数学の必勝ポイント

$a\sin^2 x+b\cos^2 x+c\sin x\cos x$ の式
2倍角の公式で，x の式を $2x$ の式で表して考える

90 三角関数の最大最小(2) ～$\cos x = t$ とおく～

関数 $y=3\sin^2 x+\cos 2x+\cos x-3$ $(0 \leqq x < 2\pi)$ の最大値，最小値，およびそのときの x の値をそれぞれ求めよ．　（山形大）

解答

$\sin^2 x = 1-\cos^2 x$，$\cos 2x = 2\cos^2 x - 1$ であるから，

$$
\begin{aligned}
y &= 3\sin^2 x+\cos 2x+\cos x-3\\
&= 3(1-\cos^2 x)+(2\cos^2 x-1)+\cos x-3 \quad \text{☜ } \cos x \text{ のみで表す}\\
&= 3-3\cos^2 x+2\cos^2 x-1+\cos x-3\\
&= -\cos^2 x+\cos x-1 \quad \cdots①
\end{aligned}
$$

ここで，$\cos x = t$ とすると，① より，

$$y=-t^2+t-1=-\left(t-\frac{1}{2}\right)^2-\frac{3}{4} \quad \cdots②$$

$0 \leqq x < 2\pi$ より，$-1 \leqq \cos x \leqq 1$ となるから，

$$-1 \leqq t \leqq 1$$ ☜ 範囲を確認する！

であり，この範囲において ② のグラフは右のようになる．グラフより，

$t=\frac{1}{2}$ のときに最大値 $-\frac{3}{4}$，　$t=-1$ のときに最小値 -3

をとることが分かる．

また，$t=\frac{1}{2}$ のときの x の値は，$\cos x=\frac{1}{2}$ より，$x=\frac{\pi}{3}$，$\frac{5}{3}\pi$ である．

さらに，$t=-1$ のときの x の値は，$\cos x=-1$ より，$x=\pi$ である．

以上より，

最大値 $-\frac{3}{4}$ $\left(x=\frac{\pi}{3},\ \frac{5}{3}\pi \text{ のとき}\right)$，　最小値 -3 $(x=\pi$ のとき$)$

解説講義

文系の数学では，見た目は三角関数の最大最小問題であるが，置きかえをすることによって2次関数や3次関数の最大最小を考える問題になるものがよく出題される．本問では，相互関係 $\sin^2 x+\cos^2 x=1$ と2倍角の公式を用いて $\cos x$ のみの式にして，$\cos x = t$ と置きかえた．三角関数の種類を1種類にして考える，という基本を確認しよう．

また，2次関数で学習したように，関数の最大最小を考えるときには**正しい範囲で正しい関数を分析**しなければならない．よって，$0 \leqq x < 2\pi$ から t のとり得る範囲は $-1 \leqq t \leqq 1$ であることを確認し，この範囲でグラフを描かなければいけない．置きかえをしたら範囲を確認する習慣をつけておこう．

文系数学の必勝ポイント

三角関数の最大最小問題

置きかえて2次関数や3次関数に持ち込むタイプでは，範囲に注意して，正しい範囲でグラフや増減表をかく

91 三角関数の最大最小(3) ～$\sin\theta+\cos\theta$ と $\sin\theta\cos\theta$ の式～

関数 $y=4\sin\theta\cos\theta+2(\sin\theta+\cos\theta)+1$ $(0\leqq\theta\leqq\pi)$ について，

(1) $\sin\theta+\cos\theta=t$ とする．y を t を用いて表せ．

(2) t のとり得る値の範囲を求めよ．

(3) y の最大値，最小値を求めよ．　　　　(奈良女子大)

解答

(1) $\sin\theta+\cos\theta=t$ の両辺を2乗すると，$\sin^2\theta+2\sin\theta\cos\theta+\cos^2\theta=t^2$ となり，

$$1+2\sin\theta\cos\theta=t^2 \qquad \therefore\ \sin\theta\cos\theta=\frac{t^2-1}{2}$$

これを用いると，

$$\begin{aligned} y&=4\sin\theta\cos\theta+2(\sin\theta+\cos\theta)+1\\ &=4\cdot\frac{t^2-1}{2}+2t+1 \qquad \therefore\ \boldsymbol{y=2t^2+2t-1} \end{aligned}$$

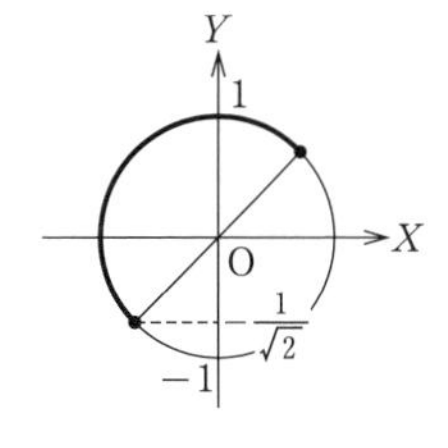

(2) 合成すると，$t=\sin\theta+\cos\theta=\sqrt{2}\sin\left(\theta+\frac{\pi}{4}\right)$ である．

$0\leqq\theta\leqq\pi$ より，$\frac{\pi}{4}\leqq\theta+\frac{\pi}{4}\leqq\frac{5}{4}\pi$ であるから，

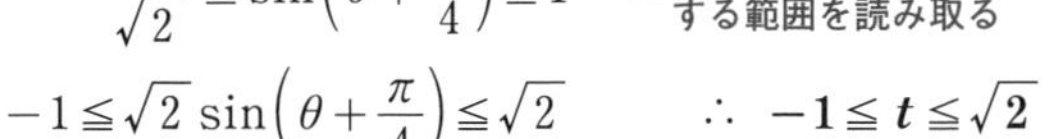

$$-\frac{1}{\sqrt{2}}\leqq\sin\left(\theta+\frac{\pi}{4}\right)\leqq 1$$

☜ 単位円から，高さの変化する範囲を読み取る

$$-1\leqq\sqrt{2}\sin\left(\theta+\frac{\pi}{4}\right)\leqq\sqrt{2} \qquad \therefore\ \boldsymbol{-1\leqq t\leqq\sqrt{2}}$$

(3) (1)の結果より，

$$y=2t^2+2t-1=2\left(t+\frac{1}{2}\right)^2-\frac{3}{2} \qquad \cdots①$$

$-1\leqq t\leqq\sqrt{2}$ で①のグラフは右のようになるから，

最大値 $2\sqrt{2}+3$，最小値 $-\frac{3}{2}$

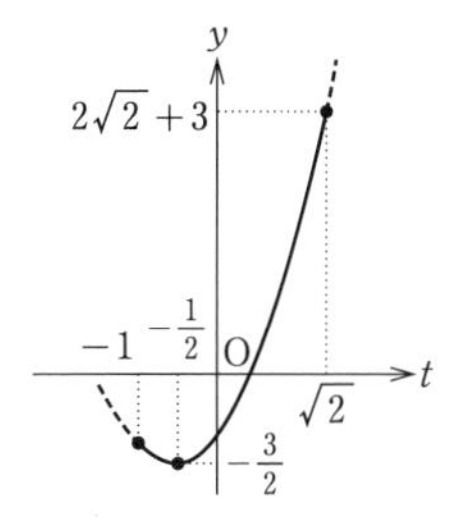

解説講義

「**$\sin\theta+\cos\theta$ と $\sin\theta\cos\theta$ が混在している問題は，$\sin\theta+\cos\theta=t$ とおいて t の式で考える**」ということをよく覚えておこう．本問は，誘導の設問がなくても(3)の問題を解けるようにすることを目標にしたい．文系の入試でも，誘導の設問を設けずに，ダイレクトに「y の最大値，最小値を求めよ」と出題されているケースがある．その場合，(2)で行った「t の範囲を確認する」ということを忘れてしまう人がよくいる．**90** に続いての注意であるが，置きかえをしたら範囲を確認することを徹底してもらいたい．

なお，$\sin\theta-\cos\theta$ と $\sin\theta\cos\theta$ が混在している場合も方針は同じであり，$\sin\theta-\cos\theta=t$ とおく．

文系数学の必勝ポイント

$\sin\theta+\cos\theta$ と $\sin\theta\cos\theta$ が混在した式は $\sin\theta+\cos\theta=t$ とおく

92 指数法則

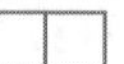

[1] 次の計算をせよ.

(1) $(3\cdot 2^6)^{\frac{2}{3}}\div\sqrt[3]{81}\div 2^{-\frac{4}{3}}\times\left(\frac{3}{4}\right)^{\frac{2}{3}}$　　(2) $\sqrt[3]{24}+\frac{4}{3}\sqrt[6]{9}-\sqrt[3]{\frac{1}{9}}$

[2] $a^{2x}=5$ のとき, $\frac{a^{3x}+a^{-3x}}{a^x+a^{-x}}$ の値を求めよ.

[3] $4^x-4^{-x}=2\sqrt{3}$ のとき, $4^x+4^{-x}=$ □ である.　(立教大／成蹊大)

解答

[1] (1)

$$(3\cdot 2^6)^{\frac{2}{3}}=3^{\frac{2}{3}}\cdot(2^6)^{\frac{2}{3}}=3^{\frac{2}{3}}\cdot 2^4,$$

☜ $(ab)^n=a^nb^n$ である

$$\sqrt[3]{81}=(3^4)^{\frac{1}{3}}=3^{\frac{4}{3}},$$

☜ 累乗根などは使わずに, $a^{\bullet}$ の形で表して考えるとよい

$$\left(\frac{3}{4}\right)^{\frac{2}{3}}=(3\cdot 2^{-2})^{\frac{2}{3}}=3^{\frac{2}{3}}\cdot 2^{-\frac{4}{3}}$$

これより,

$$(\text{与式})=(3^{\frac{2}{3}}\cdot 2^4)\div 3^{\frac{4}{3}}\div 2^{-\frac{4}{3}}\times(3^{\frac{2}{3}}\cdot 2^{-\frac{4}{3}})$$

$$=3^{\frac{2}{3}-\frac{4}{3}+\frac{2}{3}}\cdot 2^{4-\left(-\frac{4}{3}\right)+\left(-\frac{4}{3}\right)}$$

☜ 解説講義の(I), (II)の公式でまとめていく

$$=3^0\cdot 2^4=\mathbf{16}$$

(2) $\sqrt[3]{24}=(2^3\cdot 3)^{\frac{1}{3}}=2\cdot 3^{\frac{1}{3}}$, $\frac{4}{3}\sqrt[6]{9}=\frac{4}{3}(3^2)^{\frac{1}{6}}=\frac{4}{3}\cdot 3^{\frac{1}{3}}=4\cdot 3^{-1}\cdot 3^{\frac{1}{3}}=4\cdot 3^{-\frac{2}{3}}$

$$\sqrt[3]{\frac{1}{9}}=(3^{-2})^{\frac{1}{3}}=3^{-\frac{2}{3}}$$

これより,

$$(\text{与式})=2\cdot 3^{\frac{1}{3}}+4\cdot 3^{-\frac{2}{3}}-3^{-\frac{2}{3}}$$

$$=2\cdot 3^{\frac{1}{3}}+3\cdot 3^{-\frac{2}{3}}$$

☜ 2つ目と3つ目の項を, $4\cdot 3^{-\frac{2}{3}}-3^{-\frac{2}{3}}=(4-1)\cdot 3^{-\frac{2}{3}}=3\cdot 3^{-\frac{2}{3}}$ とまとめた

$$=2\cdot 3^{\frac{1}{3}}+3^{\frac{1}{3}}$$

$$=3\cdot 3^{\frac{1}{3}}$$

$$=\mathbf{3^{\frac{4}{3}}}(=\mathbf{3\sqrt[3]{3}})$$

[2]

$$\frac{a^{3x}+a^{-3x}}{a^x+a^{-x}}=\frac{(a^x+a^{-x})(a^{2x}-a^x\cdot a^{-x}+a^{-2x})}{a^x+a^{-x}}$$

$$=a^{2x}-a^x\cdot a^{-x}+a^{-2x}$$

$$=a^{2x}-a^0+\frac{1}{a^{2x}}$$

$$=5-1+\frac{1}{5}$$

$$=\mathbf{\frac{21}{5}}$$

☜ $a^x=p$, $a^{-x}=q$ と置きかえてみてもよい. $a^{3x}=p^3$, $a^{-3x}=q^3$ であり,

$$(\text{与式})=\frac{p^3+q^3}{p+q}=\frac{(p+q)(p^2-pq+q^2)}{p+q}=p^2-pq+q^2=a^{2x}-a^x\cdot a^{-x}+a^{-2x}$$

となる

[3]　まず，$(4^x+4^{-x})^2$ を求めると，

$$(4^x+4^{-x})^2=(4^x-4^{-x})^2+4\cdot4^x\cdot4^{-x}$$
$$=(2\sqrt{3})^2+4=16$$

☜ 少し難しいかも知れないが，
$(a+b)^2=(a-b)^2+4ab$
であることを利用した．これを変形した式は 2 の解説講義に登場している

$4^x+4^{-x}>0$ であるから，これより，

$$4^x+4^{-x}=\mathbf{4}$$

解説講義

指数を含む式の計算や変形では，次の(Ⅰ)から(Ⅵ)の関係をよく用いる．

(Ⅰ)　$\boldsymbol{a^m\times a^n=a^{m+n}}$　　(Ⅱ)　$\boldsymbol{a^m\div a^n=a^{m-n}}$　　(Ⅲ)　$\boldsymbol{(a^m)^n=(a^n)^m=a^{mn}}$

(Ⅳ)　$\boldsymbol{\dfrac{1}{a^n}=a^{-n}}$　　(Ⅴ)　$\boldsymbol{\sqrt[n]{a}=a^{\frac{1}{n}}}$　　(Ⅵ)　$\boldsymbol{a^0=1}$

この他には，[1](1)で用いているが，$(ab)^n=a^nb^n$ が成り立つことも確認しておこう．

指数を含む式の計算のコツは，$\sqrt[n]{a}$ や $\dfrac{1}{a^n}$ の形ではなく，$a^{\frac{1}{n}}$ や a^{-n} の形に直した上で，(Ⅰ)，(Ⅱ)を使って計算を進めていくことである．基本的な計算練習をしっかりと行い，上の関係式をスムーズに使えるようにしよう．

文系数学の必勝ポイント

指数を含む式の計算は，$a^{\bullet}$ の形に変形してから考える

One Point コラム

指数の次に対数を勉強する．対数の定義は，（$a>0$，$a\neq1$ として，正の実数 N に対して）

「$a^p=N$ が成り立つとき，$p=\log_a N$ とする」

である．これをもう少し易しい言葉で言うと，

「$2^x=8$ となる x は $x=3$ と答えられるが，$2^x=7$ となる x は正確に答えることが難しい．そこで，この x を正確に表すために新しい記号を導入して，$2^x=7$ となる x を $x=\log_2 7$ と書こう」

ということである．

97 で紹介してあるが，対数でも公式が6つ出てくる．対数は指数と密接な関係があるので，対数の公式は，ここで勉強した指数法則をもとにして導くことができる．そのなかの1つを導いておく．

$\begin{cases}a^p=M\\a^q=N\end{cases}$ とすると，$\begin{cases}p=\log_a M\\q=\log_a N\end{cases}$ である．

ここで，指数法則の(Ⅰ)から，

$$a^{p+q}=a^pa^q$$

となるから，これを変形していくと，

$$a^{p+q}=MN$$
$$\Longleftrightarrow\ p+q=\log_a MN\qquad（対数の定義を使った）$$
$$\Longleftrightarrow\ \log_a M+\log_a N=\log_a MN$$

となる．これが 97 で紹介してある(Ⅰ)の公式である．

93 指数の大小関係

[1]　$2^{0.5}$, $\sqrt[5]{16}$, $8^{-\frac{1}{3}}$ を小さい順に並べよ.　(徳島大)

[2]　$2^{\frac{1}{2}}$, $3^{\frac{1}{3}}$, $5^{\frac{1}{5}}$ を小さい順に並べよ.　(立教大)

解答

[1]　$2^{0.5}=2^{\frac{1}{2}}$, $\sqrt[5]{16}=(2^4)^{\frac{1}{5}}=2^{\frac{4}{5}}$, $8^{-\frac{1}{3}}=(2^3)^{-\frac{1}{3}}=2^{-1}$　☜ $2^{●}$ の形で表してみる

$-1<\dfrac{1}{2}<\dfrac{4}{5}$ より, $2^{-1}<2^{\frac{1}{2}}<2^{\frac{4}{5}}$ であるから,　☜ $p<q<r$ のとき, $2^p<2^q<2^r$

$$\boldsymbol{8^{-\frac{1}{3}}<2^{0.5}<\sqrt[5]{16}}$$

[2]　$2^{\frac{1}{2}}$ と $3^{\frac{1}{3}}$ を 6 乗すると, $(2^{\frac{1}{2}})^6=2^3=8$, $(3^{\frac{1}{3}})^6=3^2=9$ である.

これより, $(2^{\frac{1}{2}})^6<(3^{\frac{1}{3}})^6$ であるから, $2^{\frac{1}{2}}<3^{\frac{1}{3}}$ …① である.

一方, $2^{\frac{1}{2}}$ と $5^{\frac{1}{5}}$ を 10 乗すると, $(2^{\frac{1}{2}})^{10}=2^5=32$, $(5^{\frac{1}{5}})^{10}=5^2=25$ である.

これより, $(5^{\frac{1}{5}})^{10}<(2^{\frac{1}{2}})^{10}$ であるから, $5^{\frac{1}{5}}<2^{\frac{1}{2}}$ …② である.

したがって, ①, ② より,

$$\boldsymbol{5^{\frac{1}{5}}<2^{\frac{1}{2}}<3^{\frac{1}{3}}}$$

解説講義

指数の大小関係は, 底をそろえて右肩の指数部分の大小に注目することが基本であり,

底 a が $1<a$ の場合,　$p<q \iff a^p<a^q$

底 a が $0<a<1$ の場合, $p<q \iff a^p>a^q$

であることを利用する. これは, 指数関数のグラフとあわせて理解しておくとよい.

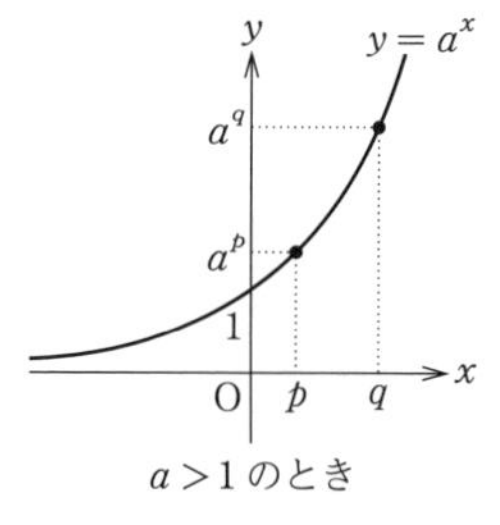

$a>1$ のとき

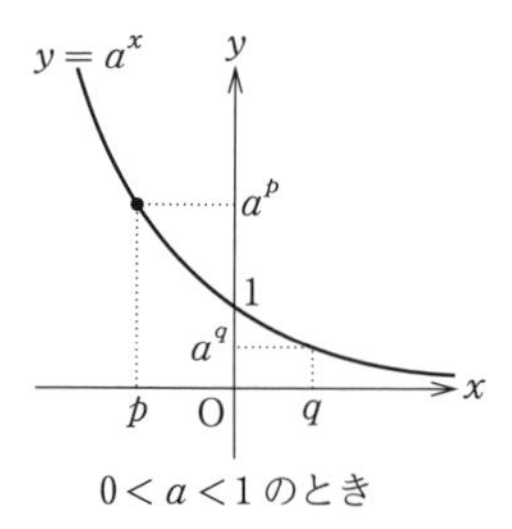

$0<a<1$ のとき

一方, [2] は底をそろえられないので, 2 つの数を 6 乗, および 10 乗して比較している. 右肩の指数部分を整数にすれば具体的な値が計算できる, という発想である.

文系数学の必勝ポイント

指数の大小比較

(Ⅰ) 底をそろえて, 指数部分の大小に注目する方針が基本である

(Ⅱ) 比較したい数を何乗かして考える場合もある

94 指数方程式・不等式

次の方程式，不等式を解け．

(1) $2^{2x}=\frac{1}{8}$　　(2) $9^x<27^{5-x}<81^{2x+1}$

(3) $\left(\frac{1}{2}\right)^{2x+2}<\left(\frac{1}{16}\right)^{x-1}$　　(4) $3^{2x+1}+5\cdot3^x-2=0$

(5) $4^x-2^{x+1}-48<0$

（立教大／中央大／大阪経済大）

解答

(1) 与式より，

$$2^{2x}=2^{-3}$$

☜ 底を2にそろえる

$$2x=-3$$

☜ $a^p=a^q \iff p=q$
（右肩の指数部分を比較する）

$$\boldsymbol{x=-\frac{3}{2}}$$

(2) $9^x<27^{5-x}<81^{2x+1}$ より，

$$\begin{cases}9^x<27^{5-x}\\27^{5-x}<81^{2x+1}\end{cases}\quad\therefore\begin{cases}3^{2x}<3^{15-3x} & \cdots①\\3^{15-3x}<3^{8x+4} & \cdots②\end{cases}$$

☜ $27^{5-x}=(3^3)^{5-x}=3^{15-3x}$

☜ $81^{2x+1}=(3^4)^{2x+1}=3^{8x+4}$

①，② より，指数部分に注目すると，

$$\begin{cases}2x<15-3x\\15-3x<8x+4\end{cases}\quad\therefore\begin{cases}x<3\\1<x\end{cases}$$

☜ $a>1$ のとき，
$a^p<a^q \iff p<q$

したがって，

$$\boldsymbol{1<x<3}$$

(3) 与式より，

$$\left(\frac{1}{2}\right)^{2x+2}<\left\{\left(\frac{1}{2}\right)^4\right\}^{x-1}\quad\therefore\left(\frac{1}{2}\right)^{2x+2}<\left(\frac{1}{2}\right)^{4x-4}$$

底 $\frac{1}{2}$ は $0<\frac{1}{2}<1$ であるから，指数部分に注目すると，

$$2x+2>4x-4$$

☜ $0<a<1$ のとき，$a^p<a^q \iff p>q$ である
（不等号の向きに注意する）

$$\boldsymbol{x<3}$$

(4) $3^{2x+1}=3^{2x}\cdot3^1=3\cdot(3^x)^2$ であるから，与式より，

$$3\cdot(3^x)^2+5\cdot3^x-2=0 \quad \cdots①$$

$3^x=t$ とすると，$t>0$ であり，① より，

$$3t^2+5t-2=0$$
$$(t+2)(3t-1)=0$$

☜ 90，91 でも注意をしたが，置きかえをしたら範囲を確認する．正の数3を何乗しても0以下にはならないので，$t>0$ である

$t>0$ であるから，$t=\frac{1}{3}$ である．よって，

$$3^x=\frac{1}{3}(=3^{-1})$$

$$\boldsymbol{x=-1}$$

(5)　$4^x=(2^2)^x=(2^x)^2$,　$2^{x+1}=2^x\cdot 2^1=2\cdot 2^x$ である.

これより，与式は，

$$(2^x)^2-2\cdot 2^x-48<0 \qquad \cdots①$$

$2^x=t$ とすると，$t>0$ であり，① より，　☜「$t>0$」の確認を忘れずに行う

$$t^2-2t-48<0$$
$$(t+6)(t-8)<0$$

これより，$t>0$ であるから，

$$0<t<8$$

となるので，

$$0<2^x<2^3$$

したがって，

$$\boldsymbol{x<3}$$

☜ ここから，「$0<x<3$」としてしまう間違いがしばしば見られる．x がどのような値をとっても，$2^x>0$ であるから，この不等式の左側，すなわち「$0<2^x$」はつねに成り立ち，x の制限が生まれるわけではない．したがって，右側の「$2^x<2^3$」を考えるだけでよい

解説講義

指数方程式・不等式は，「左辺に指数１つ，右辺に指数１つになったら，両辺の比較をする」ということが基本である．たとえば，

(i)　$2^x=2^5 \iff x=5$

(ii)　$2^x>2^5 \iff x>5$

(iii)　$\left(\frac{1}{2}\right)^x>\left(\frac{1}{2}\right)^5 \iff x<5$

である．底が１よりも小さい場合の不等式では，両辺の指数部分を比較したときに，不等号の向きが逆転することに注意しないといけない．これは **93** の解説講義でも触れていることである．

式が複雑になってくると次のようにやってしまう人がいるので確認しておくが，

$$2^x+2^3=2^5 \iff x+3=5$$　☜ これは間違いである！！！！

という間違いには注意したい．指数部分を比較できるのは，

左辺に指数１つ，右辺に指数１つになったとき

に限られる．左辺の項が２つあるのに，指数部分を取り出して比較することはできない！！そのため，(4)，(5) では置きかえをして２次方程式，２次不等式に帰着させて考えているのである．(4) では $3^x=t$，(5) では $2^x=t$ と置きかえているが，このときの t は正の値しかとらないことにも気をつけよう．

文系数学の必勝ポイント

指数方程式・不等式

(Ⅰ) 左辺，右辺の項が１つになったら，指数部分の比較を行う

$a^p=a^q \iff p=q$

$a^p<a^q \iff p<q$（$a>1$ のとき）

$a^p<a^q \iff p>q$（$0<a<1$ のとき，不等号の向きに注意）

(Ⅱ) 置きかえて２次方程式や２次不等式に持ち込むパターンも頻出

95 指数関数の最大最小

[1]　関数 $y=9^x-4\cdot3^x+10$ $(0\leqq x\leqq2)$ の最大値，最小値を求めよ．

[2]　関数 $y=2^{3-x}+2^{1+x}$ の最小値とそのときの x の値を求めよ．

（新潟大／山形大）

解答

[1]　$$y=9^x-4\cdot3^x+10=(3^x)^2-4\cdot3^x+10 \quad \cdots①$$

$3^x=t$ とすると，① より，

$$y=t^2-4t+10=(t-2)^2+6 \quad \cdots②$$

ここで，t の動く範囲を考えると，$0\leqq x\leqq2$ より，

$$3^0\leqq3^x\leqq3^2，すなわち，1\leqq3^x\leqq9$$

となり，$1\leqq t\leqq9$ である．この範囲で ② のグラフを描くと，

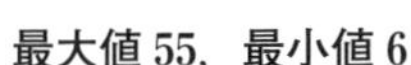

最大値55，最小値6

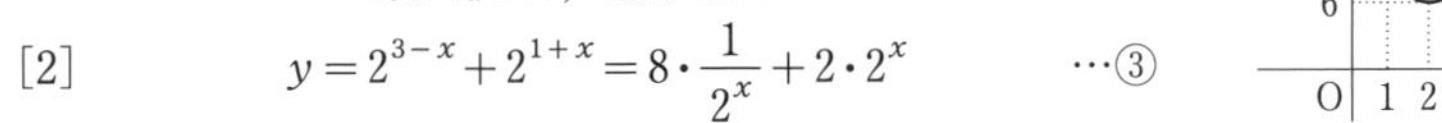

[2]　$$y=2^{3-x}+2^{1+x}=8\cdot\frac{1}{2^x}+2\cdot2^x \quad \cdots③$$

$2^x=u$ とすると，$u>0$ であり，③ より，$y=\dfrac{8}{u}+2u$ である．

$u>0$ であるから，相加平均と相乗平均の大小関係を用いると，

$$\frac{8}{u}+2u\geqq2\sqrt{\frac{8}{u}\cdot2u}=2\cdot4=8 \qquad \therefore\ y\geqq8$$

ここで，等号が成り立つ条件は，$\dfrac{8}{u}=2u$ より $u^2=4$ となり，$u>0$ から，$u=2$ である．このときの x は，$2^x=2$ より，$x=1$ である．以上より，

最小値8（$x=1$ のとき）

解説講義

指数関数の最大最小問題は，置きかえをすることで2次関数や3次関数（場合によっては分数式で表された関数）の最大最小問題に持ち込める問題が多い．

94 で $a^x=t$ とおいて解く指数方程式・不等式を勉強した．これと同様にして，[1] では $3^x=t$ とおけば y は t の2次関数で表されるので，t の動く範囲が $1\leqq t\leqq9$ であることに注意をしてグラフを描けば，y の最大値，最小値は容易に求められる．

数学Ⅱの学習も後半に入ってきたが，[2] はある事柄を見直すことが狙いの問題である．[2] は $2^x=u$ とおくと，y は u の分数式で表される．分数式の最小値を求める問題では「相加平均と相乗平均の大小関係」が有効であることを **60** で学習しているが，きちんと発想できただろうか．分母を払って $a+b\geqq2\sqrt{ab}$ の形で使うことや等号成立条件についても，しっかり見直しておこう．

文系数学の必勝ポイント

指数関数の最大最小は，置きかえて考える問題が多いことにも注意する

96 $a^x+a^{-x}=t$ とおく

関数 $y=4^x+4^{-x}+6\cdot2^x+6\cdot2^{-x}+4$ について，次の問に答えよ.

(1) $2^x+2^{-x}=t$ とする．y を t の式で表せ.

(2) t のとり得る値の範囲を求めよ.

(3) y の最小値を求めよ.　(武庫川女子大)

解答

(1) $2^x+2^{-x}=t$ …① の両辺を 2 乗すると,

$$(2^x)^2+2\cdot2^x\cdot2^{-x}+(2^{-x})^2=t^2$$

$$(2^2)^x+2+(2^2)^{-x}=t^2 \qquad \therefore\ 4^x+4^{-x}=t^2-2$$

これと ① を用いると,

$$y=(4^x+4^{-x})+6(2^x+2^{-x})+4=(t^2-2)+6t+4$$

$$\therefore\ \boldsymbol{y=t^2+6t+2}$$

(2) $2^x>0$, $2^{-x}>0$ であり，相加平均と相乗平均の大小関係を用いると,

$$2^x+2^{-x}\geqq2\sqrt{2^x\cdot2^{-x}}=2$$

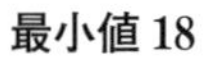

$\therefore\ t\geqq2$ (等号は $2^x=2^{-x}$ より $x=0$ で成立)

したがって，t のとり得る値の範囲は，$\boldsymbol{t\geqq2}$

(3) (1) より,

$$y=(t+3)^2-7 \qquad \cdots②$$

であり，$t\geqq2$ において ② のグラフを描くと右のようになる.

したがって，$t=2$ のときに y は最小になり,

最小値 18

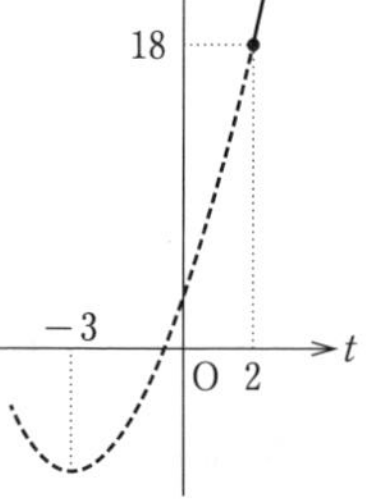

解説講義

このタイプは，文系では本問のようにヒントとなる誘導がつけられて出題されるケースが多いが，誘導がなくても最後まで解けるようにしたい頻出問題の 1 つである.

ここまでに何度も出てきているが，置きかえをしたときには，とり得る値の範囲を確認することが大切である．本問の最大のポイント（それがこのタイプの問題の差がつくところ！）は，$2^x+2^{-x}=t$ としたときの t の範囲を，相加平均と相乗平均の大小関係を使って考察するところにある．安易に「$2^x>0$, $2^{-x}>0$ なので $t=2^x+2^{-x}>0$」としてはいけない．相加平均と相乗平均の大小関係から，$t\geqq2$ が正しい t の範囲であることが導かれる．実際に $2^x+2^{-x}=1$ などにはならない.

文系数学の必勝ポイント

$a^x+a^{-x}=t$ とおく問題

(Ⅰ) $a^{2x}+a^{-2x}=t^2-2$ と表せる

(Ⅱ) t の範囲は「相加平均と相乗平均の大小関係」で調べる（$t\geqq2$ と分かる）

97 対数の計算

次の式を計算せよ.

(1) $\log_2 12+4\log_2\dfrac{2}{3}+6\log_2\sqrt{3}$　(2) $(\log_2 9+\log_4 3)\log_3 4$　(駒澤大)

解答

(1) $4\log_2\dfrac{2}{3}=\log_2\left(\dfrac{2}{3}\right)^4=\log_2\dfrac{2^4}{3^4}$, $6\log_2(\sqrt{3})=\log_2(\sqrt{3})^6=\log_2 3^3$

これらを用いると,

$$(\text{与式})=\log_2 12+\log_2\frac{2^4}{3^4}+\log_2 3^3=\log_2\left(12\cdot\frac{2^4}{3^4}\cdot 3^3\right)$$

☜ 下の公式(Ⅰ)でまとめる

$$=\log_2 2^6$$

$$=6\log_2 2$$

☜ 下の公式(Ⅲ)を用いて, 指数の6をlogの前に出した

$$=\mathbf{6}$$

(2) $\log_4 3$, $\log_3 4$ の底を2にすると,

$$\log_4 3=\frac{\log_2 3}{\log_2 4}=\frac{\log_2 3}{\log_2 2^2}=\frac{\log_2 3}{2}$$

$$\log_3 4=\frac{\log_2 4}{\log_2 3}=\frac{\log_2 2^2}{\log_2 3}=\frac{2}{\log_2 3}$$

☜ 下の公式(Ⅳ)で底を2に変換する. $\log_2 4$ は, (Ⅲ), (Ⅵ)を用いて, $\log_2 4=\log_2 2^2=2\log_2 2=2$ と計算している

これらを用いると,

$$(\text{与式})=\left(2\log_2 3+\frac{\log_2 3}{2}\right)\frac{2}{\log_2 3}=\frac{5}{2}\log_2 3\times\frac{2}{\log_2 3}=\mathbf{5}$$

☜ カッコ内は, $\left(2+\dfrac{1}{2}\right)\log_2 3=\dfrac{5}{2}\log_2 3$

解説講義

対数の問題では, 次の公式を用いる. (底は1以外の正の数で, $M>0$, $N>0$)

(Ⅰ) $\boldsymbol{\log_a M+\log_a N=\log_a MN}$　(Ⅱ) $\boldsymbol{\log_a M-\log_a N=\log_a\dfrac{M}{N}}$

(Ⅲ) $\boldsymbol{\log_a M^n=n\log_a M}$　(Ⅳ) $\boldsymbol{\log_a b=\dfrac{\log_c b}{\log_c a}}$ **(底の変換公式)**

(Ⅴ) $\boldsymbol{\log_a 1=0}$　(Ⅵ) $\boldsymbol{\log_a a=1}$

対数の計算では「**底をそろえて計算すること**」が重要である. (Ⅰ), (Ⅱ)の公式はいくつかの対数をまとめていくときに用いるが, 底がそろっていないと使えない. 底がそろっていない式を扱うときには, (Ⅳ)の公式を使って, まず底をそろえることが解答の第一歩である.

なお, 公式だけに目が向いてしまうと危険である. 対数の定義は 92 の OnePoint コラムに書いてあるが, 「$a^p=N \iff p=\log_a N$」である. これも忘れてはいけない.

文系数学の必勝ポイント

対数の計算

底をそろえて考える. 底がズレていたら $\boldsymbol{\log_a b=\dfrac{\log_c b}{\log_c a}}$ を用いて, 底を変換する

98 対数方程式

次の方程式を解け．

(1) $\log_2(2x-1)=-1$　　(2) $\log_{10}(x-15)+\log_{10}x=2$

(3) $\log_3 x+\log_9(x+2)+\log_{\frac{1}{3}}(x+2)=0$　（青山学院大／名城大／京都産業大）

解答

(1)
$$\log_2(2x-1)=-1 \quad \cdots①$$

真数は正であるから，$2x-1>0$ より，$x>\dfrac{1}{2}$

☜ まず，真数が正である条件を確認する（ウッカリ忘れる人が多い！）

① より，
$$\log_2(2x-1)=\log_2\frac{1}{2}$$

☜ 右辺を対数の形にする．-1 を
$-1=(-1)\cdot1=(-1)\cdot\log_2 2=\log_2 2^{-1}$
と考えている

これより，
$$2x-1=\frac{1}{2}$$

☜ 左辺と右辺に対数が1つになったら，両辺の真数を比較する

$$\boldsymbol{x=\frac{3}{4}}$$

(2)
$$\log_{10}(x-15)+\log_{10}x=2 \quad \cdots②$$

真数は正であるから，
$$x-15>0 \quad かつ \quad x>0$$

☜ 2つの真数は，両方とも正でなければならない

$$\therefore\ x>15 \quad \cdots③$$

☜ 上の式は「$x>15$ かつ $x>0$」となるので，本問の真数条件は $x>15$ である

② より，
$$\log_{10}(x-15)x=\log_{10}10^2$$
$$\log_{10}(x^2-15x)=\log_{10}100$$

☜ ② の右辺の2は，
$2=2\cdot1=2\cdot\log_{10}10=\log_{10}10^2$
と考えている

これより，
$$x^2-15x=100$$
$$(x+5)(x-20)=0$$

☜ $x=-5$ は ③ を満たさないから，求めるべき解ではない

したがって，③ を考えると，$\boldsymbol{x=20}$

(3)
$$\log_3 x+\log_9(x+2)+\log_{\frac{1}{3}}(x+2)=0 \quad \cdots④$$

☜ 底が3，9，$\dfrac{1}{3}$ でバラバラなので，底を3にそろえて考えていく

真数は正であるから，
$$x>0 \quad かつ \quad x+2>0$$
$$\therefore\ x>0 \quad \cdots⑤$$

④ の左辺の第2項と第3項はそれぞれ，
$$\log_9(x+2)=\frac{\log_3(x+2)}{\log_3 9}=\frac{\log_3(x+2)}{2}$$

☜ 底の変換公式を用いる

$$\log_{\frac{1}{3}}(x+2)=\frac{\log_3(x+2)}{\log_3\frac{1}{3}}=\frac{\log_3(x+2)}{-1}$$

☜ 分母は，
$\log_3\dfrac{1}{3}=\log_3 3^{-1}=(-1)\cdot\log_3 3=-1$

であるから，④ より，

$$\log_3 x + \frac{\log_3(x+2)}{2} - \log_3(x+2) = 0$$

$$2\log_3 x + \log_3(x+2) - 2\log_3(x+2) = 0$$ ☜ 両辺に 2 を掛けて分母を払った

$$\log_3 x^2 = \log_3(x+2)$$ ☜ 上の式は，$2\log_3 x - \log_3(x+2) = 0$，すなわち，$2\log_3 x = \log_3(x+2)$ となる

これより，

$x^2 = x+2$，すなわち，$(x+1)(x-2)=0$ ☜ $x=-1$ は ⑤ を満たさないから，求めるべき解ではない

したがって，⑤ を考えると，

$$\boldsymbol{x = 2}$$

解説講義

対数方程式を解くときの基本となることは，（$x>0$，$p>0$ とする）

$$\log_a x = \log_a p \iff x = p$$

である．つまり，左辺，右辺の対数が 1 つになったら，両辺の真数を比較すればよいのである．対数が 2 つ以上残っているのに，

$\log_a x = \log_a p + \log_a q$ より，$x = p+q$ ☜ これは間違い！！

とやってはいけない！

式を変形するには，底をそろえることが必要で，(3) では底を 3 にそろえて考えている．

また，真数は正であるから，この条件（真数条件とも呼ぶ）も忘れないようにしよう．

文系数学の必勝ポイント

対数方程式

(Ⅰ) 左辺，右辺の対数が 1 つになったら，真数の比較を行う

$$\boldsymbol{\log_a x = \log_a p \iff x = p}$$

(Ⅱ) 真数が正である条件も忘れずに！

One Point コラム

底に文字 x が入った対数方程式もしばしば出題される．**底は 1 以外の正の数**しか許されないので，「底の条件」も確認し忘れないように注意しよう．

> $\log_x(5x+6) = 2$ を満たす x を求めよ．

解答

真数と底の条件から，

$$\begin{cases} 5x+6>0 & \cdots① \\ 0<x<1,\ 1<x & \cdots② \end{cases}$$

このとき，与式より，

$$\log_x(5x+6) = \log_x x^2$$

となるから，

$$5x+6 = x^2$$

$$x^2 - 5x - 6 = 0$$

$$(x+1)(x-6) = 0$$

$$x = -1,\ 6$$

①，② を考えると，

$$\boldsymbol{x = 6}$$

99 対数不等式

[1]　不等式 $\log_{10}(x+3)<\log_{10}(9-2x)$ を解け．　　(名城大)

[2]　不等式 $\log_{\frac{1}{2}}(x-2)+\log_{\frac{1}{2}}(x-3)>-2$ を解け．　　(立教大)

解答

[1]　$$\log_{10}(x+3)<\log_{10}(9-2x) \quad \cdots①$$

真数は正であるから，

$$x+3>0 \quad かつ \quad 9-2x>0$$

$$\therefore\ -3<x<\frac{9}{2} \quad \cdots②$$

① において，底は 1 より大きいので，

$$x+3<9-2x$$

$$x<2 \quad \cdots③$$

$a>1$ のとき，$(p>0,\ q>0)$
☜ $\log_a p<\log_a q \iff p<q$

したがって，②，③ より，

$$\boldsymbol{-3<x<2}$$

[2]　$$\log_{\frac{1}{2}}(x-2)+\log_{\frac{1}{2}}(x-3)>-2 \quad \cdots④$$

真数は正であるから，

$$x-2>0 \quad かつ \quad x-3>0$$

$$\therefore\ x>3 \quad \cdots⑤$$

④ より，

$$\log_{\frac{1}{2}}(x-2)(x-3)>\log_{\frac{1}{2}}4$$

☜ 右辺は，
$-2=-2\cdot1=-2\cdot\log_{\frac{1}{2}}\frac{1}{2}$
$=\log_{\frac{1}{2}}\left(\frac{1}{2}\right)^{-2}=\log_{\frac{1}{2}}(2^{-1})^{-2}=\log_{\frac{1}{2}}2^2$

底 $\frac{1}{2}$ は，$0<\frac{1}{2}<1$ であることに注意すると，

$$(x-2)(x-3)<4$$

$$x^2-5x+2<0$$

$$\frac{5-\sqrt{17}}{2}<x<\frac{5+\sqrt{17}}{2} \quad \cdots⑥$$

☜ $0<a<1$ のとき，$(p>0,\ q>0)$
$\log_a p>\log_a q \iff p<q$
(不等号の向きに注意する)

したがって，⑤，⑥ より，

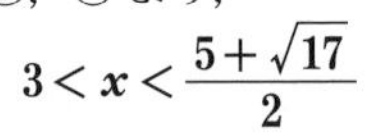

$$\boldsymbol{3<x<\frac{5+\sqrt{17}}{2}}$$

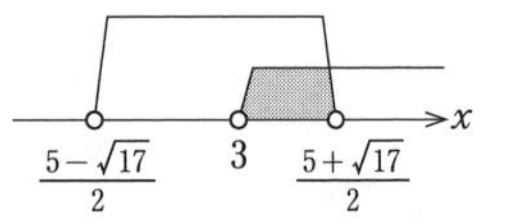

解説講義

94 で学習した指数不等式の注意点は，指数部分を比較するときに底の値に注意することであった．対数不等式でも同じである．たとえば，$(x>0$ とする$)$

(i)　$\log_2 x>\log_2 5 \iff x>5$　(底が 1 より大きい)

(ii)　$\log_{\frac{1}{2}} x>\log_{\frac{1}{2}} 5 \iff x<5$　(底が 1 より小さい)

ということである．底が 1 よりも小さい場合の不等式では，両辺の真数を比較したときに，不等号の向きが逆転することに注意しよう．

文系数学の必勝ポイント

対数不等式
　真数を比較するときに，底の値に注意する（$x>0$，$p>0$ とする）
$a>1$ のとき，　$\log_a x>\log_a p \iff x>p$
$0<a<1$ のとき，　$\log_a x>\log_a p \iff x<p$（不等号の向きに注意）

100 置きかえをする対数方程式・不等式

不等式 $(\log_2 x)^2-\log_{\frac{1}{4}} x^4-8<0$ を解け．（法政大）

解答

真数は正であるから，$x>0$ である．ここで，与式の左辺の第 2 項は，

$$\log_{\frac{1}{4}} x^4=\frac{\log_2 x^4}{\log_2 \frac{1}{4}}=\frac{4\log_2 x}{-2}=-2\log_2 x$$

であるから，与式は，

$$(\log_2 x)^2+2\log_2 x-8<0 \quad \cdots①$$

となる．ここで，$\log_2 x=t$ とすると，① より，

$$t^2+2t-8<0$$

これを解くと，$-4<t<2$ となるから，

$$-4<\log_2 x<2$$

$$\therefore\ \log_2 \frac{1}{16}<\log_2 x<\log_2 4$$

底は 1 より大きいので，

$$\frac{1}{16}<x<4$$

t，$t=\log_2 x$，x，O，1

☜ $\log_2 x$ は正の値も負の値もとるので，「$t>0$」などと限定してはいけない．（$t=\log_2 x$ のグラフは上のようになる）

☜ $-4=(-4)\cdot 1=(-4)\cdot\log_2 2=\log_2 2^{-4}=\log_2 \frac{1}{16}$
$2=2\cdot 1=2\cdot\log_2 2=\log_2 2^2=\log_2 4$

解説講義

98，99 では，左辺，右辺の対数が 1 つになるタイプの対数方程式・不等式を紹介したが，本問は $(\log_2 x)^2$ という項があるから 98，99 と同じように両辺の対数を 1 つずつにして考えることは困難である．そこで，$\log_{\frac{1}{4}} x^4$ は $\log_2 x$ で表せることに注目し，$\log_2 x=t$ と置きかえて 2 次不等式に持ち込んだ．

文系数学の必勝ポイント

$(\log_a x)^2$ を含む対数方程式・不等式
　$\log_a x=t$ とおいて，2 次方程式や 2 次不等式などに持ち込む

101 対数関数の最大最小

[1]　関数 $y=\log_2(1+x)+\log_2(7-x)$ の最大値とそのときの x の値を求めよ.　(和歌山大)

[2]　正の実数 x, y が $xy=100$ を満たすとき, $(\log_{10}x)^3+(\log_{10}y)^3$ の最小値とそのときの x, y の値を求めよ.　(広島大)

解答

[1]　$y=\log_2(1+x)+\log_2(7-x)$　…①

真数は正であるから,

$$1+x>0 \quad かつ \quad 7-x>0$$
$$x>-1 \quad かつ \quad x<7$$
$$\therefore \ -1<x<7$$

① より,

$$y=\log_2(1+x)(7-x)=\log_2(-x^2+6x+7)$$
$$=\log_2\{-(x-3)^2+16\} \quad \cdots ②$$

② において, 底は 1 より大きいので, y が最大になるのは真数が最大になるときである.

$-1<x<7$ の範囲で真数の $-(x-3)^2+16$ は, $x=3$ のときに最大値 16 をとる. このときの y の値は, ② より,

$$\log_2 16=\log_2 2^4=4$$

である. 以上より,

最大値 4（$x=3$ のとき）

z $z=-(x-3)^2+16$ 16 -1 O 3 7 x

☝ $z=-(x-3)^2+16$ のグラフは上のようになる

[2]　$P=(\log_{10}x)^3+(\log_{10}y)^3$ とする. $xy=100$ より, $y=\dfrac{100}{x}$ であるから,

$$P=(\log_{10}x)^3+\left(\log_{10}\frac{100}{x}\right)^3$$
$$=(\log_{10}x)^3+(\log_{10}100-\log_{10}x)^3$$
$$=(\log_{10}x)^3+(2-\log_{10}x)^3 \quad \cdots ③$$

☜ x だけの式にして考える

ここで, $\log_{10}x=t$ とすると, ③ より,

$$P=t^3+(2-t)^3=6t^2-12t+8$$
$$=6(t-1)^2+2$$

☜ $(2-t)^3=8-12t+6t^2-t^3$

P $P=6(t-1)^2+2$ 2 O 1 t

t はすべての実数をとるから, P は $t=1$ のときに最小値 2 をとる.

$t=1$ のときの x は, $\log_{10}x=1$ より $x=10$ である. さらに, このときの y は, $xy=100$ より $y=10$ である.

以上より,

最小値 2（$x=10$, $y=10$ のとき）

解説講義

[1] は1つの対数にまとめることができ，底が1より大きい対数であるから，真数が最大になる場合を考えればよい．この「真数に注目する」という考え方をしっかり学んでおこう．

[2] は2変数の問題である．2次関数のところで学習したように，条件式の $xy=100$ を用いて y を消去し，x だけにして考える．あとは $\log_{10}x=t$ とおくだけである．

文系数学の必勝ポイント

真数が変化する対数関数 $y=\log_a f(x)$ の最大最小

$a>1$ のとき　　$f(x)$ が最大 $\iff$ y が最大

$0<a<1$ のとき　　$f(x)$ が最大 $\iff$ y が最小

102 桁数・小数首位

$\log_{10}2=0.3010$，$\log_{10}3=0.4771$ とする．

(1) 18^{18} の桁数を求めよ．

(2) $\left(\dfrac{1}{45}\right)^{54}$ は小数第何位にはじめて0でない数字が現れるか．（立命館大）

解答

(1) 18^{18} が n 桁の整数であるとき，

$$10^{n-1}\leqq 18^{18}<10^n \quad \cdots①$$

であり，① を満たす自然数 n を求める．① で常用対数をとると，

$$\log_{10}10^{n-1}\leqq\log_{10}18^{18}<\log_{10}10^n$$

$$\therefore\ n-1\leqq\log_{10}18^{18}<n \quad \cdots②$$

「常用対数」とは，底が10の対数のことである

ここで，

$$\begin{aligned}\log_{10}18^{18}&=18\log_{10}18\\&=18(\log_{10}2+2\log_{10}3)\\&=18(0.3010+2\times0.4771)\\&=22.5936\end{aligned}$$

$\log_{10}18=\log_{10}(2\cdot9)=\log_{10}2+\log_{10}9=\log_{10}2+\log_{10}3^2=\log_{10}2+2\log_{10}3$

であるから，② は，

$$n-1\leqq 22.5936<n$$

と表される．これを満たす自然数 n は $n=23$ である．したがって，

18^{18} は **23 桁**

(2) $\left(\dfrac{1}{45}\right)^{54}$ の小数第 n 位にはじめて0でない数字が現れるとき，

$$10^{-n}\leqq\left(\frac{1}{45}\right)^{54}<10^{-n+1} \quad \cdots③$$

であり，③を満たす自然数 n を求める．③で常用対数をとると，

$$\log_{10}10^{-n} \leqq \log_{10}\left(\frac{1}{45}\right)^{54} < \log_{10}10^{-n+1}$$

$$\therefore\ -n \leqq \log_{10}\left(\frac{1}{45}\right)^{54} < -n+1 \qquad \cdots④$$

ここで，

$$\log_{10}\left(\frac{1}{45}\right)^{54} = \log_{10}45^{-54} = -54\log_{10}45 = -54(\log_{10}5 + 2\log_{10}3) \qquad \cdots⑤$$

である．⑤において，

☝ $\log_{10}45 = \log_{10}(5 \cdot 9) = \log_{10}5 + \log_{10}9$ である

$$\log_{10}5 = \log_{10}\frac{10}{2} = \log_{10}10 - \log_{10}2 = 1 - \log_{10}2$$

☝ このようにして，$\log_{10}2$ を使って $\log_{10}5$ が計算できることは知っておきたい

となるから，⑤より，

$$\begin{aligned}\log_{10}\left(\frac{1}{45}\right)^{54} &= -54(1 - \log_{10}2 + 2\log_{10}3)\\ &= -54(1 - 0.3010 + 2 \times 0.4771)\\ &= -89.2728\end{aligned}$$

である．よって，④は，

$$-n \leqq -89.2728 < -n+1$$

と表される．これを満たす自然数 n は $n = 90$ である．

したがって，はじめて0でない数字が現れるのは，**小数第90位**

解説講義

次の関係が桁数の問題を考える上での基本となる．

$$X\text{の整数部分が }n\text{ 桁} \iff 10^{n-1} \leqq X < 10^{n}$$

これは暗記するほどのものではない．ある数 X の整数部分が3桁であるならば，X は100以上1000未満であるから，容易に，

$$X\text{の整数部分が3桁} \iff 10^{2} \leqq X < 10^{3}$$

と分かるので，「n 桁ならばどうか？」ということをその場で考えればよい．

(1)では，18^{18} が n 桁であることは，解答の①が成り立つということであるから，①を満たす n の値を求めることになる．常用対数を用いて不等式を解く手順もよく理解しておこう．

小数首位（小数第何位にはじめて0でない数字が現れるか）の問題も桁数と同様である．ある数 X は小数第3位にはじめて0でない数字が現れたとする．このとき，X は0.001以上0.010未満であるから，

$$X\text{の小数首位が第3位} \iff 10^{-3} \leqq X < 10^{-2}$$

となる．このことから，

$$X\text{の小数首位が第 }n\text{ 位} \iff 10^{-n} \leqq X < 10^{-n+1}$$

であることが分かる．これも暗記せずに，その場で導けるようにしておくとよい．

文系数学の必勝ポイント

桁数・小数首位

X の整数部分が n 桁である　$\iff$　$10^{n-1} \leqq X < 10^{n}$

X の小数首位が小数第 n 位である　$\iff$　$10^{-n} \leqq X < 10^{-n+1}$

103 導関数の定義

[1]　2次関数 $f(x)=3x^2-5x$ について，次の問に答えよ．

(1)　x が2から $2+h\ (h\neq 0)$ まで変化するときの平均変化率を求めよ．

(2)　$x=2$ における微分係数を求めよ．　　　　　　　　　　(徳島文理大)

[2]　$f(x)=x^2$ のとき，定義に基づいて導関数 $f'(x)$ を求めよ．(佐賀大)

解答

[1] (1)　x が2から $2+h$ まで変化するときの平均変化率は，

$$\frac{f(2+h)-f(2)}{(2+h)-2}=\frac{\{3(2+h)^2-5(2+h)\}-(3\cdot 2^2-5\cdot 2)}{h}$$

$$=\frac{3h^2+7h}{h}$$

☜ 上の式の分子を展開して整理すると，$3h^2+7h$ になる

$$=\boldsymbol{3h+7}$$

(2)　$f'(2)=\lim_{h\to 0}\frac{f(2+h)-f(2)}{h}=\lim_{h\to 0}(3h+7)=\boldsymbol{7}$

[2]　$f(x)=x^2$ のとき，

$$f'(x)=\lim_{h\to 0}\frac{f(x+h)-f(x)}{h}=\lim_{h\to 0}\frac{(x+h)^2-x^2}{h}=\lim_{h\to 0}\frac{2xh+h^2}{h}=\lim_{h\to 0}(2x+h)=\boldsymbol{2x}$$

☝ これが導関数の定義である

解説講義

x が a から b まで変化するときの平均変化率は $\frac{f(b)-f(a)}{b-a}$ …① である．[1] (1) は，a を2，b を $2+h$ として ① を用いればよい．そして，平均変化率の式で b を a に限りなく近づけたときの極限が「$x=a$ における微分係数 $f'(a)$」であり，$f'(a)=\lim_{b\to a}\frac{f(b)-f(a)}{b-a}$ である．この式は，$b=a+h$ と置きかえて，$f'(a)=\lim_{h\to 0}\frac{f(a+h)-f(a)}{h}$ …② と表すこともできる．[1] (2) は $f'(2)$ を求めたいので，② で a を2として計算すればよい．

② で a を x に書きかえると導関数 $f'(x)$ の定義となり，$f'(x)=\lim_{h\to 0}\frac{f(x+h)-f(x)}{h}$ である．[2] は「定義に基づいて $f'(x)$ を求めよ」と要求されているから，この定義を用いて計算していないものは0点である．ただし，微分する (導関数を求める) ときに，毎回このような計算をしていたら大変である．そこで，$n=1,\ 2,\ 3,\ \cdots$ に対して，

$$\boldsymbol{f(x)=x^n \text{ のとき，} f'(x)=nx^{n-1}}$$

ということを「公式」として，単に微分するだけのときは，「$f(x)=x^2$ のとき，$f'(x)=2x$」とアッサリやればよい．

文系数学の必勝ポイント

導関数 $f'(x)$ の定義

関数 $f(x)$ に対して，導関数 $f'(x)=\lim_{h\to 0}\frac{f(x+h)-f(x)}{h}$ である

104 接線

[1]　曲線 $y=x^3-2x^2-1$ 上の点 $(2,\ -1)$ における接線の方程式を求めよ.
[2]　2 次関数 $y=x^2+2$ に点 $(-1,\ -1)$ から引いた接線の方程式を求めよ.

(中央大／名城大)

解答

[1]　$f(x)=x^3-2x^2-1$ とすると, $f'(x)=3x^2-4x$ である.
点 $(2,\ -1)$ における接線は,

$$y-f(2)=f'(2)(x-2)$$

$$y-(-1)=4(x-2) \qquad \therefore\ \boldsymbol{y=4x-9}$$

[2]　$f(x)=x^2+2$ とすると, $f'(x)=2x$ である.
接点を $(t,\ f(t))$ とすると, この点における接線は, ☜ 接点が不明の場合は, 接点を自分で設定して考える

$$y-(t^2+2)=2t(x-t)$$

$$y=2tx-t^2+2 \qquad \cdots①$$

① が点 $(-1,\ -1)$ を通るとき,

$$-1=2t(-1)-t^2+2$$

$$t^2+2t-3=0$$

☜ 点 $(t,\ f(t))$ における接線を準備したら, 条件を満たす t の値を見つける

これより, $t=1,\ -3$ となるから, 求める接線は, ① より,

$$\boldsymbol{y=2x+1,\quad y=-6x-7}$$

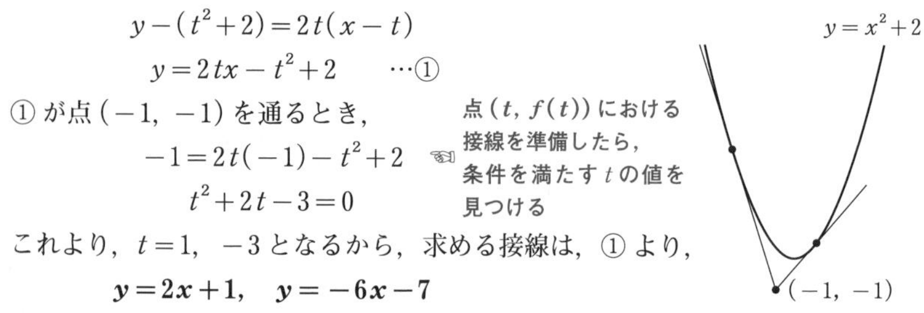

解説講義

$y=f(x)$ 上の点 $(t,\ f(t))$ における接線の傾きは $f'(t)$ である. したがって, $y=f(x)$ 上の点 $(t,\ f(t))$ における接線は,「$(t,\ f(t))$ を通り, 傾きが $f'(t)$」であることから,

$$\boldsymbol{y-f(t)=f'(t)(x-t)} \qquad \cdots(*)$$

となる. [1] は点 $(2,\ -1)$ における接線を求めたいから, $t=2$ として $(*)$ を用いればよい.

[2] はどこで接しているのか, つまり接点が分かっていない. 接点が分からないと $(*)$ は使えないから, まず接点を $(t,\ f(t))$ とおいて接線の式を ① で表した. このように, **接点が分かっていない場合には, まず接点を自分で設定することが重要**である. その上で, 何らかの条件が与えられているはずなので, その条件を使って t の値を決定する. まとめとして, 次の一文を覚えておこう！

“接点分からずして, 接線は求まらず”

文系数学の必勝ポイント

接線は, “接点分からずして, 接線は求まらず” が原則である

(I) 接点が分かっている ➡ 公式 $y-f(t)=f'(t)(x-t)$ で一発解決
(II) 接点が分かっていない
➡ まず接点を $(t,\ f(t))$ とおいて, 条件から t を決定する

105 3次関数の極値の存在条件

[1]　$y=x^3-3x$ の極値を求め，グラフを描け．　　(中央大)

[2]　関数 $y=x^3-3x^2+3ax$ が極値をもつような a の値の範囲を求めよ．　　(上智大)

解答

[1]　$f(x)=x^3-3x$ とすると，

$$f'(x)=3x^2-3=3(x+1)(x-1)$$

これより，$f(x)$ の増減表は次のようになる．

x	$\cdots$	-1	$\cdots$	1	$\cdots$
$f'(x)$	$+$	0	$-$	0	$+$
$f(x)$	↗	2	↘	-2	↗

増減表より，グラフは右のようになり，

極大値 2，極小値 −2

[2]　$f(x)=x^3-3x^2+3ax$ とすると，

$$f'(x)=3x^2-6x+3a=3(x^2-2x+a)$$

$f(x)$ が極値をもつのは，$f'(x)$ の符号が変化するとき，すなわち，

2次方程式 $f'(x)=0$ が異なる2つの実数解をもつとき

である．よって，$x^2-2x+a=0$ の判別式を D とすると，

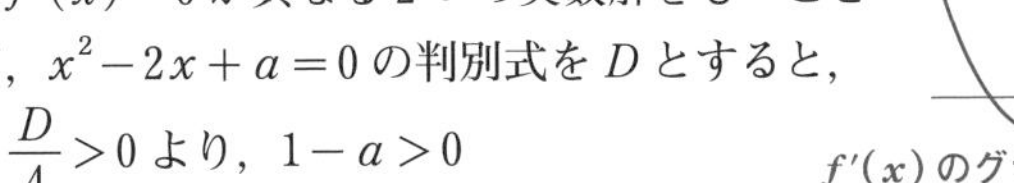

$$\frac{D}{4}>0 \text{ より，} 1-a>0$$

となるから，求める a の値の範囲は，

$$\boldsymbol{a<1}$$

$f'(x)$ のグラフがこのようになっていれば，$f'(x)$ の符号が正 → 負 → 正と変化する

解説講義

「関数 $f(x)$ が $x=\alpha$ で極値をとる」というのは，「$x=\alpha$ の前後で $f'(x)$ の符号が変化する」ということである．$f(x)$ が3次関数のとき，$f'(x)$ は2次関数であるから，$f'(x)=0$ が異なる2つの実数解をもてば，$f'(x)$ の符号は正 → 負 → 正，あるいは負 → 正 → 負と変化し，$f(x)$ は極値をもつことになる．

[2] は，$D\geqq 0$ としてはいけない．$D=0$ の場合には $f'(x)=0$ になる x は存在するが，その x の前後で $f'(x)$ の符号は変化していない．([2]の関数では，$D=0$ の場合は $a=1$ であるが，このときは $f'(x)=3(x-1)^2$ となって $f'(x)$ の符号は変化しない)

文系数学の必勝ポイント

3次関数の極値の存在条件

極値がある $\iff$ $f'(x)=0$ が異なる2つの実数解をもつ

$\iff$ $f'(x)=0$ の判別式を D とすると，$D>0$ が成り立つ

106 極値の条件を使う

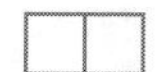

関数 $f(x)=x^3+ax^2+bx-2$ が $x=-1$ で極大値 -1 をとるとき，定数 a，b の値を求めよ．（広島修道大）

解答

$f(x)=x^3+ax^2+bx-2$ より，$f'(x)=3x^2+2ax+b$ である．

$f(x)$ が $x=-1$ で極大値 -1 をとるとき，

$$\begin{cases} f'(-1)=3-2a+b=0 \\ f(-1)=-1+a-b-2=-1 \end{cases}$$

x	$\cdots$	-1	$\cdots$
$f'(x)$	$+$	0	$-$
$f(x)$	↗	-1	↘

☜ このような増減表になっているはずである

すなわち，

$$\begin{cases} -2a+b+3=0 \\ a-b-2=0 \end{cases}$$

が必要である．これを解くと，$a=1$，$b=-1$ となる．☜ ここで答えにしてはいけない！

逆に，$a=1$，$b=-1$ のとき，

$$f(x)=x^3+x^2-x-2,\quad f'(x)=3x^2+2x-1=(x+1)(3x-1)$$

であり，$f(x)$ の増減表は次のようになる．

x	$\cdots$	-1	$\cdots$	$\frac{1}{3}$	$\cdots$
$f'(x)$	$+$	0	$-$	0	$+$
$f(x)$	↗	-1	↘		↗

☜ 増減表から，$x=-1$ の前後で $f'(x)$ は負から正ではなく，正から負に変化することが確かめられた．この確認を忘れてはいけない

増減表より，確かに，$x=-1$ で極大値 -1 をとる．以上より，

$$\boldsymbol{a=1,\quad b=-1}$$

解説講義

「$x=-1$ で極大値 -1 をとる」ための条件が「$f'(-1)=0$ かつ $f(-1)=-1$」であることは，増減表を思い浮かべればすぐに分かるだろう．この条件から $a=1$，$b=-1$ が得られるが，これをそのまま答えとしてはいけない．

$x=-1$ で極大値をとるのは「$x=-1$ の前後で $f'(x)$ が正から負に変化するとき」である．$f'(-1)=0$ だけでは，$f'(x)$ が負から正に変化している可能性もある（問題が「$x=-1$ で極小値 -1 をとるように…」となっていても，君は同じ式を立てるのではないか？）．そのため，$a=1$，$b=-1$ の場合に，確かに $x=-1$ で極大になっている（極小ではない）ということを確認しなければならない．

文系数学の必勝ポイント

極値の条件の利用

$x=\alpha$ で極値 M をとる ➡ $f'(\alpha)=0$ かつ $f(\alpha)=M$ を立てる

（きちんと条件を満たしているかを確認することが必要）

107 図形と最大最小

半径1の球面に内接する円柱について考える．このような円柱の高さをh，底面の円の半径をr，体積をVとする．

(1)　rをhで表せ．　　(2)　Vの最大値を求めよ．　　(長崎大)

解答

(1)　図の三角形OABに三平方の定理を用いると，

$$r^2+\left(\frac{h}{2}\right)^2=1 \text{ より，} r^2=1-\frac{h^2}{4}=\frac{4-h^2}{4}$$

が成り立つ．したがって，

$$\boldsymbol{r=\frac{\sqrt{4-h^2}}{2}}$$

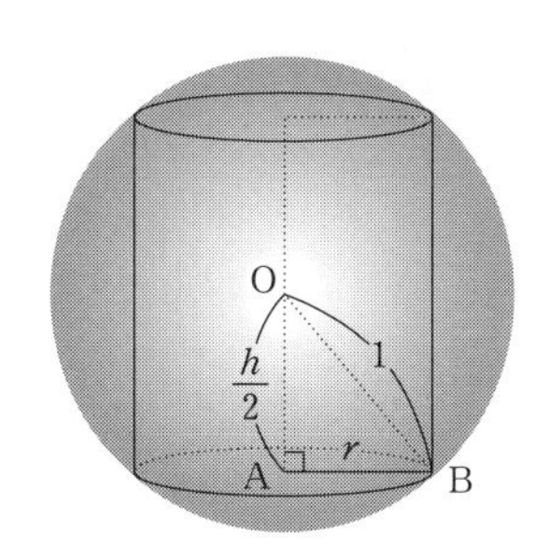

(2)　(1)の結果を用いると，

$$V=\pi r^2h=\pi\cdot\frac{4-h^2}{4}\cdot h=\frac{\pi}{4}(4-h^2)h$$

ここで，$f(h)=\frac{\pi}{4}(4-h^2)h=\frac{\pi}{4}(4h-h^3)$とすると，

$$f'(h)=\frac{\pi}{4}(4-3h^2)=-\frac{\pi}{4}(\sqrt{3}\,h+2)(\sqrt{3}\,h-2)$$

球面の半径が1（直径が2）であるから，$0<h<2$であることにも注意して考える

条件より，$0<h<2$であり，この範囲における増減表は右のようになる．

h	0	$\cdots$	$\frac{2}{\sqrt{3}}$	$\cdots$	2
$f'(h)$		$+$	0	$-$	
$f(h)$		↗	最大	↘	

以上より，Vは$h=\frac{2}{\sqrt{3}}$で最大になり，最大値は，

$$f\left(\frac{2}{\sqrt{3}}\right)=\frac{\pi}{4}\left(4-\frac{4}{3}\right)\cdot\frac{2}{\sqrt{3}}=\boldsymbol{\frac{4\sqrt{3}}{9}\pi}$$

$f(h)=\frac{\pi}{4}(4-h^2)h$に$h=\frac{2}{\sqrt{3}}$を代入した

解説講義

2次関数の最大最小問題では「頂点」と「定義域の端の値」に注目した．3次関数の最大最小問題では「極値」と「定義域の端の値」に注目してみるとよい．ただし，2次関数のときと同じように，定義域をきちんと確認しないといけない．本問では，円柱が半径1の球面に内接しているので，高さhは$0<h<2$である．

このような定義域（範囲の制限）のある関数の増減表を書くときは，定義域の左端と右端が入る欄を用意して書くことが一般的である．また，増減表の3行目の矢印から$h=\frac{2}{\sqrt{3}}$のときに$f(h)$が最大になることが読み取れるので，グラフを描く必要はない．

文系数学の必勝ポイント

3次関数の最大最小問題

「極値」と「定義域の端の値」に注目する

108 方程式への応用

k を実数とする．方程式 $2x^3-3x^2-12x+5-k=0$ …① について，

(1) ① が異なる3つの実数解をもつような k の値の範囲を求めよ．

(2) ① が正の解を1個，異なる負の解を2個もつような k の値の範囲を求めよ．

(中央大)

解答

① は，$2x^3-3x^2-12x+5=k$ …② と変形できる．

☜ k だけを独立させる．この変形は，変数分離，あるいは，文字定数分離などと呼ばれることがある

① すなわち ② の実数解は，

「$y=2x^3-3x^2-12x+5$ と $y=k$ のグラフの共有点の x 座標」

と一致する．$f(x)=2x^3-3x^2-12x+5$ とすると，

$$f'(x)=6x^2-6x-12=6(x+1)(x-2)$$

となり，$f(x)$ の増減表は次のようになる．

x	$\cdots$	-1	$\cdots$	2	$\cdots$
$f'(x)$	$+$	0	$-$	0	$+$
$f(x)$	↗	12	↘	-15	↗

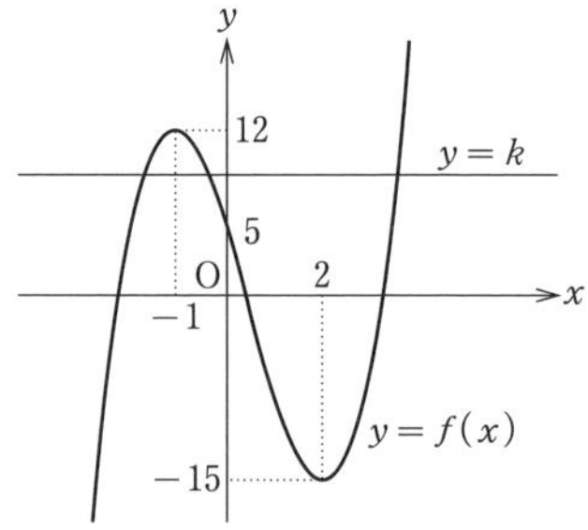

増減表より，$y=f(x)$ のグラフは右のようになる．

(1) $y=f(x)$ と $y=k$ のグラフが3個の共有点をもつような k の範囲を求めると，

$$\boldsymbol{-15<k<12}$$

(2) $y=f(x)$ と $y=k$ のグラフが，$x>0$ に1個，$x<0$ に2個の共有点をもつような k の範囲を求めると，

$$\boldsymbol{5<k<12}$$

解説講義

与えられた ① のままでは k を含んでいて考えにくいので，② のように k だけを独立させて（k を右辺に分離して）考えるところが本問の1つ目のポイントである．

$f(x)=0$ の実数解は「$y=f(x)$ と x 軸（$y=0$）の共有点の x 座標」である．同様に，**$f(x)=k$ の実数解は「$y=f(x)$ と $y=k$ の共有点の x 座標」**である．(1) では，$y=f(x)$ のグラフを描き，$y=f(x)$ と $y=k$ が3個の共有点をもつような k の値の範囲を求めればよい．このように「グラフを使って方程式の実数解を考える」ということが，本問の2つ目のポイントである．

文系数学の必勝ポイント

(I) 「方程式 $f(x)=k$ の実数解」は「$y=f(x)$ と $y=k$ の共有点の x 座標」と一致する

(II) 方程式の実数解の個数は，グラフの共有点の個数に注目する

109 不等式への応用

不等式 $x^4+2x^3-2x^2+k>0$ がすべての実数 x に対して成り立つような定数 k の値の範囲を求めよ.　(高崎経済大)

解答

$f(x)=x^4+2x^3-2x^2+k$ とすると,

$$f'(x)=4x^3+6x^2-4x$$
$$=2x(2x^2+3x-2)=2x(x+2)(2x-1)$$

$y=f'(x)$ のグラフ（$x=-2,\ 0,\ \frac{1}{2}$ で x 軸と交わる）

$f'(x)=0$ となる x は $x=-2,\ 0,\ \dfrac{1}{2}$ であり, $f(x)$ の増減表は次のようになる.

x	$\cdots$	-2	$\cdots$	0	$\cdots$	$\frac{1}{2}$	$\cdots$
$f'(x)$	$-$	0	$+$	0	$-$	0	$+$
$f(x)$	$\searrow$	$k-8$	$\nearrow$	k	$\searrow$	$k-\frac{3}{16}$	$\nearrow$

ここで,

$$f(-2)=16+2(-8)-2\cdot4+k=k-8,\quad f\left(\frac{1}{2}\right)=\frac{1}{16}+2\cdot\frac{1}{8}-2\cdot\frac{1}{4}+k=k-\frac{3}{16}$$

となるから, $f(-2)<f\left(\dfrac{1}{2}\right)$ である. つまり,

$k-8<k-\dfrac{3}{16}$ であるから, $f(-2)<f\left(\dfrac{1}{2}\right)$

$$f(x)\text{ の最小値は, } f(-2)=k-8$$

である. したがって, すべての実数 x に対して $f(x)>0$ が成り立つ条件は,

$$(f(x)\text{ の最小値})>0,\ \text{すなわち, } k-8>0$$

が成り立つことであるから, 求める k の値の範囲は,

$$\boldsymbol{k>8}$$

解説講義

4次関数の基本的な取り扱いにも慣れておきたい. 4次関数 $f(x)$ を微分すると導関数 $f'(x)$ は3次関数になるから, 3次関数のグラフの概形を考えれば, 4次関数 $f(x)$ の増減表やグラフを描くことができる.

本問は, 4次関数の値の変化の様子を微分して調べ, 不等式がつねに成り立つ条件を求める問題である. 最小値が $f(-2)$ であることから, $f(x)$ の値は $f(-2)$ の値より小さくなることはないので, $f(-2)>0$ が成り立てば「つねに $f(x)>0$」が成り立つと言える. 不等式が成立する条件を考える問題では, このように最大値や最小値に注目すると考えやすい. これと同じ考え方は, 2次不等式の成立条件を考える問題でも学習している.

文系数学の必勝ポイント

不等式の成立条件は, 最大値や最小値に注目して考えるとよい

110 不定積分

$f'(x)=3x^2-4x-1$，$f(1)=0$ を満たす関数 $f(x)$ を求めよ．（立教大）

解答

$f'(x)=3x^2-4x-1$ より，

$$f(x)=\int(3x^2-4x-1)\,dx=x^3-2x^2-x+C\ （C\text{ は積分定数}）\quad\cdots①$$

① で $x=1$ とすると，$f(1)=1-2-1+C=-2+C$ …② となる．

条件より $f(1)=0$ であるから，② において，$C=2$ である．したがって，

$$\boldsymbol{f(x)=x^3-2x^2-x+2}$$

解説講義

微分した関数 $f'(x)$ が分かっているから，微分する前の関数 $f(x)$ は $f'(x)$ の不定積分として求めることができる．ただし，不定積分を行ったときには積分定数 C がつくが，これは $f(1)=0$ の条件から決定できる．

文系数学の必勝ポイント

$f'(x)$ から $f(x)$ を求める ➡ $f(x)=\int f'(x)\,dx$ である

111 定積分の計算

[1] $\int_{-2}^{0}(x^3+3x^2)\,dx-\int_{2}^{0}(x^3+3x^2)\,dx$ を計算せよ．（中央大）

[2] $\int_{\alpha}^{\beta}(x-\alpha)(x-\beta)\,dx=-\frac{1}{6}(\beta-\alpha)^3$ であることを示せ．（秋田大）

解答

[1] $\int_{-2}^{0}(x^3+3x^2)\,dx-\int_{2}^{0}(x^3+3x^2)\,dx$

$=\int_{-2}^{0}(x^3+3x^2)\,dx+\int_{0}^{2}(x^3+3x^2)\,dx$　☜ $\int_a^b f(x)\,dx=-\int_b^a f(x)\,dx$ を用いた

$=\int_{-2}^{2}(x^3+3x^2)\,dx$　☜ $\int_a^b f(x)\,dx+\int_b^c f(x)\,dx=\int_a^c f(x)\,dx$ である．

$=\left[\frac{1}{4}x^4+3\cdot\frac{1}{3}x^3\right]_{-2}^{2}$

$=\left(\frac{1}{4}\cdot2^4+2^3\right)-\left\{\frac{1}{4}\cdot(-2)^4+(-2)^3\right\}$

$=12-(-4)$

$=\boldsymbol{16}$

この先の計算は，解説講義の★を用いて，次のように計算してもよい

$\int_{-2}^{2}(x^3+3x^2)\,dx=\int_{-2}^{2}x^3\,dx+\int_{-2}^{2}3x^2\,dx$

$=0+2\times\int_{0}^{2}3x^2\,dx$

$=2\times\left[x^3\right]_{0}^{2}=16$

[2]　$\int_\alpha^\beta (x-\alpha)(x-\beta)\,dx$

$$=\int_\alpha^\beta \{x^2-(\alpha+\beta)x+\alpha\beta\}\,dx$$

$$=\left[\frac{1}{3}x^3-\frac{1}{2}(\alpha+\beta)x^2+\alpha\beta x\right]_\alpha^\beta$$

$$=\frac{1}{3}(\beta^3-\alpha^3)-\frac{1}{2}(\alpha+\beta)(\beta^2-\alpha^2)+\alpha\beta(\beta-\alpha)$$

$$=\frac{1}{3}(\beta-\alpha)(\beta^2+\alpha\beta+\alpha^2)-\frac{1}{2}(\alpha+\beta)(\beta-\alpha)(\beta+\alpha)+\alpha\beta(\beta-\alpha)$$

$$=\frac{1}{6}(\beta-\alpha)\{2(\beta^2+\alpha\beta+\alpha^2)-3(\alpha+\beta)^2+6\alpha\beta\}$$

☜共通因数の $\beta-\alpha$ をくくり出した

$$=\frac{1}{6}(\beta-\alpha)(2\beta^2+2\alpha\beta+2\alpha^2-3\alpha^2-6\alpha\beta-3\beta^2+6\alpha\beta)$$

$$=\frac{1}{6}(\beta-\alpha)(-\beta^2+2\alpha\beta-\alpha^2)$$

$$=-\frac{1}{6}(\beta-\alpha)(\beta^2-2\alpha\beta+\alpha^2)$$

$$=-\frac{1}{6}(\beta-\alpha)^3$$

解説講義

[1] の計算で使っているが，定積分の性質として，

(I) $\displaystyle\int_a^b f(x)\,dx=-\int_b^a f(x)\,dx$　　(II) $\displaystyle\int_a^b f(x)\,dx+\int_b^c f(x)\,dx=\int_a^c f(x)\,dx$

の 2 つは確実に覚えておかないといけない．また，余裕があれば，

$\displaystyle\int_{-a}^a x^n\,dx=0$ （n が奇数のとき），　$\displaystyle\int_{-a}^a x^n\,dx=2\times\int_0^a x^n\,dx$ （n が偶数のとき）　…★

となることを知っておくとよい．

[2] で証明した関係式，すなわち，

$$\int_\alpha^\beta (x-\alpha)(x-\beta)\,dx=-\frac{1}{6}(\beta-\alpha)^3$$

を，本書では「6 分の 1 公式」と呼ぶことにする．これを用いると，

$$\int_1^3 (x^2-4x+3)\,dx=\int_1^3 (x-1)(x-3)\,dx=-\frac{1}{6}(3-1)^3=-\frac{4}{3}$$

のように，定積分を簡単に計算できることがある．

文系の入試では，「6 分の 1 公式」を使う積分の問題が非常に多く出題されている．**115**，**116** でその使い方を紹介することとしよう．

文系数学の必勝ポイント

6 分の 1 公式

$$\int_\alpha^\beta (x-\alpha)(x-\beta)\,dx=-\frac{1}{6}(\beta-\alpha)^3$$ **は重要！！**

112 絶対値を含む関数の定積分

[1]　定積分 $\displaystyle\int_{-1}^{2}(|x^2-1|-1)\,dx$ を計算せよ．　（立教大）

[2]　$1<x$ の範囲で x が変化するとき，関数 $f(x)=\displaystyle\int_{1}^{2}|t^2-xt|\,dt$ を最小にする x の値を求めよ．　（学習院大）

解答

[1]　$x^2-1\geqq 0$ になるのは $x\leqq -1,\ 1\leqq x$ であることに注意すると，

$$|x^2-1|=\begin{cases}x^2-1 & (x\leqq -1,\ 1\leqq x)\\ -(x^2-1) & (-1\leqq x\leqq 1)\end{cases}\quad\cdots①$$

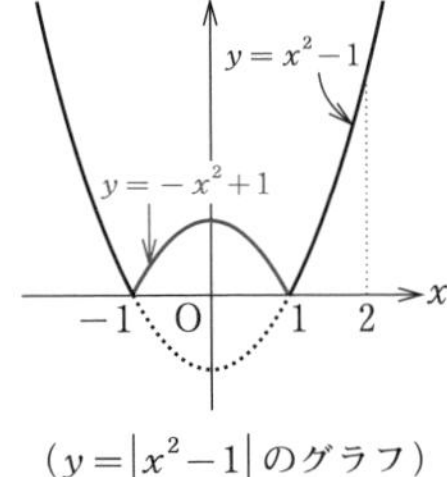

（$y=|x^2-1|$ のグラフ）

である．① を用いると，

$x\leqq -1,\ 1\leqq x$ において，

$$|x^2-1|-1=x^2-1-1=x^2-2$$

$-1\leqq x\leqq 1$ において，

$$|x^2-1|-1=-(x^2-1)-1=-x^2$$

と分かる．したがって，

$$\int_{-1}^{2}(|x^2-1|-1)\,dx=\int_{-1}^{1}(-x^2)\,dx+\int_{1}^{2}(x^2-2)\,dx$$

☜ 積分区間に応じて適切な関数を使って積分する

$$=\left[-\frac{1}{3}x^3\right]_{-1}^{1}+\left[\frac{1}{3}x^3-2x\right]_{1}^{2}$$

$$=\left(-\frac{1}{3}\right)-\frac{1}{3}+\left(\frac{8}{3}-4\right)-\left(\frac{1}{3}-2\right)=-\frac{\mathbf{1}}{\mathbf{3}}$$

[2]　$y=|t^2-xt|=|t(t-x)|$ のグラフを使って考える．

(ア) $1<x<2$ のとき

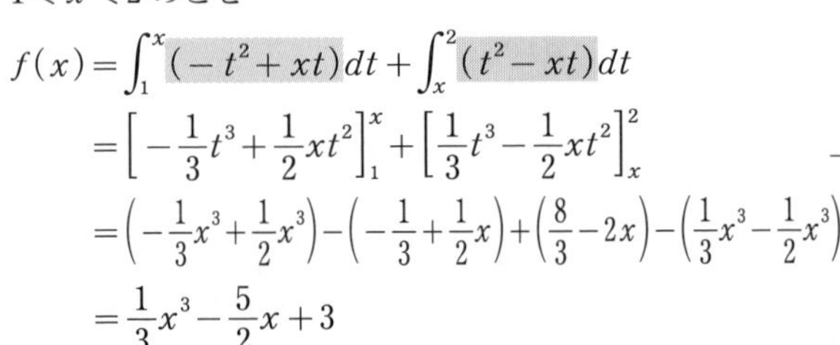

$$f(x)=\int_{1}^{x}(-t^2+xt)\,dt+\int_{x}^{2}(t^2-xt)\,dt$$

$$=\left[-\frac{1}{3}t^3+\frac{1}{2}xt^2\right]_{1}^{x}+\left[\frac{1}{3}t^3-\frac{1}{2}xt^2\right]_{x}^{2}$$

$$=\left(-\frac{1}{3}x^3+\frac{1}{2}x^3\right)-\left(-\frac{1}{3}+\frac{1}{2}x\right)+\left(\frac{8}{3}-2x\right)-\left(\frac{1}{3}x^3-\frac{1}{2}x^3\right)$$

$$=\frac{1}{3}x^3-\frac{5}{2}x+3$$

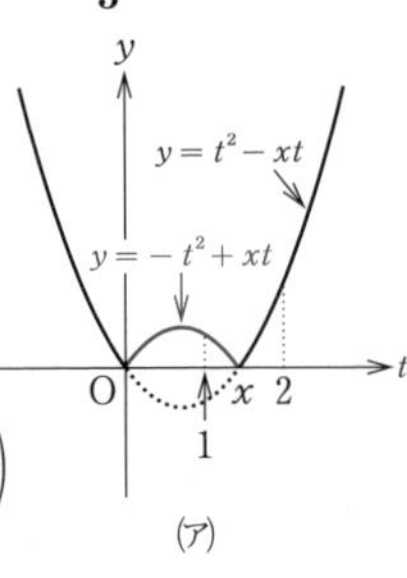

(ア)

このとき，

$$f'(x)=x^2-\frac{5}{2}=\left(x+\sqrt{\frac{5}{2}}\right)\left(x-\sqrt{\frac{5}{2}}\right)$$

(イ) $2\leqq x$ のとき

$$f(x)=\int_{1}^{2}(-t^2+xt)\,dt=\left[-\frac{1}{3}t^3+\frac{1}{2}xt^2\right]_{1}^{2}=\frac{3}{2}x-\frac{7}{3}$$

このとき，$f'(x)=\dfrac{3}{2}\ (>0)$ である．

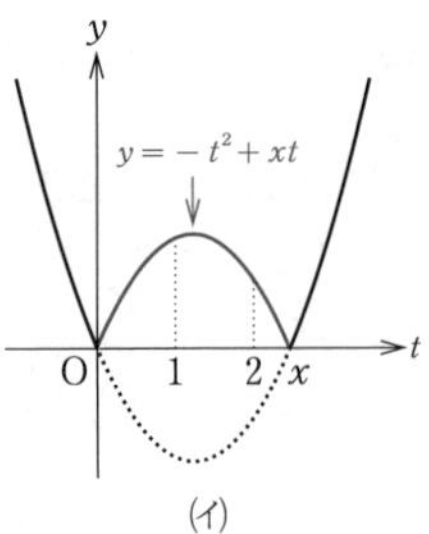

(イ)

(ア)，(イ) より，$x>1$ における $f(x)$ の増減表は次のようになる．

x	1	$\cdots$	$\sqrt{\frac{5}{2}}$	$\cdots$	2	$\cdots$
$f'(x)$		$-$	0	$+$		$+$
$f(x)$		↘	最小	↗	$\frac{2}{3}$	↗

増減表より，$f(x)$ を最小にする x の値は，$x=\sqrt{\frac{5}{2}}=\boldsymbol{\frac{\sqrt{10}}{2}}$

解説講義

絶対値をつけたまま積分することはできない．絶対値を扱うときの基本は「絶対値の中身の正負に注目して絶対値を外すこと」である．$x^2-1\geqq 0$ や $x^2-1\leqq 0$ を解いて，解答の ① を求めてもよいし，$y=|x^2-1|$ のグラフを考えて様子をつかむのもよい．$y=|f(x)|$ のグラフは，$y=f(x)$ のグラフの x 軸の下側にはみ出した部分を上に折り返すだけであり，数秒で描くことができる．（絶対値がついているので，負になる部分を正に変えればよいからである）

[2] はグラフを使った考察を行わないと苦しい．

$y=|t^2-xt|=|t(t-x)|$ は，$y=t^2-xt$ と $y=-t^2+xt$ から構成されていて，“グラフが切り替わるところ” は $t=0$ と $t=x$ である．そこで，積分区間の 1 から 2 の間に $t=x$ が含まれる場合と，含まれない場合に分けて考えることになる．(ア)，(イ) の 2 通りに分けて $f(x)$ を準備したら，$1<x<2$ では (ア) の関数を，$2\leqq x$ では (イ) の関数を使い，それらをつなげた増減表を作って $f(x)$ の変化する様子を捉えれば，[2] も正解できる．

文系数学の必勝ポイント

絶対値を含む関数の定積分

(Ⅰ) 絶対値を外して，範囲に応じて関数を使い分けて積分する
($y=|f(x)|$ のグラフは，$y=f(x)$ の x 軸の下側の部分を上に折り返せばよく，このグラフを用いると分かりやすい)

(Ⅱ) 文字を含む場合は，“グラフが切り替わるところ” が積分区間に含まれるかどうかに注意する

One Point コラム

[2] は，$f(x)=\int_1^2|t^2-xt|dt$ であったが，t と x で混乱しなかっただろうか？

この積分は「dt」となっているから，t の関数の定積分を計算せよということである．この定積分の計算によって t には 2 や 1 が代入されて，残る文字は x のみとなる．そして，その結果を x の関数 $f(x)$ と定めているのである．

複数の文字が入っている積分は，どの文字について積分するのかをきちんと把握しよう．

113 定積分で表された関数（積分方程式）

(1) 等式 $f(x)=2x+\int_0^2 f(t)\,dt$ を満たす関数 $f(x)$ を求めよ.

(2) $\int_a^x f(t)\,dt=x^3-x^2-2x+a^2$ $(a>0)$ を満たす関数 $f(x)$ と定数 a の値を求めよ.　(早稲田大)

解答

(1)
$$f(x)=2x+\int_0^2 f(t)\,dt \quad \cdots ①$$

☜ これは積分区間に文字 x を含まないタイプである

$\int_0^2 f(t)\,dt=k$ (定数) …② とおくと，① より，

$$f(x)=2x+k \quad \cdots ③$$

である. よって，$f(t)=2t+k$ であるから，② に代入すると，

$$\int_0^2 (2t+k)\,dt=k$$

☜ この条件式から k を求めて，その値を ③ に代入すれば $f(x)$ が得られる

$$\Big[t^2+kt\Big]_0^2=k$$
$$4+2k=k$$
$$k=-4$$

したがって，③ より，

$$\boldsymbol{f(x)=2x-4}$$

(2)
$$\int_a^x f(t)\,dt=x^3-x^2-2x+a^2 \quad \cdots ④$$

☜ これは積分区間に文字 x を含むタイプである

④ の両辺を x で微分すると，

$$\frac{d}{dx}\int_a^x f(t)\,dt=3x^2-2x-2$$
$$\boldsymbol{f(x)=3x^2-2x-2}$$

☜ $\frac{d}{dx}\int_a^x f(t)\,dt=f(x)$ である

また，④ で $x=a$ とすると，

$$\int_a^a f(t)\,dt=a^3-a^2-2a+a^2$$
$$0=a(a^2-2)$$

☜ $\int_a^a f(t)\,dt=0$ であることを使うために，④ で $x=a$ とした

$a>0$ であるから，

$$\boldsymbol{a=\sqrt{2}}$$

解説講義

定積分を含む条件式から関数を決定する問題は，文系の入試では極めて頻出の定番問題である. この問題には2つのタイプがあり，それぞれの解法の特徴を覚えておきたい. タイプの違いは「積分区間に x があるかどうか」である.

(1) は「積分区間に x がないタイプ」である. a, b が定数のとき，$\int_a^b f(t)\,dt$ は定数である. そこで，このタイプの問題では，$\int_a^b f(t)\,dt=k$ (定数) とおいて考える.

⑵は「積分区間に x を含むタイプ」である．このタイプでは，両辺を x で微分して，

$$\frac{d}{dx}\int_a^x f(t)\,dt = f(x)$$

を利用する．ここで，a は定数であり，$\frac{d}{dx}$ は「x で微分すること」を表している．

さらに，⑵のタイプでは $\int_a^a f(t)\,dt=0$ であることを利用して未知の定数を求める設問がよくある．どちらのタイプも，それぞれの解法の手順や特徴をよく覚えておこう．

文系数学の必勝ポイント

定積分で表された関数（積分方程式）

(Ⅰ) **積分区間に x がないタイプ ➡ $\int_a^b f(t)\,dt=k$（定数）とおく**

(Ⅱ) **積分区間に x があるタイプ**

➡ x で微分して，$\frac{d}{dx}\int_a^x f(t)\,dt=f(x)$ を利用する

One Point コラム

⑴のタイプの問題をもう1題紹介するので，まず考えてみよう．

$f(x)=3x^2+\int_0^1 xf(t)\,dt+1$ を満たす関数 $f(x)$ を求めよ．

この問題で $\int_0^1 xf(t)\,dt=k$ としてはいけない！　文字 t についての定積分であることに注意をし，積分において定数である x はインテグラルの前に出す．そして条件式を，$f(x)=3x^2+x\int_0^1 f(t)\,dt+1$ と整理して，$\int_0^1 f(t)\,dt=k$ とおいて考える．x を含む定積分は“定数”ではないことに注意しよう．

解答

$$f(x)=3x^2+\int_0^1 xf(t)\,dt+1=3x^2+x\int_0^1 f(t)\,dt+1 \qquad \cdots①$$

$\int_0^1 f(t)\,dt=k$（定数）…②　とおくと，①より，

$$f(x)=3x^2+kx+1 \qquad \cdots③$$

である．よって，$f(t)=3t^2+kt+1$ であるから，②に代入すると，

$$\int_0^1 (3t^2+kt+1)\,dt=k$$

$$\left[t^3+\frac{1}{2}kt^2+t\right]_0^1=k$$

$$\frac{1}{2}k+2=k$$

したがって，$k=4$ となるので，③より，

$$\boldsymbol{f(x)=3x^2+4x+1}$$

114 面積(1) ～面積の計算の基本～

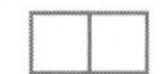

3つの放物線 $C_1: y=x^2$, $C_2: y=(x-3)^2$, $C_3: y=(x-2)^2-4$ がある.

(1) C_1 と C_2, C_2 と C_3, C_3 と C_1 の交点の x 座標をそれぞれ求めよ.

(2) 3つの放物線 C_1, C_2, C_3 で囲まれた部分の面積を求めよ.

(大学入試センター試験／一部を抜粋して文言を変更)

解答

(1)

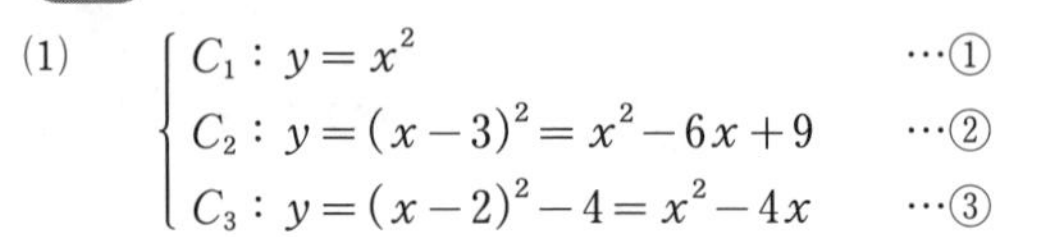

$$\begin{cases} C_1: y=x^2 & \cdots① \\ C_2: y=(x-3)^2=x^2-6x+9 & \cdots② \\ C_3: y=(x-2)^2-4=x^2-4x & \cdots③ \end{cases}$$

①, ② から y を消去すると,

$$x^2=x^2-6x+9 \qquad \therefore\ x=\frac{3}{2}$$

②, ③ から y を消去すると,

$$x^2-6x+9=x^2-4x \qquad \therefore\ x=\frac{9}{2}$$

③, ① から y を消去すると,

$$x^2-4x=x^2 \qquad \therefore\ x=0$$

以上より, C_1 と C_2, C_2 と C_3, C_3 と C_1 の交点の x 座標は, 順に, $\boldsymbol{\frac{3}{2}}$, $\boldsymbol{\frac{9}{2}}$, $\boldsymbol{0}$

(2) 求める面積を S とすると,

$$S=\int_0^{\frac{3}{2}}\{x^2-(x^2-4x)\}\,dx+\int_{\frac{3}{2}}^{\frac{9}{2}}\{(x^2-6x+9)-(x^2-4x)\}\,dx$$

$$=\int_0^{\frac{3}{2}}4x\,dx+\int_{\frac{3}{2}}^{\frac{9}{2}}(-2x+9)\,dx=\Big[2x^2\Big]_0^{\frac{3}{2}}+\Big[-x^2+9x\Big]_{\frac{3}{2}}^{\frac{9}{2}}$$

$$=2\cdot\frac{9}{4}-0+\left(-\frac{81}{4}+9\cdot\frac{9}{2}\right)-\left(-\frac{9}{4}+9\cdot\frac{3}{2}\right)=\frac{9}{2}+\frac{81}{4}-\frac{45}{4}=\boldsymbol{\frac{27}{2}}$$

解説講義

右図の灰色に塗られた部分の面積 S は, $S=\int_a^b\{f(x)-g(x)\}\,dx$ で計算できる. どの区間で積分をするのかという“左端と右端の x 座標”, そして, “2つのグラフの上下関係”という2つの情報がつかめたら, $S=\int_{左}^{右}(上-下)\,dx$ の要領で計算するだけである.

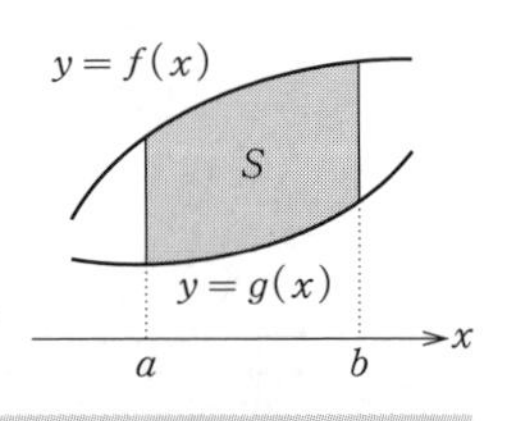

文系数学の必勝ポイント

面積は, $S=\int_{左}^{右}(上-下)\,dx$ で計算する

115 面積(2)　～6分の1公式の利用～

2つの放物線 $y=x^2-4x+2$ と $y=-x^2+2x+2$ で囲まれた部分の面積を求めよ.　　(中央大)

解答

$$\begin{cases} y=x^2-4x+2 & \cdots① \\ y=-x^2+2x+2 & \cdots② \end{cases}$$

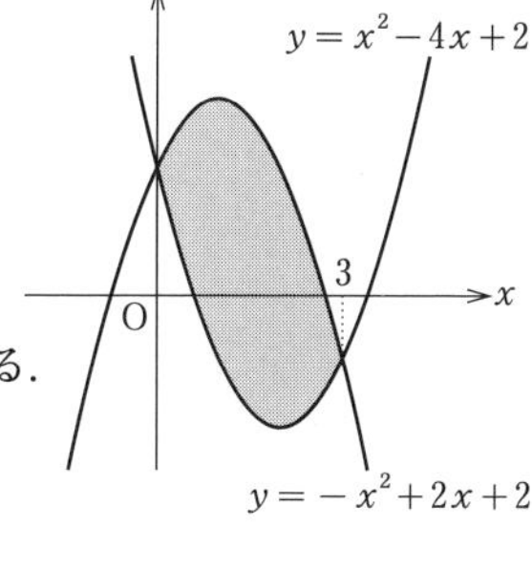

①, ② から y を消去すると,

$$x^2-4x+2=-x^2+2x+2$$
$$2x(x-3)=0$$
$$x=0,\ 3$$

これより, ① と ② の交点の x 座標は, $x=0,\ 3$ である.

求める面積を S とすると,

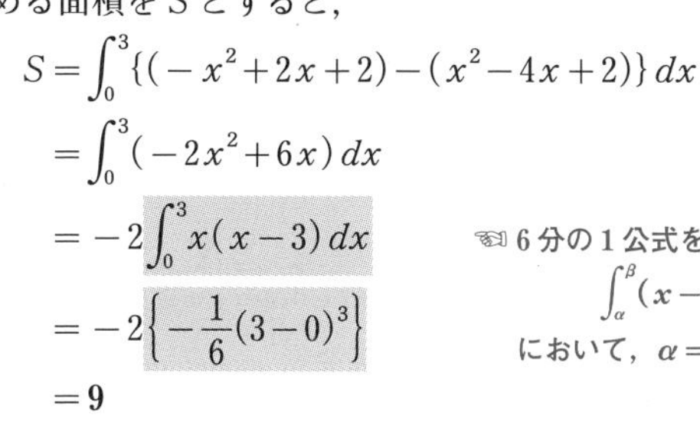

$$S=\int_0^3\{(-x^2+2x+2)-(x^2-4x+2)\}\,dx$$
$$=\int_0^3(-2x^2+6x)\,dx$$
$$=-2\int_0^3 x(x-3)\,dx$$
$$=-2\left\{-\frac{1}{6}(3-0)^3\right\}$$
$$=\mathbf{9}$$

☜ 6分の1公式を使って計算する. この式は,
$$\int_\alpha^\beta(x-\alpha)(x-\beta)\,dx=-\frac{1}{6}(\beta-\alpha)^3$$
において, $\alpha=0$, $\beta=3$ になっている

解説講義

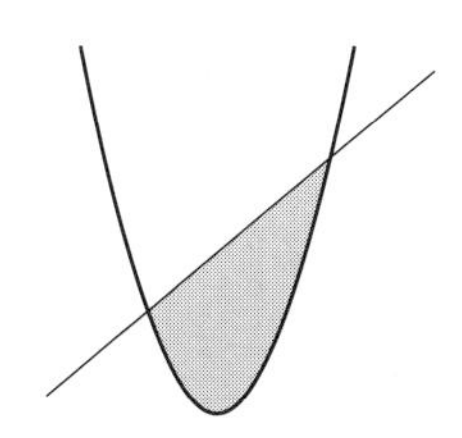

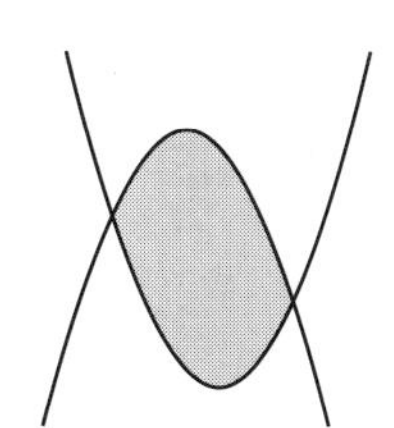

上のような, 放物線と直線で囲まれた部分の面積, 2つの放物線で囲まれた部分の面積は, 文系の入試では極めて頻出である. これらの面積を計算するときには,

$$6分の1公式：\int_\alpha^\beta(x-\alpha)(x-\beta)\,dx=-\frac{1}{6}(\beta-\alpha)^3$$

を使って計算を手早く済ませることが重要である.

文系数学の必勝ポイント

放物線と直線, 2つの放物線で囲まれた部分の面積

$\int_\alpha^\beta(x-\alpha)(x-\beta)\,dx=-\frac{1}{6}(\beta-\alpha)^3$ を使って計算する

116 面積(3)　～面積の最小値～

放物線 $C : y=x^2+x-5$ と直線 $l : y=mx$（m は実数）がある.
(1)　C と l の交点の x 座標を求めよ.
(2)　C と l で囲まれた部分の面積 S を，m で表せ.
(3)　m が実数全体を変化するとき，S の最小値を求めよ.　（学習院大）

解答

(1)
$$\begin{cases} C : y=x^2+x-5 & \cdots① \\ l : y=mx & \cdots② \end{cases}$$

①，② から y を消去すると，
$$x^2+x-5=mx$$
$$x^2-(m-1)x-5=0 \quad \cdots③$$

③ の解が C と l の交点の x 座標であるから，解の公式を用いて，
$$x=\frac{(m-1)\pm\sqrt{(m-1)^2+20}}{2}=\boldsymbol{\frac{(m-1)\pm\sqrt{m^2-2m+21}}{2}}$$

(2)　$\alpha=\dfrac{(m-1)-\sqrt{m^2-2m+21}}{2}$，$\beta=\dfrac{(m-1)+\sqrt{m^2-2m+21}}{2}$ とする.

α，β は ③ の解であるから，
$$x^2-(m-1)x-5=(x-\alpha)(x-\beta) \quad \cdots④$$

③ は $x=\alpha$，β を解にもつから，$(x-\alpha)(x-\beta)=0$ と変形できる

が成り立つ. このとき，求める面積 S は，④ を用いて変形して計算すると，
$$S=\int_\alpha^\beta\{mx-(x^2+x-5)\}\,dx=-\int_\alpha^\beta\{x^2-(m-1)x-5\}\,dx$$
$$=-\int_\alpha^\beta(x-\alpha)(x-\beta)\,dx=-\left\{-\frac{1}{6}(\beta-\alpha)^3\right\}=\boldsymbol{\frac{1}{6}\left(\sqrt{m^2-2m+21}\right)^3}$$

(3)　(2) より，$S=\dfrac{1}{6}\left(\sqrt{(m-1)^2+20}\right)^3$ となるから，根号内が最小になるときに S も最小になる. 根号内は $m=1$ のときに最小値 20 をとるから，S の最小値は，
$$\frac{1}{6}\left(\sqrt{20}\right)^3=\frac{1}{6}\cdot20\sqrt{20}=\frac{1}{3}\cdot10\cdot2\sqrt{5}=\boldsymbol{\frac{20\sqrt{5}}{3}}$$

解説講義

115 と同様に 6 分の 1 公式が使える状況であるが，交点の x 座標が解の公式から得られる“きれいではない値”になっている. このような場合は，交点の x 座標を α，β などの文字でおいた上で計算を進めることが大切である.

文系数学の必勝ポイント

放物線と直線，2 つの放物線で囲まれた部分の面積（交点の値が汚い）
2 つの図形の交点の x 座標が“きれいではない値”のときは，交点の x 座標を α，β とおいて，6 分の 1 公式を使って計算を進めていく

117 面積(4)　～放物線と接線～

座標平面上に放物線 $C : y=x^2-3x+4$ がある.

(1) C 上の点 A(2, 2), B(−2, 14) における接線の方程式をそれぞれ求めよ.

(2) (1)で求めた2本の直線と C とで囲まれる部分の面積 S を求めよ.

（福岡大）

解答

(1) $f(x)=x^2-3x+4$ とすると, $f'(x)=2x-3$ である.

点 A(2, 2) における接線は, $y-f(2)=f'(2)(x-2)$ であるから,

$$y-2=1\cdot(x-2) \qquad \therefore\ \boldsymbol{y=x}$$

また, 点 B(−2, 14) における接線は, $y-f(-2)=f'(-2)(x+2)$ であるから,

$$y-14=(-7)(x+2) \qquad \therefore\ \boldsymbol{y=-7x}$$

(2) $y=x$ と $y=-7x$ の交点は原点であり, 図の網掛け部分の面積が S である.

$$\begin{aligned} S&=\int_{-2}^{0}\{(x^2-3x+4)-(-7x)\}\,dx+\int_{0}^{2}\{(x^2-3x+4)-x\}\,dx \\ &=\int_{-2}^{0}(x^2+4x+4)\,dx+\int_{0}^{2}(x^2-4x+4)\,dx \\ &=\int_{-2}^{0}(x+2)^2\,dx+\int_{0}^{2}(x-2)^2\,dx \\ &=\left[\frac{1}{3}(x+2)^3\right]_{-2}^{0}+\left[\frac{1}{3}(x-2)^3\right]_{0}^{2} \\ &=\frac{1}{3}\cdot2^3-0+0-\frac{1}{3}(-2)^3=\frac{8}{3}+\frac{8}{3}=\boldsymbol{\frac{16}{3}} \end{aligned}$$

これをそのまま計算せず, $(x+2)^2$, $(x-2)^2$ の形にして積分するとよい

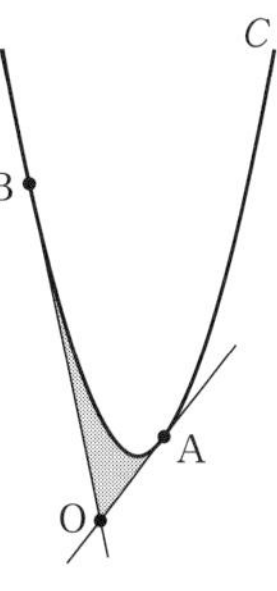

解説講義

自然数 n に対して, $\int x^n\,dx=\frac{1}{n+1}x^{n+1}+C$ （C は積分定数）であるが, これと同様に,

$$\int(\boldsymbol{x}+\boldsymbol{b})^n\,\boldsymbol{dx}=\frac{\boldsymbol{1}}{\boldsymbol{n+1}}(\boldsymbol{x}+\boldsymbol{b})^{n+1}+\boldsymbol{C} \qquad \cdots(*) \quad (b \text{ は定数})$$

も成り立つ. (2)の面積の計算では, これを利用して, メンドウな計算を回避している.

ただし, 中途半端に覚えると失敗するから, 1つコメントをしておこう. (*)は $(x+b)^n$ であり $(ax+b)^n$ ではない！　もし $(2x+1)^2$ であれば, $(2x+1)^2=4\left(x+\frac{1}{2}\right)^2$ と変形して, (*)を使うことになる.

文系数学の必勝ポイント

カッコ n 乗の積分（放物線と接線の囲む面積で頻出）

$\int(x+b)^n\,dx=\frac{1}{n+1}(x+b)^{n+1}+C$ を使ってメンドウな計算を回避する

（特に, $\int(x+b)^2\,dx=\frac{1}{3}(x+b)^3+C$ の形が文系では頻出！）

118 面積(5)　～微分・積分のまとめ～

座標平面上に曲線 C：$y=x^3-4x+8$ がある．

(1) C 上の点 A(1, 5) における接線 l の方程式を求めよ．

(2) C と l で囲まれる部分の面積 S を求めよ．　　　　(城西大)

解答

(1) $f(x)=x^3-4x+8$ とすると，$f'(x)=3x^2-4$ である．

点 A(1, 5) における接線は，$f'(1)=-1$ より，

$$y-5=(-1)(x-1)$$

$$\therefore\ \boldsymbol{y=-x+6}$$

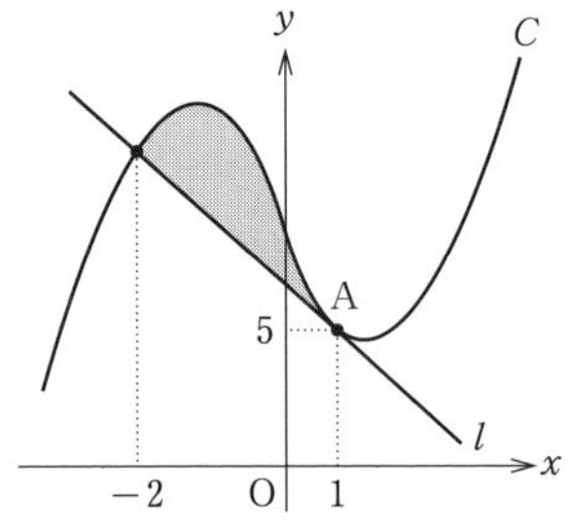

(2) C と l の共有点の x 座標は，連立方程式

$$\begin{cases} y=x^3-4x+8 & \cdots① \\ y=-x+6 & \cdots② \end{cases}$$

の解である．①，② から y を消去すると，

$$x^3-4x+8=-x+6$$

$$x^3-3x+2=0$$

$$(x-1)^2(x+2)=0$$

$$x=1,\ -2$$

よって，C と l は右の図のようになっている．

求める面積を S とすると，

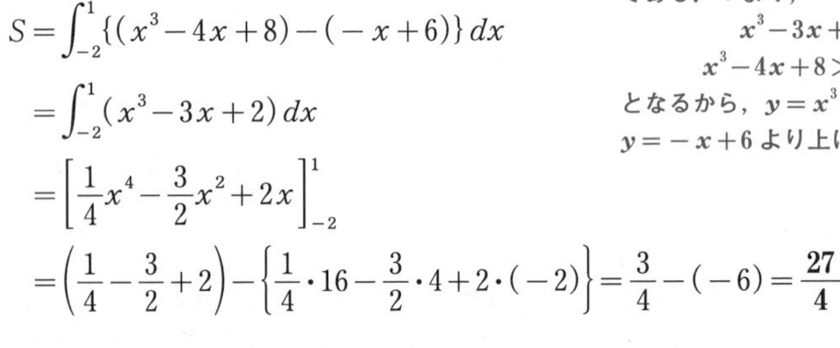

$$S=\int_{-2}^{1}\{(x^3-4x+8)-(-x+6)\}\,dx$$

$$=\int_{-2}^{1}(x^3-3x+2)\,dx$$

$$=\left[\frac{1}{4}x^4-\frac{3}{2}x^2+2x\right]_{-2}^{1}$$

$$=\left(\frac{1}{4}-\frac{3}{2}+2\right)-\left\{\frac{1}{4}\cdot16-\frac{3}{2}\cdot4+2\cdot(-2)\right\}=\frac{3}{4}-(-6)=\boldsymbol{\frac{27}{4}}$$

☜ $-2<x<1$ において，$x+2>0$，$(x-1)^2>0$ であるから，$(x+2)(x-1)^2>0$ である．つまり，$x^3-3x+2>0$，$x^3-4x+8>-x+6$ となるから，$y=x^3-4x+8$ は，$y=-x+6$ より上にある

＜発展：カッコ n 乗の積分を使う＞

$S=\int_{-2}^{1}(x^3-3x+2)\,dx$ であるが，

$$x^3-3x+2=(x-1)^2(x+2)$$

$$=(x-1)^2\{(x-1)+3\}$$

$$=(x-1)^3+3(x-1)^2$$

と変形できるので，

☜ 左に $(x-1)^2$ があるので，$x+2$ から $x-1$ を“作り出す”ことを考えて，$x+2=(x-1)+3$ と変形し，$(x-1)^3$ と $(x-1)^2$ を得られるようにした

$$S=\int_{-2}^{1}\{(x-1)^3+3(x-1)^2\}\,dx$$
$$=\left[\frac{1}{4}(x-1)^4+3\cdot\frac{1}{3}(x-1)^3\right]_{-2}^{1}$$
☜カッコ n 乗の積分
$$=0-\frac{1}{4}(-2-1)^4-(-2-1)^3$$
☜ $x=1$ を代入すると0になり，計算がラクになっている
$$=-\frac{1}{4}\cdot 3^4+3^3=\left(-\frac{3}{4}+1\right)\cdot 3^3=\mathbf{\frac{27}{4}}$$

解説講義

ここまで本書を使ってがんばってきた皆さんには，本番で確実に得点してほしい総合問題である．本問で再確認すべき内容は次の3つである．3次式の積分になるので，計算ミスにも十分に注意しよう．

(i) 接線は **104** で学習したように $\boldsymbol{y-f(t)=f'(t)(x-t)}$ を用いる

(ii) 2つの曲線(あるいは直線)の共有点の x 座標は連立方程式の解を求めればよい

(iii) 面積は $\boldsymbol{S=\int_{左}^{右}(上-下)\,dx}$ で計算できる

カッコ n 乗の積分を利用できるように変形する<発展>の考え方は，余裕があれば身につけるとよいものである．各自の学習状況に応じて学べばよいだろう．

文系数学の必勝ポイント

微分・積分のまとめ
接線，面積は特に頻出の内容である．本番に向けてもう一度見直そう

119 等比数列

[1]　等比数列 $\{a_n\}$ の初項から第3項までの和が7，初項から第6項までの和が21である．この数列の初項から第9項までの和は［　　］である．

[2]　$3-\sqrt{2}$，$4-\sqrt{2}$，$a+b\sqrt{2}$ がこの順で等比数列をなすとき，有理数 a，b の値を求めよ．　（日本工業大／奈良大）

解答

[1]　初項を a，公比を r とする．

$r=1$ とすると，与えられた条件から，☜公比 r が1の場合は，初項 a がずっと続く数列になる

$$3a=7 \quad かつ \quad 6a=21$$

となるが，これを同時に満たす a の値は存在しない．

よって，$r\neq 1$ であるから，

☜和の公式 $S=\dfrac{a(r^n-1)}{r-1}$ は $r=1$ のときには使えないので，$r\neq 1$ であることを確認した

$$\frac{a(r^3-1)}{r-1}=7 \quad \cdots①, \qquad \frac{a(r^6-1)}{r-1}=21 \quad \cdots②$$

② を変形すると，$\dfrac{a(r^3-1)}{r-1}(r^3+1)=21$ となり，① を代入すると，

$$7(r^3+1)=21 \qquad \therefore\ r^3=2$$

これと ① を用いると，初項から第 9 項までの和は，

$$\begin{aligned}\frac{a(r^9-1)}{r-1}&=\frac{a(r^3-1)}{r-1}(r^6+r^3+1)\\&=7(2^2+2+1)\\&=\mathbf{49}\end{aligned}$$

☜ $x^3-y^3=(x-y)(x^2+xy+y^2)$ を，x を r^3，y を 1 として用いた．

1 を見直しておこう

[2]　$3-\sqrt{2}$，$4-\sqrt{2}$，$a+b\sqrt{2}$ がこの順で等比数列となるとき，

$$(3-\sqrt{2})(a+b\sqrt{2})=(4-\sqrt{2})^2$$

☜ 等比中項の関係

が成り立つ．展開して整理すると，

$$(3a-2b)+(-a+3b)\sqrt{2}=18-8\sqrt{2}$$

となり，a，b は有理数であるから，

$$3a-2b=18 \quad かつ \quad -a+3b=-8$$

☜ p，q，r，s が有理数で，$p+q\sqrt{2}=r+s\sqrt{2}$ が成り立つとき，$p=r$ かつ $q=s$

である．これより，求める a，b の値は，

$$\boldsymbol{a=\frac{38}{7},\quad b=-\frac{6}{7}}$$

解説講義

初項 a，公比 r の等比数列 $\{a_n\}$ の一般項は，$\boldsymbol{a_n=ar^{n-1}}$ である．また，初項から第 n 項までの和を S_n とすると，

$$\boldsymbol{S_n=\frac{a(1-r^n)}{1-r}=\frac{a(r^n-1)}{r-1}} \quad (r\neq 1 のとき)$$

である．[1]は，等比数列の和の公式を用いて要領よく計算すればよい．

[2]では，連続する 3 つの項が等比数列，等差数列をなすときの対応について学ぼう．

x，y，z がこの順に等比数列をなすとする．公比を r とすると，

$$y=xr,\ z=yr$$

が成り立つから，この式から r を消去して整理すると，

$$\boldsymbol{xz=y^2}$$

という関係が得られる．これを等比中項の関係と呼ぶことがある．

等差数列は次の 120 で学習するが，x，y，z がこの順に等差数列をなすときには，

$$\boldsymbol{x+z=2y}$$

という関係が成り立つ．これを等差中項の関係と呼ぶことがある．

文系数学の必勝ポイント

初項 a，公比 r の等比数列において，

一般項 a_n は，$a_n=ar^{n-1}$

初項から第 n 項までの和 S_n は，$S_n=\dfrac{a(1-r^n)}{1-r}=\dfrac{a(r^n-1)}{r-1}$ $(r\neq 1)$

120 等差数列

第10項が50，第25項が -55 である等差数列 $\{a_n\}$ があり，初項から第 n 項までの和を S_n とする．

(1) 一般項 a_n を求めよ．

(2) S_n が最大になるときの n の値を求めよ．　　　　(名城大)

解答

(1) 初項を a，公差を d とすると，

$$\begin{cases} a_{10}=50 \\ a_{25}=-55 \end{cases} \text{ より，} \begin{cases} a+9d=50 & \cdots① \\ a+24d=-55 & \cdots② \end{cases}$$

①，② を解くと，$a=113$，$d=-7$ となるから，

$$a_n=113+(n-1)(-7)=\boldsymbol{-7n+120}$$

(2) $a_n \geqq 0$ である n の範囲を求めると，

$$-7n+120 \geqq 0 \text{ より，} n \leqq \frac{120}{7}=17.1\cdots$$

☜ $1 \leqq n \leqq 17$ において $a_n>0$

となるから，

a_1 から a_{17} までは正，a_{18} からは負

☜ 正である項を1つ残らず足したときの和が最大である

である．したがって，S_n が最大になるときの n の値は，$\boldsymbol{n=17}$

<補足：S_n の最大値を求めてみる>

$a_n=-7n+120$ より，$a_{17}=-7\cdot17+120=1$ である．

S_n の最大値は S_{17} であり，

$$S_{17}=\frac{17}{2}(a_1+a_{17})=\frac{17}{2}(113+1)=969$$

☜ $S_n=\dfrac{n}{2}\{2a+(n-1)d\}$ を用いて，$S_{17}=\dfrac{17}{2}\{2\cdot113+16\cdot(-7)\}$ と計算してもよい

解説講義

初項 a，公差 d の等差数列 $\{a_n\}$ の一般項は，$\boldsymbol{a_n=a+(n-1)d}$ である．また，初項から第 n 項までの和を S_n とすると，$\boldsymbol{S_n=\dfrac{n}{2}(a+a_n)=\dfrac{n}{2}\{2a+(n-1)d\}}$ である．

(2)は頻出問題の1つである．S_n が話題であるが，S_n を準備することなく，a_n の正負に注目して解くところをきちんと理解しておきたい．

本問の数列は，113，106，99，…と値が7ずつ減少していくから，いずれ負の値になる．したがって，"負になる寸前"までの項を1つ残らず足したときの和が最大である．つまり，$a_n \geqq 0$ となる n の範囲が分かれば S_n を最大にする n の値も分かるのである．

文系数学の必勝ポイント

初項 a，公差 d の等差数列において，

一般項 a_n は，$a_n=a+(n-1)d$

初項から第 n 項までの和 S_n は，$S_n=\dfrac{n}{2}(a+a_n)=\dfrac{n}{2}\{2a+(n-1)d\}$

121 数列の和 (1)　～シグマの公式を使った計算～

[1]　$\sum_{k=1}^{10}(k^2-6k)=\square$ である．（金沢工業大）

[2]　$\sum_{k=1}^{n}(k^2+4k+5)$ を計算すると，$\square$ となる．（武蔵大）

[3]　和 $1^2\cdot n+2^2\cdot(n-1)+3^2\cdot(n-2)+\cdots+n^2\cdot 1$ を求めよ．（東北学院大）

解答

[1]　
$$\sum_{k=1}^{10}(k^2-6k)=\sum_{k=1}^{10}k^2-6\sum_{k=1}^{10}k$$

☜ (Ⅰ) シグマは足し算，引き算でバラバラにできる
(Ⅱ) k と無関係な定数はシグマの前に出せる

$$=\frac{1}{6}\cdot 10\cdot(10+1)(2\cdot 10+1)-6\cdot\frac{1}{2}\cdot 10\cdot 11$$
$$=385-330$$
$$=\mathbf{55}$$

☜ $\sum_{k=1}^{n}k^2=\frac{1}{6}n(n+1)(2n+1)$，$\sum_{k=1}^{n}k=\frac{1}{2}n(n+1)$ を $n=10$ として使った

[2]　
$$\sum_{k=1}^{n}(k^2+4k+5)$$
$$=\sum_{k=1}^{n}k^2+4\sum_{k=1}^{n}k+5\sum_{k=1}^{n}1$$
$$=\frac{1}{6}n(n+1)(2n+1)+4\cdot\frac{1}{2}n(n+1)+5n$$
$$=\frac{1}{6}n(n+1)(2n+1)+2n(n+1)+5n$$
$$=\frac{1}{6}n\{(n+1)(2n+1)+12(n+1)+30\}$$
$$=\frac{1}{6}n(2n^2+3n+1+12n+12+30)$$
$$=\boldsymbol{\frac{1}{6}n(2n^2+15n+43)}$$

☜ シグマ公式を使った後の式を整理するときには，展開して同類項をまとめるのではなく，「共通因数をくくり出す」ことによって整理していく
（$\frac{1}{6}$ があることにも注目して，$\frac{1}{6}n$ をくくり出す）

[3]　$S=1^2\cdot n+2^2\cdot(n-1)+3^2\cdot(n-2)+\cdots+n^2\cdot 1$ とする．

この数列の第 k 項は，
$$k^2\{n-(k-1)\}=(n+1)k^2-k^3$$
と表される．これより，

☜ 第2項の“右側”は n から1を，第3項の“右側”は n から2を引いている．
このことから，第 k 項の“右側”は，n から $(k-1)$ を引いていると考える

$$S=\sum_{k=1}^{n}\{(n+1)k^2-k^3\}$$
$$=(n+1)\sum_{k=1}^{n}k^2-\sum_{k=1}^{n}k^3$$
$$=(n+1)\cdot\frac{1}{6}n(n+1)(2n+1)-\frac{1}{4}n^2(n+1)^2$$
$$=\frac{1}{12}n(n+1)^2\{2(2n+1)-3n\}$$
$$=\boldsymbol{\frac{1}{12}n(n+1)^2(n+2)}$$

☜ $\frac{1}{6}$ と $\frac{1}{4}$ があることにも注目して，$\frac{1}{12}n(n+1)^2$ をくくり出す

解説講義

シグマ記号は決して難しいものではない．単に数列の和を表現しているだけである．たとえば，次のような感じで使っていく．

$$\frac{1}{3}+\frac{1}{4}+\frac{1}{5}+\cdots+\frac{1}{10}=\sum_{k=3}^{10}\frac{1}{k} \qquad \cdots①$$

大雑把に言うなら，シグマ記号とは，「どういう形の項が何番のものから何番のものまで足されているのか」を表現するものである．①であれば，$\frac{1}{k}$ という形の項が，$k=3$ の $\frac{1}{3}$ から $k=10$ の $\frac{1}{10}$ まで足されているから，$\sum_{k=3}^{10}\frac{1}{k}$ と表している．

そして，このシグマ記号には2つの基本的な性質がある．

(I) $\sum_{k=1}^{n}(a_k \pm b_k)=\sum_{k=1}^{n}a_k \pm \sum_{k=1}^{n}b_k$

『シグマは足し算，引き算ではバラバラにできる』

(II) $\sum_{k=1}^{n}ca_k=c\sum_{k=1}^{n}a_k$ （c は k に無関係な定数）

『変化する k と無関係な定数はシグマの前に出せる』

この2つの性質を使って丁寧に変形を進めていき，次の公式(*)を利用できるように変形していけばよい．

$$\left.\begin{array}{l}\sum_{k=1}^{n}k^3=1^3+2^3+3^3+\cdots+n^3=\frac{1}{4}n^2(n+1)^2\\ \sum_{k=1}^{n}k^2=1^2+2^2+3^2+\cdots+n^2=\frac{1}{6}n(n+1)(2n+1)\\ \sum_{k=1}^{n}k=1+2+3+\cdots+n=\frac{1}{2}n(n+1)\\ \sum_{k=1}^{n}1=1+1+1+\cdots+1=n\end{array}\right\} \cdots(*)$$

なお，(*)が使える形に持ち込めないものは，多少の工夫が必要になるが，それを **122** と **123** で学習しよう．

文系数学の必勝ポイント

シグマ記号の意味

$$a_{\blacklozenge}+\cdots+a_{\blacktriangle}=\boxed{\sum_{k=\blacklozenge}^{\blacktriangle}}\ \boxed{a_k}$$

足される数列の形（何を足すのか）

k が変わっていく

「k を◆から▲まで変化させて足しなさい」という指令

シグマの公式

$\sum_{k=1}^{n}k^3=\frac{1}{4}n^2(n+1)^2$，　$\sum_{k=1}^{n}k^2=\frac{1}{6}n(n+1)(2n+1)$，

$\sum_{k=1}^{n}k=\frac{1}{2}n(n+1)$，　$\sum_{k=1}^{n}1=n$

122 数列の和 (2)　〜部分分数分解〜

(1) $\dfrac{1}{1\cdot2}+\dfrac{1}{2\cdot3}+\dfrac{1}{3\cdot4}+\cdots+\dfrac{1}{100\cdot101}$ を計算せよ.

(2) $\dfrac{1}{1\cdot3}+\dfrac{1}{3\cdot5}+\cdots+\dfrac{1}{(2n-1)(2n+1)}$ を n の式で表せ.　（立教大）

解答

(1) (与式) $=\displaystyle\sum_{k=1}^{100}\frac{1}{k(k+1)}$

$=\displaystyle\sum_{k=1}^{100}\left(\frac{1}{k}-\frac{1}{k+1}\right)$　☜部分分数分解をする

$=\left(\dfrac{1}{1}-\dfrac{1}{2}\right)+\left(\dfrac{1}{2}-\dfrac{1}{3}\right)+\left(\dfrac{1}{3}-\dfrac{1}{4}\right)+\cdots+\left(\dfrac{1}{100}-\dfrac{1}{101}\right)$　☜ $k=1$ の場合から順に, $k=100$ の場合まで書き並べる

隣り合うものが打ち消し合う

$=1-\dfrac{1}{101}=\boldsymbol{\dfrac{100}{101}}$

(2) (与式) $=\displaystyle\sum_{k=1}^{n}\frac{1}{(2k-1)(2k+1)}$

$=\displaystyle\sum_{k=1}^{n}\frac{1}{2}\left(\frac{1}{2k-1}-\frac{1}{2k+1}\right)$　☜ $\dfrac{1}{2}$ を忘れないように注意しよう

$=\dfrac{1}{2}\left(\dfrac{1}{1}-\dfrac{1}{3}\right)+\dfrac{1}{2}\left(\dfrac{1}{3}-\dfrac{1}{5}\right)+\dfrac{1}{2}\left(\dfrac{1}{5}-\dfrac{1}{7}\right)+\cdots+\dfrac{1}{2}\left(\dfrac{1}{2n-1}-\dfrac{1}{2n+1}\right)$

隣り合うものが打ち消し合う

$=\dfrac{1}{2}\left(\dfrac{1}{1}-\dfrac{1}{2n+1}\right)$

$=\dfrac{1}{2}\cdot\dfrac{(2n+1)-1}{2n+1}=\boldsymbol{\dfrac{n}{2n+1}}$

解説講義

分数式の和の計算は「部分分数分解」を用いる問題が頻出である. 文系では, ノーヒントで複雑な部分分数分解が出題されることは少ないので, 次のような簡便な手順を習得しておけばよい. (2) であれば,

手順1：まず, $\dfrac{1}{2k-1}-\dfrac{1}{2k+1}$ のように2つの分数の差に分けてみる

手順2：分けた式を次のように, 通分してみる

$$\frac{1}{2k-1}-\frac{1}{2k+1}=\frac{(2k+1)-(2k-1)}{(2k-1)(2k+1)}=\frac{2}{(2k-1)(2k+1)}$$

手順3：手順2から $\dfrac{2}{(2k-1)(2k+1)}=\dfrac{1}{2k-1}-\dfrac{1}{2k+1}$ と分かったので, 問題の式の分子が1であることに注目し, 両辺に $\dfrac{1}{2}$ を掛けて, $\dfrac{1}{(2k-1)(2k+1)}=\dfrac{1}{2}\left(\dfrac{1}{2k-1}-\dfrac{1}{2k+1}\right)$ を得る

文系数学の必勝ポイント

分数式の和の計算は, 部分分数分解を利用する

123 数列の和 (3)　～等差 × 等比の形の数列の和～

n を自然数とする．和 $1\cdot1+2\cdot5+3\cdot5^2+\cdots+n\cdot5^{n-1}$ を求めよ．

(高知工科大)

解答

求める和を S とすると，

$$S=1\cdot1+2\cdot5+3\cdot5^2+\cdots+n\cdot5^{n-1} \quad \cdots①$$

$$5S=\quad 1\cdot5+2\cdot5^2+\cdots+(n-1)5^{n-1}+n\cdot5^n \quad \cdots②$$

① − ② より，

$$-4S=1+5+5^2+\cdots+5^{n-1}-n\cdot5^n$$

$$=\frac{5^n-1}{5-1}-n\cdot5^n$$

初項 1，公比 5，項数 n の等比数列の和であることに注目して整理する

$$=\frac{5^n-1}{4}-n\cdot5^n$$

$$=\frac{-(4n-1)\cdot5^n-1}{4}$$

上の行の式を

$$\frac{5^n-1}{4}-n\cdot5^n=\frac{5^n-1-4n\cdot5^n}{4}=\frac{(1-4n)\cdot5^n-1}{4}=\frac{-(4n-1)\cdot5^n-1}{4}$$

と整理している

① の両辺に 5 を掛けた．5 を掛けた項を，右に 1 個ずらして書くとよい

したがって，

$$-4S=\frac{-(4n-1)\cdot5^n-1}{4}$$

が成り立つから，

$$\boldsymbol{S=\frac{(4n-1)\cdot5^n+1}{16}}$$

解説講義

最初に注意しておきたいことは，$S=\sum_{k=1}^{n}a_k=\sum_{k=1}^{n}(k\cdot5^{k-1})$ であるが，これを，

$$\sum_{k=1}^{n}(k\cdot5^{k-1})=\left(\sum_{k=1}^{n}k\right)\times\left(\sum_{k=1}^{n}5^{k-1}\right)$$

これは間違い！！

と変形してはいけない！　121 の解説講義で触れたが，シグマは足し算，引き算では分割して考えることができるが，掛け算では分割することはできない．

本問の数列の和 $\sum_{k=1}^{n}(k\cdot5^{k-1})$ は，k の部分は 1，2，3，… と変化していくので公差 1 の等差数列，5^{k-1} の部分は 1，5，5^2，… と変化していくので公比 5 の等比数列である．つまり，本問は「等差 × 等比」の形の数列の和を求める問題である．このような和を求めるときには，解答のように，S に対して rS (本問では $5S$) を準備して引き算をする方法が有効である．r 倍した式の右辺を，解答のように右に 1 個ずらして書くところもポイントである．

文系数学の必勝ポイント

一般項が「(等差) × (公比 r の等比)」の形の数列の和 S

(I) $S-rS$ を計算してみる

(II) r 倍した式の各項は，右に 1 個ずらして書いておく

124 階差数列

数列$\{a_n\}$の第1項から第6項は以下の通りである．また，数列$\{a_n\}$の階差数列$\{b_n\}$は等差数列である．このとき，数列$\{a_n\}$の一般項を求めよ．

$\{a_n\}$: 3, 15, 35, 63, 99, 143　　(公立鳥取環境大)

解答

$\{a_n\}$: 3, 15, 35, 63, 99, 143
$\{b_n\}$: 　12　20　28　36　44

☞ $n \geqq 2$のとき，$a_n = a_1 + \sum_{k=1}^{n-1} b_k$であることを利用して$a_n$を求めるために，まず$b_n$を準備する

数列$\{b_n\}$は，初項12，公差8の等差数列であるから，

$$b_n = 12 + (n-1) \cdot 8 = 8n + 4$$

$n \geqq 2$のとき，

$$a_n = a_1 + \sum_{k=1}^{n-1} b_k$$

$\sum_{k=1}^{n} k = \frac{1}{2}n(n+1)$，$\sum_{k=1}^{n} 1 = n$において，$n$を$n-1$にして計算すればよい

$$= 3 + \sum_{k=1}^{n-1}(8k+4) = 3 + 8 \cdot \frac{1}{2}(n-1)n + 4(n-1) = 4n^2 - 1 \quad \cdots ①$$

①で$n=1$とすると，

$$4 \cdot 1^2 - 1 = 3\ (= a_1)$$

☞ ①は，$n \geqq 2$に対するa_nの式なので，①が$n=1$でも使えるかをチェックする

となるから，①は$n=1$でも成り立つ．以上より，

$$\boldsymbol{a_n = 4n^2 - 1}$$

☞ $n=1$の場合も含めて，これがa_nを表す式である

解説講義

数列$\{a_n\}$の階差数列を$\{b_n\}$とすると，

$$a_2 - a_1 = b_1$$
$$a_3 - a_2 = b_2$$
$$a_4 - a_3 = b_3$$
$$\vdots \qquad \vdots$$
$$a_n - a_{n-1} = b_{n-1}$$

$\{a_n\}$: a_1, a_2, a_3, a_4, $\cdots$, a_{n-1}, a_n, a_{n+1}, $\cdots$
$\{b_n\}$: 　b_1　b_2　b_3　$\cdots\cdots$　b_{n-1}　b_n　$\cdots$

である．$n \geqq 2$のとき，これらを足し合わせると，左辺は打ち消し合いが起こって，

$$-a_1 + a_n = b_1 + b_2 + \cdots + b_{n-1}$$

となる．したがって，a_1を右辺に移項して整理すると，

$$a_n = a_1 + (b_1 + b_2 + \cdots + b_{n-1}) = a_1 + \sum_{k=1}^{n-1} b_k \quad (n \geqq 2 \text{のとき})$$

が成り立つ．この関係式を用いれば，数列$\{a_n\}$の様子が分からなくても，階差数列$\{b_n\}$の一般項が分かれば，それを手がかりにして数列$\{a_n\}$の一般項を求めることができる．

文系数学の必勝ポイント

数列$\{a_n\}$の階差数列を$\{b_n\}$とすると，$a_n = a_1 + \sum_{k=1}^{n-1} b_k$ ($n \geqq 2$のとき)

125 和と一般項の関係

数列 $\{a_n\}$ $(n=1, 2, 3, \cdots)$ の初項から第 n 項までの和 S_n が，$S_n=2^n+3n^2+3n-1$ のとき，一般項 a_n を求めよ．　(日本女子大)

解答

$$S_n=2^n+3n^2+3n-1 \qquad \cdots ①$$

① で $n=1$ にすると，$S_1=2+3\cdot1+3\cdot1-1=7$ となり，$S_1=a_1$ であるから，

$$a_1=7$$

$n \geqq 2$ のとき，

S_{n-1} は ① の n を $n-1$ にすればよい

$$\begin{aligned} a_n &= S_n-S_{n-1} \\ &=(2^n+3n^2+3n-1)-\{2^{n-1}+3(n-1)^2+3(n-1)-1\} \\ &=2\cdot2^{n-1}+3n^2+3n-1 \\ &\qquad -(2^{n-1}+3n^2-6n+3+3n-3-1) \\ &=2^{n-1}+6n \qquad \cdots ② \end{aligned}$$

となる．

② で $n=1$ とすると，

$$2^0+6\cdot1=7(=a_1)$$

② は，$n \geqq 2$ に対する a_n の式なので，② が $n=1$ でも使えるかをチェックする

となるから，② は $n=1$ でも成り立つ．以上より，

$$\boldsymbol{a_n=2^{n-1}+6n}$$

解説講義

初項から第 n 項までの和を S_n とする．$n \geqq 2$ のとき，

$$a_1+a_2+\cdots\cdots+a_{n-1}+a_n=S_n$$
$$a_1+a_2+\cdots\cdots+a_{n-1} \qquad =S_{n-1}$$

が成り立つから，上の式から下の式を引くと，(a_1 から a_{n-1} は打ち消されて)

$$\boldsymbol{a_n=S_n-S_{n-1}} \ \textbf{(}\boldsymbol{n \geqq 2}\ \textbf{のとき)}$$

が得られる．和の条件が与えられていて，そこから一般項を求めるときにはこれを利用する．ただし，a_1 は別扱いであり，$\boldsymbol{a_1=S_1}$ であることから求める．

124 の $a_n=a_1+\sum_{k=1}^{n-1}b_k$ と本問で学んだ $a_n=S_n-S_{n-1}$ は，$n \geqq 2$ で成り立つ関係である．そのため，これらを使って得られた a_n の式は，$n=1$ でも成り立つかを確認する必要がある．もし $n=1$ のときに成り立たないのであれば，「$a_1=$ ○，$a_n=$ □ $(n \geqq 2)$」と分けて答える．巻末の演習問題で，この形も経験しておくとよい．

文系数学の必勝ポイント

(I) 和の条件から一般項を求める ➡ $a_n=S_n-S_{n-1}$ $(n \geqq 2)$，$a_1=S_1$
(II) 得られた a_n の式が $n=1$ でも成り立つかを確認する

126 群数列

自然数 n が n 個ずつ続く次の数列について，次の問に答えよ．

$$1,\ 2,\ 2,\ 3,\ 3,\ 3,\ 4,\ 4,\ 4,\ 4,\ 5,\ 5,\ 5,\ 5,\ 5,\ 6,\ \cdots\cdots$$

(1) 10 が最初に現れるのは，第何項か．

(2) 第 100 項を求めよ．また，初項から第 100 項までの和を求めよ．

(神奈川大)

解答

自然数 k が k 個並んでいる部分を「第 k 群」として考える．

第 1 群には 1 個，第 2 群 2 個，…，第 k 群には k 個の項があるから，第 n 群の末項までの項数は，

$$1+2+3+\cdots+n=\frac{1}{2}n(n+1)$$

☜ 群数列は，各群の項数を確認し，第 n 群の末項までの項数をまず求めてみる

(1) 10 が最初に現れるのは，第 10 群の初項であり，

$$\frac{1}{2}\cdot 9\cdot(9+1)+1=46$$

☜ 第 9 群の末項の次にある項である

より，10 が最初に現れるのは，**第 46 項**

(2) 第 100 項が第 N 群に入っているとすると，

$$\frac{1}{2}(N-1)N<100\leqq\frac{1}{2}N(N+1) \quad \cdots ①$$

☜ 第 100 項が第 N 群に入っているとき，第 100 項は，第 $N-1$ 群の末項より後にあるが，第 N 群の末項までにあることに注目して不等式を作る

ここで，$\frac{1}{2}\cdot 13\cdot 14=91$，$\frac{1}{2}\cdot 14\cdot 15=105$ より，① を満たす N は $N=14$ である．

さらに，第 13 群の末項は $\frac{1}{2}\cdot 13\cdot 14=91$ より第 91 項であるから，

第 100 項は第 14 群の 9 番目であり，**14**

また，第 k 群には k が k 個あるから，第 k 群に含まれる項の和を S_k とすると，$S_k=k\times k=k^2$ である．よって，初項から第 100 項までの和は，

$$S_1+S_2+\cdots+S_{13}+(14\times 9)=\sum_{k=1}^{13}S_k+126=\sum_{k=1}^{13}k^2+126=\frac{1}{6}\cdot 13\cdot 14\cdot 27+126=\mathbf{945}$$

☝ 第 13 群の末項までの和は "群単位" で足していく

解説講義

群数列は難しい問題であるが，考えるときのコツがある．それは「まず各群の項数をチェックして，第 n 群の末項までの項数を求めてみること」である．群数列のさまざまな問題では，これを手掛かりに考えるものが多い．たとえば，第 p 項が第 N 群に含まれるのであれば，解答の ① 式のように，

(第 $N-1$ 群の末項までの項数) $<p\leqq$ (第 N 群の末項までの項数)

と考える．この不等式を立てる練習はしっかりやっておくとよい．

文系数学の必勝ポイント

群数列

各群の項数をチェックして，第 n 群の末項までの項数を求めてみる

127 2項間漸化式(1) ～基本形 $a_{n+1}=pa_n+q$～

数列 $\{a_n\}$ $(n=1, 2, 3, \cdots)$ が，$a_1=3$，$a_{n+1}=5a_n-4$ を満たすとき，数列 $\{a_n\}$ の一般項 a_n を求めよ．　　（東北学院大）

解答

$\alpha=5\alpha-4$ を満たす α を求めると，$\alpha=1$ である．そこで，

$$a_{n+1}=5a_n-4,$$
$$1\ =5\cdot1-4$$

☜ $\alpha=5\alpha-4$ を満たす α は1である

の差をとると，

$$a_{n+1}-1=5(a_n-1) \quad \cdots①$$

☜
$$\begin{array}{rl} & a_{n+1}=5a_n-4 \\ -) & \quad\ \ 1=5\cdot1-4 \\ \hline & a_{n+1}-1=5(a_n-1) \end{array}$$

となる．

①より，数列 $\{a_n-1\}$ は公比5の等比数列であり，

初項は，$a_1-1=3-1=2$

である．よって，

☜ $a_1-1 \to a_2-1 \to a_3-1 \to \cdots$（各 $\times5$），$a_n-1 \xrightarrow{\times5} a_{n+1}-1$

$$a_n-1=2\cdot5^{n-1}$$
$$\boldsymbol{a_n=2\cdot5^{n-1}+1}$$

解説講義

本問で扱ったような $a_{n+1}=pa_n+q$ $(p\neq0, 1$ で $q\neq0)$ の形の漸化式を，本書では「基本形の漸化式」と呼ぶことにする．**基本形の漸化式は，$\alpha=p\alpha+q$ を満たす α の値**（本問では1）**を用いて，$a_{n+1}-\alpha=p(a_n-\alpha)$ の形にまず変形する．**これより，数列 $\{a_n-\alpha\}$ は公比 p の等比数列になっていることが分かるから，初項が $a_1-\alpha$ であることも用いて数列 $\{a_n-\alpha\}$ の第 n 項である $a_n-\alpha$ を求める．最後に α を移項すれば，一般項 a_n を表す式が得られる．

基本形の漸化式は，この解法をきちんとマスターして完璧に解けるようにしておかないといけない．十分に練習しておこう．

文系数学の必勝ポイント

基本形の漸化式 $a_{n+1}=pa_n+q$ は，$\alpha=p\alpha+q$ を満たす α を用いて，

$$a_{n+1}-\alpha=p(a_n-\alpha)$$

の形に変形して考える

One Point コラム

次の漸化式は，数列 $\{a_n\}$ がどのような数列であるか，すぐに分かる．

$a_{n+1}=a_n+d$　　$\cdots\{a_n\}$ は公差 d の等差数列

$a_{n+1}=ra_n$　　$\cdots\{a_n\}$ は公比 r の等比数列

$a_{n+1}=a_n+f(n)$　　$\cdots\{a_n\}$ の階差数列の一般項が $f(n)$ になっている

128　2項間漸化式 (2)　〜指数型〜

$a_1=5,\ a_{n+1}=3a_n+2^{n+1}\ (n=1,\ 2,\ 3,\ \cdots)$ で定められる数列 $\{a_n\}$ がある．数列 $\{a_n\}$ の一般項 a_n を求めよ．　（関西学院大）

解答

$a_{n+1}=3a_n+2^{n+1}$ の両辺を 2^{n+1} で割って，整理すると，

$$\frac{a_{n+1}}{2^{n+1}}=\frac{3}{2}\cdot\frac{a_n}{2^n}+1 \quad \cdots①$$

☜ a_n の分母には，$2^{n+1}=2\cdot 2^n$ を利用して，2^n を作る

ここで，$\dfrac{a_n}{2^n}=b_n$ …② とおくと $b_1=\dfrac{a_1}{2}=\dfrac{5}{2}$ であり，① より，

$$b_{n+1}=\frac{3}{2}b_n+1 \quad \cdots③$$

☜ これは基本形の漸化式である．
$\alpha=\dfrac{3}{2}\alpha+1$ より，$\alpha=-2$ になるから，

$$\begin{array}{rrl} & b_{n+1}= & \frac{3}{2}\ b_n \quad +1 \\ -) & -2= & \frac{3}{2}\cdot(-2)+1 \\ \hline & b_{n+1}+2= & \frac{3}{2}(b_n+2) \end{array}$$

が得られる．③ を変形すると，

$$b_{n+1}+2=\frac{3}{2}(b_n+2)$$

これより，数列 $\{b_n+2\}$ は公比 $\dfrac{3}{2}$ の等比数列であり，

初項は，$b_1+2=\dfrac{5}{2}+2=\dfrac{9}{2}$

よって，

$$b_n+2=\frac{9}{2}\cdot\left(\frac{3}{2}\right)^{n-1}=\frac{3^{n+1}}{2^n}$$

☜ 分子は，$9\cdot 3^{n-1}=3^2\cdot 3^{n-1}=3^{n+1}$ と変形した

$$\therefore\ b_n=\frac{3^{n+1}}{2^n}-2$$

② より，$a_n=2^n\times b_n$ であるから，

$$a_n=2^n\times\left(\frac{3^{n+1}}{2^n}-2\right)=3^{n+1}-2^n\cdot 2=\boldsymbol{3^{n+1}-2^{n+1}}$$

解説講義

$a_{n+1}=pa_n+r\cdot q^n$ の形の漸化式の解法で最も基本的な解法が，上の解答のように「q^{n+1} で割って置きかえをする方法」である．"漸化式のなかの指数を含む項" が q^n でも q^{n+1} でも q^{n-1} でも，いつでも q^{n+1} で割ればよい（割った後の a_{n+1} の分母に q^{n+1} が欲しいから）．

割った後は，a_{n+1} の分母に q^{n+1} があるので，a_n の分母に q^n がくるように調整する．そして，② のように $\dfrac{a_n}{q^n}=b_n$ と置きかえれば，指数を含まない簡単な漸化式が得られる．

文系数学の必勝ポイント

$a_{n+1}=pa_n+r\cdot q^n$ の形の漸化式

q^{n+1} で割って，$\dfrac{a_n}{q^n}=b_n$ と置きかえる

129 2項間漸化式(3) ～逆数型～

$a_1=\frac{1}{2},\ a_{n+1}=\frac{a_n}{2a_n+3}$ $(n=1,\ 2,\ 3,\ \cdots)$ で定められる数列 $\{a_n\}$ がある.

(1) $\frac{1}{a_n}=b_n$ とするとき, b_{n+1} を b_n を用いて表せ.

(2) 数列 $\{a_n\}$ の一般項を求めよ. (立教大)

解答

(1)
$$a_{n+1}=\frac{a_n}{2a_n+3} \quad \cdots①$$

☞ ここから, a_1, a_2, a_3, …と求めていくと, いずれも0にはならない

与えられた漸化式と $a_1\neq 0$ から, すべての自然数 n に対して $a_n\neq 0$ である.

①の逆数を考えると,

$$\frac{1}{a_{n+1}}=\frac{2a_n+3}{a_n} \quad すなわち \quad \frac{1}{a_{n+1}}=3\cdot\frac{1}{a_n}+2$$

これより, $\frac{1}{a_n}=b_n$ …② とするとき, $\boldsymbol{b_{n+1}=3b_n+2}$ …③

(2) $a_1=\frac{1}{2}$ より, $b_1=\frac{1}{a_1}=2$ である. ③を変形すると,

$$b_{n+1}+1=3(b_n+1)$$

☞ $\alpha=3\alpha+2$ より, $\alpha=-1$ になるから,

$$\begin{array}{rl} & b_{n+1}=3b_n+2 \\ -) & -1=3\cdot(-1)+2 \\ \hline & b_{n+1}+1=3(b_n+1) \end{array}$$

これより, 数列 $\{b_n+1\}$ は公比3の等比数列であり,

初項は, $b_1+1=2+1=3$

である. よって,

$$b_n+1=3\cdot 3^{n-1} \qquad \therefore\ b_n=3^n-1$$

したがって, ②より,

$$a_n=\frac{1}{b_n}=\boldsymbol{\frac{1}{3^n-1}}$$

☞ $\frac{1}{a_n}=b_n$ であるから, $a_n=\frac{1}{b_n}$ である

解説講義

$a_{n+1}=\frac{ra_n}{pa_n+q}$ の形の漸化式を解くときには, 両辺の逆数を考える. そして, $\frac{1}{a_n}=b_n$ と置きかえると, 数列 $\{b_n\}$ についての漸化式が得られる. 基本形の漸化式が得られる場合が多く, b_n を求めることができたら, その逆数から a_n を求められる.

本問では, 数列 $\{b_n\}$ すなわち $\left\{\frac{1}{a_n}\right\}$ を考えるので, 分母が0になる恐れがないかどうかが気になる. 解答の最初で「つねに $a_n\neq 0$」を確認しているのは, そのためである.

文系数学の必勝ポイント

$\boldsymbol{a_{n+1}=\frac{ra_n}{pa_n+q}}$ **の形の漸化式**

両辺の逆数を考えて $\boldsymbol{\frac{1}{a_n}=b_n}$ と置きかえる

130　2項間漸化式(4)　～整式型～

$a_1=6$, $a_{n+1}=3a_n-6n+3$ $(n=1, 2, 3, \cdots)$ で定められる数列 $\{a_n\}$ がある.

(1)　$a_{n+1}-a_n=b_n$ とするとき，b_{n+1} を b_n を用いて表せ.

(2)　数列 $\{a_n\}$ の一般項を求めよ.　(東洋大)

解答

(1)　与えられた漸化式から,

$$a_{n+2}=3a_{n+1}-6(n+1)+3 \quad \cdots①$$

☜ n を $n+1$ に取りかえた

$$a_{n+1}=3a_n-6n+3 \quad \cdots②$$

①－② より,

$$a_{n+2}-a_{n+1}=3(a_{n+1}-a_n)-6 \quad \cdots③$$

ここで，$a_{n+1}-a_n=b_n$ とすると，③ の左辺は $a_{n+2}-a_{n+1}=b_{n+1}$ であり,

$$\boldsymbol{b_{n+1}=3b_n-6}$$

(2)　まず，数列 $\{b_n\}$ の一般項を求める．数列 $\{b_n\}$ の初項 b_1 は,

$$b_1=a_2-a_1=(3a_1-6\cdot1+3)-a_1=3\cdot6-6+3-6=9$$

☜ a_2 は ② で $n=1$ にすれば得られる

$b_{n+1}=3b_n-6$ を変形すると,

$$b_{n+1}-3=3(b_n-3)$$

☜ $\alpha=3\alpha-6$ より $\alpha=3$ になるから,

$$\begin{array}{rl} & b_{n+1}=3b_n-6 \\ -) & 3=3\cdot3-6 \\ \hline & b_{n+1}-3=3(b_n-3) \end{array}$$

これより，数列 $\{b_n-3\}$ は公比 3 の等比数列であり,

初項は，$b_1-3=9-3=6$

よって,

$$b_n-3=6\cdot3^{n-1}=2\cdot3^n \qquad \therefore\ b_n=2\cdot3^n+3 \quad \cdots④$$

$a_{n+1}-a_n=b_n$ であるから，④ より,

$$a_{n+1}-a_n=2\cdot3^n+3$$

さらに，左辺に ② を用いて a_{n+1} を消去すると,

$$(3a_n-6n+3)-a_n=2\cdot3^n+3$$

$$2a_n=2\cdot3^n+6n \qquad \therefore\ \boldsymbol{a_n=3^n+3n}$$

解説講義

$a_{n+1}=pa_n+f(n)$ ($f(n)$ は n の1次式が多い) の形の漸化式は,「n を $n+1$ に取りかえた漸化式 $a_{n+2}=pa_{n+1}+f(n+1)$ を作って，与えられた漸化式との差 (解答の ①－②) を考えて，置きかえる」という誘導がつけられることが一般的で，誘導に従って考えていくと「基本形の漸化式」が得られることが多い.

文系数学の必勝ポイント

$a_{n+1}=pa_n+f(n)$ の形の漸化式 ($f(n)$ は n の整式)

n を $n+1$ に取りかえた式を作って，その差を考える

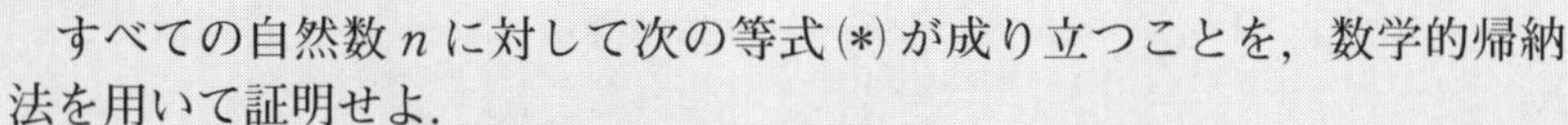

131 数学的帰納法(等式)

すべての自然数 n に対して次の等式(*)が成り立つことを，数学的帰納法を用いて証明せよ．

$$1^3+2^3+3^3+\cdots+n^3=\frac{1}{4}n^2(n+1)^2 \quad \cdots(*)$$

(専修大)

解答

(i)　$n=1$ のとき

$$(\text{左辺})=1^3=1,\quad (\text{右辺})=\frac{1}{4}\cdot 1^2\cdot(1+1)^2=1$$

これより，$n=1$ において(*)は成り立つ．

(ii)　$n=k\ (\geqq 1)$ のときに(*)が成り立つと仮定すると，

$$1^3+2^3+3^3+\cdots+k^3=\frac{1}{4}k^2(k+1)^2 \quad \cdots①$$

① の両辺に $(k+1)^3$ を足すと，

$$1^3+2^3+3^3+\cdots+k^3+(k+1)^3=\frac{1}{4}k^2(k+1)^2+(k+1)^3$$

(*)が $n=k+1$ でも成り立つかを調べるために，まず左辺を準備した

$$=\frac{1}{4}(k+1)^2\{k^2+4(k+1)\}=\frac{1}{4}(k+1)^2(k+2)^2$$

$$=\frac{1}{4}(k+1)^2\{(k+1)+1\}^2$$

(*)の右辺で $n=k+1$ とした式が得られた

これより，$n=k+1$ でも(*)は成り立つ．

(i)，(ii)より，すべての自然数 n に対して，(*)は成り立つ．

解説講義

自然数 n についてある式(たとえば $P(n)$ とする)が成り立つことを示すには，数学的帰納法を用いるとよい．数学的帰納法の証明では，

(i) $n=1$ において証明したい式が成り立つことを示す(つまり，$P(1)$ を示す)

(ii) $n=k$ において証明したい式が成り立つと仮定したときに，$n=k+1$ でも証明したい式が成り立つことを示す(つまり，$P(k)$ が成り立つと仮定して $P(k+1)$ を示す)

という2つのことを示せばよい．(i)，(ii)が示されていれば，

(i)から $P(1)$ が成り立っていて，$P(1)$ が成り立っているから(ii)より $P(2)$ が成り立つ．
$P(2)$ が成り立っているから，再び(ii)より，$P(3)$ が成り立つ．

以下，(ii)を繰り返し用いることにより，$P(4)$，$P(5)$，$P(6)$，… というように，すべての自然数 n に対して $P(n)$ が成り立つことになる．

文系数学の必勝ポイント

数学的帰納法は，証明したい事柄に対して，次の(i)，(ii)を示す

(i) $n=1$ で成り立つことを示す

(ii) $n=k$ で成り立つことを仮定し，$n=k+1$ でも成り立つことを示す

132 数学的帰納法（不等式）

3以上のすべての自然数 n に対して，不等式

$$\frac{1}{1^2}+\frac{1}{2^2}+\frac{1}{3^2}+\cdots+\frac{1}{n^2}<\frac{7}{4}-\frac{1}{n} \quad \cdots(*)$$

が成り立つことを，数学的帰納法を用いて証明せよ．　（香川大）

解答

(i)　$n=3$ のとき

$$(\text{左辺})=\frac{1}{1^2}+\frac{1}{2^2}+\frac{1}{3^2}=\frac{36+9+4}{36}=\frac{49}{36}$$

$$(\text{右辺})=\frac{7}{4}-\frac{1}{3}=\frac{63-12}{36}=\frac{51}{36}$$

これより，$n=3$ において(*)は成り立つ．

☜ 本問は $n=3,\ 4,\ 5,\ \cdots$ に対して(*)が成り立つことを示すので，(i) $n=1$ のとき ではなく，(i) $n=3$ のとき となる

(ii)　$n=k\ (\geqq 3)$ のときに(*)が成り立つと仮定すると，

$$\frac{1}{1^2}+\frac{1}{2^2}+\frac{1}{3^2}+\cdots+\frac{1}{k^2}<\frac{7}{4}-\frac{1}{k} \quad \cdots①$$

①の両辺に $\dfrac{1}{(k+1)^2}$ を足すと，

$$\frac{1}{1^2}+\frac{1}{2^2}+\cdots+\frac{1}{k^2}+\frac{1}{(k+1)^2}<\frac{7}{4}-\frac{1}{k}+\frac{1}{(k+1)^2} \quad \cdots②$$

ここで，

$$\left(\frac{7}{4}-\frac{1}{k+1}\right)-\left\{\frac{7}{4}-\frac{1}{k}+\frac{1}{(k+1)^2}\right\}$$

$$=-\frac{1}{k+1}+\frac{1}{k}-\frac{1}{(k+1)^2}$$

$$=\frac{-k(k+1)+(k+1)^2-k}{k(k+1)^2}$$

$$=\frac{1}{k(k+1)^2}>0$$

☜ この計算をしてみようと発想するところが最大のポイントであり，この計算を行う理由は解説講義に書かれている．少し難しい部分であるが，しっかり理解しておきたいポイントである

であるから，

$$\frac{7}{4}-\frac{1}{k}+\frac{1}{(k+1)^2}<\frac{7}{4}-\frac{1}{k+1} \quad \cdots③$$

が成り立つ．②，③より，

$$\frac{1}{1^2}+\frac{1}{2^2}+\cdots+\frac{1}{k^2}+\frac{1}{(k+1)^2}<\frac{7}{4}-\frac{1}{k}+\frac{1}{(k+1)^2}<\frac{7}{4}-\frac{1}{k+1}$$

となるから，

$$\frac{1}{1^2}+\frac{1}{2^2}+\cdots+\frac{1}{k^2}+\frac{1}{(k+1)^2}<\frac{7}{4}-\frac{1}{k+1} \quad \cdots④$$

が成り立つ．これより，$n=k+1$ でも(*)は成り立つ．

(i)，(ii)より，3以上のすべての自然数 n に対して，(*)は成り立つ．

解説講義

131 では，数学的帰納法で等式を証明したが，不等式でも手順は同じである．すなわち，

(i) $n=1$ において証明したい式が成り立つことを示す

(ii) $n=k$ において証明したい式が成り立つと仮定したときに，$n=k+1$ でも証明したい式が成り立つことを示す

の2つを示せばよい．ただし，本問は3以上の n について証明するから，(i)のところは $n=1$ ではなく $n=3$ の場合を示すことになる．

しかし，**131** の等式の場合に比べると(ii)の段階の証明が難しい．等式の証明では，$n=k$ で成り立つと仮定した式を用いて式を変形していけば，自ずと $n=k+1$ の場合の式が出てくることがほとんどである．一方，不等式の証明ではそうはいかない．仮定した①式を用いても得られる式は②であって，$n=k+1$ の場合の式である④は得られない．④を導くためには②と③を組み合わせることになるが，不等式ではこのような“2段階”で示すことが多い．つまり，証明したい式は，

$$\frac{1}{1^2}+\frac{1}{2^2}+\cdots+\frac{1}{k^2}+\frac{1}{(k+1)^2}<\frac{7}{4}-\frac{1}{k+1} \quad \cdots④$$

であるが，仮定を使って得られた式は，

$$\frac{1}{1^2}+\frac{1}{2^2}+\cdots+\frac{1}{k^2}+\frac{1}{(k+1)^2}<\frac{7}{4}-\frac{1}{k}+\frac{1}{(k+1)^2} \quad \cdots②$$

である．そこで，もし，

$$\frac{7}{4}-\frac{1}{k}+\frac{1}{(k+1)^2}<\frac{7}{4}-\frac{1}{k+1} \quad \cdots③$$

が示せたとすれば，②と③から④は示せたことになる．そこで，②が得られた後に，③を示したいと考えて，

$$\left(\frac{7}{4}-\frac{1}{k+1}\right)-\left\{\frac{7}{4}-\frac{1}{k}+\frac{1}{(k+1)^2}\right\}$$

を計算し，これが正であることを示そうとしているのである．不等式の証明では，何を示したいのかをしっかりと考えて方針を立てないといけない．

また，数学的帰納法では，

『すべての自然数 n に対して，$a_n=4^{n+1}+5^{2n-1}$ は21で割り切れることを示せ』

というような，倍数を題材にした問題も頻出である．**131** や **132** の(*)の式のように等式や不等式が明確に提示されているわけではないが，

(i) a_1 が21で割り切れることを示す

(ii) a_k が21で割り切れると仮定して，a_{k+1} も21で割り切れることを示す

というように答案を作ればよく，解答の“骨組み”は変わらない．数学の勉強は「解答を暗記する」のではなく，「考え方を理解して練習すること」が大切である．残りの単元も少なくなってきたが，引き続き，丁寧な学習を心がけてほしい．

文系数学の必勝ポイント

数学的帰納法を用いた不等式の証明

“仮定を利用して得られた式”と“示したい式($n=k+1$ の場合の式)”を，どのように結びつけるかを考える

133 ベクトルの和・差・定数倍

正六角形 ABCDEF において，$\overrightarrow{AB}=\vec{a}$，$\overrightarrow{AF}=\vec{b}$ とする．線分 AD と BE の交点を O，線分 OC の中点を G，線分 GE を 2：1 に内分する点を H とする．次のベクトルを，$\vec{a}$，$\vec{b}$ を用いてそれぞれ表せ．

(1) $\overrightarrow{AE}$　　(2) $\overrightarrow{AG}$　　(3) $\overrightarrow{AH}$　　(東京都市大)

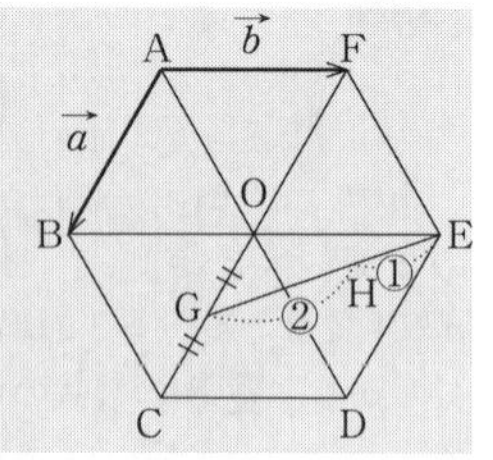

解答

(1) $\overrightarrow{BO}=\overrightarrow{AF}=\vec{b}$ に注意すると，

$$\overrightarrow{AE}=\overrightarrow{AB}+\overrightarrow{BE}=\overrightarrow{AB}+2\overrightarrow{BO}=\boldsymbol{\vec{a}+2\vec{b}}$$

(2) $\overrightarrow{OC}=\overrightarrow{AB}=\vec{a}$ に注意すると，

$$\overrightarrow{AG}=\overrightarrow{AB}+\overrightarrow{BO}+\overrightarrow{OG}=\overrightarrow{AB}+\overrightarrow{BO}+\frac{1}{2}\overrightarrow{OC}=\vec{a}+\vec{b}+\frac{1}{2}\vec{a}=\boldsymbol{\frac{3}{2}\vec{a}+\vec{b}}$$

(3) GH：HE＝2：1 であるから，

$$\overrightarrow{GH}=\frac{2}{3}\overrightarrow{GE}$$

である．これより，

$$\overrightarrow{AH}-\overrightarrow{AG}=\frac{2}{3}(\overrightarrow{AE}-\overrightarrow{AG})$$

☜ 引き算を使うと始点を変えることができる．つまり，

$\overrightarrow{GH}=\overrightarrow{■H}-\overrightarrow{■G}$

という形で，自分の好きな始点に変えられる

$$\overrightarrow{AH}=\overrightarrow{AG}+\frac{2}{3}\overrightarrow{AE}-\frac{2}{3}\overrightarrow{AG}$$

$$=\frac{1}{3}\overrightarrow{AG}+\frac{2}{3}\overrightarrow{AE}$$

☜ 内分の公式からこれを求めてもよい

$$=\frac{1}{3}\left(\frac{3}{2}\vec{a}+\vec{b}\right)+\frac{2}{3}(\vec{a}+2\vec{b})$$

☜ (1)，(2) の結果を代入した

$$=\boldsymbol{\frac{7}{6}\vec{a}+\frac{5}{3}\vec{b}}$$

解説講義

ベクトルは「向き」と「大きさ」をもつ量であり，それを“矢印”で表現する．ベクトルは単なる数値ではないので，ベクトルを扱うときの“ルール”を正確に理解することから始めよう．

(I) ベクトルにおける等号の意味

2 つのベクトルの「向き」と「大きさ」がともに一致しているときに，その 2 つのベクトルを「等しい」と定める (矢印がどこにあるかは問わない)．

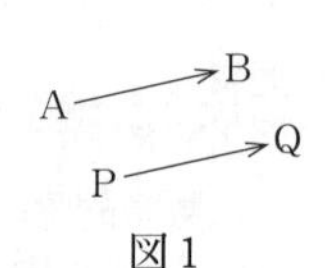

図 1

右の図 1 で“AB の矢印”と“PQ の矢印”は同じ矢印である．つまり，$\overrightarrow{AB}$，$\overrightarrow{PQ}$ は「向き」と「大きさ」がともに等しい．そこで，$\overrightarrow{AB}=\overrightarrow{PQ}$ のように，等号を使ってこのことを表現する．

(II)　ベクトルの足し算

ベクトルの足し算は「矢印をつなぐこと」を意味する．
右の図2であれば，$\overrightarrow{AP}+\overrightarrow{PQ}=\overrightarrow{AQ}$ である．

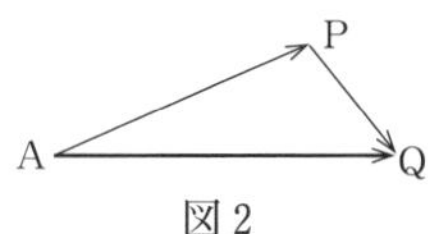
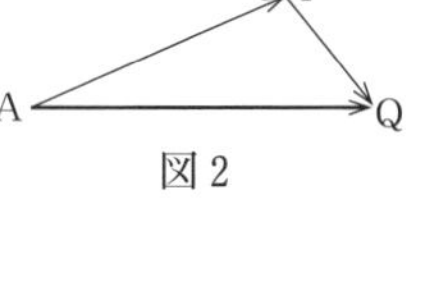

図2

(III)　ベクトルの引き算

足し算は「矢印をつなぐ」という図形的な意味を覚えることが大切であるが，引き算の図形的な意味はそれほど大切ではない．ベクトルでも普通の文字式と同じように“移項”ができるので，

$$\overrightarrow{AP}+\overrightarrow{PQ}=\overrightarrow{AQ} \iff \overrightarrow{PQ}=\overrightarrow{AQ}-\overrightarrow{AP} \qquad \cdots①$$

となる．①の式に引き算が登場しているが，①の式は「始点がPのベクトル $\overrightarrow{PQ}$ を，始点がAの2つのベクトルの差で表していること」に注目したい．つまり，引き算を使うとベクトルの始点を自分の好きな点に変えることができるのである．**「ベクトルの引き算は，始点を変更したいときに使う」**と覚えておこう．

(IV)　定数倍(実数倍)

定数倍(ベクトルの前の係数)は大きさの変更を表す．
マイナスは向きが正反対であることを表す．

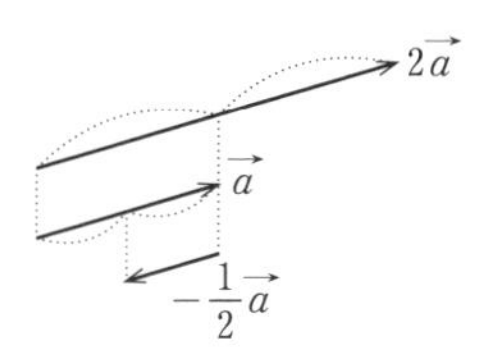

(V)　内分の公式

線分ABを2：3に内分する点をPとすると，$\overrightarrow{AP}=\frac{2}{5}\overrightarrow{AB}$ である．引き算を使って始点をOに変更すると，

$$\overrightarrow{OP}-\overrightarrow{OA}=\frac{2}{5}(\overrightarrow{OB}-\overrightarrow{OA})$$

$$\overrightarrow{OP}=\frac{3}{5}\overrightarrow{OA}+\frac{2}{5}\overrightarrow{OB}\left(=\frac{3\overrightarrow{OA}+2\overrightarrow{OB}}{2+3}\right)$$

となる．一般に，線分ABを $m:n$ に内分する点をPとすると，

$$\boldsymbol{\overrightarrow{OP}=\frac{n\overrightarrow{OA}+m\overrightarrow{OB}}{m+n}}$$

である．(数学IIで出てきた内分の公式と似た形になっている！)

特に，$0<t<1$ として，線分ABを $t:(1-t)$ に内分する点をPとすると，

$$\boldsymbol{\overrightarrow{OP}=(1-t)\overrightarrow{OA}+t\overrightarrow{OB}}$$

と表すことができる．内分比を設定して考えるときには，この形がよく用いられる．

文系数学の必勝ポイント

ベクトルの基本事項

(I) 2つの同じ矢印は，ベクトルとして等しいと考える
(II) ベクトルの足し算は，矢印をつなぐことである
(III) ベクトルの引き算は，始点を変更するときに使う
(IV) 定数倍(係数)は大きさの変更を表す
(V) Pが線分ABを $t:(1-t)$ に内分するとき，$(0<t<1)$

$$\boldsymbol{\overrightarrow{OP}=(1-t)\overrightarrow{OA}+t\overrightarrow{OB}}$$

134 同一直線上の 3 点

平行四辺形 ABCD の辺 AB 上に点 P，辺 BC 上に点 R，対角線 BD 上に点 Q を，

$$\mathrm{AP}:\mathrm{PB}=2:3,\ \mathrm{BR}:\mathrm{RC}=3:1,\ \mathrm{BQ}:\mathrm{QD}=1:2$$

となるようにそれぞれとる．

(1) $\overrightarrow{\mathrm{AP}}$，$\overrightarrow{\mathrm{AQ}}$，$\overrightarrow{\mathrm{AR}}$ を，それぞれ $\overrightarrow{\mathrm{AB}}$，$\overrightarrow{\mathrm{AD}}$ を用いて表せ．

(2) 3 点 P，Q，R が同一直線上にあることを示し，PQ : QR を求めよ．

（北海学園大）

解答

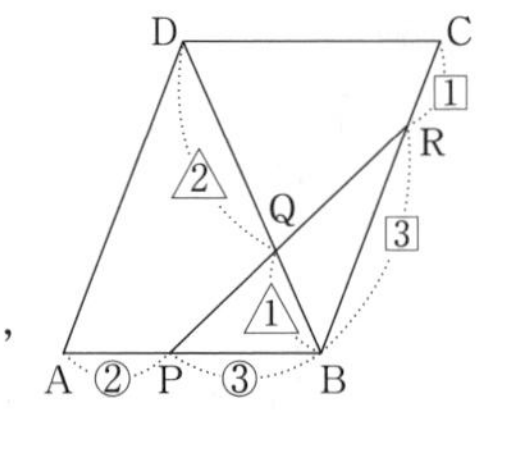

(1) AP : PB = 2 : 3 より，$\overrightarrow{\mathrm{AP}}=\boldsymbol{\dfrac{2}{5}\overrightarrow{\mathrm{AB}}}$

BQ : QD = 1 : 2 より，

$$\overrightarrow{\mathrm{AQ}}=\frac{2\overrightarrow{\mathrm{AB}}+\overrightarrow{\mathrm{AD}}}{1+2}=\boldsymbol{\frac{2}{3}\overrightarrow{\mathrm{AB}}+\frac{1}{3}\overrightarrow{\mathrm{AD}}}$$

さらに，$\overrightarrow{\mathrm{BC}}=\overrightarrow{\mathrm{AD}}$ に注意すると，BR : RC = 3 : 1 より，

$$\overrightarrow{\mathrm{AR}}=\overrightarrow{\mathrm{AB}}+\overrightarrow{\mathrm{BR}}=\overrightarrow{\mathrm{AB}}+\frac{3}{4}\overrightarrow{\mathrm{BC}}=\boldsymbol{\overrightarrow{\mathrm{AB}}+\frac{3}{4}\overrightarrow{\mathrm{AD}}}$$

(2) $$\overrightarrow{\mathrm{PQ}}=\overrightarrow{\mathrm{AQ}}-\overrightarrow{\mathrm{AP}}=\left(\frac{2}{3}\overrightarrow{\mathrm{AB}}+\frac{1}{3}\overrightarrow{\mathrm{AD}}\right)-\frac{2}{5}\overrightarrow{\mathrm{AB}}=\frac{4}{15}\overrightarrow{\mathrm{AB}}+\frac{1}{3}\overrightarrow{\mathrm{AD}}=\frac{1}{15}(4\overrightarrow{\mathrm{AB}}+5\overrightarrow{\mathrm{AD}})$$

$$\overrightarrow{\mathrm{PR}}=\overrightarrow{\mathrm{AR}}-\overrightarrow{\mathrm{AP}}=\left(\overrightarrow{\mathrm{AB}}+\frac{3}{4}\overrightarrow{\mathrm{AD}}\right)-\frac{2}{5}\overrightarrow{\mathrm{AB}}=\frac{3}{5}\overrightarrow{\mathrm{AB}}+\frac{3}{4}\overrightarrow{\mathrm{AD}}=\frac{3}{20}(4\overrightarrow{\mathrm{AB}}+5\overrightarrow{\mathrm{AD}})$$

分母を 60 にして整理すると，

$$\overrightarrow{\mathrm{PQ}}=\frac{4}{60}(4\overrightarrow{\mathrm{AB}}+5\overrightarrow{\mathrm{AD}}),\quad \overrightarrow{\mathrm{PR}}=\frac{9}{60}(4\overrightarrow{\mathrm{AB}}+5\overrightarrow{\mathrm{AD}})$$

となるので，

$$\overrightarrow{\mathrm{PQ}}=\frac{4}{9}\overrightarrow{\mathrm{PR}}$$

☜ $\overrightarrow{\mathrm{PR}}$ を $\frac{4}{9}$ 倍に“圧縮”すると $\overrightarrow{\mathrm{PQ}}$ になる

が成り立つことが分かる．したがって，3 点 P，Q，R は同一直線上に存在して，

PQ : QR = 4 : 5

解説講義

3 点 P，Q，R が同一直線上にあるとき，$\overrightarrow{\mathrm{PQ}}$ と $\overrightarrow{\mathrm{PR}}$ は向きは同じ（または正反対）で大きさのみが異なる関係（つまり，矢印の長さが異なる関係）なので，

「3 点 P，Q，R が同一直線上にある」$\Longleftrightarrow$「$\overrightarrow{\mathrm{PQ}}=k\overrightarrow{\mathrm{PR}}$（$k$ は実数）」 …★

である．★は，この先も頻繁に使う重要事項である！！

文系数学の必勝ポイント

同一直線上の 3 点

「3 点 P，Q，R が同一直線上にある」$\Longleftrightarrow$「$\overrightarrow{\mathrm{PQ}}=k\overrightarrow{\mathrm{PR}}$（$k$ は実数）」

135　2直線の交点のベクトル

三角形OABの辺OAを2：3に内分する点をL，辺OBを4：3に内分する点をMとし，線分AMと線分BLの交点をP，直線OPと辺ABの交点をQとする．

(1)　$\overrightarrow{\mathrm{OP}}$ を $\overrightarrow{\mathrm{OA}}$，$\overrightarrow{\mathrm{OB}}$ を用いて表せ．

(2)　$\overrightarrow{\mathrm{OQ}}$ を $\overrightarrow{\mathrm{OA}}$，$\overrightarrow{\mathrm{OB}}$ を用いて表せ．　　（立教大）

解答

(1)　AP：PM $= s:(1-s)$ とすると，

$$\overrightarrow{\mathrm{OP}}=(1-s)\overrightarrow{\mathrm{OA}}+s\overrightarrow{\mathrm{OM}}$$
$$=(1-s)\overrightarrow{\mathrm{OA}}+\frac{4}{7}s\overrightarrow{\mathrm{OB}} \quad \cdots①$$

☞ Pが線分AM上にあることに注目して $\overrightarrow{\mathrm{AP}}=s\overrightarrow{\mathrm{AM}}$ とおき，始点をOに変更して，$\overrightarrow{\mathrm{OP}}=(1-s)\overrightarrow{\mathrm{OA}}+s\overrightarrow{\mathrm{OM}}$ を導いてもよい

BP：PL $= t:(1-t)$ とすると，

$$\overrightarrow{\mathrm{OP}}=t\overrightarrow{\mathrm{OL}}+(1-t)\overrightarrow{\mathrm{OB}}$$
$$=\frac{2}{5}t\overrightarrow{\mathrm{OA}}+(1-t)\overrightarrow{\mathrm{OB}} \quad \cdots②$$

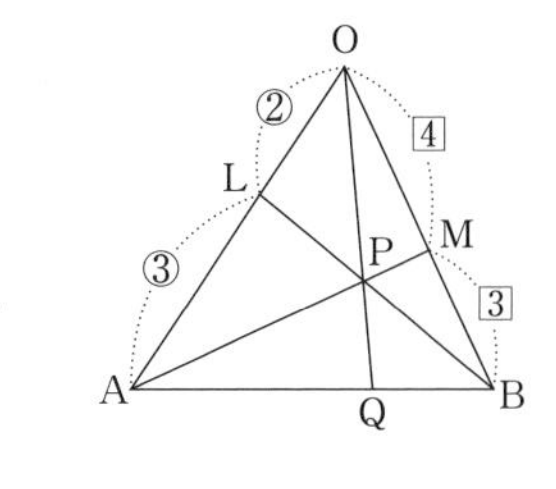

①，②において，$\overrightarrow{\mathrm{OA}}$，$\overrightarrow{\mathrm{OB}}$ は1次独立であるから，

$$\begin{cases} 1-s=\dfrac{2}{5}t \\ \dfrac{4}{7}s=1-t \end{cases}$$

☞ $\overrightarrow{\mathrm{OA}}$，$\overrightarrow{\mathrm{OB}}$ の係数を比較する

これを解くと，$s=\frac{7}{9}$，$t=\frac{5}{9}$ となるので，①（または②）より，

$$\boldsymbol{\overrightarrow{\mathrm{OP}}=\frac{2}{9}\overrightarrow{\mathrm{OA}}+\frac{4}{9}\overrightarrow{\mathrm{OB}}}$$

(2)　Qは直線OP上にあるから，k を実数として，

$$\overrightarrow{\mathrm{OQ}}=k\overrightarrow{\mathrm{OP}}$$
$$=\frac{2}{9}k\overrightarrow{\mathrm{OA}}+\frac{4}{9}k\overrightarrow{\mathrm{OB}} \quad \cdots③$$

とおける．

☞ ③を立てた後の作業をもう少しシンプルに行うこともできる（One Point コラム参照）が，まずは基本的な考え方をマスターすべきである

一方，AQ：QB $= u:(1-u)$ とすると，

$$\overrightarrow{\mathrm{OQ}}=(1-u)\overrightarrow{\mathrm{OA}}+u\overrightarrow{\mathrm{OB}} \quad \cdots④$$

③，④において，$\overrightarrow{\mathrm{OA}}$，$\overrightarrow{\mathrm{OB}}$ は1次独立であるから，

$$\begin{cases} \dfrac{2}{9}k=1-u \\ \dfrac{4}{9}k=u \end{cases}$$

☞ $\overrightarrow{\mathrm{OA}}$，$\overrightarrow{\mathrm{OB}}$ の係数を比較する

これを解くと，$k=\frac{3}{2}$，$u=\frac{2}{3}$ となるので，③（または④）より，

$$\boldsymbol{\overrightarrow{\mathrm{OQ}}=\frac{1}{3}\overrightarrow{\mathrm{OA}}+\frac{2}{3}\overrightarrow{\mathrm{OB}}}$$

解説講義

平面上のベクトル $\vec{a}$，$\vec{b}$ が1次独立（$\vec{a} \neq \vec{0}$，$\vec{b} \neq \vec{0}$，$\vec{a} \not\parallel \vec{b}$）であるとき，

$$p\vec{a}+q\vec{b}=r\vec{a}+s\vec{b} \iff p=r \quad \text{かつ} \quad q=s$$

が成り立つ．つまり，$\vec{a}$，$\vec{b}$ の係数が比較できる．（同じベクトルは1通りにしか表現できないから）

2直線の交点のベクトルは「2通りに表して係数を比較する」という手法が最もよく用いられる．この流れで解く問題は十分過ぎるほど練習をしておきたい．(1)では，Pが線分AM上，線分BL上にあることに注目して①，②を立てている．(2)では，Qが直線OP上，線分AB上にあることに注目して③，④を立てている．

文系数学の必勝ポイント

(Ⅰ) 2直線の交点のベクトルは，「2通りに表して係数を比較する」という手法がよく使われる

(Ⅱ) ベクトルにおける係数比較

$\vec{a}$，$\vec{b}$ が1次独立のとき，

$$p\vec{a}+q\vec{b}=r\vec{a}+s\vec{b} \iff p=r \quad \text{かつ} \quad q=s$$

One Point コラム

点Qが直線AB上にあるとき，実数 u を用いて $\overrightarrow{AQ}=u\overrightarrow{AB}$ と表せることはもう大丈夫だろう．そして，この式は，

$$\overrightarrow{OQ}=(1-u)\overrightarrow{OA}+u\overrightarrow{OB}$$

と変形できるが，$\overrightarrow{OA}$ と $\overrightarrow{OB}$ の係数の和が1になっていることに注目してほしい．つまり，

$$\text{Q，A，Bが同一直線上にある} \iff \begin{cases} \overrightarrow{OQ}=\alpha\overrightarrow{OA}+\beta\overrightarrow{OB} \\ \alpha+\beta=1 \end{cases} \text{と表せる}$$

である．

このことを利用すると，**135** (2)の解答は，次のように，もう少し簡潔に書くこともできる．

解答

Qは直線OP上にあるから，k を実数として，

$$\overrightarrow{OQ}=k\overrightarrow{OP}=\frac{2}{9}k\overrightarrow{OA}+\frac{4}{9}k\overrightarrow{OB} \quad \cdots③$$

とおける．Qは辺AB上にあるから，③において，

$$\frac{2}{9}k+\frac{4}{9}k=1$$

これより，$k=\dfrac{3}{2}$ となるから，③より，

$$\overrightarrow{OQ}=\frac{1}{3}\overrightarrow{OA}+\frac{2}{3}\overrightarrow{OB}$$

136 ベクトルの内積と大きさ (1)

[1] $\vec{a}$, $\vec{b}$ のなす角が 30° で, $|\vec{a}|=2$, $|\vec{b}|=3$ であるとする.
このとき,

$$\vec{a}\cdot\vec{b}=\boxed{},\ (\vec{a}-\vec{b})\cdot(3\vec{a}+2\vec{b})=\boxed{}$$

$$|\vec{a}-\sqrt{3}\,\vec{b}|=\boxed{}$$

である.　　(青山学院大)

[2] $|\vec{a}|=3$, $|\vec{b}|=1$, $|\vec{a}-2\vec{b}|=\sqrt{19}$ を満たすとき, $\vec{a}$, $\vec{b}$ のなす角 $\theta\,(0^\circ \leqq \theta \leqq 180^\circ)$ を求めよ.　　(信州大)

解答

[1] 与えられた条件より,

$$\vec{a}\cdot\vec{b}=|\vec{a}||\vec{b}|\cos 30^\circ=2\times3\times\frac{\sqrt{3}}{2}=\mathbf{3\sqrt{3}}$$

$$\begin{aligned}(\vec{a}-\vec{b})\cdot(3\vec{a}+2\vec{b})&=3|\vec{a}|^2-\vec{a}\cdot\vec{b}-2|\vec{b}|^2\\&=3\times4-3\sqrt{3}-2\times9\\&=\mathbf{-6-3\sqrt{3}}\end{aligned}$$

☜ 普通の文字式と同様に "展開" することができる. ただし, $|\vec{a}|^2$ を $\vec{a}^2$ と書かないこと

さらに,

$$\begin{aligned}|\vec{a}-\sqrt{3}\,\vec{b}|^2&=|\vec{a}|^2-2\sqrt{3}\,\vec{a}\cdot\vec{b}+3|\vec{b}|^2\\&=4-2\sqrt{3}\times3\sqrt{3}+3\times9\\&=4-18+27\\&=13\end{aligned}$$

☜ 大きさを求めるときには, まず, 2乗したものを求める. もちろん, $|\vec{a}-\sqrt{3}\,\vec{b}|=|\vec{a}|-\sqrt{3}\,|\vec{b}|$ のような計算はできない

となるので,

$$|\vec{a}-\sqrt{3}\,\vec{b}|=\mathbf{\sqrt{13}}$$

[2] $|\vec{a}-2\vec{b}|=\sqrt{19}$ の両辺を 2 乗すると,

$$|\vec{a}|^2-4\vec{a}\cdot\vec{b}+4|\vec{b}|^2=19$$

☜ 問題文の条件から, $\vec{a}$ と $\vec{b}$ のなす角はすぐには分かりそうにない. そのような場合には, この解答のように, 大きさの式を 2 乗してみると, 内積を求めることができる

となり, $|\vec{a}|=3$, $|\vec{b}|=1$ を代入すると,

$$9-4\vec{a}\cdot\vec{b}+4\times1=19$$

$$\vec{a}\cdot\vec{b}=-\frac{3}{2}$$

また, $\vec{a}\cdot\vec{b}=|\vec{a}||\vec{b}|\cos\theta$ より,

$$\cos\theta=\frac{\vec{a}\cdot\vec{b}}{|\vec{a}||\vec{b}|}=\frac{-\frac{3}{2}}{3\times1}=-\frac{1}{2}$$

となるので, $0^\circ \leqq \theta \leqq 180^\circ$ から,

$$\boldsymbol{\theta=120^\circ}$$

解説講義

ベクトルの内積 $\vec{a}\cdot\vec{b}$ は $\vec{a}$ と $\vec{b}$ のなす角を θ ($0^\circ \leqq \theta \leqq 180^\circ$) として,

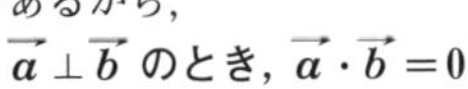

$$\vec{a}\cdot\vec{b}=|\vec{a}||\vec{b}|\cos\theta$$

で定められている．ベクトルで角度に関する内容が問われたら，内積の出番である．

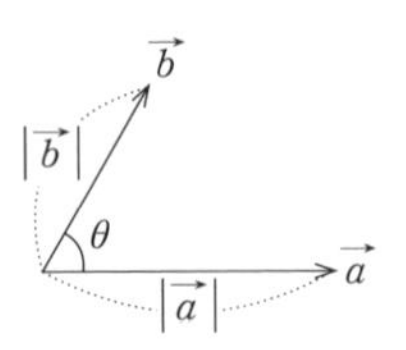

特に，$\vec{a}$ と $\vec{b}$ が垂直のとき，$\theta=90^\circ$ であり，$\cos 90^\circ=0$ であるから，

$$\vec{a}\perp\vec{b} \text{ のとき，} \vec{a}\cdot\vec{b}=0$$

である．

ベクトルの内積に関して，次の 4 つの性質が成り立つ．(k は実数とする)

(I) $\vec{a}\cdot\vec{a}=|\vec{a}|^2$　　(II) $\vec{a}\cdot\vec{b}=\vec{b}\cdot\vec{a}$

(III) $\vec{a}\cdot(\vec{b}+\vec{c})=\vec{a}\cdot\vec{b}+\vec{a}\cdot\vec{c}$　　(IV) $(k\vec{a})\cdot\vec{b}=\vec{a}\cdot(k\vec{b})=k(\vec{a}\cdot\vec{b})$

これを用いると，次のように，**普通の文字式と同様の“展開”のような計算が可能**である．

$$(\vec{a}+2\vec{b})\cdot(\vec{a}-3\vec{b})=|\vec{a}|^2-\vec{a}\cdot\vec{b}-6|\vec{b}|^2$$
$$|2\vec{a}+3\vec{b}|^2=4|\vec{a}|^2+12\vec{a}\cdot\vec{b}+9|\vec{b}|^2$$

文系数学の必勝ポイント

(I) **内積の定義は，$\vec{a}$ と $\vec{b}$ のなす角を θ ($0^\circ \leqq \theta \leqq 180^\circ$) として，**
$$\vec{a}\cdot\vec{b}=|\vec{a}||\vec{b}|\cos\theta$$

(II) **角度に関する問題は内積を使って考える．特に，「垂直」は頻出である**
$$\vec{a}\perp\vec{b} \text{ のとき，} \vec{a}\cdot\vec{b}=0$$

(III) **ベクトルでも普通の文字式と同様の“展開”のような操作が可能である**

137 ベクトルの内積と大きさ (2)

[1] $\vec{a}=(x,\ 2)$，$\vec{b}=(2,\ -1)$ とする．$\vec{a}$ と $\vec{b}$ が垂直であるのは $x=$ □ のとき，$\vec{a}$ と $\vec{b}$ が平行であるのは $x=$ □ のときである．　(京都産業大)

[2] A(2, 2, 2), B(6, 6, 4), C(2, 3, 3) を頂点とする三角形 ABC があるとき，∠BAC の大きさを求めよ．　(立教大)

解答

[1] $\vec{a}=(x,\ 2)$，$\vec{b}=(2,\ -1)$ より，

$$\vec{a}\cdot\vec{b}=x\times2+2\times(-1)=2x-2$$

☜ $\vec{a}$，$\vec{b}$ の成分を使って内積 $\vec{a}\cdot\vec{b}$ を計算する

$\vec{a}\perp\vec{b}$ のとき，$\vec{a}\cdot\vec{b}=0$ が成り立つので，

$$2x-2=0 \qquad \therefore\ x=\mathbf{1}$$

$\vec{a}\parallel\vec{b}$ のとき，$\vec{a}=k\vec{b}$ (k は実数) と表せるから，

$$(x,\ 2)=k(2,\ -1)$$

よって，

$$x=2k \quad \cdots① \quad かつ \quad 2=-k \quad \cdots②$$

となる．②より $k=-2$ となり，①に代入すると，

$$x=-4$$

<補足：平行な2つのベクトルの成分について>

$\vec{b}=(2,\ -1)$ に対して，$\vec{c}=(20,\ -10)$ とすると，$\vec{b}$ と $\vec{c}$ は，大きさは異なるが，向きは一致していて，$\vec{b} /\!/ \vec{c}$ と分かるだろう．つまり，x 成分と y 成分の比が等しい2つのベクトルは平行である．よって，$\vec{a} /\!/ \vec{b}$ となる x は，

$$x:2=2:(-1) より，x=-4$$

と求められる．

[2]　A(2, 2, 2)，B(6, 6, 4)，C(2, 3, 3) より，

$$\overrightarrow{AB}=\overrightarrow{OB}-\overrightarrow{OA}=(6,\ 6,\ 4)-(2,\ 2,\ 2)=(4,\ 4,\ 2)$$
$$\overrightarrow{AC}=\overrightarrow{OC}-\overrightarrow{OA}=(2,\ 3,\ 3)-(2,\ 2,\ 2)=(0,\ 1,\ 1)$$

これより，

$$|\overrightarrow{AB}|=\sqrt{4^2+4^2+2^2}=6$$ ☜ 成分を使って大きさを計算する

$$|\overrightarrow{AC}|=\sqrt{0+1^2+1^2}=\sqrt{2}$$

$$\overrightarrow{AB}\cdot\overrightarrow{AC}=4\times0+4\times1+2\times1=6$$ ☜ 成分を使って内積を計算する

よって，$\overrightarrow{AB}\cdot\overrightarrow{AC}=|\overrightarrow{AB}||\overrightarrow{AC}|\cos\angle BAC$ より，

$$\cos\angle BAC=\frac{\overrightarrow{AB}\cdot\overrightarrow{AC}}{|\overrightarrow{AB}||\overrightarrow{AC}|}=\frac{6}{6\times\sqrt{2}}=\frac{1}{\sqrt{2}}$$

したがって，

$$\boldsymbol{\angle BAC=45^\circ}$$

解説講義

ベクトルの成分が分かっているときには，成分を用いて内積を計算できる．

平面ベクトルでは，$\vec{a}=(a_1,\ a_2)$，$\vec{b}=(b_1,\ b_2)$ に対して内積 $\vec{a}\cdot\vec{b}$ は，

$$\boldsymbol{\vec{a}\cdot\vec{b}=a_1b_1+a_2b_2}$$

空間ベクトルでは，$\vec{a}=(a_1,\ a_2,\ a_3)$，$\vec{b}=(b_1,\ b_2,\ b_3)$ に対して内積 $\vec{a}\cdot\vec{b}$ は，

$$\boldsymbol{\vec{a}\cdot\vec{b}=a_1b_1+a_2b_2+a_3b_3}$$

また，成分が分かっているときには，成分を用いてベクトルの大きさを計算することができて，

$$\vec{a}=(a_1,\ a_2) のとき，\quad |\vec{a}|=\sqrt{a_1{}^2+a_2{}^2}$$
$$\vec{a}=(a_1,\ a_2,\ a_3) のとき，\quad |\vec{a}|=\sqrt{a_1{}^2+a_2{}^2+a_3{}^2}$$

である．

文系数学の必勝ポイント

成分が分かっているときの内積の計算

$$\boldsymbol{\vec{a}=(a_1,\ a_2),\ \vec{b}=(b_1,\ b_2) のとき，\vec{a}\cdot\vec{b}=a_1b_1+a_2b_2}$$

138 三角形の面積

空間内に3点 A(1, 1, 2)，B(1, 3, 1)，C(4, 1, 1) があるとき，三角形 ABC の面積を求めよ．　(小樽商科大)

解答

A(1, 1, 2)，B(1, 3, 1)，C(4, 1, 1) より，

$$\overrightarrow{AB}=\overrightarrow{OB}-\overrightarrow{OA}=(1,\ 3,\ 1)-(1,\ 1,\ 2)=(0,\ 2,\ -1)$$
$$\overrightarrow{AC}=\overrightarrow{OC}-\overrightarrow{OA}=(4,\ 1,\ 1)-(1,\ 1,\ 2)=(3,\ 0,\ -1)$$

これより，

$$|\overrightarrow{AB}|=\sqrt{0+2^2+(-1)^2}=\sqrt{5}$$
$$|\overrightarrow{AC}|=\sqrt{3^2+0+(-1)^2}=\sqrt{10}$$
☜ 成分を使って大きさと内積を計算する
$$\overrightarrow{AB}\cdot\overrightarrow{AC}=0\times3+2\times0+(-1)\times(-1)=1$$

したがって，

$$\triangle ABC=\frac{1}{2}\sqrt{|\overrightarrow{AB}|^2|\overrightarrow{AC}|^2-(\overrightarrow{AB}\cdot\overrightarrow{AC})^2}$$
$$=\frac{1}{2}\sqrt{5\times10-1^2}$$
$$=\frac{7}{2}$$

☜ ベクトルの問題で三角形の面積が問われたときには，まず，この公式を使うことを検討してみるとよい

解説講義

ベクトルの問題で三角形の面積が問われたときには，大きさと内積の値を使って上の解答のように計算するとよい．

$\triangle ABC=\frac{1}{2}\sqrt{|\overrightarrow{AB}|^2|\overrightarrow{AC}|^2-(\overrightarrow{AB}\cdot\overrightarrow{AC})^2}$ が成り立つことは次のように示すことができる．

$$\triangle ABC=\frac{1}{2}|\overrightarrow{AB}||\overrightarrow{AC}|\sin A$$
☜ 三角比で学習した三角形の面積の公式
$$=\frac{1}{2}|\overrightarrow{AB}||\overrightarrow{AC}|\sqrt{1-\cos^2 A}\qquad (0^\circ<A<180^\circ \text{ より，} \sin A>0)$$
$$=\frac{1}{2}\sqrt{|\overrightarrow{AB}|^2|\overrightarrow{AC}|^2(1-\cos^2 A)}$$
$$=\frac{1}{2}\sqrt{|\overrightarrow{AB}|^2|\overrightarrow{AC}|^2-|\overrightarrow{AB}|^2|\overrightarrow{AC}|^2\cos^2 A}$$
$$=\frac{1}{2}\sqrt{|\overrightarrow{AB}|^2|\overrightarrow{AC}|^2-(|\overrightarrow{AB}||\overrightarrow{AC}|\cos A)^2}$$
$$=\frac{1}{2}\sqrt{|\overrightarrow{AB}|^2|\overrightarrow{AC}|^2-(\overrightarrow{AB}\cdot\overrightarrow{AC})^2}$$

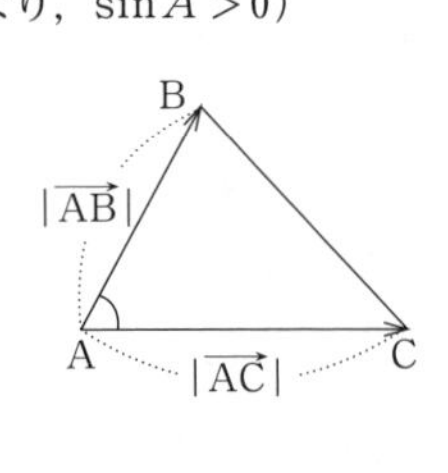

文系数学の必勝ポイント

ベクトルにおける三角形の面積の計算

$$\triangle \mathbf{ABC}=\frac{1}{2}\sqrt{|\overrightarrow{AB}|^2|\overrightarrow{AC}|^2-(\overrightarrow{AB}\cdot\overrightarrow{AC})^2}$$

139 直交条件(直線に垂線を下ろす)

三角形ABCにおいて，AB=5，BC=6，AC=7とする.
(1) 内積 $\overrightarrow{AB}\cdot\overrightarrow{AC}$ を求めよ.
(2) 頂点Aから辺BCに下ろした垂線をAHとする. $\overrightarrow{AH}$ を $\overrightarrow{AB}$，$\overrightarrow{AC}$ を用いて表せ.　(成蹊大)

解答

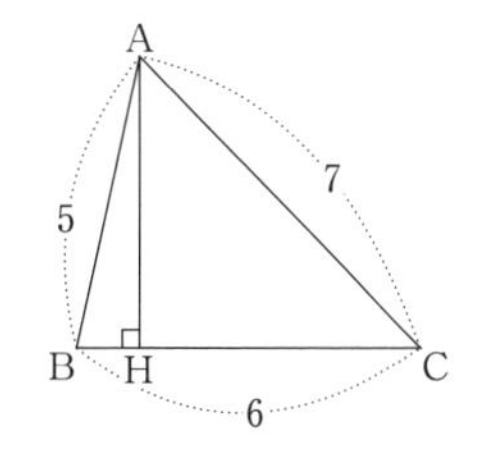

(1) $|\overrightarrow{AB}|=5$，$|\overrightarrow{AC}|=7$ である. また，$|\overrightarrow{BC}|=6$ より，

$$|\overrightarrow{AC}-\overrightarrow{AB}|=6$$

となり，両辺を2乗すると，

$$|\overrightarrow{AC}|^2-2\overrightarrow{AB}\cdot\overrightarrow{AC}+|\overrightarrow{AB}|^2=36$$

$$49-2\overrightarrow{AB}\cdot\overrightarrow{AC}+25=36$$

$$\therefore\ \boldsymbol{\overrightarrow{AB}\cdot\overrightarrow{AC}=19}$$

(2) Hは辺BC上の点であるから，$\overrightarrow{BH}=t\overrightarrow{BC}$ (t は実数) とおける. これより，

$$\overrightarrow{AH}=(1-t)\overrightarrow{AB}+t\overrightarrow{AC}\qquad\cdots①$$

と表せる. $\overrightarrow{AH}\perp\overrightarrow{BC}$ より，$\overrightarrow{AH}\cdot\overrightarrow{BC}=0$ であるから，①を用いると，

$$\{(1-t)\overrightarrow{AB}+t\overrightarrow{AC}\}\cdot(\overrightarrow{AC}-\overrightarrow{AB})=0$$

☜ ①と $\overrightarrow{BC}=\overrightarrow{AC}-\overrightarrow{AB}$ から，$\overrightarrow{AB}$ と $\overrightarrow{AC}$ のみで表す

$$(1-t)\overrightarrow{AB}\cdot\overrightarrow{AC}-(1-t)|\overrightarrow{AB}|^2+t|\overrightarrow{AC}|^2-t\overrightarrow{AB}\cdot\overrightarrow{AC}=0$$

☜ 普通の文字式と同様に“展開”できる

$$(1-t)\times19-(1-t)\times25+t\times49-t\times19=0$$

$$36t-6=0\qquad\therefore\ t=\frac{1}{6}$$

したがって，①より，$\boldsymbol{\overrightarrow{AH}=\frac{5}{6}\overrightarrow{AB}+\frac{1}{6}\overrightarrow{AC}}$

解説講義

垂線を引く問題では，「$\vec{a}\perp\vec{b}$ のとき，$\vec{a}\cdot\vec{b}=0$」であることを利用する. 本問では，直線BCに垂線AHを下ろしているので，

(Ⅰ) Hは直線BC上にあること　(Ⅱ) $\overrightarrow{AH}\perp\overrightarrow{BC}$ であること ($\overrightarrow{AH}\cdot\overrightarrow{BC}=0$)

の2点に注目する. ただし，(Ⅱ)の $\overrightarrow{AH}\cdot\overrightarrow{BC}=0$ の計算では，$\overrightarrow{AH}=(1-t)\overrightarrow{AB}+t\overrightarrow{AC}$，$\overrightarrow{BC}=\overrightarrow{AC}-\overrightarrow{AB}$ として，$\overrightarrow{AB}$，$\overrightarrow{AC}$ のみを使って計算を進めていくことが大切であり，このような解法のコツも身につけたい. $|\overrightarrow{AB}|=5$，$|\overrightarrow{AC}|=7$，$\overrightarrow{AB}\cdot\overrightarrow{AC}=19$ を使って考えるので，$\overrightarrow{AB}$，$\overrightarrow{AC}$ 以外のベクトルは使いたくないわけである.

文系数学の必勝ポイント

直線BCに垂線AHを下ろす
(Ⅰ) Hは直線BC上にある
(Ⅱ) $\overrightarrow{AH}\perp\overrightarrow{BC}$ である ($\overrightarrow{AH}\cdot\overrightarrow{BC}=0$)
に注目する

140 外接円の問題

平面上の3点A，B，Cが点Oを中心とする半径1の円周上にあり，$3\overrightarrow{OA}+7\overrightarrow{OB}+5\overrightarrow{OC}=\vec{0}$ を満たしている．このとき，内積 $\overrightarrow{OA}\cdot\overrightarrow{OB}$ の値と，線分ABの長さを求めよ． (早稲田大)

解答

$3\overrightarrow{OA}+7\overrightarrow{OB}+5\overrightarrow{OC}=\vec{0}$ より，

$$3\overrightarrow{OA}+7\overrightarrow{OB}=-5\overrightarrow{OC}$$

☜ 内積 $\overrightarrow{OA}\cdot\overrightarrow{OB}$ を求めたいので，$\overrightarrow{OA}$ と $\overrightarrow{OB}$ を左辺に残して，$\overrightarrow{OC}$ は右辺に移項する

となるから，両辺の大きさについて，

$$|3\overrightarrow{OA}+7\overrightarrow{OB}|=|-5\overrightarrow{OC}|$$

が成り立つ．これを2乗すると，

$$9|\overrightarrow{OA}|^2+42\overrightarrow{OA}\cdot\overrightarrow{OB}+49|\overrightarrow{OB}|^2=25|\overrightarrow{OC}|^2$$

となり，$|\overrightarrow{OA}|=|\overrightarrow{OB}|=|\overrightarrow{OC}|=1$ であるから，

☜ Oは三角形ABCの外接円の中心なので，OA，OB，OCの長さは外接円の半径の1である

$$9+42\overrightarrow{OA}\cdot\overrightarrow{OB}+49=25$$

$$\mathbf{\overrightarrow{OA}\cdot\overrightarrow{OB}=-\frac{11}{14}}$$

これより，

$$\begin{aligned}|\overrightarrow{AB}|^2&=|\overrightarrow{OB}-\overrightarrow{OA}|^2\\&=|\overrightarrow{OB}|^2-2\overrightarrow{OA}\cdot\overrightarrow{OB}+|\overrightarrow{OA}|^2\\&=1-2\times\left(-\frac{11}{14}\right)+1\\&=\frac{25}{7}\end{aligned}$$

☜ 大きさを求めるときには，まず2乗したものを求める

となるから，$|\overrightarrow{AB}|=\dfrac{5}{\sqrt{7}}$ である．したがって，

線分ABの長さは，$\mathbf{\dfrac{5}{\sqrt{7}}}$

解説講義

本問のように，外接円の中心O (外心)を始点とするベクトルの条件式が与えられて，内積や線分の長さ，面積などを考える問題は，文系では典型問題の1つとなっている．このタイプの問題では最初に内積を要求される場合が多いが，条件式からなす角の情報を得ることが容易ではないと想像できる．そこで 136 [2]でもやっているように，**「大きさの式を2乗して内積を生み出す」**というやり方で解決する．

文系数学の必勝ポイント

外接円の問題 (外心を始点とするベクトルの条件式)
「大きさの式を2乗すると内積が生まれること」を利用する

141 直線のベクトル方程式

点 A(0, 2, -2) を通り，$\overrightarrow{v}=(1,\ -1,\ 0)$ に平行な直線を l とし，l 上の動点 P を考える．OP の長さの最小値を求めよ．　(明治学院大)

解答

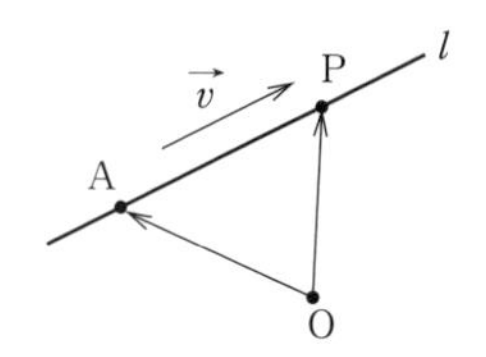

点 P は直線 l 上を動くから，実数 t を用いて，

$$\overrightarrow{OP}=\overrightarrow{OA}+t\overrightarrow{v}$$ ☜ 直線のベクトル方程式

$$=(0,\ 2,\ -2)+t(1,\ -1,\ 0)$$

$$=(t,\ 2-t,\ -2) \quad \cdots①$$

と表せる．① より，

$$|\overrightarrow{OP}|=\sqrt{t^2+(2-t)^2+(-2)^2}$$ ☜ 成分を使って大きさを計算する

$$=\sqrt{2t^2-4t+8}$$

$$=\sqrt{2(t-1)^2+6}$$ ☜ 2 次関数は平方完成して考える

これより，$|\overrightarrow{OP}|$，すなわち OP の長さは，$t=1$ のときに最小になり，

最小値 $\sqrt{6}$

<別解>

$|\overrightarrow{OP}|$ が最小になるのは，$\overrightarrow{OP}\perp\overrightarrow{v}$ のときであるから，$\overrightarrow{OP}\cdot\overrightarrow{v}=0$ より，

$$t\times1+(2-t)\times(-1)+(-2)\times0=0 \qquad \therefore\ t=1$$

$t=1$ のとき，① より，$\overrightarrow{OP}=(1,\ 1,\ -2)$ であり，求める最小値は，

$$|\overrightarrow{OP}|=\sqrt{1^2+1^2+(-2)^2}=\sqrt{6}$$

解説講義

直線は「どこを通り，どの方向に伸びているか」という 2 つの情報によって 1 つに定めることができる．そこで，点 A を通り $\overrightarrow{v}$ に平行な直線 l を考えてみよう．l 上に点 P をとると，P が直線上のどこにあったとしても，$\overrightarrow{AP}$ は $\overrightarrow{v}$ と平行である．

したがって，

$$\overrightarrow{AP}=t\overrightarrow{v} \ (t \text{ は実数})$$

と表せるから，$\overrightarrow{OP}-\overrightarrow{OA}=t\overrightarrow{v}$，すなわち，直線 l 上の点 P に対して，

$$\overrightarrow{OP}=\overrightarrow{OA}+t\overrightarrow{v} \quad \cdots(*)$$

が成り立つことがわかる．t を変化させることで，直線 l 上のすべての点を表すことができ，(*) を，**直線 l のベクトル方程式**という．また，直線と平行なベクトルである $\overrightarrow{v}$ を直線の**方向ベクトル**という．

文系数学の必勝ポイント

直線のベクトル方程式

点 A を通り $\overrightarrow{v}$ に平行な直線上の点 P に対し，$\overrightarrow{OP}=\overrightarrow{OA}+t\overrightarrow{v}$ である

142 同一平面上の4点

空間内の4点 A(1, 0, 0), B(0, 1, 0), C(0, 0, 1), D(3, -5, z) が同じ平面上にあるとき，z の値を求めよ． (関西大)

解答

A(1, 0, 0), B(0, 1, 0), C(0, 0, 1), D(3, -5, z) より，

$$\overrightarrow{AB}=\overrightarrow{OB}-\overrightarrow{OA}=(0,\ 1,\ 0)-(1,\ 0,\ 0)=(-1,\ 1,\ 0)$$
$$\overrightarrow{AC}=\overrightarrow{OC}-\overrightarrow{OA}=(0,\ 0,\ 1)-(1,\ 0,\ 0)=(-1,\ 0,\ 1)$$
$$\overrightarrow{AD}=\overrightarrow{OD}-\overrightarrow{OA}=(3,\ -5,\ z)-(1,\ 0,\ 0)=(2,\ -5,\ z)$$

4点 A, B, C, D が同じ平面上にあるとき，

$$\overrightarrow{AD}=s\overrightarrow{AB}+t\overrightarrow{AC}\ (s,\ t \text{は実数})$$

と表せるから，

$$(2,\ -5,\ z)=s(-1,\ 1,\ 0)+t(-1,\ 0,\ 1)$$

☜ この式が大切！ 143，144 でもこのような式を立てて考える

これより，各成分を比較することにより，

$$\begin{cases} 2=-s-t & \cdots① \\ -5=s & \cdots② \\ z=t & \cdots③ \end{cases}$$

①，② より，$s=-5$，$t=3$ となる．したがって，③ より，

$$\boldsymbol{z=3}$$

解説講義

平面ABC上に点Dがあるとき，$\overrightarrow{AD}$ は $\overrightarrow{AB}$，$\overrightarrow{AC}$ の大きさをそれぞれ調整して，それを足すことで表せる．すなわち，**平面ABC上に点Dがあるとき，**

$$\overrightarrow{AD}=s\overrightarrow{AB}+t\overrightarrow{AC}\ (s,\ t \text{は実数})$$

と表せる．これは，始点をOに変更した上で，文字を置きかえることにより，

$$\overrightarrow{OD}=\alpha\overrightarrow{OA}+\beta\overrightarrow{OB}+\gamma\overrightarrow{OC}\ (\text{ただし，}\alpha+\beta+\gamma=1)$$

と表現を変えることができる．もし，この表現を用いるのであれば，

$$(3,\ -5,\ z)=\alpha(1,\ 0,\ 0)+\beta(0,\ 1,\ 0)+\gamma(0,\ 0,\ 1)\ (\text{ただし，}\alpha+\beta+\gamma=1)$$

であるから，各成分を比較することにより，

$$3=\alpha,\quad -5=\beta,\quad z=\gamma,\quad \alpha+\beta+\gamma=1$$

が得られる．そして，これを解いて，正解の $z=3$ を得ることもできる．

文系数学の必勝ポイント

同一平面上の4点（共面条件）

平面ABC上に点Dがあるとき，

$$\overrightarrow{AD}=s\overrightarrow{AB}+t\overrightarrow{AC}$$

と表せる

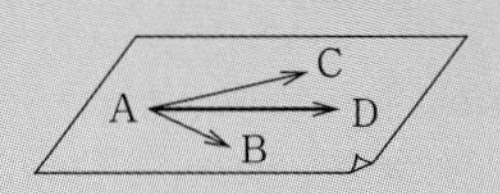

143 平面と直線の交点

四面体ABCDの辺ABを2：3に内分する点をP，辺ACを1：2に内分する点をQ，辺ADを2：1に内分する点をRとする．また，三角形PQRの重心をGとし，直線DGと平面ABCの交点をEとする．

(1) $\overrightarrow{AG}$ を $\overrightarrow{AB}$，$\overrightarrow{AC}$，$\overrightarrow{AD}$ を用いて表せ．

(2) $\overrightarrow{AE}$ を $\overrightarrow{AB}$，$\overrightarrow{AC}$ を用いて表せ．また，DG：GE を求めよ．

（西南学院大）

解答

(1) 条件より，$\overrightarrow{AP}=\frac{2}{5}\overrightarrow{AB}$，$\overrightarrow{AQ}=\frac{1}{3}\overrightarrow{AC}$，$\overrightarrow{AR}=\frac{2}{3}\overrightarrow{AD}$ である．

Gは三角形PQRの重心であるから，

$$\overrightarrow{AG}=\frac{1}{3}(\overrightarrow{AP}+\overrightarrow{AQ}+\overrightarrow{AR})=\frac{1}{3}\left(\frac{2}{5}\overrightarrow{AB}+\frac{1}{3}\overrightarrow{AC}+\frac{2}{3}\overrightarrow{AD}\right)=\mathbf{\frac{2}{15}\overrightarrow{AB}+\frac{1}{9}\overrightarrow{AC}+\frac{2}{9}\overrightarrow{AD}}$$

(2) Eは直線DG上の点であるから，$\overrightarrow{DE}=k\overrightarrow{DG}$（$k$ は実数）とおける．これより，

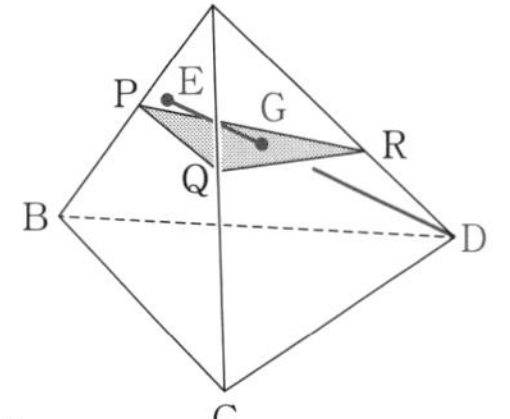

$$\begin{aligned}\overrightarrow{AE}&=k\overrightarrow{AG}+(1-k)\overrightarrow{AD}\\&=k\left(\frac{2}{15}\overrightarrow{AB}+\frac{1}{9}\overrightarrow{AC}+\frac{2}{9}\overrightarrow{AD}\right)+(1-k)\overrightarrow{AD}\\&=\frac{2}{15}k\overrightarrow{AB}+\frac{1}{9}k\overrightarrow{AC}+\left(1-\frac{7}{9}k\right)\overrightarrow{AD}\qquad\cdots①\end{aligned}$$

一方，Eは平面ABC上にあるから，

$$\overrightarrow{AE}=s\overrightarrow{AB}+t\overrightarrow{AC}\ (s,\ t \text{ は実数})\qquad\cdots②$$

①，②において，$\overrightarrow{AB}$，$\overrightarrow{AC}$，$\overrightarrow{AD}$ は1次独立であるから，

$$\frac{2}{15}k=s \text{ かつ } \frac{1}{9}k=t \text{ かつ } 1-\frac{7}{9}k=0$$

これを解くと，$k=\frac{9}{7}$ となるから，① より，

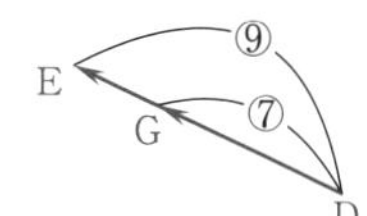

$$\mathbf{\overrightarrow{AE}=\frac{6}{35}\overrightarrow{AB}+\frac{1}{7}\overrightarrow{AC}}$$

さらに，$k=\frac{9}{7}$ より，$\overrightarrow{DE}=\frac{9}{7}\overrightarrow{DG}$ となるから，**DG：GE＝7：2**

解説講義

平面と直線の交点は，求めたい点に関して，

(I) 直線上の点であること（解答の ①）　　(II) 平面上の点であること（解答の ②）

に注目して2つの式を立てて，その2つの式で係数比較をすることが定番の解法である．

文系数学の必勝ポイント

平面と直線の交点のベクトルを求めるときには，

(I) 直線上の点であること
(II) 平面上の点であること
に注目して2つの式を立てる

144 平面に下ろした垂線

(1) 空間内の3点 A(1, 0, −1), B(1, 1, 0), C(−1, 2, 0) が与えられている．O は原点とする．3点 O, A, B を含む平面に対し，C から下ろした垂線の足を H とするとき，H の座標を求めよ．
(2) 四面体 OABC の体積 V を求めよ． (広島大)

解答

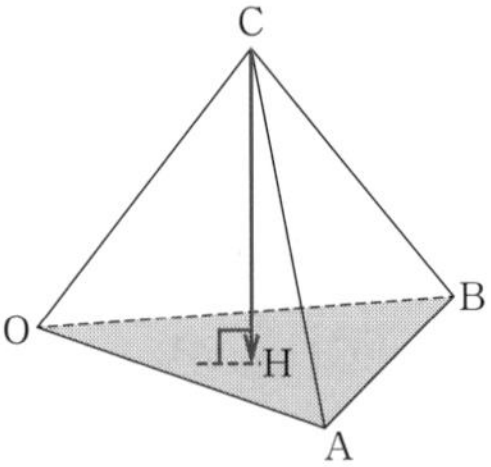

(1) H は平面 OAB 上にあるから，実数 s, t を用いて，

$$\overrightarrow{OH}=s\overrightarrow{OA}+t\overrightarrow{OB}$$
$$=s(1,\ 0,\ -1)+t(1,\ 1,\ 0)$$
$$=(s+t,\ t,\ -s) \quad \cdots①$$

とおける．これより，

$$\overrightarrow{CH}=\overrightarrow{OH}-\overrightarrow{OC}$$
$$=(s+t,\ t,\ -s)-(-1,\ 2,\ 0)$$
$$=(s+t+1,\ t-2,\ -s) \quad \cdots②$$

と表される．$\overrightarrow{CH}\perp$(平面OAB) であるとき，

$$\overrightarrow{CH}\cdot\overrightarrow{OA}=0 \text{ かつ } \overrightarrow{CH}\cdot\overrightarrow{OB}=0$$

☜ 平面に対する垂直条件

が成り立つから，

$$\begin{cases}(s+t+1)\times1+0+(-s)\times(-1)=0\\(s+t+1)\times1+(t-2)\times1+0=0\end{cases}$$

☜ 内積を成分を使って計算する

これらを整理すると，

$$\begin{cases}2s+t+1=0 & \cdots③\\s+2t-1=0 & \cdots④\end{cases}$$

となる．③，④ を解くと，$s=-1$, $t=1$ となり，① に代入すると，

$$\overrightarrow{OH}=((-1)+1,\ 1,\ -(-1))=(0,\ 1,\ 1)$$

したがって，

H(0, 1, 1)

(2) $s=-1$, $t=1$ を ② に代入すると，

$$\overrightarrow{CH}=((-1)+1+1,\ 1-2,\ -(-1))=(1,\ -1,\ 1)$$

となるので，

$$|\overrightarrow{CH}|=\sqrt{1^2+(-1)^2+1^2}=\sqrt{3}$$

☜ 四面体 OABC の高さである CH の長さを求める

また，$\overrightarrow{OA}=(1,\ 0,\ -1)$，$\overrightarrow{OB}=(1,\ 1,\ 0)$ より，

$$|\overrightarrow{OA}|=\sqrt{1^2+0+(-1)^2}=\sqrt{2},\quad |\overrightarrow{OB}|=\sqrt{1^2+1^2+0}=\sqrt{2}$$
$$\overrightarrow{OA}\cdot\overrightarrow{OB}=1\times1+0+0=1$$

であるから，

$$\triangle OAB = \frac{1}{2}\sqrt{|\overrightarrow{OA}|^2|\overrightarrow{OB}|^2 - (\overrightarrow{OA}\cdot\overrightarrow{OB})^2} = \frac{1}{2}\sqrt{2\times 2 - 1^2} = \frac{\sqrt{3}}{2}$$

したがって,

$$V = \frac{1}{3}\times\triangle OAB\times CH = \frac{1}{3}\times\frac{\sqrt{3}}{2}\times\sqrt{3} = \mathbf{\frac{1}{2}}$$

<補足>

解答では, ① という早い段階で成分を使ってベクトルを表しているが, 次のように, もう少し先まで成分を用いずに処理を進めていってもよい.

$\overrightarrow{OH} = s\overrightarrow{OA} + t\overrightarrow{OB}$ とすると,

$$\overrightarrow{CH} = \overrightarrow{OH} - \overrightarrow{OC} = s\overrightarrow{OA} + t\overrightarrow{OB} - \overrightarrow{OC}$$

ここで,「$\overrightarrow{CH}\cdot\overrightarrow{OA} = 0$ かつ $\overrightarrow{CH}\cdot\overrightarrow{OB} = 0$」が成り立つので,

$$\begin{cases} (s\overrightarrow{OA} + t\overrightarrow{OB} - \overrightarrow{OC})\cdot\overrightarrow{OA} = 0 \\ (s\overrightarrow{OA} + t\overrightarrow{OB} - \overrightarrow{OC})\cdot\overrightarrow{OB} = 0 \end{cases}$$

$$\begin{cases} s|\overrightarrow{OA}|^2 + t\overrightarrow{OA}\cdot\overrightarrow{OB} - \overrightarrow{OC}\cdot\overrightarrow{OA} = 0 & \cdots⑤ \\ s\overrightarrow{OA}\cdot\overrightarrow{OB} + t|\overrightarrow{OB}|^2 - \overrightarrow{OB}\cdot\overrightarrow{OC} = 0 & \cdots⑥ \end{cases}$$

条件より,

$$|\overrightarrow{OA}| = \sqrt{2},\ |\overrightarrow{OB}| = \sqrt{2},\ \overrightarrow{OA}\cdot\overrightarrow{OB} = 1,\ \overrightarrow{OB}\cdot\overrightarrow{OC} = 1,\ \overrightarrow{OC}\cdot\overrightarrow{OA} = -1$$

であるから, これらを ⑤, ⑥ に代入すると,

$$2s + t + 1 = 0,\ s + 2t - 1 = 0$$

これを解くと, $s = -1$, $t = 1$ となるので,

$$\overrightarrow{OH} = -\overrightarrow{OA} + \overrightarrow{OB} = -(1,\ 0,\ -1) + (1,\ 1,\ 0) = (0,\ 1,\ 1)$$

解説講義

平面に垂線を下ろす問題の基本事項は, 次のことである.

$$\overrightarrow{\mathbf{OH}}\perp(\text{平面ABC}) \iff \overrightarrow{\mathbf{OH}}\perp\overrightarrow{\mathbf{AB}} \text{ かつ } \overrightarrow{\mathbf{OH}}\perp\overrightarrow{\mathbf{AC}}$$

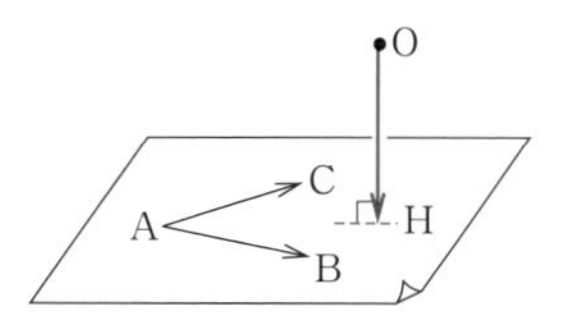

これは「平面上の2つのベクトルに垂直なベクトルは, その平面に垂直である」ということである. 平面上のありとあらゆるベクトルに対して, 垂直, 垂直, 垂直, 垂直 … などと大量の垂直条件を考える必要はない. 2つで十分である！(ただし, その2つのベクトルは平行ではないとする)

本問では, 点Cから平面OABに垂線CHを下ろしているので,

(I) Hが平面OAB上の点であること　　(II) $\overrightarrow{CH}\perp$(平面OAB) であること

の2点に注目して考えている. 本問は, 空間ベクトルの極めて重要な問題であり, いつでもきちんとした解答が作れるように, 十分に練習をしてもらいたい問題である.

文系数学の必勝ポイント

平面に垂直なベクトル (平面に対する垂直条件)

$$\overrightarrow{\mathbf{OH}}\perp(\text{平面ABC}) \iff \overrightarrow{\mathbf{OH}}\perp\overrightarrow{\mathbf{AB}} \text{ かつ } \overrightarrow{\mathbf{OH}}\perp\overrightarrow{\mathbf{AC}}$$

145 期待値と分散の性質 (1)

1 から 5 までの数字を 1 つずつ書いた 5 枚のカードがある．このなかから同時に 2 枚のカードを取り出すとき，取り出したカードに書かれている数字の大きい方から小さい方を引いた値を X とする．このとき，
$E(2X+3)=$ (1) ，$V(3X+1)=$ (2) となる．（青山学院大）

解答

カードの取り出し方の総数は ${}_5C_2=10$ 通りある．

$X=1$ となる 2 枚のカードの組は，(1, 2)，(2, 3)，(3, 4)，(4, 5) である．

$X=2$ となる 2 枚のカードの組は，(1, 3)，(2, 4)，(3, 5) である．

$X=3$ となる 2 枚のカードの組は，(1, 4)，(2, 5) である．

$X=4$ となる 2 枚のカードの組は，(1, 5) である．

よって，X の確率分布は次のようになる．

X	1	2	3	4	計
P	$\frac{4}{10}$	$\frac{3}{10}$	$\frac{2}{10}$	$\frac{1}{10}$	1

☜ 平均（期待値）を計算するときには，確率変数 X と確率 P の値をこの表のようにまとめておくとよい．この表を確率分布表という

これより，X の平均 $E(X)$ は，

$$E(X)=1\cdot\frac{4}{10}+2\cdot\frac{3}{10}+3\cdot\frac{2}{10}+4\cdot\frac{1}{10}=2$$

$$V(X)=(1-2)^2\cdot\frac{4}{10}+(2-2)^2\cdot\frac{3}{10}+(3-2)^2\cdot\frac{2}{10}+(4-2)^2\cdot\frac{1}{10}$$
$$=\frac{4}{10}+0+\frac{2}{10}+\frac{4}{10}$$
$$=1$$

☝ 分散は，偏差の 2 乗を用いて計算する

となる．これを用いて，平均 $E(2X+3)$，分散 $V(3X+1)$ を求める．

(1) $E(2X+3)=2E(X)+3=2\cdot2+3=\mathbf{7}$ ☜ $E(aX+b)=aE(X)+b$

(2) $V(3X+1)=3^2V(X)=9\cdot1=\mathbf{9}$ ☜ $V(aX+b)=a^2V(X)$

<重要な補足：分散 $V(X)$ のもう 1 つの計算方法>

X^2 の平均 $E(X^2)$ は，

$$E(X^2)=1^2\cdot\frac{4}{10}+2^2\cdot\frac{3}{10}+3^2\cdot\frac{2}{10}+4^2\cdot\frac{1}{10}=\frac{4+12+18+16}{10}=5$$

これと，$E(X)=2$ であることから，

$$V(X)=E(X^2)-\{E(X)\}^2=5-2^2=1$$

と求めることができる．このように，分散は，

（分散）＝（2 乗の平均）－（平均の 2 乗）

と計算できることも覚えておこう．

解説講義

本問の X は2枚のカードを取り出す試行の結果によって定まるが，このように，試行の結果によって値が定まる変数を**確率変数**という．

確率変数 X が右の表の確率分布に従うとき，X の**平均**(**期待値**ともいう)を $E(X)$ とすると，

X	x_1	x_2	x_3	$\cdots$	x_n	計
P	p_1	p_2	p_3	$\cdots$	p_n	1

$$\boldsymbol{E(X)=x_1p_1+x_2p_2+x_3p_3+\cdots+x_np_n}$$

である．

また，確率変数 X に対して，X の平均を m とする．このとき，X の分散を $V(X)$ とすると，

$$\boldsymbol{V(X)=(x_1-m)^2p_1+(x_2-m)^2p_2+(x_3-m)^2p_3+\cdots+(x_n-m)^2p_n}$$

である．$X-m$ は X の平均からの**偏差**という．

さらに，分散の正の平方根を**標準偏差**といい，標準偏差 $\boldsymbol{\sigma(X)=\sqrt{V(X)}}$ である．

次に，X の1次式 $aX+b$ で表される確率変数の平均，分散，標準偏差について整理しよう．たとえば，「全員，テストの点数を5倍にする」となったら，平均点も当然5倍になる．また，「全員，テストの点数を10点加算する」となったら，平均点も10点上がる．つまり，確率変数 X に対して，$Y=5X+10$ と定めると，$E(Y)=5E(X)+10$ となる．一般に，

$$\boldsymbol{E(aX+b)=aE(X)+b}$$

が成り立つ．

さらに，$Y=5X+10$ と定めたときの Y の分散 $V(Y)$ を考えよう．Y の平均を m' とする．$E(X)=m$ とすると，上で確認したように，$m'=5m+10$ であるから，Y の偏差は，

$$Y-m'=(5X+10)-(5m+10)=5(X-m)$$

となる．つまり，$Y=5X+10$ と定めると，Y の偏差は X の偏差の5倍になっていることが分かる(打ち消されて，“$+10$”の影響はない)．分散は「偏差の2乗」を用いて計算するから，Y の分散 $V(Y)$ は X の分散 $V(X)$ に比べて，$5^2=25$ 倍になる．一般に，

$$\boldsymbol{V(aX+b)=a^2V(X)}$$

$$\boldsymbol{\sigma(aX+b)=|a|\sigma(X)}$$

である．(これらに関して，さらに詳細な説明は教科書などを確認してみよう)

上で紹介した平均や分散の性質のように，この単元では，覚えておかないと問題が解けなくなってしまう事柄が多く出てくる．これらの事柄の背景や導出はなかなか難しい．きちんと理解することが理想であるが，実際には厳しい場合もあるだろう．「ちょっと厳しいなあ」と感じるときには，本書で示している“覚えておかなければいけない事柄(文系数学の必勝ポイント)”を覚えて問題演習をやっておき，余力があれば，高校の教科書などで背景や導出を確認するような進め方でもよいだろう．あきらめるのは，まだ早い．

文系数学の必勝ポイント

1次式 $aX+b$ で表される確率変数の平均，分散，標準偏差は，

$$\boldsymbol{E(aX+b)=aE(X)+b}$$

$$\boldsymbol{V(aX+b)=a^2V(X)}$$

$$\boldsymbol{\sigma(aX+b)=|a|\sigma(X)}$$

146 期待値と分散の性質(2)

正しく作られたサイコロの3つの面には1，他の2つの面には2，残りの1つの面には3が書かれている．このようなサイコロ3つを同時に投げて出た目の数の和をXとする．Xの期待値$E(X)$，分散$V(X)$を求めよ．

（九州芸術工科大）

解答

3つのサイコロの出た目の数をX_1，X_2，X_3とする．

X_1の確率分布は右のようになる（X_2，X_3も同じ）から，期待値$E(X_1)$，分散$V(X_1)$は，

X	1	2	3	計
P	$\frac{3}{6}$	$\frac{2}{6}$	$\frac{1}{6}$	1

$$E(X_1)=1\cdot\frac{3}{6}+2\cdot\frac{2}{6}+3\cdot\frac{1}{6}=\frac{5}{3} \quad \cdots①$$

$$\begin{aligned}V(X_1)&=\left(1-\frac{5}{3}\right)^2\cdot\frac{3}{6}+\left(2-\frac{5}{3}\right)^2\cdot\frac{2}{6}+\left(3-\frac{5}{3}\right)^2\cdot\frac{1}{6}\\&=\frac{4}{9}\cdot\frac{3}{6}+\frac{1}{9}\cdot\frac{2}{6}+\frac{16}{9}\cdot\frac{1}{6}\\&=\frac{5}{9} \quad \cdots②\end{aligned}$$

145 の補足のやり方で，

$$V(X_1)=1^2\cdot\frac{3}{6}+2^2\cdot\frac{2}{6}+3^2\cdot\frac{1}{6}-\left(\frac{5}{3}\right)^2$$

と計算してもよい

確率変数X_2，X_3についても，①，②と同様であり，

$$E(X_1)=E(X_2)=E(X_3),\quad V(X_1)=V(X_2)=V(X_3)$$

である．確率変数X_1，X_2，X_3は独立で，$X=X_1+X_2+X_3$であるから，

$$\begin{aligned}E(X)=E(X_1+X_2+X_3)&=E(X_1)+E(X_2)+E(X_3)\\&=\frac{5}{3}+\frac{5}{3}+\frac{5}{3}=\mathbf{5}\end{aligned}$$

$$\begin{aligned}V(X)=V(X_1+X_2+X_3)&=V(X_1)+V(X_2)+V(X_3)\\&=\frac{5}{9}+\frac{5}{9}+\frac{5}{9}=\mathbf{\frac{5}{3}}\end{aligned}$$

解説講義

本問のXは「3つのサイコロの出た目の数の和」であるから，$X=X_1+X_2+X_3$である．Xは3から9までの値をとるので，それぞれの値をとる確率を全部求めて，Xの期待値や分散を計算するのは大変である．そこで，和X_1+X_2の期待値に関して，

$$\boldsymbol{E(X_1+X_2)=E(X_1)+E(X_2)}$$

が成り立つことを利用して$E(X)$を計算した．これはとても重要な性質であり，

“和の期待値”は“期待値の和”（和X_1+X_2の期待値は，$E(X_1)$と$E(X_2)$の和）

と覚えておこう．さらに，X_1，X_2が独立のときは，$V(X_1+X_2)=V(X_1)+V(X_2)$も成り立つ．

文系数学の必勝ポイント

$E(X_1+X_2)=E(X_1)+E(X_2)$が成り立つ（“和の期待値”は“期待値の和”）

147 二項分布

10 %の不良品を含む多数の製品がある．このなかから無作為に抽出された400個の標本中の不良品の個数を X とする．確率変数 X の平均 $E(X)$ と標準偏差 $\sigma(X)$ を求めよ．（琉球大）

解答

1個の製品を選んだとき，不良品である確率は $\frac{1}{10}$ である．よって，400個の標本中の不良品の個数を X とすると，X は二項分布 $B\left(400,\ \frac{1}{10}\right)$ に従う．

したがって，X の平均 $E(X)$，標準偏差 $\sigma(X)$ は，

$$E(X)=400\cdot\frac{1}{10}=\mathbf{40},\ \ \sigma(X)=\sqrt{400\cdot\frac{1}{10}\left(1-\frac{1}{10}\right)}=\sqrt{36}=\mathbf{6}$$

解説講義

1回の試行で事象 A の起こる確率が p のとき，この試行を n 回行う反復試行において，A の起こる回数を X とする．このとき，$k=0,\ 1,\ 2,\ \cdots,\ n$ に対して，

$$P(X=k)={}_n\mathrm{C}_k p^k(1-p)^{n-k}={}_n\mathrm{C}_k p^k q^{n-k}\quad (p+q=1\text{とする})$$

である．このとき，確率変数 X の確率分布は次のようになる．

X	0	1	……	r	……	n	計
P	${}_n\mathrm{C}_0 q^n$	${}_n\mathrm{C}_1 pq^{n-1}$	……	${}_n\mathrm{C}_r p^r q^{n-r}$	……	${}_n\mathrm{C}_n p^n$	1

X の確率分布がこのようになるとき，X は**二項分布 $B(n,\ p)$ に従う**という．

本問では，400個の製品を取り出すので $n=400$ であり，1個の製品を取り出したときに不良品である確率は $\frac{1}{10}$ (10 %) であるから $p=\frac{1}{10}$ となっている．

確率変数 X が二項分布 $B(n,\ p)$ に従うとき，X の平均，分散，標準偏差は，

平均 $E(X)=np$
分散 $V(X)=np(1-p)=npq$　($p+q=1$ とする)
標準偏差 $\sigma(X)=\sqrt{np(1-p)}$　$(=\sqrt{V(X)})$

であることを用いて求めればよい．本問は，これらの式で $n=400$，$p=\frac{1}{10}$ として $E(X)$，$\sigma(X)$ を計算した．

文系数学の必勝ポイント

確率変数 X が二項分布 $B(n,\ p)$ に従うとき，
平均 $E(X)=np$
分散 $V(X)=np(1-p)$
標準偏差 $\sigma(X)=\sqrt{np(1-p)}$

148 正規分布

[1]　確率変数 X は正規分布 $N(40,\ 20^2)$ に従うとする．195 ページの正規分布表を利用し，確率 $P(X \leqq 10)$ を求めよ．(鹿児島大)

[2]　ある製品の長さは平均 69cm，標準偏差 0.4cm の正規分布に従うことが分かっている．長さが 70cm 以上の製品は不良品とされるとき，1 万個の製品のなかにはおよそ何個の不良品が含まれると予想されるか．195 ページの正規分布表を用いてよい．(琉球大)

解答

[1]　確率変数 X が $N(40,\ 20^2)$ に従うとき，$Z=\dfrac{X-40}{20}$ とおくと，Z は標準正規分布 $N(0,\ 1)$ に従う．

$X=10$ のとき，$Z=\dfrac{10-40}{20}=-1.5$ であるから，

$$
\begin{aligned}
P(X \leqq 10) &= P(Z \leqq -1.5) \\
&= P(Z \geqq 1.5) \\
&= P(Z \geqq 0) - P(0 \leqq Z \leqq 1.5) \\
&= 0.5 - 0.4332 \\
&= \mathbf{0.0668}
\end{aligned}
$$

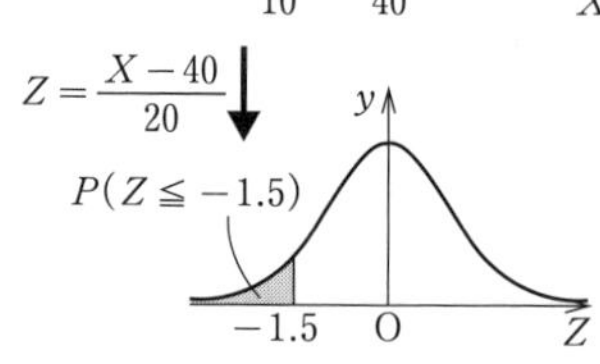

[2]　製品の長さを Xcm とすると，X は正規分布 $N(69,\ 0.4^2)$ に従う．

ここで，$Z=\dfrac{X-69}{0.4}$ とおくと，Z は標準正規分布 $N(0,\ 1)$ に従う．

$X=70$ のとき，$Z=\dfrac{70-69}{0.4}=2.5$ である．

1 個の製品を取り出したとき，それが不良品である確率は $P(X \geqq 70)$ であり，

$$
\begin{aligned}
P(X \geqq 70) &= P(Z \geqq 2.5) \\
&= P(Z \geqq 0) - P(0 \leqq Z \leqq 2.5) \\
&= 0.5 - 0.4938 \\
&= 0.0062
\end{aligned}
$$

したがって，1 万個の製品のなかに含まれる不良品のおよその個数は，

$10000 \times 0.0062 = \mathbf{62}$ **(個)**

解説講義

身長や体重をはじめとした我々の身近にある実際のさまざまなデータは正規分布に従う．

確率変数 X の平均が m，標準偏差が σ であり，X が正規分布 $N(m,\ \sigma^2)$ に従うとする．このとき，$\boldsymbol{Z=\dfrac{X-m}{\sigma}}$ **とする（この作業を標準化という）と，$\boldsymbol{Z}$ は標準正規分布 $\boldsymbol{N(0,\ 1)}$ に従う**．そして，確率 $P(0 \leqq Z \leqq u)$ の値をまとめたものが 195 ページにある「正規分布表」である．

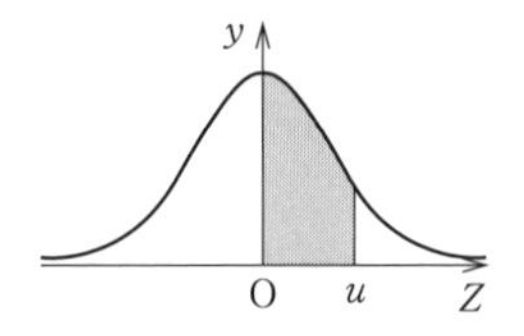

標準正規分布 $N(0,\ 1)$ の分布曲線は右のようになり，

$$\left.\begin{array}{l}P(-u \leqq Z \leqq 0)=P(0 \leqq Z \leqq u)\\ P(Z \leqq 0)=P(Z \geqq 0)=0.5\end{array}\right\}\quad\cdots(*)$$

が成り立つ．確率 $P(0 \leqq Z \leqq u)$ は，右の図の灰色に塗られた部分の面積である．

本問の $P(X \leqq 10)$ や $P(X \geqq 70)$ のように，確率変数 X がある範囲に含まれる確率は確実に求められるようにしよう．たとえば，$P(X \geqq x_0)$ であれば，（$x_0 \geqq 0$ とする）

Step 1：標準正規分布 $N(0,\ 1)$ に従う確率変数 Z を $Z=\dfrac{X-m}{\sigma}$ から準備する

Step 2：$X=x_0$ に対応する Z の値 z_0 を求める

Step 3：正規分布表から $P(0 \leqq Z \leqq z_0)$ の値を読み取り，(*) に注意しながら，$P(Z \geqq z_0)$ を，$P(Z \geqq 0)-P(0 \leqq Z \leqq z_0)$ から計算する

という手順で求める．このようにして求めた $P(Z \geqq z_0)$ が，$P(X \geqq x_0)$ である．

文系数学の必勝ポイント

正規分布に従う確率変数 X についての確率は，$Z=\dfrac{X-m}{\sigma}$ から標準正規分布 $N(0,\ 1)$ に従う確率変数 Z を準備して考える

149　二項分布の正規分布による近似

ある試行において事象 A の起こる確率は $\dfrac{2}{3}$ である．この試行を 200 回繰り返すとき，事象 A の起こる回数が 125 回以下である確率を正規分布による近似を用いて求めよ．195 ページの正規分布表を用いてよい．

（滋賀大）

解答

1 回の試行において事象 A の起こる確率は $\dfrac{2}{3}$ であるから，この試行を 200 回繰り返したとき，事象 A の起こる回数を X とすると，X は二項分布 $B\left(200,\ \dfrac{2}{3}\right)$ に従う．

このとき，X の平均 $E(X)$，標準偏差 $\sigma(X)$ は，

$$E(X)=200\cdot\frac{2}{3}=\frac{400}{3},\ \ \sigma(X)=\sqrt{200\cdot\frac{2}{3}\left(1-\frac{2}{3}\right)}=\sqrt{\frac{400}{9}}=\frac{20}{3}$$

であり，X は近似的に正規分布 $N\left(\dfrac{400}{3},\ \left(\dfrac{20}{3}\right)^2\right)$ に従う．

147 で学習したことを見直しておこう

ここで，$Z=\dfrac{X-\dfrac{400}{3}}{\dfrac{20}{3}}=\dfrac{3X-400}{20}$ とおくと，Z は標準正規分布 $N(0,\ 1)$ に従う．

$X=125$ のとき，$Z=\dfrac{3\cdot125-400}{20}=-1.25$ である．

したがって，求める確率 $P(X\leqq125)$ は，

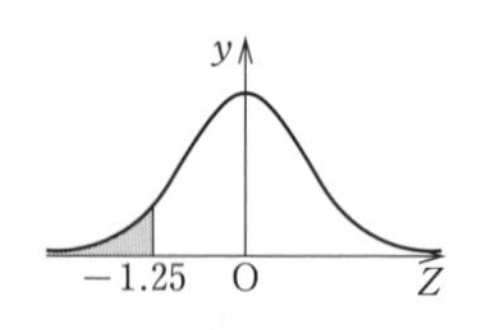

$$\begin{aligned}P(X\leqq125)&=P(Z\leqq-1.25)\\&=P(Z\geqq1.25)\\&=P(Z\geqq0)-P(0\leqq Z\leqq1.25)\\&=0.5-0.3944\\&=\mathbf{0.1056}\end{aligned}$$

解説講義

確率変数 X が二項分布 $B(n,\ p)$ に従うとき，X の平均，分散，標準偏差が，

$$E(X)=np,\ V(X)=np(1-p),\ \sigma(X)=\sqrt{np(1-p)}$$

となることを **147** で学習した．

さらに，本問では問題文の最後に書かれているが，n が大きいときは，**X は近似的に正規分布 $N(np,\ np(1-p))$ に従う**と考えてよい，ということを知っておきたい．このことを用いると，二項分布に従う確率変数 X がある範囲に含まれるような確率は，X が正規分布に従うと考えて，**148** で学んだ手順で求めることができる．

文系数学の必勝ポイント

二項分布 $B(n,\ p)$ に従う確率変数 X は，n が大きいときは，近似的に正規分布 $N(np,\ np(1-p))$ に従うと考えてよい

150 標本平均

ある国の14歳女子の身長は，母平均160 cm，母標準偏差5 cmの正規分布に従うものとする．この母集団から大きさ2500の無作為標本を抽出する．このとき，標本平均 $\overline{X}$ の平均と標準偏差を求めよ．

さらに，$\overline{X}\geqq160.2$ となる確率を求めよ．195ページの正規分布表を用いてよい．（滋賀大）

解答

母平均 $m=160$，母標準偏差 $\sigma=5$ の母集団から，大きさ $n=2500$ の標本を抽出しているので，標本平均 $\overline{X}$ の平均 $E(\overline{X})$，標準偏差 $\sigma(\overline{X})$ は，

$$E(\overline{X})=m=\mathbf{160}$$

$$\sigma(\overline{X})=\frac{\sigma}{\sqrt{n}}=\frac{5}{\sqrt{2500}}=\mathbf{\frac{1}{10}}$$

であり，$\overline{X}$ は近似的に正規分布 $N(160,\ 0.1^2)$ に従う．

☜ 標本平均 $\overline{X}$ について，$E(\overline{X})=m,\ \sigma(\overline{X})=\dfrac{\sigma}{\sqrt{n}}$ であることを覚えておこう

ここで，$Z=\dfrac{\overline{X}-160}{0.1}$ とおくと，Z は標準正規分布 $N(0,\ 1)$ に従う．

$\overline{X}=160.2$ のとき，$Z=\dfrac{160.2-160}{0.1}=2$ である．

したがって，

$$\begin{aligned} P(\overline{X}\geqq 160.2)&=P(Z\geqq 2)\\ &=P(Z\geqq 0)-P(0\leqq Z\leqq 2)\\ &=0.5-0.4772\\ &=\mathbf{0.0228} \end{aligned}$$

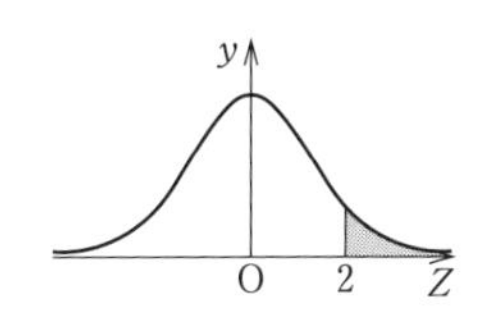

解説講義

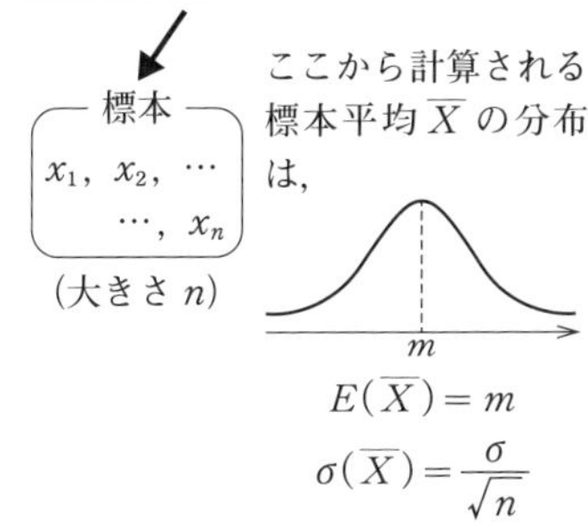

母集団から無作為抽出する大きさ n の標本の変量を x_1，x_2，…，x_n とする．これらの平均を $\overline{X}$ とすると，$\overline{X}=\dfrac{1}{n}(x_1+x_2+\cdots+x_n)$ であり，$\overline{X}$ を標本平均という．標本は，標本抽出をするたびに異なるから，標本平均も確率変数である．

「母平均が m，母標準偏差が σ の母集団から大きさ n の標本を抽出して標本平均 $\overline{X}$ を求めること」を何度も行うと，さまざまな標本平均 $\overline{X}$ の値が得られるが，$\overline{X}$ の平均 $E(\overline{X})$，標準偏差 $\sigma(\overline{X})$ に関して，

$\boldsymbol{E(\overline{X})=m}$　（標本平均 $\overline{X}$ の平均は，母平均と変わらない）

$\boldsymbol{\sigma(\overline{X})=\dfrac{\sigma}{\sqrt{n}}}$　（標本平均 $\overline{X}$ の標準偏差は，母標準偏差の $\dfrac{1}{\sqrt{n}}$ 倍になる）

ということを覚えておこう．さらに，**n が大きい場合には，標本平均 $\overline{X}$ の分布は，正規分布 $N\left(m,\ \dfrac{\sigma^2}{n}\right)$ であると考えてよい**ことが知られている（これは，母集団がどのような分布でも構わない）．後半の確率を求めるところで，このことを用いた．

本問とは別に，標本に関するテーマとして「標本比率」がある．特性Aの母比率が p の母集団から大きさ n の標本を抽出したとき，標本のなかで特性Aであるものの割合のことを標本比率といい，これを R とすると，

$$E(R)=p,\ \sigma(R)=\sqrt{\frac{p(1-p)}{n}}$$

である．巻末の演習問題にこれに関する問題があるので，挑戦してみよう．

文系数学の必勝ポイント

大きさ n の標本平均 $\overline{X}$ の平均 $E(\overline{X})$，標準偏差 $\sigma(\overline{X})$ は，

$E(\overline{X})=m$　（標本平均 $\overline{X}$ の平均は，母平均 m と変わらない）

$\sigma(\overline{X})=\dfrac{\sigma}{\sqrt{n}}$（標本平均 $\overline{X}$ の標準偏差は，母標準偏差 σ の $\dfrac{1}{\sqrt{n}}$ 倍になる）

151 推定，信頼区間

ある工場で生産された製品のなかから100個を無作為に選んで調べたところ，重さの平均が30 gであった．母標準偏差を5 gとして，この工場の全製品の重さの平均 m に対する信頼度95 %の信頼区間は，
$\square \leqq m \leqq \square$ である．ただし，小数第2位を四捨五入して小数第1位まで求めよ．195ページの正規分布表を用いてよい．（青山学院大）

解答

標本の大きさ $n=100$，標本平均 $\overline{X}=30$ である．また，母標準偏差は $\sigma=5$ である．

全製品の重さの平均（母平均）m に対する信頼度95 %の信頼区間は，

$$\left[\overline{X}-1.96\times\frac{\sigma}{\sqrt{n}},\ \overline{X}+1.96\times\frac{\sigma}{\sqrt{n}}\right] \quad \cdots(*)$$

☜ 解説講義を読んでこの式の意味を理解した上で，覚えておいた方がよい

である．ここで，

$$\overline{X}-1.96\times\frac{\sigma}{\sqrt{n}}=30-1.96\times\frac{5}{\sqrt{100}}=30-1.96\times\frac{1}{2}=30-0.98=29.02$$

$$\overline{X}+1.96\times\frac{\sigma}{\sqrt{n}}=30+1.96\times\frac{5}{\sqrt{100}}=30+1.96\times\frac{1}{2}=30+0.98=30.98$$

である．したがって，(*) より，m に対する信頼度95 %の信頼区間を，小数第2位を四捨五入して求めると，

$$\mathbf{29.0 \leqq m \leqq 31.0}$$

☜ この範囲は，不等号を使わずに，$[29.0,\ 31.0]$ と表すこともある

解説講義

母平均 m，母標準偏差 σ の母集団から，大きさ n の標本を抽出する．n が大きいとき，標本平均 $\overline{X}$ の分布は正規分布 $N\left(m,\ \frac{\sigma^2}{n}\right)$ に従うとしてよいから，$Z=\dfrac{\overline{X}-m}{\frac{\sigma}{\sqrt{n}}}$ とすると，Z の分布は標準正規分布 $N(0,\ 1)$ に従う．ところで，

$$P(-1.96\leqq Z\leqq 1.96)=0.95$$

であることが正規分布表から分かる．これより，

$$P\left(m-1.96\frac{\sigma}{\sqrt{n}}\leqq \overline{X}\leqq m+1.96\frac{\sigma}{\sqrt{n}}\right)=0.95 \quad \cdots①$$

が成り立ち，① を m について整理すると，

$$P\left(\overline{X}-1.96\frac{\sigma}{\sqrt{n}}\leqq m\leqq \overline{X}+1.96\frac{\sigma}{\sqrt{n}}\right)=0.95 \quad \cdots②$$

が得られる．② は，測定された標本平均 $\overline{X}$ から「$\overline{X}-1.96\frac{\sigma}{\sqrt{n}}$ 以上，$\overline{X}+1.96\frac{\sigma}{\sqrt{n}}$ 以下」という範囲を定めると，100回中95回程度は，この範囲に母平均が含まれていることを表している．この範囲を**「母平均 m に対する信頼度95 %の信頼区間」**といい，

$\overline{X}$ の95 %がこの範囲に含まれることを，① は示している

$$\left[\overline{X}-1.96\times\frac{\sigma}{\sqrt{n}},\ \overline{X}+1.96\times\frac{\sigma}{\sqrt{n}}\right] \quad \cdots(*)$$

のように表す．なお，母標準偏差 σ が分かっていないときには，σ の代わりに「標本の標準偏差」を用いてもよい．

一般に，測定された標本平均 $\overline{X}$ からピンポイントで母平均を推定することは難しいので，ある程度の幅をとって「母平均は“この範囲”に含まれる可能性が高い」というように推定する．このときの“範囲”が信頼区間である．

なお，(*)の「1.96」を「2.58」に変えると，信頼度 99 %の信頼区間になる．

文系数学の必勝ポイント

母平均 m，母標準偏差 σ の母集団から，大きさ n の標本を抽出して得られた標本平均を $\overline{X}$ とすると，「母平均 m に対する信頼度 95 %の信頼区間」は，

$$\left[\overline{X}-1.96\times\frac{\sigma}{\sqrt{n}},\ \overline{X}+1.96\times\frac{\sigma}{\sqrt{n}}\right]$$

152 仮説検定

あるところに極めて多くの白球と黒球がある．400 個の球を取り出したとき，白球が 222 個，黒球が 178 個であった．白球と黒球の割合は同じであるという仮説を有意水準 5 %で検定せよ．195 ページの正規分布表を用いてよい．　(中央大)

解答

1 回の試行において，白球が取り出される確率を p とする．このとき，仮説 H_0 を

$$H_0:p=\frac{1}{2}\ \text{である}$$

☜ H_0 は「帰無仮説」と呼ばれる

と定める．

$p=\dfrac{1}{2}$ として，400 個の球を取り出したとき，取り出される白球の個数を X とする．

X は二項分布 $B\left(400,\ \dfrac{1}{2}\right)$ に従うから，X の平均を m，標準偏差を σ とすると，

$$m=400\cdot\frac{1}{2}=200,\quad \sigma=\sqrt{400\cdot\frac{1}{2}\cdot\frac{1}{2}}=10$$

☜ 147 で学習した

であり，近似的に X は正規分布 $N(200,\ 10^2)$ に従う．

ここで，

$$P(m-1.96\sigma\leqq X\leqq m+1.96\sigma)=0.95$$

であり，

☜ Z が $N(0,\ 1)$ に従うとき，$P(-1.96\leqq Z\leqq 1.96)=0.95$ であるから，$P\left(-1.96\leqq \dfrac{X-m}{\sigma}\leqq 1.96\right)=0.95$

$$m - 1.96\sigma = 200 - 1.96 \times 10 = 180.4$$
$$m + 1.96\sigma = 200 + 1.96 \times 10 = 219.6$$

と計算されるので，

$$P(180.4 \leqq X \leqq 219.6) = 0.95$$

が成り立つ．これより，有意水準 5 %における棄却域は，

$$X < 180.4,\ 219.6 < X$$

である．

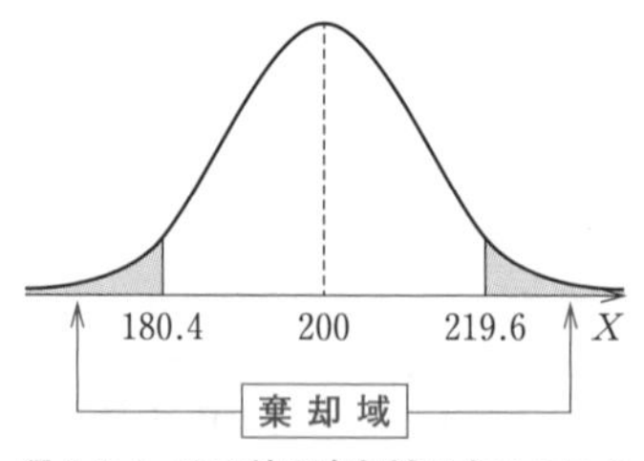

得られた X の値が棄却域に含まれるかを考えて，H_0 を棄却するかを決める

得られた X の値 222 はこの棄却域に入っている．したがって，仮説 H_0 は棄却されるので，**「白球と黒球の割合は同じである」とは言えない．**

解説講義

本問は，400 個の球を取り出したときに白球が 222 個取り出されていて，「白球と黒球の割合は同じである」とすれば，取り出された白球の個数が多すぎる気がする．そこで「白球と黒球の割合は同じである」ということが妥当であるかを，**仮説検定**によって考える問題である．

仮説検定を行うときには，有意水準をもとに仮説が棄却されるような確率変数 X の値の範囲（**棄却域**）を求めておき，得られた標本の値が棄却域に入るかどうかで，仮説を棄却するかどうかを判断する方法があり，本書ではこの方法を用いる．

まず，「白球と黒球の割合は同じである」ということが妥当かどうか（棄却されるか）を考えたいので「仮説 H_0：$p = \frac{1}{2}$ である」を定める．ここで，取り出される白球の個数を X とする．本問の有意水準は 5 %であるから，棄却域は「5 %未満という極めて稀にしか起こらないことが起こるような X の範囲」である．そこで，仮説 H_0（すなわち，$p = \frac{1}{2}$）のもとで「$P(180.4 \leqq X \leqq 219.6) = 0.95$」であることを求める．これより，棄却域として，

「$X < 180.4,\ 219.6 < X$」（X がこの範囲に入るのはわずか 5 %未満）

が導かれる．そして，測定された $X = 222$ はこの棄却域に入っているので，「仮説 H_0（白球と黒球の割合は同じである）のもとで白球が 222 個取り出される」ということは，極めて稀にしか起こらないことが起こっているということになる．したがって，仮説 H_0 は棄却され，白球と黒球の割合は同じであるとは言えない，と考えるのが妥当であるという結論に至る．

以上の仮説検定の手順を，必勝ポイントにまとめておくこととしよう．

文系数学の必勝ポイント

仮説検定の手順

（手順 1）妥当であるか考えたい事柄をもとに，仮説 H_0 を定める
（手順 2）仮説 H_0 のもとで，有意水準に応じた棄却域を求める
（手順 3）得られた標本の値が棄却域に入るかどうかで，仮説を棄却するかどうかを判断する

正規分布表

次の表は，標準正規分布の分布曲線における右図の灰色部分の面積の値をまとめたものである．

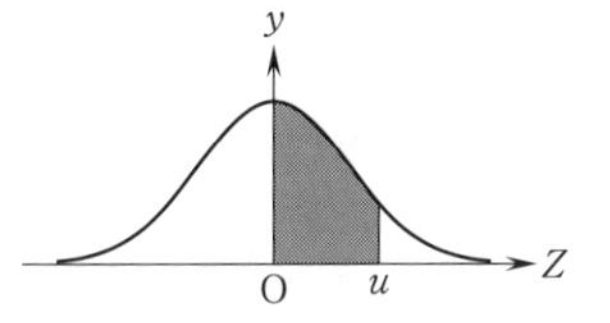

u	0.00	0.01	0.02	0.03	0.04	0.05	0.06	0.07	0.08	0.09
0.0	0.0000	0.0040	0.0080	0.0120	0.0160	0.0199	0.0239	0.0279	0.0319	0.0359
0.1	0.0398	0.0438	0.0478	0.0517	0.0557	0.0596	0.0636	0.0675	0.0714	0.0753
0.2	0.0793	0.0832	0.0871	0.0910	0.0948	0.0987	0.1026	0.1064	0.1103	0.1141
0.3	0.1179	0.1217	0.1255	0.1293	0.1331	0.1368	0.1406	0.1443	0.1480	0.1517
0.4	0.1554	0.1591	0.1628	0.1664	0.1700	0.1736	0.1772	0.1808	0.1844	0.1879
0.5	0.1915	0.1950	0.1985	0.2019	0.2054	0.2088	0.2123	0.2157	0.2190	0.2224
0.6	0.2257	0.2291	0.2324	0.2357	0.2389	0.2422	0.2454	0.2486	0.2517	0.2549
0.7	0.2580	0.2611	0.2642	0.2673	0.2704	0.2734	0.2764	0.2794	0.2823	0.2852
0.8	0.2881	0.2910	0.2939	0.2967	0.2995	0.3023	0.3051	0.3078	0.3106	0.3133
0.9	0.3159	0.3186	0.3212	0.3238	0.3264	0.3289	0.3315	0.3340	0.3365	0.3389
1.0	0.3413	0.3438	0.3461	0.3485	0.3508	0.3531	0.3554	0.3577	0.3599	0.3621
1.1	0.3643	0.3665	0.3686	0.3708	0.3729	0.3749	0.3770	0.3790	0.3810	0.3830
1.2	0.3849	0.3869	0.3888	0.3907	0.3925	0.3944	0.3962	0.3980	0.3997	0.4015
1.3	0.4032	0.4049	0.4066	0.4082	0.4099	0.4115	0.4131	0.4147	0.4162	0.4177
1.4	0.4192	0.4207	0.4222	0.4236	0.4251	0.4265	0.4279	0.4292	0.4306	0.4319
1.5	0.4332	0.4345	0.4357	0.4370	0.4382	0.4394	0.4406	0.4418	0.4429	0.4441
1.6	0.4452	0.4463	0.4474	0.4484	0.4495	0.4505	0.4515	0.4525	0.4535	0.4545
1.7	0.4554	0.4564	0.4573	0.4582	0.4591	0.4599	0.4608	0.4616	0.4625	0.4633
1.8	0.4641	0.4649	0.4656	0.4664	0.4671	0.4678	0.4686	0.4693	0.4699	0.4706
1.9	0.4713	0.4719	0.4726	0.4732	0.4738	0.4744	0.4750	0.4756	0.4761	0.4767
2.0	0.4772	0.4778	0.4783	0.4788	0.4793	0.4798	0.4803	0.4808	0.4812	0.4817
2.1	0.4821	0.4826	0.4830	0.4834	0.4838	0.4842	0.4846	0.4850	0.4854	0.4857
2.2	0.4861	0.4864	0.4868	0.4871	0.4875	0.4878	0.4881	0.4884	0.4887	0.4890
2.3	0.4893	0.4896	0.4898	0.4901	0.4904	0.4906	0.4909	0.4911	0.4913	0.4916
2.4	0.4918	0.4920	0.4922	0.4925	0.4927	0.4929	0.4931	0.4932	0.4934	0.4936
2.5	0.4938	0.4940	0.4941	0.4943	0.4945	0.4946	0.4948	0.4949	0.4951	0.4952
2.6	0.4953	0.4955	0.4956	0.4957	0.4959	0.4960	0.4961	0.4962	0.4963	0.4964
2.7	0.4965	0.4966	0.4967	0.4968	0.4969	0.4970	0.4971	0.4972	0.4973	0.4974
2.8	0.4974	0.4975	0.4976	0.4977	0.4977	0.4978	0.4979	0.4979	0.4980	0.4981
2.9	0.4981	0.4982	0.4982	0.4983	0.4984	0.4984	0.4985	0.4985	0.4986	0.4986
3.0	0.4987	0.4987	0.4987	0.4988	0.4988	0.4989	0.4989	0.4989	0.4990	0.4990

153 約数の個数

(1) 6400 の正の約数の個数を求めよ.
(2) 6400 の正の約数の総和を求めよ.
(3) 6400 の正の約数のうち, 5 の倍数であるものの和を求めよ.　(大同大)

解答

(1) 6400 を素因数分解すると, $6400=2^8\cdot5^2$ となる. よって, 6400 の正の約数は,

$$2^p\cdot5^q\ (p=0,\ 1,\ 2,\ \cdots,\ 8\ /\ q=0,\ 1,\ 2)\quad\cdots(*)$$

と表される数であるから, それらを書き並べると,

$2^0\cdot5^0,\ 2^1\cdot5^0,\ 2^2\cdot5^0,\ \cdots\cdots,\ 2^8\cdot5^0$ …①　☜ 因数5をもたない
$2^0\cdot5^1,\ 2^1\cdot5^1,\ 2^2\cdot5^1,\ \cdots\cdots,\ 2^8\cdot5^1$ …②　☜ 因数5を1つもつ
$2^0\cdot5^2,\ 2^1\cdot5^2,\ 2^2\cdot5^2,\ \cdots\cdots,\ 2^8\cdot5^2$ …③　☜ 因数5を2つもつ

である.

したがって, (*) において, p の値が9通り, q の値が3通りあるから, 6400 の正の約数の個数は,

$$9\times3=\mathbf{27}\ \textbf{(個)}$$

(2) 6400 の正の約数の総和は, ① と ② と ③ の和であるから, 求める和は,

$$(2^0+2^1+\cdots+2^8)\cdot5^0+(2^0+2^1+\cdots+2^8)\cdot5^1+(2^0+2^1+\cdots+2^8)\cdot5^2$$
$$=(2^0+2^1+\cdots+2^8)(5^0+5^1+5^2)$$
$$=\mathbf{15841}$$

☜ $2^0+2^1+\cdots+2^8$ は等比数列の和の公式を使って, $\dfrac{2^9-1}{2-1}=511$ と計算するとよい

(3) 5 の倍数であるものは, ② と ③ であるから, 求める和は,

$$(2^0+2^1+\cdots+2^8)\cdot5^1+(2^0+2^1+\cdots+2^8)\cdot5^2$$
$$=(2^0+2^1+\cdots+2^8)(5^1+5^2)$$
$$=\mathbf{15330}$$

解説講義

約数の個数や総和を求めるときには, 素因数分解を利用する. $6400=2^8\cdot5^2$ であるから, 6400 の正の約数は 2 と 5 の組合せ(積)で作られていることが分かり, 解答のように個数や総和を求められる. この単元の定番の基本問題の1つであるから, 確実に得点していきたい.

文系数学の必勝ポイント

正の約数の個数と総和

ある自然数 N が, $N=a^pb^qc^r$ の形に素因数分解できたとき,
正の約数の個数は, $(p+1)(q+1)(r+1)$
正の約数の総和は,

$$(a^0+a^1+\cdots+a^p)(b^0+b^1+\cdots+b^q)(c^0+c^1+\cdots+c^r)$$

154 最大公約数，ユークリッドの互除法

[1]　1081 と 329 の最大公約数を求めよ．（東邦大）

[2]　2つの自然数 a，b は $a<b$ を満たし，それらの最大公約数が 5，最小公倍数が 60 である．このような自然数の組$(a,\ b)$を求めよ．（北里大）

解答

[1]　1081 を 329 で割ると商が 3 で余りが 94 になる．次に，329 を 94 で割る．これを続けると，次のようになる．

$$1081 \div 329 = 3 \cdots 94$$
$$329 \div 94 = 3 \cdots 47$$
$$94 \div 47 = 2$$

☜ 割り切れた時点で終わりである．$94=47\times 2$ であるから，$\gcd(94,\ 47)=47$

よって，a と b の最大公約数を $\gcd(a,\ b)$ と表すと，

$$\gcd(1081,\ 329)=\gcd(329,\ 94)=\gcd(94,\ 47)=47$$

が成り立ち，1081 と 329 の最大公約数は，94 と 47 の最大公約数と等しく，**47**

[2]　a，b は，最大公約数が 5 であるから，

$$a=5A,\ b=5B\ (A,\ B \text{は互いに素な自然数で，} A<B)$$

とおける．また，最小公倍数が 60 であるから，

$$5AB=60 \qquad \therefore\ AB=12$$

☜ たとえば，15 と 35 の最小公倍数は，$\begin{cases} 15=5\cdot 3 \\ 35=5\quad\cdot 7 \end{cases}$ と素因数分解できることから，$5\cdot 3\cdot 7=105$ である

よって，$(A,\ B)=(1,\ 12),\ (3,\ 4)$ となるから，

$$\boldsymbol{(a,\ b)=(5,\ 60),\ (15,\ 20)}$$

解説講義

2つの正の整数 a，b $(a>b)$ に対して，a を b で割った余りを $r\ (>0)$ とすると，

(a と b の最大公約数) = (b と r の最大公約数)

が成り立つ．このことを繰り返し用いることによって最大公約数を求める方法を**ユークリッドの互除法**といい，大きな数の最大公約数を求めるときに用いられる．

また，最大公約数に関する条件が与えられている問題では，2つの自然数 a，b の最大公約数が g のとき，互いに素(= 最大公約数が 1，つまり，1 以外に公約数をもたない)である 2つの数 A，B を用いて，「$a=gA$，$b=gB$」とおいて考えることが多い．このとき，最小公倍数 L は，$L=gAB$ と表される．細かいことであるが，A，B が互いに素であることに注意しよう．[2] において，$(A,\ B)=(2,\ 6)$ は考えてはいけない．

文系数学の必勝ポイント

(I) 大きな数の最大公約数は，ユークリッドの互除法で求める

(II) a を b で割った余りを r とすると，($a>b>0$，$r>0$ とする)

(a と b の最大公約数) = (b と r の最大公約数)

155 不定方程式の整数解

［1］ $x^2-y^2=24$ を満たす自然数の組 (x, y) を求めよ．（南山大）
［2］ $xy-2x-y=1$ を満たす自然数の組 (x, y) を求めよ．（神戸女子大）

解答

［1］ $x^2-y^2=24$ より，

$$(x+y)(x-y)=24 \quad \cdots ①$$

積が 24 になる整数の組を検討すればよい

x，y は自然数であるから，$x+y>0$ なので，$x-y>0$ である．
さらに，$x+y>x-y$ であることにも注意すると，① から，

$$(x+y,\ x-y)=(24,\ 1),\ (12,\ 2),\ (8,\ 3),\ (6,\ 4)$$

$(x+y,\ x-y)=(2,\ 12)$ などは $x+y>x-y$ の大小関係を満たさない

であり，このなかで x，y が整数になるものを求めると，

$$\boldsymbol{(x,\ y)=(7,\ 5),\ (5,\ 1)}$$

［2］ $xy-2x-y=1$ より，

定数項を調整して因数分解の形を作るところがポイント！

$$(x-1)(y-2)-2=1 \qquad \therefore\ (x-1)(y-2)=3 \quad \cdots ②$$

x，y は自然数であるから，$x-1 \geqq 0$ である．よって，② より，

$$(x-1,\ y-2)=(1,\ 3),\ (3,\ 1) \qquad \therefore\ \boldsymbol{(x,\ y)=(2,\ 5),\ (4,\ 3)}$$

解説講義

方程式の整数解を求める問題では，

因数分解して，●×▲＝(整数) の形を作る

ということを重要なポイントとして覚えておこう．

●×▲＝5のとき，●，▲がどのような数でもよければ，(●，▲)は無数に存在する．しかし，●，▲が整数であれば，(●，▲)は $(1,\ 5)$，$(5,\ 1)$，$(-1,\ -5)$，$(-5,\ -1)$ の4組に限られる．このように，掛け算して整数になる組は有限であるから，●×▲＝(整数) の形を作ることができれば，それを満たす●，▲の組を全部調べることによって，方程式の整数解を求めることができる．

［1］の因数分解はすぐに分かるが，［2］は少しだけ工夫が必要である．$xy-2x-y$ はそのままでは因数分解できない．しかし，因数分解された (　　)(　　) の形を展開したときに，$xy-2x-y$ が得られなければならないから，$(x\quad)(y\quad)$ が決まる．次に $-2x$ があるから $(x\quad)(y-2)$ となり，さらに，$-y$ があるから，$(x-1)(y-2)$ と決まる．そうすると，$(x-1)(y-2)=xy-2x-y+2$ であるから，余分に出てきてしまった2を打ち消すように $(x-1)(y-2)-2$ と調整しておけば，$xy-2x-y$ は $(x-1)(y-2)-2$ と変形できたことになる．

［1］，［2］ともに，自然数であることを利用して，①，② を満たす整数の組を絞り込んでいる．このような工夫まで身につけられれば，このタイプの問題は何も心配ないだろう．

文系数学の必勝ポイント

不定方程式の整数解
因数分解して ●×▲＝(整数) の形に変形し，●と▲の組合せを考える

156 1次不定方程式

[1]　方程式 $9x+5y=1$ の整数解をすべて求めよ．（山口大）

[2]　$26x+11y=1$ を満たす整数の組 $(x,\ y)$ を1つ求めよ．（学習院大）

解答

[1]
$$9x+5y=1 \quad \cdots①$$

$x=-1,\ y=2$ は ① を満たすから，

$$9\cdot(-1)+5\cdot2=1 \quad \cdots②$$

が成り立つ．①−② より，

$$9(x+1)+5(y-2)=0$$
$$9(x+1)=5(-y+2) \quad \cdots③$$

③ の右辺は5の倍数なので左辺も5の倍数であり，9と5は互いに素であるから，

$$x+1=5k\ (k\ \text{は整数})$$
$$x=5k-1$$

このとき，③ より，

$$9\cdot5k=5(-y+2)$$
$$9k=-y+2$$
$$y=-9k+2$$

以上より，① の整数解は，

$$\boldsymbol{(x,\ y)=(5k-1,\ -9k+2)\ (k\ は整数)}$$

(Step 1) ① を満たす整数の解を1つ見つける．この解を「特殊解」という

(Step 2) 問題の式 ① と，特殊解を代入した式 ② を準備して，①−② を計算して，③ のような形にする

(Step 3) 互いに素であることに注目して，x（あるいは y）を，整数 k を用いて表す

(Step 4) k を用いて表した $(x,\ y)$ が，無数に存在するすべての解 $(x,\ y)$ を表している．この $(x,\ y)$ を「一般解」という

[2]　26と11の最大公約数をユークリッドの互除法で求めるときの割り算を行うと，

$$\begin{cases}26\div11=2\cdots4\\11\div4=2\cdots3\\4\div3=1\cdots1\end{cases}\quad \text{より，}\quad \begin{cases}4=26-11\cdot2 & \cdots④\\3=11-4\cdot2 & \cdots⑤\\1=4-3\end{cases}$$

割り算をして得られた結果を（余り）＝……の形に変形しておく

これらを順に用いると，

$$\begin{aligned}1&=4-3\\&=4-(11-4\cdot2) \quad &(⑤\ より)\\&=4\cdot3-11\\&=(26-11\cdot2)\cdot3-11 \quad &(④\ より)\\&=26\cdot3-11\cdot6-11\\&=26\cdot3-11\cdot7\end{aligned}$$

目標は，$1=26\times$●$+11\times$■ を満たす●，■の値を求めることである．そこで，④，⑤ を用いて，小さい数から順に消去していく．つまり，余り3，余り4の順に消去していき，26と11を残した形を目指す

したがって，

$$26\cdot3+11\cdot(-7)=1$$

この式は，$26x+11y=1$ の $x,\ y$ に，$x=3,\ y=-7$ を代入した式になっている

が成り立つので，$26x+11y=1$ を満たす整数の組 $(x,\ y)$ の1つは，

$$(x,\ y)=(3,\ -7)$$

<補足：[1]と同様にして，一般解を求めることができる>

$26x+11y=1$ と $26\cdot3+11\cdot(-7)=1$ の差を考えると，

$$26(x-3)+11(y+7)=0$$
$$26(x-3)=11(-y-7)$$

26と11は互いに素であり，ここから，

$$(x,\ y)=(11k+3,\ -26k-7)\ (k\text{ は整数})$$

という一般解を求められる．

解説講義

$ax+by=c$ の形の不定方程式は，1次不定方程式と呼ばれており，標準的な解法の手順は，[1]の解答の右側に赤色で書かれているものである．

a，b の値が[1]のような易しい数であれば，特殊解はすぐに見つかるが，[2]のように大きな数になるとなかなか見つけにくい．このような場合にはユークリッドの互除法のときと同じように繰り返し割り算を行い，その結果を用いることによって特殊解を発見できる．この手順はきちんと身につけておかないといけないところである．

文系数学の必勝ポイント

1次不定方程式 $ax+by=c$ の整数解

(Ⅰ) 特殊解 x_0，y_0 を見つけて $a(x-x_0)+b(y-y_0)=0$ に変形して考える

(Ⅱ) 特殊解を見つけにくい場合は，繰り返し割り算をした結果を利用する

157 記数法

[1]　7進法で $114_{(7)}$ と表された数を3進法で表せ．（広島市立大）

[2]　2進法で $11a1_{(2)}$ と表された数 N を，5進法で表すと $2b_{(5)}$ となる．このとき，a，b の値を求めよ．（明海大）

解答

[1]　$114_{(7)}$ を10進法で表すと，

$$114_{(7)}=1\times7^2+1\times7+4\times1=49+7+4=60$$

☜ 7進法から3進法に直接書きかえることは困難なので，まず10進法でどのように表されるかを考える

次に，60を3進法で表す．ここで，

$$\begin{cases}60\div3=20\cdots0\\20\div3=6\cdots2\\6\div3=2\cdots0\end{cases}\ \text{より，}\ \begin{cases}60=20\cdot3+0\\20=6\cdot3+2\\6=2\cdot3+0\end{cases}$$

であることから，

$$\begin{aligned}60&=20\cdot3+0\\&=(6\cdot3+2)\cdot3+0\\&=6\cdot3^2+2\cdot3+0\\&=(2\cdot3+0)\cdot3^2+2\cdot3+0\\&=2\cdot3^3+0\cdot3^2+2\cdot3+0\end{aligned}$$

3) 60
3) 20 … 0　☜ $60\div3=20\cdots0$
3) 6 … 2　☜ $20\div3=6\cdots2$
2 … 0　☜ $6\div3=2\cdots0$

したがって，$114_{(7)}$ を3進法で表すと，$\mathbf{2020_{(3)}}$

[2]　$N=11a1_{(2)}$ より，$0\leqq a\leqq1$ として，☜ 不等式で $0\leqq a\leqq1$ と書いてあるが，$a=0,\ 1$ のいずれかである

$$N=1\times2^3+1\times2^2+a\times2+1\times1=13+2a\qquad\cdots①$$

$N=2b_{(5)}$ より，$0\leqq b\leqq4$ として，

$$N=2\times5+b\times1=10+b\qquad\cdots②$$

①，② より，$13+2a=10+b$ となるので，a，b は，

$$b=2a+3$$

☜ $a=0,\ 1$ のいずれかである．$a=1$ のとき，$b=5$ となり，これは $0\leqq b\leqq4$ を満たさない

を満たす．これと，$0\leqq a\leqq1$，$0\leqq b\leqq4$ より，

$$\boldsymbol{a=0,\ b=3}$$

解説講義

我々が幼い頃から使っている数の世界は，0から9までの数字を使う10進法である．10進法では10だけ進むごとに位が1つ繰り上がる．これに対して3進法では，使える数字は0から2であり，3だけ進むごとに位が1つ繰り上がる．10進法で表される0，1，2，3，…という数を3進法で書いてみると次のようになる．

10進法：0，1，2，3，4，5，6，7，8，9，10，11，12，……
3進法：0，1，2，10，11，12，20，21，22，100，101，102，110，……

次に，3進法で「abc」と表される数は，10進法ではいくつになるかを考えよう．たとえば，10進法で247と表される数は $2\times10^2+4\times10+7\times1$ である．つまり，10進法で「pqr」と表される数は，$p\times10^2+q\times10+r\times1$ である．これと同様にして，3進法で「abc」と表される数は，$a\times3^2+b\times3+c\times1$ である．上に書き並べられているように，$110_{(3)}$ は10進法の12のことであるが，$110_{(3)}=1\times3^2+1\times3+0\times1=12$ と確認できる．

一方，10進法で表された数を3進法で表すのは少し難しい．$a\times3^2+b\times3+c\times1$ のような形を目指して次々と3で割っていき，そのときの余りの値に注目することになる．[1]の解答は丁寧に途中式を書いているが，実際には「連続的に筆算で割り算をしていき，右に書かれた余りの値を下から“L字型”に見ていき，それを順に書き並べる」という赤色で書かれた手順を身につけておけばよいだろう．

また，[2]のように，どこかの桁に文字が含まれている場合には，その文字のとり得る値の範囲にも注意しないといけない．$2b_{(5)}$ は5進法であるから，$0\leqq b\leqq4$ である．（5進法は5まで使える，とウッカリ間違える人が少なくない．使えるのは0から4までの5個の数字である）

文系数学の必勝ポイント

n 進法で「abc」と表される数は，10進法では，$a\times n^2+b\times n^1+c\times1$

158 整数のグループ分け

n を整数とするとき，n^3+2n は3で割り切れることを証明せよ．

(奈良教育大)

解答

$n^3+2n=n(n^2+2)$ と変形できる．

すべての整数 n は，整数 k を用いて，$3k$，$3k+1$，$3k+2$ のいずれかの形で表される．

「$3k+2$」の代わりに「$3k-1$」としてもよい

(ア) $n=3k$ のとき

n が3の倍数である(n が3で割り切れる)から，$n(n^2+2)$ は3で割り切れる．

(イ) $n=3k+1$ のとき

$$n^2+2=(3k+1)^2+2=9k^2+6k+3=3(3k^2+2k+1)$$

これより，n^2+2 が3の倍数であるから，$n(n^2+2)$ は3で割り切れる．

(ウ) $n=3k+2$ のとき

$$n^2+2=(3k+2)^2+2=9k^2+12k+6=3(3k^2+4k+2)$$

これより，n^2+2 が3の倍数であるから，$n(n^2+2)$ は3で割り切れる．

(ア), (イ), (ウ) より，どのような整数 n に対しても n^3+2n は3で割り切れる．

<参考：巧妙に「連続3整数の積」を作る>

$$n^3+2n=n(n^2+2)=n\{(n^2-1)+3\}$$
$$=n\{(n-1)(n+1)+3\}$$
$$=(n-1)n(n+1)+3n$$

$n-1$，n，$n+1$ のうちの1つは3の倍数なので，その積は3の倍数である(さらに，偶数も含まれるので6の倍数とも言える)

$(n-1)n(n+1)$ は連続する3つの整数の積なので，3で割り切れる．

$3n$ も3で割り切れるから，n^3+2n は3で割り切れる．

解説講義

すべての整数は3つのグループに分類できる．すなわち，すべての整数は，

3で割り切れる数，3で割ると1余る数，3で割ると2余る数

の3つのいずれかのグループに属する．

すべての整数に対して証明をしたい場合に，このように，整数を「ある整数で割った余り」に着目してグループ分けをして考えることができる．特に，余りについての問題(割り切れるかを問う問題など)では，このようなグループ分けが有効な場合が多い．(いくつのグループに分けるかは問題によって変わる)

文系数学の必勝ポイント

整数のグループ分け

すべての整数は，ある整数で割った余りに着目してグループ分けすることができる

演習問題

演習問題には,

- これまでに学習してきた内容が定着しているかを確認するための基本的な問題
- 身につけた知識を使う練習をするための，少し応用的な設定の問題

などが幅広く収録されています.

まず，ここまでに学習した事柄を思い出し，問題を解いてみましょう.

その後，別冊の解答，解説をよく読み，きちんと理解できているかを確認しましょう．理解が不足しているところがあれば，もう一度，本編の該当する問題を解き直し，解説講義を見直してみましょう.

本編と同様に，できなかった問題は何度かやり直すことが大切です.

ここまでがんばって勉強を進めてきたわけですから，あと少しの努力を惜しまずに，その努力を継続してください．その先に「合格」というゴールが待っているはずです！

演習問題

1 次の式を因数分解せよ.

(1) $xyz+x^2y-xy^2-x+y-z$ (2) $2x^2+3xy-2y^2-3x-y+1$

(3) $x^2-6xy+9y^2-25z^2$ (4) x^4+3x^2+4

(実践女子大／中央大／目白大／札幌大)

2 $x+y=2$, $x^2+y^2=1$ のとき,

$$xy=\boxed{},\quad x^3+y^3=\boxed{},\quad x^5+y^5=\boxed{}$$

である. (青山学院大)

3

[1] 次の二重根号を外して簡単にせよ.

(1) $\sqrt{7+4\sqrt{3}}$ (2) $\sqrt{6-\sqrt{35}}$

(慶應義塾大／近畿大)

[2] $\sqrt{6+4\sqrt{2}}$ の小数部分を x とするとき, $x^2+\dfrac{1}{x^2}$, $x^4+\dfrac{1}{x^4}$ の値を求めよ. (名城大)

4 $\dfrac{x+y}{5}=\dfrac{y+z}{3}=\dfrac{z+x}{7}\neq 0$ のとき, $\dfrac{x^2-4y^2}{xy+2y^2+xz+2yz}$ の値を求めよ. (西南学院大)

5

[1] $|2x-4|<2$ の解は $\boxed{}$ であり, $|2x-4|-x<2$ の解は $\boxed{}$ である. (名古屋学院大)

[2] 不等式 $|x-1|+|x-3|+x^2-2<5$ の解は $\boxed{}$ である.

(東洋大)

[3] 不等式 $|(x+1)(x-7)|>2x+2$ を解け. (西南学院大)

6 次の各問に答えよ.

(1) 関数 $y=|x+3|+|x-1|$ のグラフを描け.

(2) 不等式 $6 \leqq |x+3|+|x-1| \leqq 10$ を満たす x の範囲を求めよ.

(東京女子大)

7 50人のクラスで，犬を飼っている人は22人，猫を飼っている人は15人，どちらも飼っていない人が18人いる．両方とも飼っている人は $\square$ 人，犬だけ飼っている人は $\square$ 人である.

(帝京大)

8 次の空欄に適するものを①～④から選べ．ただし，x，y は実数とする.

① 必要条件であるが十分条件ではない

② 十分条件であるが必要条件ではない

③ 必要十分条件である　　④ 必要条件でも十分条件でもない

(1) $x^2=1$ は，$x=1$ であるための $\square$.

(2) $xy=0$ は，$x=0$ かつ $y=0$ であるための $\square$.

(3) $x=0$ は，$x^2+y^2=0$ であるための $\square$.

(4) $y \leqq x^2$ は，$y \leqq x$ であるための $\square$.

(5) $x^2+y^2<2$ は，$|x|+|y|<2$ であるための $\square$.

(慶應義塾大／成蹊大)

9 放物線 $y=x^2+ax+b$ を原点に関して対称移動し，さらに x 軸方向に3，y 軸方向に6だけ平行移動すると，放物線 $y=-x^2+4x-7$ が得られたという．このとき，定数 a，b の値を求めよ.

(名城大)

10 2次関数 $y=x^2-2x+3$ について，次の問に答えよ.

(1) $0 \leqq x \leqq 3$ における最大値，最小値を求めよ.

(2) a を正の定数とするとき，$0 \leqq x \leqq a$ における最小値 m を求めよ.

(3) a を正の定数とするとき，$0 \leqq x \leqq a$ における最大値 M を求めよ.

(東北学院大)

11 実数 x，y が $2x^2+y^2=8$ を満たすとき，x^2+y^2-6x の最大値，最小値を求めよ.

(関西大)

12 関数 $y=(x^2+4x+5)(x^2+4x+2)+2x^2+8x+1$ の最小値を求めよ.

(甲南大)

13 2次不等式 $ax^2-3x+b>0$ を満たす実数 x の範囲が $a<x<a+1$ となるような実数 a, b の値を求めよ.

(学習院大)

14 任意の実数 x に対して, $ax^2+2(a+1)x+2a+1>0$ が成り立つ a の値の範囲を求めよ.

(公立はこだて未来大)

15 a は実数の定数とし, $f(x)=x^2-(2a-3)x+2a$ とする. $-1 \leqq x \leqq 1$ でつねに $f(x) \geqq 0$ となるときの a の値の範囲を求めよ.

(西南学院大)

16 2次方程式 $x^2-2ax+a=0$ が $-2<x<2$ の範囲に異なる2つの実数解をもつとき, 定数 a のとり得る値の範囲を求めよ.

(武庫川女子大)

17 三角形ABCにおいて, $\mathrm{AB}=7$, $\mathrm{BC}=5$, $\mathrm{CA}=9$ とする. このとき, $\cos A=$ □, $\sin A=$ □ である. また, 三角形ABCの面積は □, 外接円の半径は □, 内接円の半径は □ である.

(関西学院大)

18 三角形ABCにおいて, $\sin A : \sin B : \sin C = 5:6:7$ とする.

(1) この三角形の最も大きい角を θ とするとき, $\cos\theta$ の値を求めよ.

(2) 辺ACの長さを12とし, $\angle\mathrm{ABC}$ の二等分線と辺ACの交点をDとするとき, 線分CD, 線分BDの長さをそれぞれ求めよ.

(中央大)

19 三角形ABCにおいて, $\mathrm{AB}=3$, $\mathrm{AC}=2$, $\angle\mathrm{A}=60°$ とし, $\angle\mathrm{A}$ の二等分線と辺BCの交点をDとする. このとき, $\mathrm{AD}=$ □ である.

(南山大)

20 円に内接する四角形ABCDがある. 四角形ABCDの各辺の長さは, $\mathrm{AB}=2$, $\mathrm{BC}=3$, $\mathrm{CD}=1$, $\mathrm{DA}=2$ である.

(1) $\cos\angle\mathrm{BAD}$ の値と対角線 BD の長さをそれぞれ求めよ.

(2) 2つの対角線 AC と BD の交点を E とするとき，BE の長さを求めよ.

（東洋大）

21 次のデータは，ある商品の 10 日間の販売数である.

7，12，6，8，17，4，11，16，5，10

第 1 四分位数 Q_1，第 2 四分位数 Q_2，第 3 四分位数 Q_3 を求めよ.

（愛知学泉大）

22 2つの変量 x，y に関するデータが右のように与えられている．y の平均値 $\overline{y}$ は 4，分散 ${s_y}^2$ は 0.8 である.

番号	1	2	3	4	5
x	6	2	2	6	4
y	5	a	b	5	3

(1) x の平均値 $\overline{x}$ は □，分散 ${s_x}^2$ は □ である.

(2) $a=$ □，$b=$ □ である．ただし，$a<b$ とする.

(3) x と y の共分散 s_{xy} は □ である.

(4) x と y の相関係数 r は □ である.

（西南学院大）

23 変量 x の値が x_1，x_2，x_3 のとき，その平均値を $\overline{x}$ とする．分散 s^2 を，

$$s^2=\frac{1}{3}\left\{(x_1-\overline{x})^2+(x_2-\overline{x})^2+(x_3-\overline{x})^2\right\}$$

と定義するとき，

$$s^2=\overline{x^2}-(\overline{x})^2$$

となることを示せ．ただし，$\overline{x^2}$ は ${x_1}^2$，${x_2}^2$，${x_3}^2$ の平均値を表す.

（琉球大）

24 全部で 30 個のデータがあり，このうち 20 個のデータの平均値が 4，分散が 5，残りの 10 個のデータの平均値が 7，分散が 11 である．このとき，全体の平均値は □ であり，分散は □ である.

（玉川大）

25 1年生2人，2年生2人，3年生3人の7人の生徒を横一列に並べる．同じ学年の生徒であっても個人を区別して考える．

(1) 並び方は全部で何通りか．

(2) 両端に3年生が並ぶ並び方は何通りか．

(3) 3年生の3人が隣り合う並び方は何通りか．

(4) 1年生の2人，2年生の2人，3年生の3人が，それぞれ隣り合う並び方は何通りか．

(松山大)

26 7人掛けの円卓に男子4人(A，B，C，D)と女子3人(E，F，G)が座るとき，座り方を円順列で考える．座り方は全部で［(1)］通りであり，そのうち，女子が隣り合わない座り方は［(2)］通りである．また，Aの隣がともに女子である座り方は［(3)］通りである．

(同志社大)

27 右図のように，南北に7本，東西に6本の道がある．ただし，C地点は通れないものとする．

(1) O地点を出発し，A地点を通り，P地点へ最短で行く道順は何通りあるか．

(2) O地点を出発し，B地点を通り，P地点へ最短で行く道順は何通りあるか．

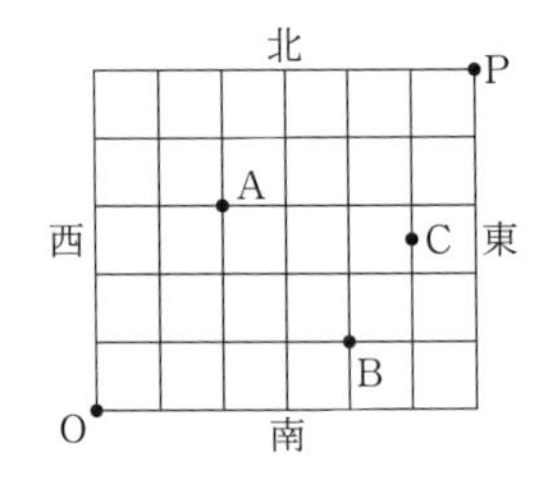

(島根大)

28 男子6人と女子6人の合計12人を3つの組に分ける．

(1) 7人，3人，2人の3つの組に分ける方法は何通りあるか．

(2) 4人ずつ3つの組に分ける方法は何通りあるか．

(3) どの組も男女2人ずつとなるように3つの組に分ける方法は何通りあるか．

(滋賀大)

29

(1) $x+y+z=10$ を満たす負でない整数の組 $(x,\ y,\ z)$ の個数を求めよ．

(2) $x+y+z=10$ を満たす自然数の組 $(x,\ y,\ z)$ の個数を求めよ．

(東北学院大)

30 5桁の正の整数で，各桁の数字が 2, 3, 4 のいずれかであるものを考える．

(1) 2, 3, 4 のうち，ちょうど 2 種類の数字が現れているものは何通りか．

(2) 2, 3, 4 の 3 種類の数字がすべて現れているものは何通りか．

(関西大)

31 袋のなかに，赤球，青球，白球，黒球が，それぞれ 5 個ずつ入っている．

(1) 袋から 2 個の球を同時に取り出すとき，その 2 個が同じ色である確率を求めよ．

(2) 袋から 3 個の球を同時に取り出すとき，そのうち 2 個だけが同じ色である確率を求めよ．

(3) 袋から 3 個の球を同時に取り出すとき，取り出した 3 個の球の色がすべて異なる確率を求めよ． (青山学院大)

32 3 個のサイコロを同時に投げるとき，出た目の数の積が 4 の倍数である確率を求めよ． (小樽商科大)

33 動点 P が現在 x 軸上の原点にある．コイン 1 個とサイコロ 1 個を同時に投げ，コインが表であれば点 P はサイコロの目の数だけ正の方向に進み，コインが裏であればサイコロの目にかかわらず負の方向に 2 だけ進む．この試行を 3 回続けて行ったとき，点 P が原点にある確率を求めよ．

(大分大)

34 3 個のサイコロを同時に投げるとき，以下の確率を求めよ．

(1) 出る目の最大値が 4 である確率は □ である．

(2) 出る目の最大値が 4 であるとき，少なくとも 1 個のサイコロの目が 1 である条件付き確率は □ である． (慶應義塾大)

35 A 国では 20 %の人が B ウイルスに感染している．ある検査方式で，感染していない人が陽性と誤って判定される確率は 5 %で，感染している人が陰性と誤って判定される確率は 1 %である．

陽性と判定されたときに，実際には感染していない確率は □ である．

(神奈川大)

36 A，Bの2人が何回か試合を行い，どちらか先に3勝した方を優勝とする．Aが勝つ確率もBが勝つ確率も $\dfrac{1}{2}$ とし，引き分けはないものとする．

(1) Aが3勝1敗で優勝する確率を求めよ．

(2) 優勝が決まるまでに試合が5回行われる確率を求めよ．

(3) 優勝が決まるまでの試合の回数の期待値を求めよ． (青山学院大)

37 三角形ABCの辺BCを5：3に内分する点をDとし，ADを2：1に内分する点をEとする．また，辺ABと直線CEの交点をFとする．このとき，AF：FBとCE：EFをそれぞれ求めよ． (駒澤大)

38 線分PQを直径とする円を C とする．円 C 上に，P，Qとは異なる点Rをとり，点Qにおける円 C の接線と直線PRの交点をSとする．

PR＝9，RS＝7であるとき，円 C の半径を求めよ． (岩手大)

39 次の各問に答えよ．

(1) $\left(2x-\dfrac{1}{4}\right)^{10}$ の展開式において，x^6 の係数を求めよ． (神奈川大)

(2) $\left(x^2-\dfrac{1}{2x^3}\right)^5$ の展開式における定数項を求めよ． (島根県立大)

40 等式 $a(x-1)^2+b(x-1)+c=x^2+1$ が x についての恒等式となるように，定数 a，b，c の値を定めよ． (西日本工業大)

41 $x \geqq 0$，$y \geqq 0$ のとき，$(x+y)^3 \leqq 4(x^3+y^3)$ が成り立つことを示せ． (津田塾大)

42

[1] $x>0$ のとき，$x+\dfrac{2}{x}$ の最小値は □ であり，$\dfrac{x}{x^2+x+9}$ の最大値は □ である． (南山大)

[2] $x>0$ のとき，$\left(x+\dfrac{1}{x}\right)\left(2x+\dfrac{1}{2x}\right)$ の最小値を求めよ． (慶應義塾大)

43 2次方程式 $x^2-4x+5=0$ の2つの虚数解を α, β とする．このとき，$(y+2zi)(1+i)=\alpha^2+\beta^2$ を満たす実数 y, z を求めよ．ただし，i は虚数単位である．　（西南学院大）

44 2次方程式 $2x^2-4x+1=0$ の2つの解を α, β とするとき，$\alpha-\dfrac{1}{\alpha}$, $\beta-\dfrac{1}{\beta}$ を解とする2次方程式で x^2 の係数が2であるものを求めよ．

（立命館大）

45 整式 $P(x)$ を $(x-1)(x+1)$ で割ると $4x-3$ 余り，$(x-2)(x+2)$ で割ると $3x+5$ 余る．このとき，$P(x)$ を $(x+1)(x+2)$ で割ったときの余りを求めよ．　（慶應義塾大）

46 3次方程式 $x^3+x^2-13x+3=0$ の3つの解を α, β, γ とするとき，$\alpha^2+\beta^2+\gamma^2$, $\alpha^3+\beta^3+\gamma^3$ の値をそれぞれ求めよ．　（近畿大）

47 3次方程式 $x^3+ax^2+bx-14=0$ の1つの解が $2+\sqrt{3}\,i$ であるとき，実数の定数 a, b の値を求めよ．ただし，i は虚数単位である．　（琉球大）

48 1の3乗根のうち，虚数であるものの1つを ω とする．このとき，

$$\omega^2+\omega=\boxed{(1)},\ \omega^{10}+\omega^5=\boxed{(2)},\ \frac{1}{\omega^{10}}+\frac{1}{\omega^5}+1=\boxed{(3)},$$

$$(\omega^2+5\omega)^2+(5\omega^2+\omega)^2=\boxed{(4)}$$

である．　（関西大）

49 原点がOである座標平面上に，点A(7, 1)がある．直線 l : $y=\dfrac{1}{2}x$ に関して点Aと対称な点Bの座標を求めよ．　（関西大）

50 直線 l : $x+y-1=0$, m : $x-3y+7=0$, n : $ax+y-4=0$ が三角形を作らないとする．このとき，定数 a の値をすべて求めよ．　（西南学院大）

51 円 $x^2+y^2-2y=0$ と直線 $ax-y+2a=0$ が異なる2点P, Qで交わっている.

(1) 円の中心の座標と半径を求めよ.

(2) 定数 a のとり得る値の範囲を求めよ.

(3) 線分PQの長さが $\sqrt{2}$ となる a の値を求めよ. (関西大)

52 $k>-8$ とする.

円 C_1 : $x^2+y^2+2x-4y+1=0$ と円 C_2 : $x^2+y^2-4x-12y+32-k=0$ がただ1つの共有点をもつならば, $k=\square$ または $\square$ である.

(東洋大)

53 方程式 $x^2+y^2-6kx+(12k-2)y+46k^2-16k+1=0$ が円を表すような定数 k の値の範囲は, $\square<k<\square$ である.

また, k の値がこの範囲で変化するとき, 円の中心の軌跡を表す方程式は,

$$y=\square x+\square \quad (\square<x<\square)$$

である. (駒澤大)

54 放物線 $y=x^2+1$ と直線 $y=ax$ が異なる2点P, Qで交わるとき,

(1) 実数 a のとり得る値の範囲を求めよ.

(2) 線分PQの中点Mの描く軌跡を求めよ. (関西学院大)

55 次の各問に答えよ.

(1) 円 $(x-1)^2+y^2=25$ と直線 $y=-\dfrac{1}{2}x+\dfrac{3}{2}$ の交点の座標を求めよ.

(2) 連立不等式 $\begin{cases} (x-1)^2+y^2 \leqq 25 \\ y \geqq -\dfrac{1}{2}x+\dfrac{3}{2} \end{cases}$ の表す領域を D とする. $\mathrm{P}(x,\ y)$ が D 内を動くとき, $4x+3y$ の最大値, 最小値を求めよ. (青山学院大)

56 次の方程式, 不等式を解け. ただし, $0 \leqq \theta < 2\pi$ とする.

(1) $2\cos 2\theta+12\sin\theta-7=0$　　(2) $\sin 2\theta > \cos\theta$

(3) $\sin\theta-\sqrt{3}\cos\theta<0$ (京都産業大／津田塾大／福島大)

57 $0 \leqq x \leqq \pi$ とする．$y=\sin x+2\sin\left(x+\dfrac{\pi}{3}\right)$ の最大値，最小値を求めよ．

（福島大）

58 関数 $y=2\sqrt{3}\sin\theta\cos\theta+4\cos^2\theta-2\sin^2\theta\left(0 \leqq \theta \leqq \dfrac{\pi}{2}\right)$ がある．y の最大値，最小値と，そのときの θ の値を求めよ．

（関西学院大）

59 関数 $y=4\sin x\cos x-2(\sin x-\cos x)+1$ を考える．

$0 \leqq x \leqq \pi$ のとき，$t=\sin x-\cos x$ のとり得る値の範囲は □ であり，y のとり得る値の範囲は □ である．

（南山大）

60 次の式を計算せよ．

(1) $\left(2^{\frac{4}{3}}\times 2^{-1}\right)^6\times\left\{\left(\dfrac{16}{81}\right)^{-\frac{7}{6}}\right\}^{\frac{3}{7}}$　　(2) $4\log_4\sqrt{2}+\dfrac{1}{2}\log_4\dfrac{1}{8}-\dfrac{3}{2}\log_4 8$

（鳥取大）

61

[1] 実数 x，y が $2^x=7^y=\sqrt{14}$ を満たすとき，$\dfrac{1}{x}+\dfrac{1}{y}$ の値を求めよ．

[2] $8^{\log_2 5}$ の値を求めよ．

（富山大／中央大）

62 次の方程式，不等式を解け．

(1) $2^{2x+1}+2^x-1=0$　　(2) $4^x+2^{1-x}-5=0$

(3) $9^x+3^{x+1}-4 \leqq 0$　　(4) $\left(\dfrac{1}{4}\right)^x-9\left(\dfrac{1}{2}\right)^{x-1}+32 \leqq 0$

（玉川大／岡山県立大／関西大）

63 次の方程式，不等式を解け．

(1) $\log_6(x-4)+\log_6(2x-7)=2$　　(2) $\log_2(x-1)-\log_{\frac{1}{2}}(x-3)<3$

(3) $\log_{\frac{1}{2}}(2x^2-3x-9)>\log_{\frac{1}{2}}(x^2-4x+3)$

（専修大／摂南大／三重大）

64 関数 $f(x)=2^x+2^{-x}-(2^{2x+2}+2^{-2x+2})$ の最大値を求めよ．

（釧路公立大）

65 次の各問に答えよ．

[1]　$x>0$ とする．$\log_3 x^2+(\log_3 x)^2$ の最小値を求めよ．

[2]　$x>0,\ y>0,\ x+3y=18$ とする．$\log_3 x+\log_3 y$ の最大値を求めよ．

（名城大）

66 $\log_{10}2=0.3010,\ \log_{10}3=0.4771$ として，次の問に答えよ．

(1)　15^{31} は何桁の数か．

(2)　$\left(\dfrac{3}{5}\right)^{100}$ は小数第何位にはじめて 0 でない数字が現れるか．

（南山大／成蹊大）

67 $y=x^3-x$ のグラフの接線で，傾きが 2 のものをすべて求めよ．

（学習院大）

68 関数 $f(x)=x^3+(a-2)x^2+3x$ （a は実数の定数）について，次の問に答えよ．

(1)　$f(x)$ が極値をもつとき，a の値の範囲を求めよ．

(2)　$f(x)$ が $x=-a$ で極値をもつとき，a の値を求めよ．さらに，このときの極大値を求めよ．

（広島工業大）

69 1 辺が 10 cm の正方形の紙から，1 辺が x cm の正方形を四隅から切り取って直方体の箱を作ると，その箱の容積は x を用いて □ と表される．また，容積が最大になるのは，切り取る正方形の 1 辺が □ cm のときである．

（東京経済大）

70 $f(x)=x^3-3x$ とする．点 $(2,\ a)$ から曲線 $y=f(x)$ に 3 本の接線が引けるとき，a の値の範囲を求めよ．

（岩手大）

71 $x\geqq 0$ のとき，$x^3+3x^2-9x+k>0$ が成り立つような定数 k の値の範囲を求めよ．

（宮城大）

72 次の各問に答えよ．

[1]　等式 $f(x)=\int_{-1}^{1}xf(t)\,dt+1$ を満たす関数 $f(x)$ を求めよ．

[2]　$\int_{-3}^{x}f(t)\,dt=x^3-3x^2+4ax+3a$ を満たす関数 $f(x)$ と定数 a の値を求めよ．　(早稲田大／福岡大)

73 0 以上の実数 t に対し，定積分 $F(t)=\int_{0}^{1}|x^2-t^2|\,dx$ とする．

(1)　$F(t)$ を t を用いて表せ．

(2)　$t\geqq 0$ において，関数 $F(t)$ の最小値，およびそのときの t の値を求めよ．　(大阪公立大)

74 a は定数で $a<3$ とする．$y=x^2-2ax+4a$ と $y=-x^2+6x-2a$ で囲まれる部分の面積が 9 になるとき，a の値を求めよ．　(群馬大)

75 放物線 C_1 を $y=-x^2+2x+4$ で定める．

(1)　点 $(p,\ q)$ が直線 $y=-2x+1$ の上を動くとき，$y=(x-p)^2+q$ で定める放物線 C_2 が C_1 と共有点をもつような p の範囲を求めよ．

(2)　p が (1) で求めた範囲を動くとき，C_1 と C_2 で囲まれた図形の面積の最大値を求めよ．　(お茶の水女子大)

76 放物線 C_1：$y=x^2$ と放物線 C_2：$y=x^2-4x+8$ の両方に接する接線を l とする．

(1)　l の方程式を求めよ．

(2)　C_1，C_2，l で囲まれる部分の面積を求めよ．　(名城大)

77 ある等差数列の第 n 項を a_n とするとき，

$$a_{15}+a_{16}+a_{17}=-2622,\quad a_{99}+a_{103}=-1238$$

が成立している．

(1)　この等差数列の初項と公差を求めよ．

(2)　この等差数列の初項から第 n 項までの和を S_n とするとき，S_n が最小となる n の値を求めよ．　(高崎経済大)

78 a, b は正の数とする．3つの数 4, a, b はこの順に等差数列をなし，a, b, 18 はこの順に等比数列をなす．このとき，等差数列の公差は $\boxed{}$ であり，等比数列の公比は $\boxed{}$ である．（同志社女子大）

79 公比が1より大きい等比数列 $\{a_n\}$ $(n=1, 2, 3, \cdots)$ の初項から第 n 項までの和を S_n とすると，$a_2=18$, $S_3=78$ である．

(1) 数列 $\{a_n\}$ の一般項を求めよ．

(2) $\displaystyle\sum_{k=1}^{n} ka_k$ を求めよ．（北海学園大）

80

[1] $n=25$ のとき，

$$A=\frac{1}{1}+\frac{1}{1+2}+\frac{1}{1+2+3}+\cdots+\frac{1}{1+2+3+\cdots+n}$$

の値は $A=\boxed{}$ である．（関西大）

[2] 和 $\displaystyle\sum_{k=1}^{n}\frac{1}{\sqrt{k}+\sqrt{k+1}}$ を求めよ．（会津大）

81 初項から第 n 項までの和が $S_n=\dfrac{3}{2}n^2-\dfrac{1}{2}n$ である数列 $\{a_n\}$ がある．

(1) 数列 $\{a_n\}$ の一般項を求めよ．

(2) $\displaystyle\sum_{k=1}^{n}\frac{1}{a_k a_{k+1}}$ を求めよ．（東京女子大）

82 数列 $\{a_n\}$ の初項から第 n 項までの和 S_n が $S_n=n\cdot 3^{n+1}-1$ で表されるとき，一般項 a_n を求めよ．（駒澤大）

83

$$a_1=10,\quad a_{n+1}=a_n+3\ (n=1, 2, 3, \cdots)$$
$$b_1=100,\quad b_{n+1}=b_n-4n+2\ (n=1, 2, 3, \cdots)$$

で定義される数列 $\{a_n\}$ と $\{b_n\}$ について，次の問に答えよ．

(1) 一般項 a_n を求めよ．

(2) 一般項 b_n を求めよ．

(3) $a_n \geqq b_n$ となる最小の n を求めよ．（神奈川大）

84 自然数 1, 2, 3, … を,

(1), (2, 3, 4), (5, 6, 7, 8, 9), (10, 11, 12, 13, 14, 15, 16), …

のように分割することを考える. 左から n 番目の括弧のなかの数を第 n 群と呼ぶことにする. 第 n 群には $2n-1$ 個の自然数が小さい順に並んでいることになる.

(1) 第 n 群の最初の数を n で表せ.

(2) 第 n 群に含まれる数の和を求めよ.

(3) 365 は第何群の何番目の数か. (中央大)

85 正の偶数 m が順に m 個ずつ並んだ数列

2, 2, 4, 4, 4, 4, 6, 6, 6, 6, 6, 6, 8, …

を $\{a_n\}$ とする.

(1) a_{100} を求めよ.

(2) a_1 から a_{100} までの和を求めよ. (大分大)

86 次の関係式で定められる数列 $\{a_n\}$ の一般項をそれぞれ求めよ.

(1) $a_1=2,\ a_{n+1}=-2a_n+3\ (n=1,\ 2,\ 3,\ \cdots)$ (福島大)

(2) $a_1=1,\ a_{n+1}=3a_n+2\ (n=1,\ 2,\ 3,\ \cdots)$ (慶應義塾大)

87 次の関係式で定められる数列 $\{a_n\}$ の一般項をそれぞれ求めよ.

(1) $a_1=1,\ a_{n+1}=2a_n+3^n\ (n=1,\ 2,\ 3,\ \cdots)$

(2) $a_1=\dfrac{1}{4},\ a_{n+1}=\dfrac{a_n}{3a_n+1}\ (n=1,\ 2,\ 3,\ \cdots)$ (大阪公立大)

88 $a_1=2,\ a_{n+1}=\dfrac{3}{4}a_n+\dfrac{n}{2}\ (n=1,\ 2,\ 3,\ \cdots)$ で定められる数列 $\{a_n\}$ がある.

(1) $b_n=a_{n+1}-a_n$ とするとき, 数列 $\{b_n\}$ の一般項 b_n を求めよ.

(2) 数列 $\{a_n\}$ の一般項 a_n を求めよ. (青山学院大)

89 次のように定められた数列 $\{a_n\}$ がある．

$$a_1=-2,\ a_{n+1}=3a_n+8n\ (n=1,\ 2,\ 3,\ \cdots)$$

(1) $b_n=a_n+pn+q\ (n=1,\ 2,\ 3,\ \cdots)$ とおくとき，数列 $\{b_n\}$ が等比数列になるように定数 p，q の値を定めよ．

(2) 数列 $\{a_n\}$ の一般項を求めよ． (名城大)

90 数列 $\{a_n\}$ の初項から第 n 項までの和を S_n とするとき，

$$S_n=2a_n-n\ (n=1,\ 2,\ 3,\ \cdots)$$

が成り立っている．

(1) a_1 を求めよ．

(2) 一般項 a_n を求めよ． (立教大)

91 $a_n=4^{n+1}+5^{2n-1}\ (n=1,\ 2,\ 3,\ \cdots)$ とする．すべての自然数 n に対して，a_n は 21 で割り切れることを証明せよ． (静岡大)

92 $n \geqq 5$ を満たす自然数 n に対して，$2^n>n^2$ が成り立つことを証明せよ． (津田塾大)

93 平行四辺形 ABCD において，辺 AB を 2：1 に内分する点を E，辺 BC の中点を F，辺 CD の中点を G とする．線分 CE と線分 FG の交点を H とするとき，$\overrightarrow{AH}$ を $\overrightarrow{AB}$，$\overrightarrow{AD}$ を用いて表せ． (立教大)

94 三角形 ABC の内部に，$7\overrightarrow{PA}+5\overrightarrow{PB}+3\overrightarrow{PC}=\vec{0}$ を満たすように点 P をとり，直線 AP と辺 BC の交点を D とする．

(1) $\overrightarrow{AP}$ を $\overrightarrow{AB}$，$\overrightarrow{AC}$ を用いて表せ．

(2) $\overrightarrow{AD}$ を $\overrightarrow{AB}$，$\overrightarrow{AC}$ を用いて表せ．また，BD：DC を求めよ． (摂南大)

95 三角形 OAB において，$|\overrightarrow{OA}+\overrightarrow{OB}|=\left|\overrightarrow{OA}-\dfrac{2}{3}\overrightarrow{OB}\right|=\sqrt{10}$，$|\overrightarrow{OB}|=3$ であるとき，$|\overrightarrow{OA}|=$ $\square$，内積 $\overrightarrow{OA}\cdot\overrightarrow{OB}=$ $\square$ である．また，三角形 OAB の面積は $\square$ となる． (立命館大)

96 m, n は正の数として, $\vec{a}=(-1,\ 3)$, $\vec{b}=(m,\ n)$ とする.
$|\vec{b}|=2\sqrt{5}$ で, $\vec{a}$, $\vec{b}$ のなす角が 45° であるとき, $m=$ $\boxed{}$, $n=$ $\boxed{}$ である.

(小樽商科大)

97 三角形OABにおいて, 辺の長さがそれぞれ $\mathrm{OA}=5$, $\mathrm{AB}=6$, $\mathrm{OB}=4$ であるとする. 点Pは辺ABを $2:1$ に内分する点である. Pから辺OAに下ろした垂線の足をQとするとき, $\overrightarrow{\mathrm{PQ}}$ を $\overrightarrow{\mathrm{OA}}$, $\overrightarrow{\mathrm{OB}}$ を用いて表せ.

(西南学院大)

98 原点Oを中心とする半径1の円周上にある3点A, B, Cが, 条件 $7\overrightarrow{\mathrm{OA}}+5\overrightarrow{\mathrm{OB}}+3\overrightarrow{\mathrm{OC}}=\vec{0}$ を満たすとき, 次の問に答えよ.

(1) $\angle\mathrm{BOC}$ を求めよ.

(2) 直線COと直線ABの交点をHとするとき, $\overrightarrow{\mathrm{OH}}$ を $\overrightarrow{\mathrm{OC}}$ を用いて表せ.

(3) 三角形OHBの面積を求めよ.

(島根大)

99 四面体OABCにおいて, 辺ABを $2:1$ に内分する点をP, 線分PCの中点をQ, 線分OQを $4:1$ に内分する点をRとする.

(1) $\overrightarrow{\mathrm{OP}}$, $\overrightarrow{\mathrm{OQ}}$, $\overrightarrow{\mathrm{OR}}$ を $\overrightarrow{\mathrm{OA}}$, $\overrightarrow{\mathrm{OB}}$, $\overrightarrow{\mathrm{OC}}$ を用いて表せ.

(2) 直線ARと平面OBCの交点をSとする. $\mathrm{AR}:\mathrm{RS}$ を求めよ.

(立命館大)

100 座標空間において, 3点 $\mathrm{A}(0,\ -1,\ 2)$, $\mathrm{B}(-1,\ 0,\ 5)$, $\mathrm{C}(1,\ 1,\ 3)$ で定まる平面を α とし, 原点Oから平面 α に垂線OHを下ろす.

(1) 三角形ABCの面積を求めよ.

(2) $\overrightarrow{\mathrm{AH}}=s\overrightarrow{\mathrm{AB}}+t\overrightarrow{\mathrm{AC}}$ を満たす s, t を求めよ.

(3) 点Hの座標を求めよ.

(4) 四面体OABCの体積を求めよ.

(大阪教育大)

101 大, 中, 小の3個のサイコロを同時に投げ, それぞれのサイコロの出た目を X, Y, Z とする. このとき, $3X+2Y+Z$ の期待値は $\boxed{}$ である.

(慶應義塾大)

102 1個のサイコロを10回投げるとき，1または2の目が出る回数 X の期待値 $E(X)$ と標準偏差 $\sigma(X)$ を求めよ． (鹿児島大)

103 ある工場で1kg入りと表示する製品が生産されている．この製品の重さは，平均1kg，標準偏差50gの正規分布に従っているという．この工場から1000個の製品を仕入れた．このなかに902g以下の製品は何個あると推測されるか．

正規分布表は195ページのものを用いよ． (鹿児島大)

104 箱のなかにボールが10個入っており，そのうち当たりのボールは1個だけである．箱のなかから無作為にボールを1個取り出し，当たりかどうかを確認して箱に戻すという試行を n 回繰り返し，当たりが出た回数を X とする．

1回の試行で当たる確率を p とすると，X が近似的に正規分布 $N(np,\ np(1-p))$ に従うことを利用して，$n=100$ のときの $P(X \geqq 10)$ を求めよ．正規分布表は195ページのものを用いよ． (滋賀大)

105 ある工場で生産した製品の寿命は，平均1600時間，標準偏差60時間の正規分布に従うものとする．この工場で生産した製品を無作為に100個選んだとき，その100個の製品の平均寿命が1594時間以上1606時間以下となる確率を求めよ．正規分布表は195ページのものを用いよ． (岩手大)

106 正規分布表は195ページのものを用いよ．

(1) A地区で収穫されるジャガイモには1個の重さが200gを超えるものが25％含まれることが経験的に分かっている．A地区で収穫されたジャガイモから400個を無作為に抽出し，重さを計測した．そのうち，重さが200gを超えるジャガイモの個数を表す確率変数を X とする．このとき X は二項分布 $B(400,\ 0.$ [アイ] $)$ に従うから，X の平均(期待値)は [ウエオ] である．

(2) X を(1)の確率変数とし，A 地区で収穫されたジャガイモ 400 個からなる標本において，重さが 200 g を超えていたジャガイモの標本における比率を $R=\dfrac{X}{400}$ とする．

このとき，R の標準偏差は $\sigma(R)=$ **カ** である．

【 カ の解答群】

⓪ $\dfrac{3}{6400}$ ① $\dfrac{\sqrt{3}}{4}$ ② $\dfrac{\sqrt{3}}{80}$ ③ $\dfrac{3}{40}$

標本の大きさ 400 は十分に大きいので，R は近似的に正規分布 $N(0.$ アイ $,$ (カ $)^2)$ に従う．したがって，$P(R \geqq x)=0.0465$ となるような x の値は **キ** となる．ただし， キ の計算においては $\sqrt{3}=1.73$ とする．

【 キ の解答群】

⓪ 0.209 ① 0.251 ② 0.286 ③ 0.395

(大学入学共通テスト／一部を抜粋して文言を変更)

107 全国規模で，100 点満点の英語の試験が実施された．このうち，無作為に抽出した 100 人の成績を集計したところ，得点は，平均点が 63 点で標準偏差が 10 点の正規分布であった．このことから，この英語の試験の平均点に対する信頼度 95 % の信頼区間を求めよ．195 ページの正規分布表を用いてよい．

(岩手大)

108 確率 $\dfrac{1}{10}$ で当たりが出るように作られたゲーム機がある．このゲーム機でゲームを 100 回行ったとき当たりが 17 回出た．このゲーム機は正常に作動しているかを有意水準 5 % で検定せよ．195 ページの正規分布表を用いてよい．

(山形大)

109 最大公約数と最小公倍数の和が 51 であるような 2 つの自然数 x，$y\,(x<y)$ は何組あるか．また，このなかで最大の x の値を求めよ．

(法政大)

110 $\dfrac{899}{1073}$ を既約分数で表すと $\boxed{}$ である．(玉川大)

111 $6(x-y)=xy$ を満たす自然数の組 $(x,\ y)$ をすべて求めよ．

(大分大)

112 $3x+5y=7$ を満たす整数 x，y で，$100 \leqq x+y \leqq 200$ となる $(x,\ y)$ の個数は $\boxed{}$ 個である．(関西大)

113 $73x+61y=1$ を満たす整数 x，y の組のうち，x が正で最も小さいものは $x=\boxed{}$，$y=\boxed{}$ である．(上智大)

114 どのような整数 n に対しても，n^2+n+1 は5で割り切れないことを示せ．(学習院大)

115 正の整数 N を5進法で表すと3桁の数 $abc_{(5)}$ となり，7進法で表すと3桁の数 $cba_{(7)}$ となる．このような整数 N をすべて求めて10進法で答えよ．(公立千歳科学技術大)

文系の数学
重要事項完全習得編

改訂版

演習問題 解答・解説

河合出版

文系の数学
重要事項
完全習得編

改訂版

演習問題 解答・解説

河合出版

演習問題 解答・解説

1

1 では特に出題の多い因数分解について学習したが，演習では，少し難しいが「知っておくとよい問題」にも触れることにしよう．(1)，(2) は 1 で学習した内容の復習である．

1 で学習したタイプでないものとして，「A^2-B^2 の形を作れるか検討する」ということを覚えておくとよい．(3) は容易に A^2-B^2 の形を作れるが，(4) は工夫する必要がある．x^4+3x^2+4 は "2乗" を作れないが，x^4+4x^2+4 は $(x^2+2)^2$ と変形できる．そこで，x^2 をうまく調整して A^2-B^2 の形を作る．

(1) 次数の低い文字 z について整理すると，

$$\begin{aligned}&xyz+x^2y-xy^2-x+y-z\\&=(xy-1)z+x^2y-xy^2-x+y\\&=(xy-1)z+xy(x-y)-(x-y)\\&=(xy-1)z+(xy-1)(x-y)\\&=(xy-1)\{z+(x-y)\}\\&=\boldsymbol{(xy-1)(z+x-y)}\end{aligned}$$

(2)
$$\begin{aligned}&2x^2+3xy-2y^2-3x-y+1\\&=2x^2+(3y-3)x-(2y^2+y-1)\\&=2x^2+(3y-3)x-(y+1)(2y-1)\\&=\{x+(2y-1)\}\{2x-(y+1)\}\\&=\boldsymbol{(x+2y-1)(2x-y-1)}\end{aligned}$$

(3)
$$\begin{aligned}&x^2-6xy+9y^2-25z^2\\&=(x-3y)^2-(5z)^2\\&=\boldsymbol{(x-3y+5z)(x-3y-5z)}\end{aligned}$$

(4)
$$\begin{aligned}&x^4+3x^2+4\\&=(x^4+4x^2+4)-x^2\\&=(x^2+2)^2-x^2\\&=(x^2+2+x)(x^2+2-x)\\&=\boldsymbol{(x^2+x+2)(x^2-x+2)}\end{aligned}$$

2

x^5+y^5 は「x^3+y^3 と x^2+y^2 を掛ければ得られそうだ（不要な項も出てくる）」と考えてみよう．$(x^3+y^3)(x^2+y^2)$ を展開すると，

$$\begin{aligned}&(x^3+y^3)(x^2+y^2)\\&\quad=x^5+x^3y^2+x^2y^3+y^5\\&\quad=x^5+x^2y^2(x+y)+y^5\end{aligned}$$

となるので，

$$x^5+y^5=(x^2+y^2)(x^3+y^3)-(xy)^2(x+y)$$

であることが分かる．

$x^2+y^2=1$ …① より，

$$(x+y)^2-2xy=1$$

となり，これに，$x+y=2$ …② を代入すると，

$$4-2xy=1$$

$$xy=\frac{3}{2} \quad \cdots③$$

②，③ を用いると，

$$\begin{aligned}x^3+y^3&=(x+y)^3-3xy(x+y)\\&=2^3-3\cdot\frac{3}{2}\cdot2\\&=\boldsymbol{-1}\end{aligned}$$

さらに，

$$(x^3+y^3)(x^2+y^2)=x^5+x^2y^2(x+y)+y^5$$

であるから，

$$\begin{aligned}x^5+y^5&=(x^3+y^3)(x^2+y^2)-(xy)^2(x+y)\\&=(-1)\cdot1-\left(\frac{3}{2}\right)^2\cdot2\\&=-1-\frac{9}{2}\\&=\boldsymbol{-\frac{11}{2}}\end{aligned}$$

3

> ■7 で学習したように，二重根号を外すときには，まず $\sqrt{●\pm2\sqrt{■}}$ という形に変形しないといけない．この形にするために，[1](2) では，
> $$\sqrt{6-\sqrt{35}}=\sqrt{\frac{12-2\sqrt{35}}{2}}=\frac{\sqrt{12-2\sqrt{35}}}{\sqrt{2}}$$
> と変形していく．
> [2] は $x+\dfrac{1}{x}$ の値を準備して，これを用いて計算するとよい．■2[2] を見直してみよう．

[1]

(1) $\sqrt{7+4\sqrt{3}}=\sqrt{7+2\sqrt{12}}$

(7＝4＋3，12＝4・3 に注意して)

$$=\sqrt{(\sqrt{4}+\sqrt{3})^2}$$
$$=\sqrt{4}+\sqrt{3}$$
$$=\mathbf{2+\sqrt{3}}$$

(2) $\sqrt{6-\sqrt{35}}=\sqrt{\dfrac{12-2\sqrt{35}}{2}}$

$$=\frac{\sqrt{12-2\sqrt{35}}}{\sqrt{2}}$$

(12＝7＋5，35＝7・5 に注意して)

$$=\frac{\sqrt{(\sqrt{7}-\sqrt{5})^2}}{\sqrt{2}}$$
$$=\frac{\sqrt{7}-\sqrt{5}}{\sqrt{2}}$$
$$=\mathbf{\frac{\sqrt{14}-\sqrt{10}}{2}}$$

[2] $\sqrt{6+4\sqrt{2}}=\sqrt{6+2\sqrt{8}}$

(6＝4＋2，8＝4・2 に注意して)

$$=\sqrt{(\sqrt{4}+\sqrt{2})^2}$$
$$=\sqrt{4}+\sqrt{2}$$
$$=2+\sqrt{2}$$

$1<\sqrt{2}<2$ より，

$$3<2+\sqrt{2}<4$$

となるので，$2+\sqrt{2}\ (=\sqrt{6+4\sqrt{2}})$ の整数部分は3である．よって，この数の小数部分 x は，

$$x=(2+\sqrt{2})-3=\sqrt{2}-1$$

である．これより，

$$x+\frac{1}{x}=(\sqrt{2}-1)+\frac{1}{\sqrt{2}-1}$$
$$=(\sqrt{2}-1)+\frac{\sqrt{2}+1}{(\sqrt{2}-1)(\sqrt{2}+1)}$$
$$=(\sqrt{2}-1)+(\sqrt{2}+1)$$
$$=2\sqrt{2}$$

したがって，

$$x^2+\frac{1}{x^2}=\left(x+\frac{1}{x}\right)^2-2\cdot x\cdot\frac{1}{x}$$
$$=(2\sqrt{2})^2-2$$
$$=\mathbf{6}$$

$$x^4+\frac{1}{x^4}=\left(x^2+\frac{1}{x^2}\right)^2-2\cdot x^2\cdot\frac{1}{x^2}$$
$$=6^2-2$$
$$=\mathbf{34}$$

4

> 比例式は「$=k$」とおいて考える．因数分解してから代入すると計算しやすい．

$\dfrac{x+y}{5}=\dfrac{y+z}{3}=\dfrac{z+x}{7}=k\ (\neq0)$ とおくと，

$$\begin{cases} x+y=5k & \cdots① \\ y+z=3k & \cdots② \\ z+x=7k & \cdots③ \end{cases}$$

となる．①＋②＋③ より，

$$2(x+y+z)=15k$$
$$x+y+z=\frac{15}{2}k \quad \cdots④$$

① を ④ に代入すると，

$$5k+z=\frac{15}{2}k$$
$$z=\frac{5}{2}k$$

② を ④ に代入すると，

$$x+3k=\frac{15}{2}k$$
$$x=\frac{9}{2}k$$

③ を ④ に代入すると，

$$y+7k=\frac{15}{2}k$$

$$y=\frac{1}{2}k$$

したがって，

$$\frac{x^2-4y^2}{xy+2y^2+xz+2yz}=\frac{(x+2y)(x-2y)}{y(x+2y)+z(x+2y)}$$

$$=\frac{(x+2y)(x-2y)}{(x+2y)(y+z)}$$

$$=\frac{x-2y}{y+z}$$

$$=\frac{\frac{9}{2}k-2\cdot\frac{1}{2}k}{3k}$$

$$=\frac{\frac{7}{2}k}{3k}$$

$$=\mathbf{\frac{7}{6}}$$

5

[1]　不等式 $|2x-4|<2$ は，“絶対値の中身”の正負に注目してもよいが，

$|x|<c \Leftrightarrow -c<x<c$ （c は正の定数）

であることを用いるとよい．

[3]　“絶対値の中身”が0以上になるのは，$(x+1)(x-7)\geqq 0$ より，

$x\leqq -1,\ 7\leqq x$

のときであることに注目して場合分けを行う．

[1]　$|2x-4|<2$ より，

$$-2<2x-4<2$$

$$2<2x<6$$

$$\mathbf{1<x<3}$$

また，$|2x-4|-x<2$ より，

$$|2x-4|<x+2 \quad \cdots①$$

(ア)　$2x-4\geqq 0$ すなわち $x\geqq 2$ のとき

①より，

$$2x-4<x+2$$

$$x<6$$

これと $x\geqq 2$ から，

$$2\leqq x<6$$

(イ)　$2x-4<0$ すなわち $x<2$ のとき

①より，

$$-(2x-4)<x+2$$

$$-3x<-2$$

$$x>\frac{2}{3}$$

これと $x<2$ から，

$$\frac{2}{3}<x<2$$

(ア)，(イ)より，①の解は，

$$\mathbf{\frac{2}{3}<x<6}$$

[2]　$|x-1|+|x-3|+x^2-2<5 \quad \cdots①$

(ア)　$x\geqq 3$ のとき

①より，

$$(x-1)+(x-3)+x^2-2<5$$

$$x^2+2x-11<0$$

$$-1-2\sqrt{3}<x<-1+2\sqrt{3}$$

これは $x\geqq 3$ を満たさない．

(イ)　$1\leqq x<3$ のとき

①より，

$$(x-1)-(x-3)+x^2-2<5$$

$$x^2<5$$

$$-\sqrt{5}<x<\sqrt{5}$$

これと $1\leqq x<3$ から，

$$1\leqq x<\sqrt{5}$$

(ウ)　$x<1$ のとき

①より，

$$-(x-1)-(x-3)+x^2-2<5$$

$$x^2-2x-3<0$$

$$(x+1)(x-3)<0$$

$$-1<x<3$$

これと $x<1$ から，

$$-1<x<1$$

(ア)，(イ)，(ウ)より，①の解は，

$$\mathbf{-1<x<\sqrt{5}}$$

[3]　$|(x+1)(x-7)|>2x+2 \quad \cdots①$

(ア)　$x\leqq -1,\ 7\leqq x$ のとき

①より，

$$(x+1)(x-7)>2x+2$$

$$x^2-6x-7>2x+2$$

$$x^2-8x-9>0$$

$$(x+1)(x-9)>0$$

$$x<-1,\ 9<x$$

これは「$x \leqq -1,\ 7 \leqq x$」を満たす.

(イ) $-1<x<7$ のとき

①より,

$$-(x+1)(x-7)>2x+2$$

$$-x^2+6x+7>2x+2$$

$$x^2-4x-5<0$$

$$(x+1)(x-5)<0$$

$$-1<x<5$$

これは「$-1<x<7$」を満たす.

(ア), (イ) より, ① の解は,

$$\boldsymbol{x<-1,\ -1<x<5,\ 9<x}$$

6

(2) は (1) のグラフを利用し, $6 \leqq y \leqq 10$ となるような x の範囲を求めればよい.

(1) $$y=|x+3|+|x-1| \quad \cdots ①$$

(ア) $x \geqq 1$ のとき, ① より,

$$y=(x+3)+(x-1)$$
$$=2x+2$$

(イ) $-3 \leqq x<1$ のとき, ① より,

$$y=(x+3)-(x-1)$$
$$=4$$

(ウ) $x<-3$ のとき, ① より,

$$y=-(x+3)-(x-1)$$
$$=-2x-2$$

以上より, ① のグラフは次のようになる.

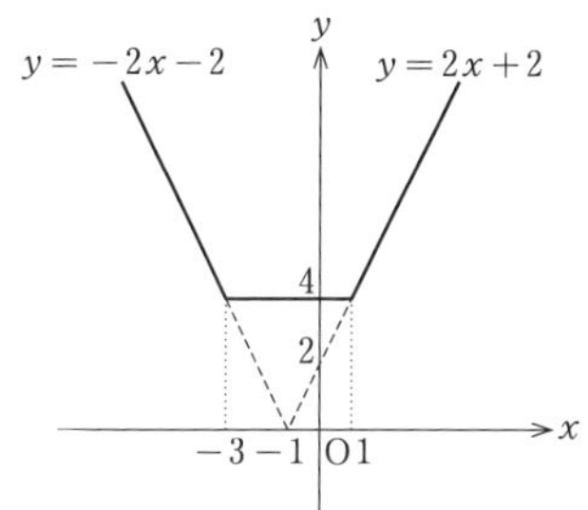

(2) $y=2x+2$ で $y=6,\ 10$ になるときの x を求めると,

$2x+2=6$ より, $x=2$,

$2x+2=10$ より, $x=4$

$y=-2x-2$ で $y=6,\ 10$ になるときの x を求めると,

$-2x-2=6$ より, $x=-4$,

$-2x-2=10$ より, $x=-6$

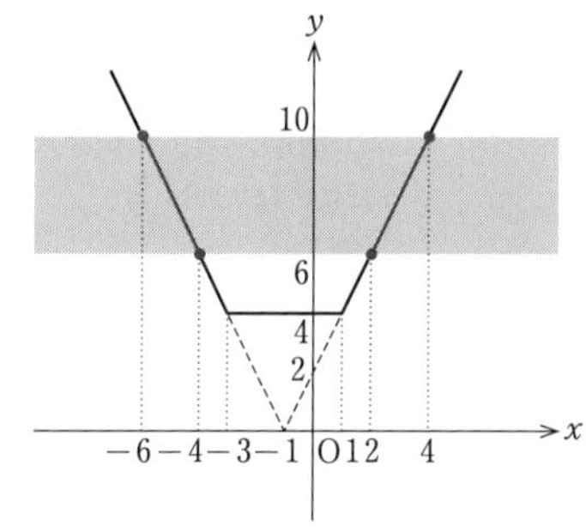

$$6 \leqq |x+3|+|x-1| \leqq 10$$

を満たす x の範囲は,

$6 \leqq y \leqq 10$ となる x の範囲

を求めればよく, グラフより,

$$\boldsymbol{-6 \leqq x \leqq -4,\ 2 \leqq x \leqq 4}$$

7

8 で学習した「包除原理」に注意して考えよう.

クラス全体の集合を U, 犬を飼っている人の集合を A, 猫を飼っている人の集合を B とすると, 条件より, $n(U)=50$ で,

$$n(A)=22,\ n(B)=15$$

また, 犬, 猫のどちらも飼っていない人が 18 人であるから, 犬または猫を飼っている人は, $50-18=32$ 人である. つまり,

$$n(A \cup B)=32 \quad \cdots (*)$$

である. ここで,

$$n(A \cup B)=n(A)+n(B)-n(A \cap B)$$

が成り立つので,

$$32=22+15-n(A \cap B)$$

$$n(A \cap B)=5$$

したがって, 犬と猫の両方とも飼っている人は,

5 人

また, 犬を飼っている人は 22 人であり, このうちの 5 人が猫も飼っているから, 犬だ

け飼っている人は,

$$22-5=\mathbf{17}\ 人$$

<補足：ド・モルガンの法則を見直そう>

$n(\overline{A}\cap\overline{B})=18$ であり，ド・モルガンの法則を用いると，(*)は,

$$\begin{aligned}n(A\cup B)&=n(U)-n(\overline{A\cup B})\\&=n(U)-n(\overline{A}\cap\overline{B})\\&=50-18\\&=32\end{aligned}$$

のように導かれる.

8

> (4)はそれぞれの不等式の表す領域を描き，その包含関係に注目して真偽の判定を行うとよい．(5)も同様である.
>
> なお，(5)の $|x|+|y|<2$ のような絶対値を含む不等式の表す領域は文系でもしばしば出題されるものであるから，きちんと描けるようにしておこう.
>
> (注) 領域は，数学IIの範囲である.

(1) $p : x^2=1,\ q : x=1$

とする.

・$p\Rightarrow q$ は偽 （反例：$x=-1$）

・$p\Leftarrow q$ は真

したがって，p は q であるための**必要条件** ①である.

(2) $p : xy=0,$

$q : x=0$ かつ $y=0$

とする.

・$p\Rightarrow q$ は偽 （反例：$x=0,\ y=2$）

・$p\Leftarrow q$ は真

したがって，p は q であるための**必要条件** ①である.

(3) $p : x=0,\ q : x^2+y^2=0$

とする.

$x^2+y^2=0$ が成り立つのは $x=y=0$ のときだけであることに注意する.

・$p\Rightarrow q$ は偽 （反例：$x=0,\ y=2$）

・$p\Leftarrow q$ は真

したがって，p は q であるための**必要条件** ①である.

(4) $p : y\leqq x^2,\ q : y\leqq x$

とし，$y\leqq x^2$ の表す領域を D，$y\leqq x$ の表す領域を E とする．D は次の図の灰色に塗られた部分，E は次の図の斜線部分で，どちらも境界を含む.

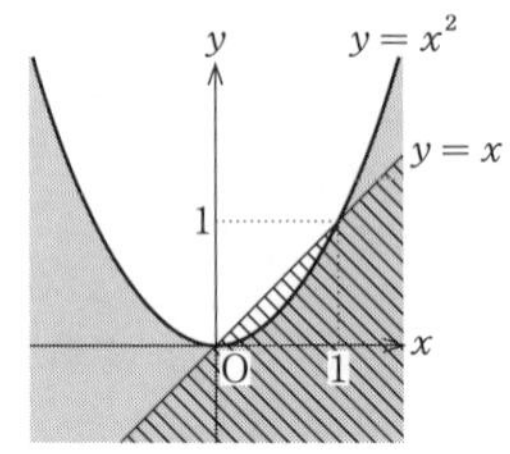

D は E に含まれない．E も D に含まれない．したがって,

$p\Rightarrow q$ は偽，$p\Leftarrow q$ は偽

となるから，**必要条件でも十分条件でもない** ④.

(5) $p : x^2+y^2<2,\ q : |x|+|y|<2$

とし,

$x^2+y^2<2$ の表す領域を D,

$|x|+|y|<2$ の表す領域を E

とする．D は次の図の斜線部分，E は次の図の灰色に塗られた部分で，どちらも境界を含まない.

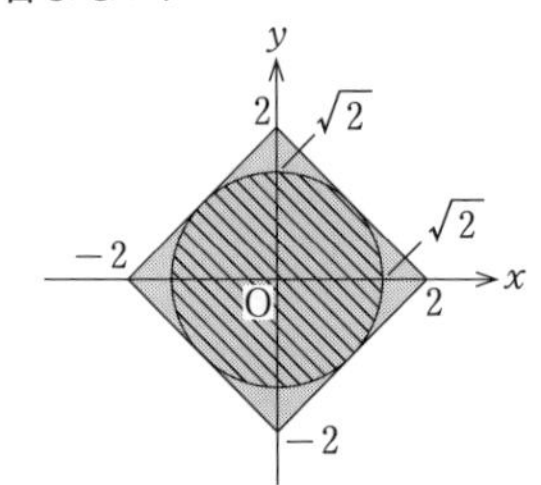

D は E に含まれる．E は D に含まれない．したがって,

$p\Rightarrow q$ は真，$p\Leftarrow q$ は偽

となるから，p は q であるための**十分条件** ②である.

<補足：$|x|+|y|<2$ の領域>

$$|x|+|y|<2 \qquad \cdots(*)$$

(*)の表す領域は，次の4つの場合に分けて考えればよい.

・$x \geqq 0$, $y \geqq 0$ のとき

$$x+y<2 \quad \therefore\ y<-x+2$$

・$x<0$, $y \geqq 0$ のとき

$$-x+y<2 \quad \therefore\ y<x+2$$

・$x<0$, $y<0$ のとき

$$-x-y<2 \quad \therefore\ y>-x-2$$

・$x \geqq 0$, $y<0$ のとき

$$x-y<2 \quad \therefore\ y>x-2$$

以上のことをあわせて考えると，図の灰色で塗られた正方形の領域 E が得られる．

9

いくつかの解答が考えられるが，ここでは，**14** で学習した「書きかえ」による処理を確認することにしよう．

原点に関して対称移動するときには，

$$x \text{ を } -x,\ y \text{ を } -y$$

に書きかえればよい．

また，x 軸方向に 3，y 軸方向に 6 だけ平行移動するときには，

$$x \text{ を } x-3,\ y \text{ を } y-6$$

に書きかえればよい．

$y=x^2+ax+b$ を原点に関して対称移動した放物線の式は，

$$-y=(-x)^2+a(-x)+b$$

すなわち，

$$y=-x^2+ax-b$$

である．

さらに，この放物線を x 軸方向に 3，y 軸方向に 6 だけ平行移動して得られる放物線の式は，

$$y-6=-(x-3)^2+a(x-3)-b$$

$$y-6=-x^2+6x-9+ax-3a-b$$

$$y=-x^2+(6+a)x+(-3-3a-b) \quad \cdots①$$

① が $y=-x^2+4x-7$ であるから，

$$\begin{cases} 6+a=4 \\ -3-3a-b=-7 \end{cases}$$

これを解くと，求める a，b の値は，

$$\boldsymbol{a=-2,\ b=10}$$

10

$y=x^2-2x+3$ のグラフは下に凸の放物線で，軸は $x=1$ である．頂点が定義域に含まれれば頂点で最小になるが，含まれない場合には定義域の端で最小になるので，(2) では，$0 \leqq x \leqq a$ の定義域に頂点が含まれるかどうかに注目して，場合分けをする．定義域に文字 a が入っていて **18** とは問題の設定が異なるが，考え方のポイントは変わらない．

(3) の最大値も a の値で場合分けをするが，グラフが $x=1$ (軸) について左右対称であることに注意して考える．

$f(x)=x^2-2x+3$ とすると，

$$f(x)=(x-1)^2+2$$

となるので，$y=f(x)$ のグラフは，

頂点が (1, 2)，軸が $x=1$

である．

(1) $0 \leqq x \leqq 3$ におけるグラフは次のようになる．

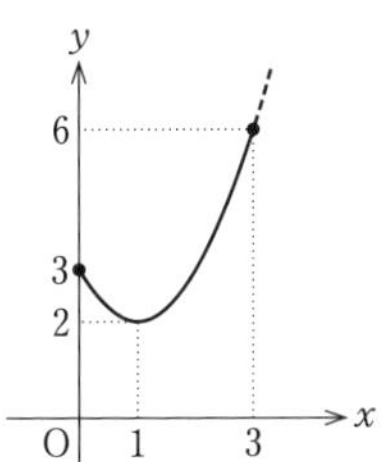

グラフより，

最大値 6，最小値 2

(2) $0 \leqq x \leqq a$ に頂点が含まれる場合と含まれない場合に分ける．

(ア) $0<a \leqq 1$ のとき

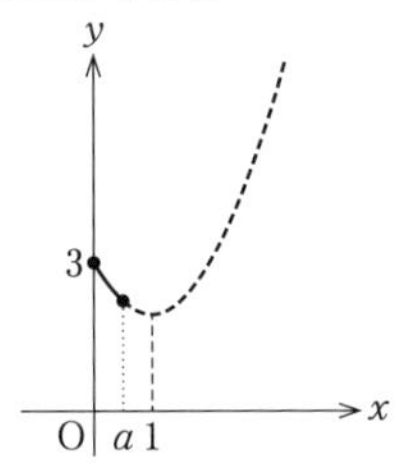

$$m=f(a)=a^2-2a+3$$

(イ) $1<a$ のとき

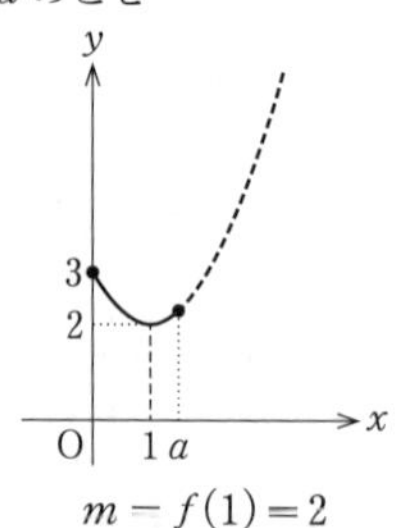

$$m=f(1)=2$$

以上より，

$$\boldsymbol{m=\begin{cases} a^2-2a+3 & (0<a\leqq 1\text{のとき}) \\ 2 & (1<a\text{のとき}) \end{cases}}$$

(3) $y=f(x)$ のグラフは直線 $x=1$ について対称で，$f(0)=f(2)=3$ である．

(ウ) $0<a\leqq 2$ のとき

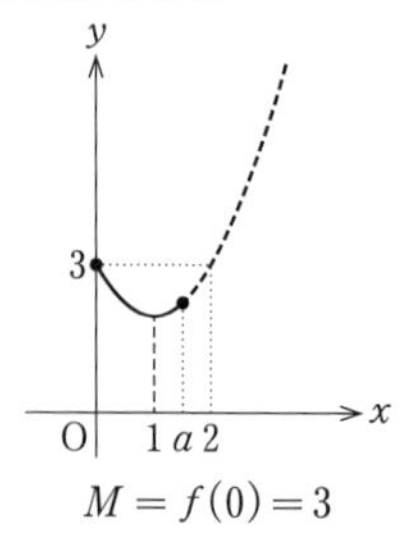

$$M=f(0)=3$$

(エ) $2<a$ のとき

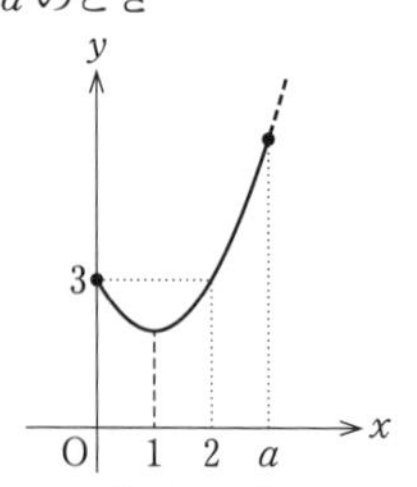

$$M=f(a)=a^2-2a+3$$

以上より，

$$\boldsymbol{M=\begin{cases} 3 & (0<a\leqq 2\text{のとき}) \\ a^2-2a+3 & (2<a\text{のとき}) \end{cases}}$$

11

17 と同様にして，y を消去して x の関数として考えるが，x のとり得る値の範囲をきちんと確認しないといけない．x，y は実数であるから，$2x^2\geqq 0$ かつ $y^2\geqq 0$ である．このことと，$2x^2+y^2=8$ より，x，y はそれほど大きな値をとれないことが分かるだろう．問題文に x の範囲が具体的に書かれていないが，本問のように「実数」の条件から範囲が限定される場合もある．

$z=x^2+y^2-6x$ とする．

$2x^2+y^2=8$ より，

$$y^2=8-2x^2 \quad \cdots ①$$

① を用いると，

$$\begin{aligned} z&=x^2+(8-2x^2)-6x \\ &=-x^2-6x+8 \\ &=-(x+3)^2+17 \quad \cdots ② \end{aligned}$$

また，$y^2\geqq 0$ であるから，① より，

$$8-2x^2\geqq 0$$

となり，$x^2\leqq 4$ と整理されて，

$$-2\leqq x\leqq 2 \quad \cdots ③$$

③ の範囲で ② のグラフを描くと次のようになる．

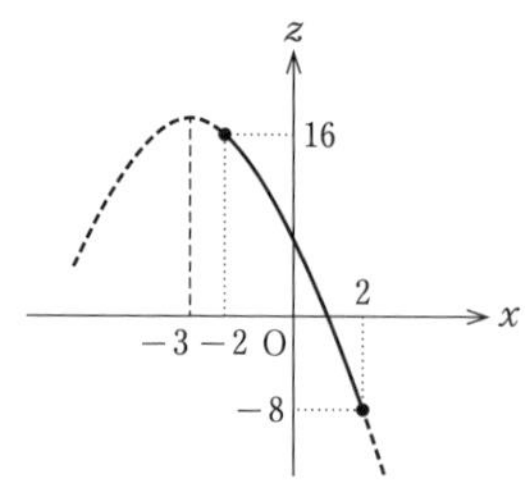

グラフより，

最大値 16，最小値 −8

12

$x^2+4x=t$ と置きかえて，t についての 2 次関数を作って考えるが，このときに t の範囲の確認を忘れないようにしよう．

$$\begin{aligned} y&=(x^2+4x+5)(x^2+4x+2)+2x^2+8x+1 \\ &=(x^2+4x+5)(x^2+4x+2)+2(x^2+4x)+1 \quad \cdots ① \end{aligned}$$

$x^2+4x=t$ とおくと，① より，

$$\begin{aligned} y&=(t+5)(t+2)+2t+1 \\ &=t^2+9t+11 \\ &=\left(t+\frac{9}{2}\right)^2-\frac{37}{4} \quad (=f(t)\text{とする}) \end{aligned}$$

ここで，$t=x^2+4x$ より，

$$t=(x+2)^2-4$$

となるから，x が実数全体を変化するとき，t のとり得る値の範囲は，

$$t \geqq -4$$

である．

$t \geqq -4$ において $y=f(t)$ のグラフは次のようになる．

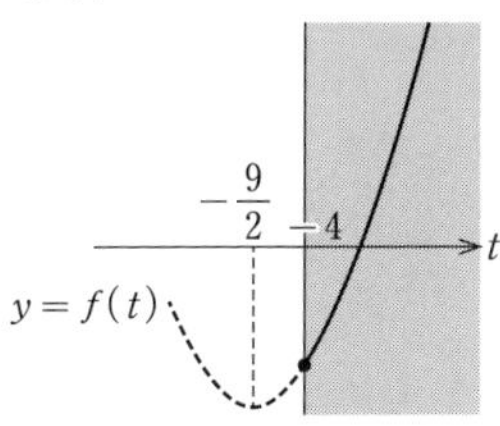

グラフより，最小値は，

$$f(-4)=(-4)^2+9(-4)+11$$
$$=\mathbf{-9}$$

13

> **20** で学習した．$y=ax^2-3x+b$ のグラフがどのようになっていればよいかを考えてみよう．本問では，x 軸より上側に2次関数 $y=ax^2-3x+b$ のグラフが存在する x の範囲が $a<x<a+1$ であるから，
> ・グラフが上に凸の放物線である
> ・x 軸との交点が $(a, 0)$，$(a+1, 0)$
> ということに注目する．

$f(x)=ax^2-3x+b$ とする．$f(x)>0$ の解が $a<x<a+1$ になるとき，$y=f(x)$ のグラフは次のようになる．

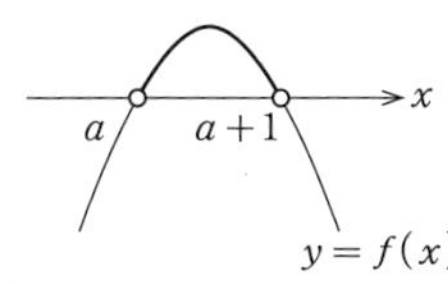

このとき，

$$\begin{cases} a<0 \\ f(a)=0 \\ f(a+1)=0 \end{cases}$$

であるから，

$$\begin{cases} a<0 \\ a\cdot a^2-3a+b=0 & \cdots① \\ a(a+1)^2-3(a+1)+b=0 & \cdots② \end{cases}$$

① より，

$$b=-a^3+3a \quad \cdots①'$$

となり，② に代入すると，

$$a(a+1)^2-3(a+1)-a^3+3a=0$$
$$a^3+2a^2+a-3a-3-a^3+3a=0$$
$$2a^2+a-3=0$$
$$(2a+3)(a-1)=0$$

$a<0$ より，

$$a=-\frac{3}{2}$$

これを ①′ に代入すると，

$$b=-\left(-\frac{27}{8}\right)+3\left(-\frac{3}{2}\right)$$
$$=\frac{27-36}{8}$$
$$=-\frac{9}{8}$$

以上より，求める a，b の値は，

$$\boldsymbol{a=-\frac{3}{2},\ b=-\frac{9}{8}}$$

14

> $f(x)=ax^2+2(a+1)x+2a+1$ として，$y=f(x)$ のグラフがつねに x 軸より上側にあるための条件を考える．ただし，x^2 の係数が a であるから，a の値に応じてグラフの様子が変化することに注意する．

$f(x)=ax^2+2(a+1)x+2a+1$ とする．

$y=f(x)$ のグラフがつねに x 軸より上側にある条件を考えればよい．

(ア) $a<0$ のとき

$y=f(x)$ のグラフは上に凸の放物線となり，条件を満たさない．

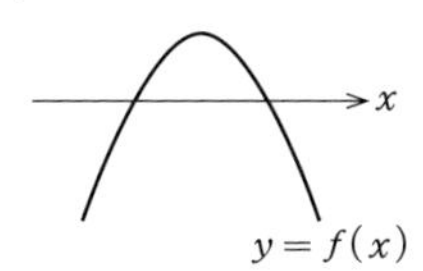

(イ)　$a=0$ のとき

　$f(x)=2x+1$ となり条件を満たさない．

　(たとえば，$f(-1)=-1<0$ である)

(ウ)　$a>0$ のとき

　$y=f(x)$ のグラフは下に凸の放物線となり，次のようになればよい．つまり，$y=f(x)$ のグラフが x 軸と共有点をもたない条件を考えればよい．

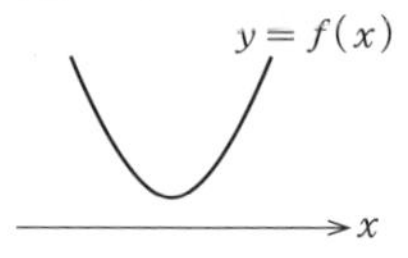

　$ax^2+2(a+1)x+2a+1=0$ の判別式を D とすると，

$$\frac{D}{4}=(a+1)^2-a(2a+1)$$

$$=-a^2+a+1$$

であり，$\frac{D}{4}<0$ より，

$$-a^2+a+1<0$$

$$a^2-a-1>0$$

$$a<\frac{1-\sqrt{5}}{2},\ \frac{1+\sqrt{5}}{2}<a$$

　$a>0$ であるから，

$$\frac{1+\sqrt{5}}{2}<a$$

(ア)，(イ)，(ウ) より，求める a の値の範囲は，

$$\boldsymbol{\frac{1+\sqrt{5}}{2}<a}$$

＜補足：$a>0$ の場合について＞

　$a>0$ のとき，

$$f(x)=ax^2+2(a+1)x+2a+1$$

$$=a\left\{x^2+\frac{2(a+1)}{a}x\right\}+2a+1$$

$$=a\left\{\left(x+\frac{a+1}{a}\right)^2-\frac{(a+1)^2}{a^2}\right\}+2a+1$$

$$=a\left(x+\frac{a+1}{a}\right)^2-\frac{(a+1)^2}{a}+2a+1$$

$$=a\left(x+\frac{a+1}{a}\right)^2+\frac{-a^2-2a-1+2a^2+a}{a}$$

$$=a\left(x+\frac{a+1}{a}\right)^2+\frac{a^2-a-1}{a}$$

　これより，頂点の y 座標に注目すると，求める条件は，

$$\frac{a^2-a-1}{a}>0$$

であり，$a>0$ にも注意すると，

$$a^2-a-1>0$$

が得られる．

　平方完成が大変な場合には，解答のように判別式の正負に注目すると計算量を減らすことができる．

15

　$-1\leqq x\leqq 1$ で $f(x)\geqq 0$ となる条件は $f(x)$ の最小値を考えるので，放物線 $y=f(x)$ の軸が $-1\leqq x\leqq 1$ の範囲に含まれる場合と含まれない場合に分けて考える．

$$f(x)=x^2-(2a-3)x+2a$$

$$=\left(x-\frac{2a-3}{2}\right)^2-\frac{4a^2-12a+9}{4}+2a$$

$$=\left(x-\frac{2a-3}{2}\right)^2+\frac{-4a^2+20a-9}{4}$$

となるので，$y=f(x)$ のグラフは，

$$軸が\ x=\frac{2a-3}{2}$$

の下に凸の放物線である．

(ア)　$\frac{2a-3}{2}<-1$ すなわち $a<\frac{1}{2}$ のとき

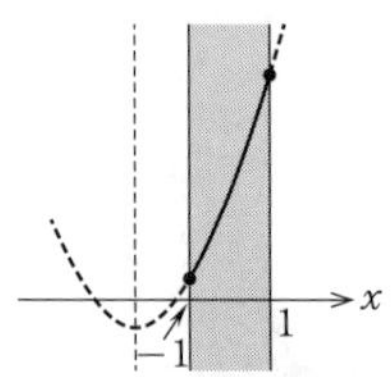

$-1\leqq x\leqq 1$ における最小値は，

$$f(-1)=4a-2$$

であり，求める条件は，

$$4a-2\geqq 0$$

$$a\geqq\frac{1}{2}$$

これは $a<\frac{1}{2}$ を満たさない．

(イ) $-1 \leqq \dfrac{2a-3}{2} \leqq 1$ すなわち $\dfrac{1}{2} \leqq a \leqq \dfrac{5}{2}$ のとき

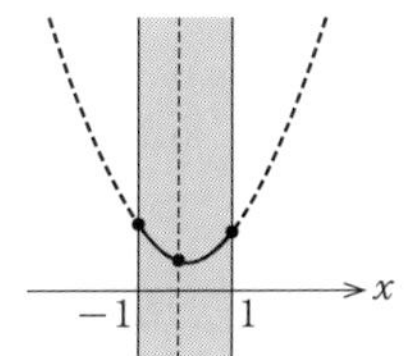

$-1 \leqq x \leqq 1$ における最小値は頂点の

$$\frac{-4a^2+20a-9}{4}$$

であり，求める条件は，

$$\frac{-4a^2+20a-9}{4} \geqq 0$$
$$4a^2-20a+9 \leqq 0$$
$$(2a-1)(2a-9) \leqq 0$$
$$\frac{1}{2} \leqq a \leqq \frac{9}{2}$$

$\dfrac{1}{2} \leqq a \leqq \dfrac{5}{2}$ も考えて，

$$\frac{1}{2} \leqq a \leqq \frac{5}{2}$$

(ウ) $1 < \dfrac{2a-3}{2}$ すなわち $\dfrac{5}{2} < a$ のとき

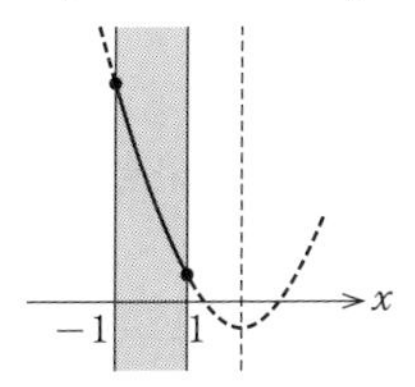

$-1 \leqq x \leqq 1$ における最小値は $f(1)=4$ であるから，この場合は，$-1 \leqq x \leqq 1$ においてつねに $f(x) \geqq 0$ が成り立っている．

(ア)，(イ)，(ウ) より，求める a の値の範囲は，

$$\frac{1}{2} \leqq a \leqq \frac{5}{2} \text{ または } \frac{5}{2} < a$$

であるから，

$$\boldsymbol{\frac{1}{2} \leqq a}$$

<補足：(ウ)の場合について>

(ウ)の場合の最小値は4なので，$f(x)<0$ になってしまうことはない（4より小さい値はとらない）．したがって，$\dfrac{5}{2}<a$ の場合は，つねに条件を満たすグラフが得られて，題意は満たされることになる．

16

> **23** で学習した解の配置問題である．$-2<x<2$ の範囲で x 軸と2点で交わるようなグラフが得られる条件を，頂点や範囲の端の値に注目して考える．

$f(x)=x^2-2ax+a$ とすると，

$$f(x)=(x-a)^2-a^2+a$$

となるので，$y=f(x)$ のグラフは，

頂点が $(a,\ -a^2+a)$，軸が $x=a$

である．

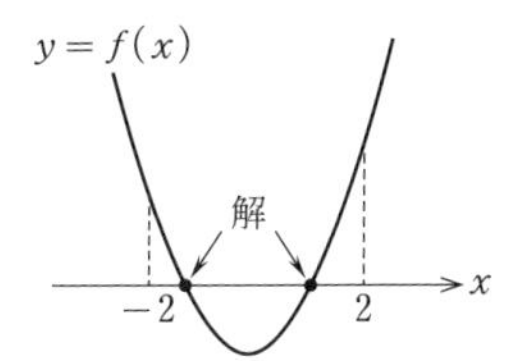

$y=f(x)$ のグラフが上のようになればよく，その条件は，

$$\begin{cases} -a^2+a<0 & \cdots① \\ -2<a<2 & \cdots② \\ f(-2)=4+5a>0 & \cdots③ \\ f(2)=4-3a>0 & \cdots④ \end{cases}$$

① より，$a(a-1)>0$ となるので，

$$a<0,\ 1<a$$

③ より，$a>-\dfrac{4}{5}$ である．

④ より，$a<\dfrac{4}{3}$ である．

したがって，①，②，③，④ を同時に満たす a の範囲を求めると，

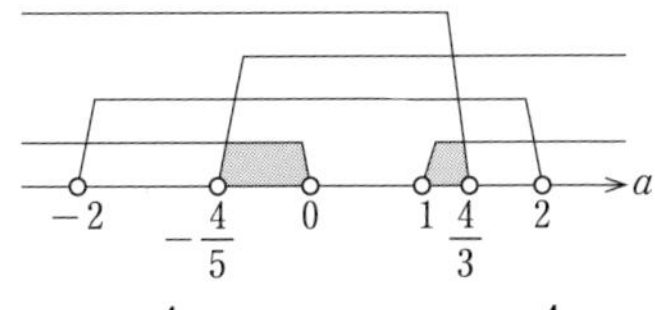

$$\boldsymbol{-\frac{4}{5}<a<0,\ 1<a<\frac{4}{3}}$$

＜補足：① の条件について＞

①は，頂点の y 座標が負であることに注目したが，判別式に注目して，

$$\frac{D}{4}=a^2-a>0$$

としてもよい．

17

> 与えられている条件が **25** と少し異なっているだけである．三角比の問題で使う公式を確実に身につけよう．

$a=5$，$b=9$，$c=7$ と表すこととする．

余弦定理より，

$$\cos A=\frac{b^2+c^2-a^2}{2bc}$$
$$=\frac{9^2+7^2-5^2}{2\cdot 9\cdot 7}$$
$$=\mathbf{\frac{5}{6}}$$

これを $\sin^2 A=1-\cos^2 A$ に代入すると，

$$\sin^2 A=1-\frac{25}{36}=\frac{11}{36}$$

$0°<A<180°$ より $\sin A>0$ であるから，

$$\sin A=\mathbf{\frac{\sqrt{11}}{6}}$$

三角形 ABC の面積を S とすると，

$$S=\frac{1}{2}bc\sin A$$
$$=\frac{1}{2}\cdot 9\cdot 7\cdot\frac{\sqrt{11}}{6}$$
$$=\mathbf{\frac{21\sqrt{11}}{4}}$$

外接円の半径を R とすると，正弦定理より，

$$\frac{a}{\sin A}=2R$$

が成り立つから，

$$R=\frac{a}{2\sin A}=\frac{5}{2\cdot\frac{\sqrt{11}}{6}}$$
$$=\mathbf{\frac{15}{\sqrt{11}}}\left(=\frac{15\sqrt{11}}{11}\right)$$

内接円の半径を r とすると，

$$S=\frac{1}{2}r(a+b+c)$$

が成り立つから，

$$\frac{21\sqrt{11}}{4}=\frac{1}{2}r(5+9+7)$$

これより，

$$r=\mathbf{\frac{\sqrt{11}}{2}}$$

18

> (1) BC$=a$，CA$=b$，AB$=c$ とすると，**28** で学習したように，
> $a=5k$，$b=6k$，$c=7k$ $(k>0)$
> とおけて，c が最大である．よって，最も大きい角 θ は，最も長い辺 AB に向かい合う角 C である．
> (2) 線分 BD の長さは，**26** [1] と同様に，三角形 BCD に余弦定理を用いる．

(1) BC$=a$，CA$=b$，AB$=c$ とすると，

$$\sin A:\sin B:\sin C=5:6:7$$

であるから，正弦定理より，

$$a:b:c=5:6:7$$

となる．そこで，

$$a=5k,\ b=6k,\ c=7k\ (k>0)\quad\cdots①$$

とおくと，辺 AB が最も長いから，最も大きい角 θ は C であり，

$$\cos\theta=\cos C=\frac{25k^2+36k^2-49k^2}{2\cdot 5k\cdot 6k}$$
$$=\frac{12k^2}{60k^2}$$
$$=\mathbf{\frac{1}{5}}$$

(2) AC$=12$ のとき，$b=12$ であるから，①において，$k=2$ である．よって，

$$a=10,\ b=12,\ c=14$$

である．

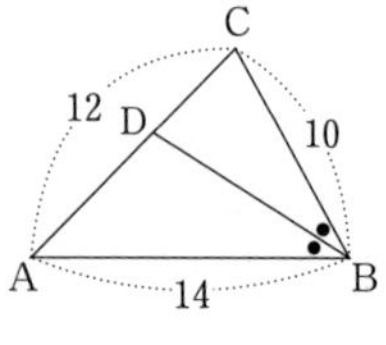

直線BDは∠ABCを二等分するから，

$$\mathrm{CD}:\mathrm{DA}=\mathrm{BC}:\mathrm{AB}$$
$$=5:7$$

これより，

$$\mathrm{CD}=\mathrm{CA}\times\frac{5}{5+7}=12\times\frac{5}{12}=\mathbf{5}$$

さらに，三角形BCDに余弦定理を用いると，

$$\mathrm{BD}^2=\mathrm{BC}^2+\mathrm{CD}^2-2\cdot\mathrm{BC}\cdot\mathrm{CD}\cos C$$
$$=10^2+5^2-2\cdot10\cdot5\cdot\frac{1}{5}$$
$$=105$$

となるので，

$$\mathrm{BD}=\boldsymbol{\sqrt{105}}$$

19

26 [2]の復習である．面積について，
$\triangle\mathrm{ABD}+\triangle\mathrm{ACD}=\triangle\mathrm{ABC}$
が成り立つことを利用しよう．

面積について，

$$\triangle\mathrm{ABD}+\triangle\mathrm{ACD}=\triangle\mathrm{ABC}$$

が成り立つから，

$$\frac{1}{2}\cdot3\cdot\mathrm{AD}\cdot\sin30^\circ+\frac{1}{2}\cdot2\cdot\mathrm{AD}\cdot\sin30^\circ=\frac{1}{2}\cdot2\cdot3\cdot\sin60^\circ$$

$$\frac{1}{2}\cdot3\cdot\mathrm{AD}\cdot\frac{1}{2}+\frac{1}{2}\cdot2\cdot\mathrm{AD}\cdot\frac{1}{2}=\frac{1}{2}\cdot2\cdot3\cdot\frac{\sqrt{3}}{2}$$
$$3\mathrm{AD}+2\mathrm{AD}=6\sqrt{3}$$
$$\mathrm{AD}=\boldsymbol{\frac{6\sqrt{3}}{5}}$$

20

四角形ABCDは円に内接するから，対角の和が180°である．(1)では，三角形ABDと三角形BCDに余弦定理を用いるが，その際に $\cos(180^\circ-\theta)=-\cos\theta$ であることに注意する．

(2)では，AB＝DAより∠BCE＝∠DCEが成り立つから，角の二等分線の性質を利用してみる．

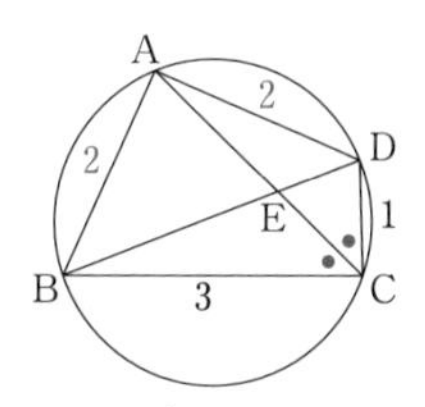

(1) ∠BAD＝θとすると，

$$\angle\mathrm{BCD}=180^\circ-\theta$$

である．

三角形ABDに余弦定理を用いると，

$$\mathrm{BD}^2=2^2+2^2-2\cdot2\cdot2\cos\theta$$
$$=8-8\cos\theta \quad \cdots①$$

三角形BCDに余弦定理を用いると，

$$\mathrm{BD}^2=3^2+1^2-2\cdot3\cdot1\cdot\cos(180^\circ-\theta)$$
$$=10-6(-\cos\theta)$$
$$=10+6\cos\theta \quad \cdots②$$

①，②より，

$$8-8\cos\theta=10+6\cos\theta$$

これより，

$$\cos\angle\mathrm{BAD}=\cos\theta=\boldsymbol{-\frac{1}{7}}$$

これを①に代入すると，

$$\mathrm{BD}^2=8(1-\cos\theta)=8\left(1+\frac{1}{7}\right)=\frac{64}{7}$$

となるから，

$$\mathrm{BD}=\frac{8}{\sqrt{7}}=\boldsymbol{\frac{8\sqrt{7}}{7}}$$

(2) AB＝DAより，

$$\angle\mathrm{BCE}=\angle\mathrm{DCE}$$

である．よって，角の二等分線の性質から，

$$\mathrm{BE}:\mathrm{ED}=\mathrm{CB}:\mathrm{CD}=3:1$$

が成り立つので，

$$\mathrm{BE}=\mathrm{BD}\times\frac{3}{3+1}$$
$$=\frac{8\sqrt{7}}{7}\times\frac{3}{4}$$
$$=\boldsymbol{\frac{6\sqrt{7}}{7}}$$

21

まず，データを小さい順に並べかえる．

問題のデータを小さい順に並べかえると，

次のようになる.

4, 5, 6, 7, 8 , 10, 11, 12, 16, 17

第2四分位数 Q_2 は, $\dfrac{8+10}{2}=9$ である.

第1四分位数 Q_1 は下位のグループの中央値, 第3四分位数 Q_3 は上位のグループの中央値であるから,

$$Q_1=6,\ Q_2=9,\ Q_3=12$$

22

(2)において, y の分散は,

(y^2 の平均値)−(y の平均値)^2

であることを利用して, a,b についての条件式を立てる.

(1) x の平均値 $\overline{x}$ は,

$$\overline{x}=\frac{1}{5}(6+2+2+6+4)=\mathbf{4}$$

x の分散 ${s_x}^2$ は,

$$\begin{aligned}{s_x}^2&=\frac{1}{5}\{(6-4)^2+(2-4)^2+(2-4)^2\\&\qquad+(6-4)^2+(4-4)^2\}\\&=\mathbf{\frac{16}{5}}\end{aligned}$$

<別解：分散のもう1つの計算>

$$\begin{aligned}{s_x}^2&=\frac{1}{5}(6^2+2^2+2^2+6^2+4^2)-4^2\\&=\frac{1}{5}\cdot96-16\\&=\mathbf{\frac{16}{5}}\end{aligned}$$

(2) y の平均値は4であるから,

$$\frac{1}{5}(5+a+b+5+3)=4$$

$$13+a+b=20$$

$$b=7-a \qquad \cdots①$$

y の分散は0.8であるから,

$$\frac{1}{5}(5^2+a^2+b^2+5^2+3^2)-4^2=0.8$$

$$(a^2+b^2+59)-80=4$$

$$a^2+b^2=25 \qquad \cdots②$$

①を②に代入すると,

$$a^2+(7-a)^2=25$$

$$2a^2-14a+24=0$$

$$a^2-7a+12=0$$

$$(a-3)(a-4)=0$$

$$a=3,\ 4$$

①から, b も求めると,

$$(a,b)=(3,\ 4),\ (4,\ 3)$$

となるが, $a<b$ であるから,

$$\mathbf{a=3,\ b=4}$$

(3) x, y の偏差は次のようになっている.

x	$x-\overline{x}$	y	$y-\overline{y}$	$(x-\overline{x})(y-\overline{y})$
6	2	5	1	2
2	−2	3	−1	2
2	−2	4	0	0
6	2	5	1	2
4	0	3	−1	0

上の表から, 共分散 s_{xy} は,

$$s_{xy}=\frac{1}{5}(2+2+0+2+0)=\mathbf{\frac{6}{5}}$$

(4) 相関係数 r は,

$$r=\frac{s_{xy}}{s_x s_y}=\frac{\frac{6}{5}}{\sqrt{\frac{16}{5}}\sqrt{\frac{4}{5}}}=\frac{\frac{6}{5}}{\frac{8}{5}}=\mathbf{\frac{3}{4}}$$

23

本問は, 分散が,

(x の分散)

=(x^2 の平均値)−(x の平均値)^2

と計算できることを, データの大きさが3の場合について示す問題である.

$\overline{x}$, $\overline{x^2}$ は,

$$\overline{x}=\frac{x_1+x_2+x_3}{3} \qquad \cdots①$$

$$\overline{x^2}=\frac{{x_1}^2+{x_2}^2+{x_3}^2}{3} \qquad \cdots②$$

である. このとき,

$$\begin{aligned}s^2&=\frac{1}{3}\{(x_1-\overline{x})^2+(x_2-\overline{x})^2+(x_3-\overline{x})^2\}\\&=\frac{1}{3}\{{x_1}^2-2x_1\overline{x}+(\overline{x})^2+{x_2}^2-2x_2\overline{x}+(\overline{x})^2\\&\qquad+{x_3}^2-2x_3\overline{x}+(\overline{x})^2\}\end{aligned}$$

$$=\frac{1}{3}\{(x_1{}^2+x_2{}^2+x_3{}^2)-2(x_1+x_2+x_3)\overline{x}+3(\overline{x})^2\}$$

$$=\frac{x_1{}^2+x_2{}^2+x_3{}^2}{3}-2\cdot\frac{x_1+x_2+x_3}{3}\cdot\overline{x}+(\overline{x})^2$$

$=\overline{x^2}-2\cdot\overline{x}\cdot\overline{x}+(\overline{x})^2$　(①, ② より)

$=\overline{x^2}-(\overline{x})^2$

＜補足＞

本問の x_1, x_2, x_3 を, x_1, x_2, x_3, …, x_n として同様に計算すれば, n 個の変量に対しても, 分散 s^2 が,

$$s^2=\overline{x^2}-(\overline{x})^2$$

であることを導くことができる.

24

35 の復習である. 最初の 20 個と残りの 10 個について, データの和, データの 2 乗の和を準備して考える.

最初の 20 個のデータを x_1, x_2, …, x_{20} とすると, 平均値が 4 であるから,

$$\frac{1}{20}(x_1+x_2+\cdots+x_{20})=4$$

$$x_1+x_2+\cdots+x_{20}=80 \quad \cdots①$$

また, 分散は 5 であるから,

$$\frac{1}{20}(x_1{}^2+x_2{}^2+\cdots+x_{20}{}^2)-4^2=5$$

$$x_1{}^2+x_2{}^2+\cdots+x_{20}{}^2=420 \quad \cdots②$$

残りの 10 個のデータを y_1, y_2, …, y_{10} とすると, 平均値が 7 であるから,

$$\frac{1}{10}(y_1+y_2+\cdots+y_{10})=7$$

$$y_1+y_2+\cdots+y_{10}=70 \quad \cdots③$$

さらに, 分散は 11 であるから,

$$\frac{1}{10}(y_1{}^2+y_2{}^2+\cdots+y_{10}{}^2)-7^2=11$$

$$y_1{}^2+y_2{}^2+\cdots+y_{10}{}^2=600 \quad \cdots④$$

全体の平均値は, ①, ③ を用いると,

$$\frac{1}{30}\{(x_1+x_2+\cdots+x_{20})+(y_1+y_2+\cdots+y_{10})\}$$

$$=\frac{1}{30}(80+70)$$

$$=\mathbf{5}$$

全体の分散は, ②, ④ と, 全体の平均が 5 であることから,

$$\frac{1}{30}\{(x_1{}^2+x_2{}^2+\cdots+x_{20}{}^2)+(y_1{}^2+y_2{}^2+\cdots+y_{10}{}^2)\}-5^2$$

$$=\frac{1}{30}(420+600)-25$$

$$=\mathbf{9}$$

25

36 で順列の基本を学んだ.

(4) では,「1 年生のかたまり」,「2 年生のかたまり」「3 年生のかたまり」の 3 つを並べた上で, それぞれの“かたまり”の内部での並べかえを考える.

(1) 7 人を横一列に並べるから,

$7!=7\cdot6\cdot5\cdot4\cdot3\cdot2\cdot1=$ **5040 (通り)**

(2) まず両端に 2 人の 3 年生を並べてから, 残りの 5 人を並べればよく,

${}_3\mathrm{P}_2\times5!=6\times120=$ **720 (通り)**

(3) 3 年生ではない 4 人と「3 年生 3 人のかたまり」の並び方は 5! 通りあり,「3 年生 3 人のかたまり」の内部での 3 人の並べかえの方法が 3! 通りある.

したがって,

$5!\times3!=120\times6=$ **720 (通り)**

(4) 1 年生, 2 年生, 3 年生のそれぞれのかたまりの並び方は 3! 通りある.

1 年生どうし, 2 年生どうし, 3 年生どうしの並べかえの方法が, それぞれ 2! 通り, 2! 通り, 3! 通りずつあるから,

$3!\times2!\times2!\times3!=$ **144 (通り)**

26

(2) 先に 4 人の男子を円形に並べておき, 男子どうしの“すき間”に 3 人の女子を並べる.

(3) A を固定したうえで, 残りの 6 人を条件を満たすように並べる.

(1) 7 人を円形に並べるので,

$(7-1)!=$ **720** (通り)

(2)

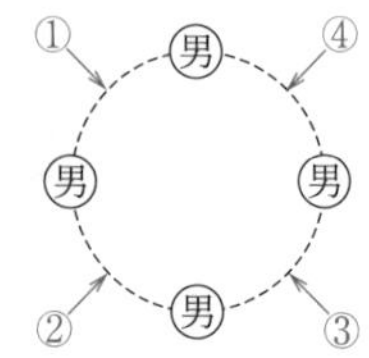

男子4人を円形に並べる並べ方は,

$(4-1)!=6$ (通り)

図のように4人の男子が円形に並んだとき, ① から ④ の場所に3人の女子を並べる並べ方は,

$4\cdot3\cdot2=24$ (通り)

したがって,

$6\times24=$ **144 (通り)**

(3)

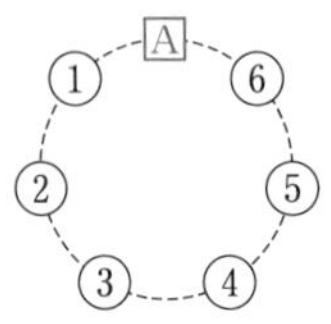

Aを固定して考える.

・①, ⑥ に並べる女子について,

$3\cdot2=6$ (通り)

・② から ⑤ に残りの4人を並べると,

$4!=24$ (通り)

よって,

$6\times24=$ **144 (通り)**

27

(2) ではC地点を通る道順を除くことになるが, C地点を通るとすれば, それは「C地点を南から北へ通過する」ということである. そこで, C地点の南側と北側の交差点をD地点, E地点とし,

O → B → D → (C) → E → P

と進む道順が何通りあるかを考える.

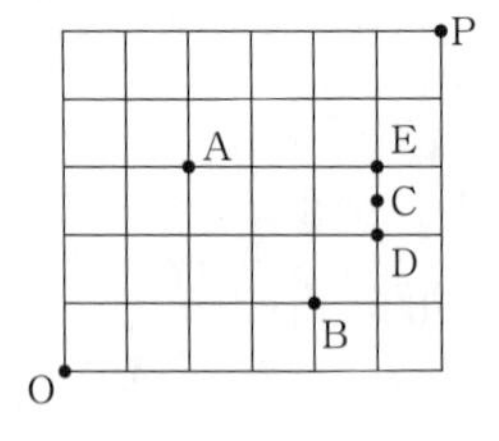

(1) A地点を通る道順は,

$$\frac{5!}{3!2!}\times\frac{6!}{2!4!}=10\times15=\mathbf{150}\ \textbf{(通り)}$$

(2) O → B → P と進む道順は, 全部で,

$$\frac{5!}{4!}\times\frac{6!}{4!2!}=5\times15=75\ (通り)$$

このうち, C地点を通る道順, つまり,

O → B → D → (C) → E → P

と進む道順は,

$$\frac{5!}{4!}\times2!\times1\times\frac{3!}{2!}=5\times2\times3=30\ (通り)$$

したがって, B地点を通り, C地点は通らずにP地点に進む道順は,

$75-30=$ **45 (通り)**

28

(2) は **41** で学習したように, 3つの組が区別できないことに注意しよう.

(3) は, 2段階で丁寧に考えよう.

まず, 男子6人 (A, B, C, D, E, Fとする) を2人ずつ3つの組に分ける. このときには, 区別できない3つの組に分けているので「3! で割る」ことを忘れてはいけない. ここで, たとえば, 男子6人が,

(B, F, □, □)
(A, E, ○, ○)
(C, D, △, △)

と分かれたとしよう.

次に, 各組に入る女子を選ぶ. このとき, それぞれの組に入っている男子は異なるので, 3つの組は区別できていることに注意しよう. あとは,

・□, □ を誰にするか, ${}_6C_2$ 通り

・○, ○ を誰にするか, ${}_4C_2$ 通り

・△, △ を誰にするか, ${}_2C_2$ 通り

と各組に入る女子を順番に考えていけばよい.

(1) 7人, 3人, 2人の3つの組に分ける方法は,

${}_{12}C_7\times{}_5C_3\times{}_2C_2=$ **7920 (通り)**

(2) 3人の組P，3人の組Q，3人の組Rに分ける方法は，

$$_{12}C_4 \times {}_8C_4 \times {}_4C_4 = 34650 \text{（通り）}$$

であるが，本問では，3つの組を区別しないので，

$$\frac{34650}{3!} = \mathbf{5775}\text{（通り）}$$

(3) 男子6人を2人ずつ3つの組に分ける方法は，(2)と同様にして，

$$\frac{{}_6C_2 \times {}_4C_2 \times {}_2C_2}{3!} = \frac{90}{6} = 15 \text{（通り）}$$

それぞれの組に入る女子の選び方は，

$$_6C_2 \times {}_4C_2 \times {}_2C_2 = 90 \text{（通り）}$$

したがって，男女2人ずつの3つの組に分ける方法は，

$$15 \times 90 = \mathbf{1350}\text{（通り）}$$

29

42 で学習した「区別できないものを分ける」タイプのグループ分けの問題は，本問のような問題文で出題されることも多いので，きちんと対応できるようにしておきたい．

本問では，たとえば，

(ア) ○○|○○○|○○○○○
➡ $x=2$, $y=3$, $z=5$

(イ) ○○○○○○||○○○○
➡ $x=6$, $y=0$, $z=4$

(ウ) ○○○○○○|○○○○|
➡ $x=6$, $y=4$, $z=0$

のように，3つに仕切られた各部分にある○の個数を，左から順に x, y, z に対応させて考えることができる．

なお，(2)は自然数の組を求めるので，(イ)，(ウ)のような場合は不適である．これに関しても，**42** で学習している．

(1) ○○|○○○|○○○○○
（左から x, y, z）

$x+y+z=10$ を満たす負でない整数の組 (x, y, z) の個数は，

○10個と|2本の順列（並べ方）

と等しい．したがって，

$$\frac{12!}{10!2!} = \frac{12 \cdot 11}{2 \cdot 1} = \mathbf{66}\text{（個）}$$

(2) $x=x'+1$, $y=y'+1$, $z=z'+1$ とすると，

$$x'+y'+z'=7 \quad \cdots①$$

を満たす負でない整数の組 (x', y', z') の個数が，$x+y+z=10$ を満たす自然数の組 (x, y, z) の個数に等しい．

|○○|○○○○○
（左から x', y', z'）

（たとえば，$x'=0$, $y'=2$, $z'=5$ のとき，
$x=1$, $y=3$, $z=6$ である）

したがって，○7個と|2本の順列を求めればよいから，

$$\frac{9!}{7!2!} = \frac{9 \cdot 8}{2 \cdot 1} = \mathbf{36}\text{（個）}$$

<別解：すき間に仕切りを入れる>

上の解答は，x, y, z が0にならないように，x, y, z に○を1個ずつ“与えて”おき，残りの7個の○の分け方を考えている．(2)では x, y, z は1以上であるから，**42** の別解に示されているように，

○と○の9か所のすき間から
2か所を選んで|を入れる入れ方

を考えて，

$$_9C_2 = \frac{9 \cdot 8}{2 \cdot 1} = \mathbf{36}\text{（個）}$$

と求めてもよい．

<補足>

42 の(3)，(4)は，次のように解釈できる．

人間は区別できるので，3人を X, Y, Z とする．同じ種類の6冊のノートを X, Y, Z に配る配り方の総数は，X, Y, Z の受け取るノートの冊数を x, y, z とすると，

「$x+y+z=6$ を満たす
整数の組 (x, y, z) の個数」

と一致する．ただし，(3)は負でない整数の組，(4)は自然数の組の個数である．

ここから分かるように，本問と **42** の(3)，(4)は表現が異なるだけで，同じ趣旨の問題である．

30

42 の(1), (2)では,

1台目はA, B, Cの3通り

2台目はA, B, Cの3通り

⋮

のように考えて, (もらえない人がいてもよいとすれば) 全部で 3^6 通りの分け方があると考えた.

本問は, 各桁に2, 3, 4のいずれかを使うので,

1桁目は2, 3, 4の3通り

2桁目は2, 3, 4の3通り

⋮

のように考えていけばよい.

問題文の表現が変わっても対応できるように, 解法をただ暗記するのではなく, 考え方をしっかりと理解することが大切である.

(1) 使われる2種類の数字は,

(ア) 2と3 (イ) 2と4 (ウ) 3と4

の3つの場合がある. (3つのうち, どの2種類を用いるかを考えて, ${}_3C_2=3$ 通り)

(ア)の場合について考える.

1桁目は2か3の2通り, 2桁目は2か3の2通り, のように, 各桁について2通りの数字の使い方があるので, 作られる整数は,

$2^5=32$ (通り)

このなかには,「22222」,「33333」が含まれているが, この2通りは不適である. よって, 2と3の2種類の数字が現れる5桁の整数は,

$32-2=30$ (通り) …①

(イ)の場合, (ウ)の場合も ① と同様である.

以上より,

$30\times3=$ **90 (通り)**

(2) 使わない数字があってもよいとすると, 作られる整数は全部で,

$3^5=243$ (通り)

このうち, 1種類の数字しか現れないものは, 22222, 33333, 44444の3通り.

2種類の数字しか現れないものは, (1)より, 90通り.

したがって, 3種類の数字がすべて現れるものは,

$243-3-90=$ **150 (通り)**

31

たとえば, 赤球5個は「赤球の1番から赤球の5番の5個がある」と考え, すべてを区別して考える. このように番号をつけて区別するのであれば, 出題者は色のことしか聞いていないが, 番号のことも意識して計算する必要がある.

(1) すべての球を,

赤球の1番から5番,

青球の1番から5番,

白球の1番から5番,

黒球の1番から5番,

と, 番号をつけて区別して考える.

すべての球を区別するので, 2個の球の取り出し方は全部で ${}_{20}C_2$ 通りある.

取り出した2個の球が同じ色であるとき,

・それが何色か, ${}_4C_1$ (通り)

・その色の何番の球か, ${}_5C_2$ (通り)

したがって, 2個の球が同じ色である確率は,

$$\frac{{}_4C_1\times{}_5C_2}{{}_{20}C_2}=\mathbf{\frac{4}{19}}$$

(2) すべての球を区別するので, 3個の球の取り出し方は全部で ${}_{20}C_3$ 通りある.

2個の球が同じ色で, もう1つが別の色であるとき,

・同色の2個の球は何色か, ${}_4C_1$ (通り)

・同色の球が何番の球か, ${}_5C_2$ (通り)

・残り1つの球がどの球か, ${}_{15}C_1$ (通り)

(たとえば, 同色の2個が赤球ならば, 残りの1個は赤球以外の15個のなかの1個である)

よって, 2個だけが同じ色である確率は,

$$\frac{{}_4C_1\times{}_5C_2\times{}_{15}C_1}{{}_{20}C_3}=\mathbf{\frac{10}{19}}$$

(3) すべての球を区別するので，3個の球の取り出し方は全部で ${}_{20}C_3$ 通りある．

3個の球の色がすべて異なるとき，

・取り出される3色がどの色か，

$${}_4C_3 \text{ (通り)}$$

・1色目の球が何番の球か，${}_5C_1$ (通り)

・2色目の球が何番の球か，${}_5C_1$ (通り)

・3色目の球が何番の球か，${}_5C_1$ (通り)

したがって，3個の球の色がすべて異なる確率は，

$$\frac{{}_4C_3\times({}_5C_1)^3}{{}_{20}C_3}=\mathbf{\frac{25}{57}}$$

32

4が少なくとも1個出れば積は4の倍数である．また，4が出なかったとしても，2か6が2個以上出れば積は4の倍数である．これはなかなか面倒な状況であるから，余事象，つまり積が4の倍数にならない確率に注目する方がよい．

積が4の倍数にならないのは，

(ア) 3個とも奇数

(イ) 2個が奇数で，1個が2か6

のいずれかの場合である．

サイコロは区別して考えるから，(イ)の場合は，

・奇数が出るのはどの2個のサイコロか，${}_3C_2$ (通り)

・2個のサイコロの奇数は，それぞれ1, 3, 5のどれであるか，3･3 (通り)

・残り1個は2，6のどちらであるか，2 (通り)

と慎重に計算しよう．

3個のサイコロを区別して考える．このとき，目の出方は全部で 6^3 通りある．

余事象の確率を求める．

積が4の倍数にならないのは，

(ア) 3個とも奇数

(イ) 2個が奇数で，1個が2か6

のいずれかの場合である．

(ア)の目の出方は，それぞれのサイコロについて，1, 3, 5の3通りずつの目の出方があるから，

$$3^3=27 \text{ (通り)} \quad \cdots①$$

(イ)の目の出方は，

$${}_3C_2\times(3\cdot3)\times2=54 \text{ (通り)} \quad \cdots②$$

①，②より，積が4の倍数にならない目の出方は，

$$27+54=81 \text{ (通り)}$$

したがって，積が4の倍数にならない確率は，

$$\frac{81}{6^3}=\frac{3}{8}$$

であるから，積が4の倍数である確率は，

$$1-\frac{3}{8}=\mathbf{\frac{5}{8}}$$

33

試行の回数は3回である．-2だけ移動する回数（コインの裏が出る回数）で分けて考えてみるとよい．

一度も -2 の移動をしないとき，および，3回とも -2 の移動をするときは，3回後にPが原点にないので，

(ア) -2の移動が1回の場合

(イ) -2の移動が2回の場合

を考える．もちろん，起こる順序は指定されていないので，起こる順序の入れかえを考慮して確率を計算する．

(ア)の場合，残り2回の移動は $+1$，$+1$ であればよい．

(イ)の場合，残り1回の移動は $+4$ であればよい．

$+1$移動するのは，コインが表でサイコロが1のときであるから，その確率は，$\frac{1}{2}\cdot\frac{1}{6}=\frac{1}{12}$ である．$+4$移動する確率も同じである．

3回後に点Pが原点にあるのは，

(ア) -2の移動が1回で，$+1$の移動が2回

(イ) -2の移動が2回で，$+4$の移動が1回

のいずれかの場合である

1回の試行で -2 だけ移動する確率は $\frac{1}{2}$ である．また，$+1$ だけ移動する確率は，$\frac{1}{2}\cdot\frac{1}{6}=\frac{1}{12}$ であり，$+4$ だけ移動する確率も同じである．

(ア) の確率は，

$${}_3C_1\left(\frac{1}{2}\right)\left(\frac{1}{12}\right)^2=3\cdot\frac{1}{2}\cdot\frac{1}{144}=\frac{1}{96}$$

(イ) の確率は，

$${}_3C_2\left(\frac{1}{2}\right)^2\left(\frac{1}{12}\right)=3\cdot\frac{1}{4}\cdot\frac{1}{12}=\frac{1}{16}$$

したがって，求める確率は，

$$\frac{1}{96}+\frac{1}{16}=\frac{1+6}{96}=\mathbf{\frac{7}{96}}$$

34

2つの事象 X，Y を，

X：出る目の最大値が4である

Y：少なくとも1個のサイコロの目が1である

と定めると，$X\cap Y$ である目の組は，

{4, 1, 1}，{4, 1, 2}，{4, 1, 3}，{4, 1, 4}

がある．

ただし，3個のサイコロはA，B，Cのように区別するので，{4, 1, 1} となる目の出方は，

(A, B, C) = (4, 1, 1)，(1, 4, 1)，(1, 1, 4)

の3通りである．同様に，{4, 1, 2} となる目の出方は，$3!=6$ 通りである．

(1) 3個のサイコロを区別すると，目の出方は全部で $6^3=216$ 通りある．

出る目の最大値が4である目の出方は，

(3個とも4以下)－(3個とも3以下)

と考えると，4^3-3^3 (通り) ある．よって，出る目の最大値が4である確率は，

$$\frac{4^3-3^3}{216}=\mathbf{\frac{37}{216}}$$

(2) 2つの事象 X，Y を，

X：出る目の最大値が4である

Y：少なくとも1個のサイコロの目が1である

と定めると，(1) より，

$$P(X)=\frac{37}{216}\qquad\cdots①$$

また，$X\cap Y$ である目の出方は，

・{4, 1, 1} について，3通り

・{4, 1, 2} について，$3!=6$ 通り

・{4, 1, 3} について，$3!=6$ 通り

・{4, 1, 4} について，3通り

だけあるので，

$$P(X\cap Y)=\frac{3+6+6+3}{216}=\frac{18}{216}\quad\cdots②$$

求める条件付き確率 $P_X(Y)$ は，①，② より，

$$P_X(Y)=\frac{P(X\cap Y)}{P(X)}=\frac{\frac{18}{216}}{\frac{37}{216}}=\mathbf{\frac{18}{37}}$$

35

条件付き確率の頻出問題である．

2つの事象 X，Y を，

X：陽性と判定される

Y：Bウイルスに感染している

と定めると，求める条件付き確率は $P_X(\overline{Y})$ である．また，$P(X)$ は，

・感染していて陽性と判定される

・感染していないが陽性と判定される

という2つの場合から考える．

2つの事象 X，Y を，

X：陽性と判定される

Y：Bウイルスに感染している

と定める．

ウイルスに感染している (確率 20 %) とき，

陽性と判定される確率は 99 %，

陰性と判定される確率は 1 %

である．よって，ウイルスに感染していて陽性と判定される確率 $P(Y\cap X)$，すなわち，$P(X\cap Y)$ は，

$$P(X\cap Y)=\frac{20}{100}\times\frac{99}{100}=\frac{99}{500}\quad\cdots①$$

ウイルスに感染していない（確率 80 %）とき，

陽性と判定される確率は 5 %，

陰性と判定される確率は 95 %

である．よって，ウイルスに感染していないが陽性と判定される確率 $P(\overline{Y}\cap X)$，すなわち，$P(X\cap\overline{Y})$ は，

$$P(X\cap\overline{Y})=\frac{80}{100}\times\frac{5}{100}=\frac{20}{500}\quad\cdots②$$

陽性と判定される確率 $P(X)$ は，①，②より，

$$\begin{aligned}P(X)&=P(X\cap Y)+P(X\cap\overline{Y})\\&=\frac{99}{500}+\frac{20}{500}\\&=\frac{119}{500}\quad\cdots③\end{aligned}$$

陽性と判定されたときに，実際には感染していない確率は $P_X(\overline{Y})$ であり，②，③より，

$$P_X(\overline{Y})=\frac{P(X\cap\overline{Y})}{P(X)}=\frac{\frac{20}{500}}{\frac{119}{500}}=\mathbf{\frac{20}{119}}$$

36

（1） 48 で学習したように，求める確率は「4 試合目で A が 3 勝目をあげる確率」である．

（2） A が優勝する場合と B が優勝する場合に分けて考える必要はない．5 試合目に優勝が決まるのは「4 試合を終えて 2 勝 2 敗の場合」である．（5 試合目に A か B の優勝が決まるが，優勝者がどちらであるかは問題でない）

（1） A が 3 勝 1 敗で優勝するのは，

「3 試合目までに A は 2 勝 1 敗となり，4 試合目で A が勝つ場合」

である．したがって，求める確率は，

$${}_3C_2\left(\frac{1}{2}\right)^2\left(\frac{1}{2}\right)\times\frac{1}{2}=3\cdot\frac{1}{4}\cdot\frac{1}{2}\times\frac{1}{2}=\mathbf{\frac{3}{16}}$$

（2） 優勝が決まるまでに試合が 5 回行われるのは，4 試合を終えて 2 勝 2 敗の場合であるから，求める確率は，

$${}_4C_2\left(\frac{1}{2}\right)^2\left(\frac{1}{2}\right)^2=\frac{4\cdot3}{2\cdot1}\cdot\frac{1}{4}\cdot\frac{1}{4}=\mathbf{\frac{3}{8}}$$

（3） 優勝が決まるまでの試合の回数を X とすると，$X=3,\ 4,\ 5$ のいずれかである．

3 試合目で優勝が決まるのは，A が 3 連勝，または，B が 3 連勝となった場合で，

$$P(X=3)=\left(\frac{1}{2}\right)^3+\left(\frac{1}{2}\right)^3=\frac{1}{4}$$

また，(2) より，$P(X=5)=\frac{3}{8}$ である．

よって，余事象の確率に注目すると，

$$P(X=4)=1-\frac{1}{4}-\frac{3}{8}=\frac{3}{8}$$

以上より，求める期待値は，

X	3	4	5
P	$\frac{1}{4}$	$\frac{3}{8}$	$\frac{3}{8}$

$$3\times\frac{1}{4}+4\times\frac{3}{8}+5\times\frac{3}{8}=\mathbf{\frac{33}{8}}$$

<補足：$P(X=4)$ について>

A，B が勝つ確率は等しいので，

$$P(X=4)=\frac{3}{16}\times2=\frac{3}{8}$$

と (1) を利用するのもよい．

37

メネラウスの定理より，

$$\frac{AF}{FB}\cdot\frac{BC}{CD}\cdot\frac{DE}{EA}=1,$$

$$\frac{CD}{DB}\cdot\frac{BA}{AF}\cdot\frac{FE}{EC}=1$$

が成り立つ．

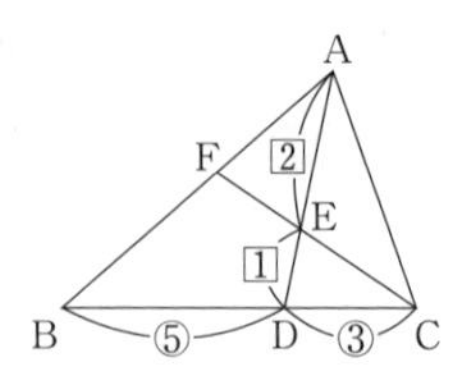

メネラウスの定理より,

$$\frac{AF}{FB}\cdot\frac{BC}{CD}\cdot\frac{DE}{EA}=1$$

が成り立つから,

$$\frac{AF}{FB}\cdot\frac{8}{3}\cdot\frac{1}{2}=1$$

$$\frac{AF}{FB}=\frac{3}{4}$$

したがって,

$$\mathbf{AF:FB=3:4} \qquad \cdots①$$

さらに,

$$\frac{CD}{DB}\cdot\frac{BA}{AF}\cdot\frac{FE}{EC}=1$$

が成り立ち, ① より,

$$BA:AF=7:3$$

であることにも注意すると,

$$\frac{3}{5}\cdot\frac{7}{3}\cdot\frac{FE}{EC}=1$$

$$\frac{FE}{EC}=\frac{5}{7}$$

したがって,

$$\mathbf{CE:EF=7:5}$$

38

方べきの定理より,

$$SP\cdot SR=SQ^2$$

が成り立つことを利用して考えよう.

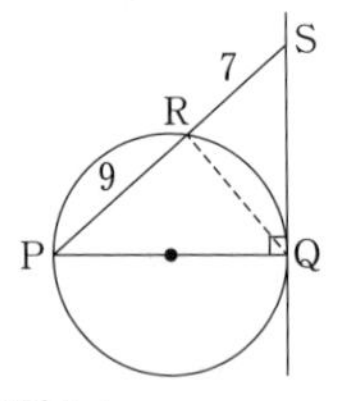

方べきの定理より,

$$SP\cdot SR=SQ^2$$

が成り立つので,

$$SQ^2=16\cdot7 \qquad \cdots①$$

また, 直角三角形SPQにおいて, 三平方の定理を用いると,

$$\begin{aligned}PQ^2&=SP^2-SQ^2\\&=16^2-16\cdot7 \quad (①より)\\&=16(16-7)\\&=16\cdot9\end{aligned}$$

となるから, $PQ=\sqrt{16\cdot9}=12$ である.

したがって, 円 C の半径は,

$$\frac{PQ}{2}=\mathbf{6}$$

39

$(a+b)^n$ の展開式における一般項は ${}_n\mathrm{C}_r a^{n-r}b^r$ である.

(1) は, n を 10, a を $2x$, b を $-\frac{1}{4}$ として, 展開式の一般項を準備して考える. (2) も同じ方針である.

(1) $\left(2x-\frac{1}{4}\right)^{10}$ の展開式の一般項は,

$$\begin{aligned}&{}_{10}\mathrm{C}_r(2x)^{10-r}\left(-\frac{1}{4}\right)^r\\&={}_{10}\mathrm{C}_r\cdot2^{10-r}\cdot\left(-\frac{1}{4}\right)^r\cdot x^{10-r}\end{aligned}$$

である.

x^6 は, $10-r=6$ より $r=4$ の場合を考えればよく, 求める係数は,

$$\begin{aligned}{}_{10}\mathrm{C}_4\cdot2^6\cdot\left(-\frac{1}{4}\right)^4&=\frac{10\cdot9\cdot8\cdot7}{4\cdot3\cdot2\cdot1}\cdot2^6\cdot\frac{1}{2^8}\\&=\mathbf{\frac{105}{2}}\end{aligned}$$

(2) $\left(x^2-\frac{1}{2x^3}\right)^5$ の展開式の一般項は,

$$\begin{aligned}{}_5\mathrm{C}_r(x^2)^{5-r}\left(-\frac{1}{2x^3}\right)^r&={}_5\mathrm{C}_r\cdot x^{10-2r}\left(-\frac{1}{2}\right)^r\cdot\frac{1}{x^{3r}}\\&={}_5\mathrm{C}_r\cdot\left(-\frac{1}{2}\right)^r\cdot\frac{x^{10-2r}}{x^{3r}}\end{aligned}$$

である.

定数項は, $10-2r=3r$ より $r=2$ の場合を考えればよく, 定数項は,

$${}_5\mathrm{C}_2\cdot\left(-\frac{1}{2}\right)^2=\frac{5\cdot4}{2\cdot1}\cdot\frac{1}{4}=\mathbf{\frac{5}{2}}$$

40

57 の復習である．<補足>は少しうまい考え方である．

$$a(x-1)^2+b(x-1)+c=x^2+1 \quad \cdots①$$

① の左辺を展開して整理すると，

$$ax^2+(-2a+b)x+(a-b+c)=x^2+1$$

これが恒等式となるとき，

$$\begin{cases} a=1 \\ -2a+b=0 \\ a-b+c=1 \end{cases}$$

これを解くと，

$$\boldsymbol{a=1,\ b=2,\ c=2}$$

<補足：置きかえを利用する>

$x-1=y$ $(x=y+1)$ とおくと，① は，

$$ay^2+by+c=(y+1)^2+1$$

すなわち，

$$ay^2+by+c=y^2+2y+2 \quad \cdots②$$

と表される．

すべての x に対して ① が成り立つのは，すべての y に対して ② が成り立つときである．

したがって，② の両辺の係数に注目して，

$$a=1,\ b=2,\ c=2$$

41

(右辺)$-$(左辺) を用意し，因数分解に注意して，これを分析する．59 を見直しておこう．

$$\begin{aligned}&4(x^3+y^3)-(x+y)^3\\&=4(x+y)(x^2-xy+y^2)-(x+y)^3\\&=(x+y)\{4(x^2-xy+y^2)-(x+y)^2\}\\&=(x+y)(3x^2-6xy+3y^2)\\&=3(x+y)(x-y)^2\end{aligned}$$

ここで，$x \geqq 0$，$y \geqq 0$ より，

$$3(x+y)(x-y)^2 \geqq 0$$

したがって，$4(x^3+y^3)-(x+y)^3 \geqq 0$ であるから，

$$(x+y)^3 \leqq 4(x^3+y^3)$$

が成り立つ．

42

分数式の最大最小問題では「相加平均と相乗平均の大小関係」を使うことが多いことを 60 で学習した．

[1]の後半はやや難しいが，しばしば出題される問題である．後半の式は，分母と分子の両方を x で割ると，

$$\frac{x}{x^2+x+9}=\frac{1}{x+1+\dfrac{9}{x}}$$

となる．この形に変形すれば，$x+\dfrac{9}{x}$ の最小値を手がかりにして，与式の最大値を求めることができる．

[1]　$y=x+\dfrac{2}{x}$ とする．

$x>0$ であるから，相加平均と相乗平均の大小関係より，

$$x+\frac{2}{x} \geqq 2\sqrt{x\cdot\frac{2}{x}}$$

となるので，

$$y \geqq 2\sqrt{2}$$

これらの不等式で等号が成り立つのは，

$$x=\frac{2}{x} \text{ より，} x=\sqrt{2} \text{ のとき}$$

である．以上より，

$$x+\frac{2}{x} \text{ の最小値は } \boldsymbol{2\sqrt{2}}$$

である．

次に，$z=\dfrac{x}{x^2+x+9}$ とすると，

$$z=\frac{1}{x+1+\dfrac{9}{x}}$$

と変形できる．

$x>0$ であるから，相加平均と相乗平均の大小関係より，

$$x+\frac{9}{x} \geqq 2\sqrt{x\cdot\frac{9}{x}}=6$$

となる．この式の両辺に 1 を足すと，

$$x+1+\frac{9}{x} \geqq 7$$

となり，両辺の逆数を考えると，

$$\frac{1}{x+1+\frac{9}{x}} \leqq \frac{1}{7}$$

となるので，$z \leqq \frac{1}{7}$ である．

これらの不等式で等号が成り立つのは，

$$x=\frac{9}{x} \text{ より，} x=3 \text{ のとき}$$

である．以上より，

$$\frac{x}{x^2+x+9} \text{ の最大値は } \mathbf{\frac{1}{7}}$$

である．

[2]　$y=\left(x+\frac{1}{x}\right)\left(2x+\frac{1}{2x}\right)$ とすると，

$$y=2x^2+\frac{1}{2x^2}+\frac{5}{2}$$

$2x^2>0$ であるから，相加平均と相乗平均の大小関係より，

$$2x^2+\frac{1}{2x^2} \geqq 2\sqrt{2x^2 \cdot \frac{1}{2x^2}}$$

$$2x^2+\frac{1}{2x^2} \geqq 2$$

両辺に $\frac{5}{2}$ を足すと，

$$2x^2+\frac{1}{2x^2}+\frac{5}{2} \geqq 2+\frac{5}{2}$$

$$\therefore\ y \geqq \frac{9}{2}$$

これらの不等式で等号が成り立つ条件は，

$$2x^2=\frac{1}{2x^2}$$

$$(2x^2)^2=1$$

$$2x^2=1$$

$$x^2=\frac{1}{2}$$

$x>0$ より，等号は $x=\frac{1}{\sqrt{2}}$ のときに成り立つ．

以上より，

$$\text{最小値は } \mathbf{\frac{9}{2}}$$

43

α，β は $x^2-4x+5=0$ の解であることに注意して，$\alpha^2+\beta^2$ の値を計算する．その上で，与えられた等式が成り立つような条件を考える．

α，β は $x^2-4x+5=0$ の解であるから，解と係数の関係より，

$$\alpha+\beta=4,\ \alpha\beta=5$$

が成り立つ．これより，

$$\alpha^2+\beta^2=(\alpha+\beta)^2-2\alpha\beta$$

$$=4^2-2\cdot 5=6$$

このとき，$(y+2zi)(1+i)=\alpha^2+\beta^2$ より，

$$y+yi+2zi+2zi^2=6$$

$$(y-2z)+(y+2z)i=6$$

y，z は実数であるから，

$$\begin{cases} y-2z=6 \\ y+2z=0 \end{cases}$$

これを解くと，

$$\boldsymbol{y=3,\ z=-\frac{3}{2}}$$

44

$\alpha-\frac{1}{\alpha}$，$\beta-\frac{1}{\beta}$ を解とする2次方程式の1つは，

$$\left\{x-\left(\alpha-\frac{1}{\alpha}\right)\right\}\left\{x-\left(\beta-\frac{1}{\beta}\right)\right\}=0$$

である．これを展開して慎重に計算を進めよう．

α，β は $2x^2-4x+1=0$ の解であるから，解と係数の関係より，

$$\alpha+\beta=2,\ \alpha\beta=\frac{1}{2} \qquad \cdots①$$

が成り立つ．

$\alpha-\frac{1}{\alpha}$，$\beta-\frac{1}{\beta}$ を解とする2次方程式の1つは，

$$\left\{x-\left(\alpha-\frac{1}{\alpha}\right)\right\}\left\{x-\left(\beta-\frac{1}{\beta}\right)\right\}=0$$

すなわち，

$$x^2-\left(\alpha+\beta-\frac{1}{\alpha}-\frac{1}{\beta}\right)x+\left(\alpha-\frac{1}{\alpha}\right)\left(\beta-\frac{1}{\beta}\right)=0 \quad \cdots②$$

である.

ここで，① を用いると,

$$\begin{aligned}\alpha+\beta-\frac{1}{\alpha}-\frac{1}{\beta}&=\alpha+\beta-\frac{\beta+\alpha}{\alpha\beta}\\&=2-\frac{2}{\frac{1}{2}}\\&=2-4\\&=-2 \quad \cdots③\end{aligned}$$

$$\begin{aligned}&\left(\alpha-\frac{1}{\alpha}\right)\left(\beta-\frac{1}{\beta}\right)\\&=\alpha\beta-\left(\frac{\alpha}{\beta}+\frac{\beta}{\alpha}\right)+\frac{1}{\alpha\beta}\\&=\alpha\beta-\frac{\alpha^2+\beta^2}{\alpha\beta}+\frac{1}{\alpha\beta}\\&=\alpha\beta-\frac{(\alpha+\beta)^2-2\alpha\beta}{\alpha\beta}+\frac{1}{\alpha\beta}\\&=\frac{1}{2}-\frac{2^2-2\cdot\frac{1}{2}}{\frac{1}{2}}+\frac{1}{\frac{1}{2}}\\&=\frac{1}{2}-6+2\\&=-\frac{7}{2} \quad \cdots④\end{aligned}$$

したがって，③，④ を ② に代入すると，$\alpha-\dfrac{1}{\alpha}$, $\beta-\dfrac{1}{\beta}$ を解とする 2 次方程式の 1 つは,

$$x^2+2x-\frac{7}{2}=0$$

である.

これより，求める 2 次方程式は x^2 の係数が 2 であるから,

$$\boldsymbol{2x^2+4x-7=0}$$

45

> 2 次式で割った余りを求めたいから，余りを $ax+b$ とおき，割り算についての等式を立てて考える.

整式 $P(x)$ を $(x-1)(x+1)$ で割った商を $Q_1(x)$, $(x-2)(x+2)$ で割った商を $Q_2(x)$ とすると,

$$P(x)=(x-1)(x+1)Q_1(x)+4x-3 \quad \cdots①$$
$$P(x)=(x-2)(x+2)Q_2(x)+3x+5 \quad \cdots②$$

が成り立つ. ① で $x=-1$ にすると,

$$P(-1)=4\cdot(-1)-3=-7 \quad \cdots③$$

また，② で $x=-2$ にすると,

$$P(-2)=3\cdot(-2)+5=-1 \quad \cdots④$$

ここで, $P(x)$ を $(x+1)(x+2)$ で割った商を $Q_3(x)$，余りを $ax+b$ とすると,

$$P(x)=(x+1)(x+2)Q_3(x)+ax+b \quad \cdots⑤$$

が成り立つ. ⑤ で $x=-1$, -2 にすると,

$$\begin{cases}P(-1)=-a+b=-7 & (③ より)\\P(-2)=-2a+b=-1 & (④ より)\end{cases}$$

これを解くと, $a=-6$, $b=-13$ となるから，求める余りは,

$$\boldsymbol{-6x-13}$$

46

> $\alpha^2+\beta^2+\gamma^2$, $\alpha^3+\beta^3+\gamma^3$ の計算は **3** で学習している.
> まず，解と係数の関係を用いて,
> $\alpha+\beta+\gamma$, $\alpha\beta+\beta\gamma+\gamma\alpha$, $\alpha\beta\gamma$
> の値を用意しよう.

$x^3+x^2-13x+3=0$ の解が $x=\alpha$, β, γ であるから，解と係数の関係より,

$$\begin{cases}\alpha+\beta+\gamma=-1\\\alpha\beta+\beta\gamma+\gamma\alpha=-13\\\alpha\beta\gamma=-3\end{cases}$$

が成り立つ. これを用いると,

$$\begin{aligned}\alpha^2+\beta^2+\gamma^2&=(\alpha+\beta+\gamma)^2-2(\alpha\beta+\beta\gamma+\gamma\alpha)\\&=(-1)^2-2\cdot(-13)\\&=\boldsymbol{27}\end{aligned}$$

また,

$$\begin{aligned}&\alpha^3+\beta^3+\gamma^3\\&=(\alpha+\beta+\gamma)(\alpha^2+\beta^2+\gamma^2-\alpha\beta-\beta\gamma-\gamma\alpha)\\&\qquad+3\alpha\beta\gamma\\&=(-1)\cdot(27+13)+3\cdot(-3)\\&=-40-9\\&=\boldsymbol{-49}\end{aligned}$$

47

> $2+\sqrt{3}\,i$ が与式の解なので $2-\sqrt{3}\,i$ も与式の解であることに注目して，解と係数の関係を使う．

$$x^3+ax^2+bx-14=0 \quad \cdots(*)$$

$x=2+\sqrt{3}\,i$ が実数係数の3次方程式(*)の解であるから，$x=2-\sqrt{3}\,i$ も(*)の解である．

もう1つの解を γ とすると，解と係数の関係より，

$$\begin{cases}(2+\sqrt{3}\,i)+(2-\sqrt{3}\,i)+\gamma=-a\\(2+\sqrt{3}\,i)(2-\sqrt{3}\,i)+(2-\sqrt{3}\,i)\gamma\\\qquad\qquad+\gamma(2+\sqrt{3}\,i)=b\\(2+\sqrt{3}\,i)(2-\sqrt{3}\,i)\gamma=14\end{cases}$$

が成り立つ．これを整理すると，

$$\begin{cases}4+\gamma=-a\\4-3i^2+4\gamma=b\\(4-3i^2)\gamma=14\end{cases}$$

となり，$i^2=-1$ に注意すると，

$$\begin{cases}a=-\gamma-4 & \cdots①\\b=4\gamma+7 & \cdots②\\7\gamma=14 & \cdots③\end{cases}$$

③より，$\gamma=2$ であり，これを①，②に代入すると，求める a，b の値は，

$$\boldsymbol{a=-6,\ b=15}$$

48

> **71** で学習したように，
> $$\omega^3=1,\ \omega^2+\omega+1=0$$
> に注意して計算する．(4)は，2つのカッコを展開して整理してもよいが，
> $$a^2+b^2=(a+b)^2-2ab$$
> であることを用いるのもよい．

ω は1の3乗根で，虚数であるから，

$$\omega^3=1,\ \omega^2+\omega+1=0$$

が成り立つ．

(1) $\omega^2+\omega=\boldsymbol{-1}$

(2) $\omega^{10}=\omega^9\cdot\omega=\omega$，$\omega^5=\omega^3\cdot\omega^2=\omega^2$ であることに注意して，

$$\omega^{10}+\omega^5=\omega+\omega^2=\boldsymbol{-1}$$

(3)
$$\frac{1}{\omega^{10}}+\frac{1}{\omega^5}+1=\frac{1}{\omega}+\frac{1}{\omega^2}+1=\frac{\omega+1+\omega^2}{\omega^2}=\boldsymbol{0}$$

(4) $a=\omega^2+5\omega$，$b=5\omega^2+\omega$ とすると，

$$\begin{aligned}a+b&=(\omega^2+5\omega)+(5\omega^2+\omega)\\&=6(\omega^2+\omega)\\&=6\cdot(-1)\\&=-6 \quad \cdots①\end{aligned}$$

$$\begin{aligned}ab&=(\omega^2+5\omega)(5\omega^2+\omega)\\&=5\omega^4+26\omega^3+5\omega^2\\&=5\omega+26\cdot1+5\omega^2\\&=5(\omega+\omega^2)+26\\&=5\cdot(-1)+26\\&=21 \quad \cdots②\end{aligned}$$

①，②を用いると，

$$\begin{aligned}(\text{与式})&=a^2+b^2\\&=(a+b)^2-2ab\\&=(-6)^2-2\cdot21\\&=\boldsymbol{-6}\end{aligned}$$

<補足：いろいろなやり方がある>

$\omega^2=-\omega-1$ であるから，

$$\begin{aligned}(\omega^2+5\omega)^2&=(-\omega-1+5\omega)^2\\&=(4\omega-1)^2\end{aligned}$$

$$\begin{aligned}(5\omega^2+\omega)^2&=(-5\omega-5+\omega)^2\\&=(-4\omega-5)^2\end{aligned}$$

これより，

$$\begin{aligned}(\text{与式})&=(4\omega-1)^2+(-4\omega-5)^2\\&=16\omega^2-8\omega+1\\&\qquad+16\omega^2+40\omega+25\\&=32\omega^2+32\omega+26\\&=32(-\omega-1)+32\omega+26\\&=-32\omega-32+32\omega+26\\&=-6\end{aligned}$$

49

> 求める点を $\mathrm{B}(a,\ b)$ として，
> (I) 線分ABの中点が l 上にある
> (II) (直線AB)$\perp l$
> であることから2つの式を作る．

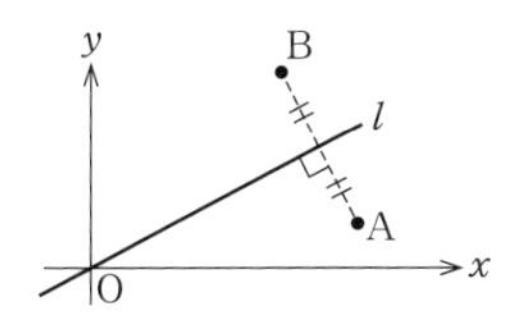

B$(a,\ b)$とする.

線分ABの中点$\left(\dfrac{a+7}{2},\ \dfrac{b+1}{2}\right)$が$l$上にあるから,

$$\frac{b+1}{2}=\frac{1}{2}\cdot\frac{a+7}{2}$$

$$-a+2b=5 \quad \cdots①$$

また，直線ABの傾きは$\dfrac{b-1}{a-7}$であり，直線ABと$y=\dfrac{1}{2}x$は直交するから,

$$\frac{b-1}{a-7}\times\frac{1}{2}=-1$$

$$2a+b=15 \quad \cdots②$$

①, ②より，$a=5$, $b=5$となるから,

B(5, 5)

50

「3直線が1点で交わるときにも三角形が作られないこと」を見落としてしまう人が多い問題である.

3直線l, m, nの式を変形すると,

$$l:y=-x+1$$

$$m:y=\frac{1}{3}x+\frac{7}{3}$$

$$n:y=-ax+4$$

l, m, nによって三角形が作られないのは，次の3つの場合がある.

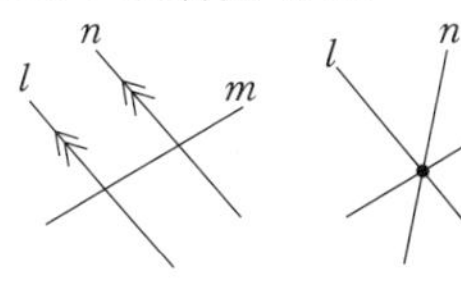

(ア)の場合　(ウ)の場合

(ア) lとnが平行のとき

$$-a=-1 より，a=1$$

(イ) mとnが平行のとき

$$-a=\frac{1}{3} より，a=-\frac{1}{3}$$

(ウ) l, m, nが1点で交わるとき

l, mの式を連立して，lとmの交点の座標を求めると，$(-1,\ 2)$と分かる.

nがこの点を通るとき,

$$2=-a\cdot(-1)+4$$

$$a=-2$$

(ア), (イ), (ウ)より，求めるaの値は,

$$\boldsymbol{a=1,\ -\frac{1}{3},\ -2}$$

51

77 の復習である．点と直線の距離の公式を正確に使おう.

(1) $x^2+y^2-2y=0$を変形すると,

$$x^2+(y-1)^2=1$$

となるので,

中心の座標は(0, 1)，半径は1

(2) 円の中心をA(0, 1)とする．Aから直線$ax-y+2a=0$までの距離をdとすると,

$$d=\frac{|0-1+2a|}{\sqrt{a^2+(-1)^2}}=\frac{|-1+2a|}{\sqrt{a^2+1}} \quad \cdots①$$

円と直線が異なる2点P, Qで交わるので，$d<1$ (半径)より,

$$\frac{|-1+2a|}{\sqrt{a^2+1}}<1$$

$$|-1+2a|<\sqrt{a^2+1}$$

両辺を2乗すると,

$$1-4a+4a^2<a^2+1$$

$$a(3a-4)<0$$

したがって,

$$\boldsymbol{0<a<\frac{4}{3}}$$

(3) 線分PQの中点をMとすると，PMの長さは$\dfrac{\sqrt{2}}{2}$であり，直角三角形APMに三平方の定理を用いると,

$$d^2+\left(\frac{\sqrt{2}}{2}\right)^2=1^2 より，d^2=\frac{1}{2}$$

これと①より,

$$\left(\frac{|-1+2a|}{\sqrt{a^2+1}}\right)^2=\frac{1}{2}$$

$$\frac{1-4a+4a^2}{a^2+1}=\frac{1}{2}$$
$$2(1-4a+4a^2)=a^2+1$$
$$7a^2-8a+1=0$$
$$(7a-1)(a-1)=0$$
$$\boldsymbol{a=\frac{1}{7},\ 1}$$

52

83 の【One Point コラム】で紹介した内容をここで確認しておこう.

C_2 の中心が C_1 の外部にあるから, C_1 と C_2 がただ 1 つの共有点をもつのは,

(ア) C_1 と C_2 が外接する

(イ) C_1 が C_2 に内接する

という 2 つの場合がある.

C_1 と C_2 の中心間距離を d, C_1 の半径を r_1, C_2 の半径を r_2 とすると, (ア), (イ) は,

(ア) $d=r_1+r_2$ が成り立つとき

(イ) $d=r_2-r_1$ が成り立つとき

である.

C_1 : $x^2+y^2+2x-4y+1=0$ を変形すると,
$$(x+1)^2+(y-2)^2=4$$
となるので, C_1 は,

中心 A $(-1,\ 2)$, 半径 $r_1=2$ の円

である.

C_2 : $x^2+y^2-4x-12y+32-k=0$ を変形すると,
$$(x-2)^2+(y-6)^2=8+k$$
$$(k>-8)$$
となるので, C_2 は,

中心 B $(2,\ 6)$, 半径 $r_2=\sqrt{8+k}$ の円

である.

これより, C_1 と C_2 の中心間距離を d とすると,
$$d=\sqrt{(2+1)^2+(6-2)^2}=5$$
である.

C_2 の中心 B が C_1 の外部にあるから, C_2 が C_1 に内接することはない. このことに注意すると, C_1 と C_2 がただ 1 つの共有点をもつのは, 次の 2 つの場合である.

(ア) C_1 と C_2 が外接するとき

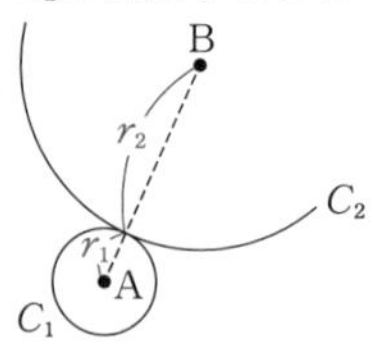

$$d=r_1+r_2$$
が成り立つから,
$$5=2+\sqrt{8+k}$$
$$3=\sqrt{8+k}$$
$$9=8+k$$
$$k=1$$

(イ) C_1 が C_2 に内接するとき

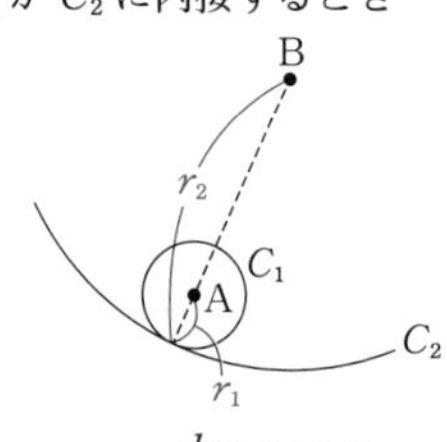

$$d=r_2-r_1$$
が成り立つから,
$$5=\sqrt{8+k}-2$$
$$7=\sqrt{8+k}$$
$$49=8+k$$
$$k=41$$

(ア), (イ) より, 求める k の値は,
$$\boldsymbol{k=1,\ 41}$$

53

方程式 $(x-a)^2+(y-b)^2=r^2$ が円を表すのは, 右辺が正のときである. このことから, k の値の範囲を定める.

また, 中心を $(X,\ Y)$ として軌跡を求めるときに, k の範囲から, X の範囲に制限が生まれることになる.

与式より,
$$(x-3k)^2-9k^2+\{y+(6k-1)\}^2-(6k-1)^2+46k^2-16k+1=0$$
$$(x-3k)^2+\{y+(6k-1)\}^2=9k^2+(6k-1)^2-46k^2+16k-1$$

右辺を展開して整理すると，与式は，

$$(x-3k)^2+\{y-(-6k+1)\}^2=-k^2+4k$$

となる．これが円を表すのは，

$$-k^2+4k>0$$

が成り立つときである．これより，

$$k(k-4)<0$$

となるので，与式が円を表す k の値の範囲は，

$$\mathbf{0<k<4}$$

次に，中心を $(X,\ Y)$ とすると，

$$\begin{cases} X=3k & \cdots① \\ Y=-6k+1 & \cdots② \end{cases}$$

① より，$k=\dfrac{1}{3}X$ …①′ となり，② に代入すると，

$$Y=-2X+1$$

また，$0<k<4$ であるから，これと ①′ より，

$$0<\frac{X}{3}<4$$

$$0<X<12$$

以上より，中心の軌跡を表す方程式は，

$$\mathbf{y=-2x+1\ (0<x<12)}$$

54

2点P，Qの x 座標は，$x^2+1=ax$，すなわち $x^2-ax+1=0$ の2解である．この解を実際に解の公式で求めるとメンドウな式になるので，この解を α，β とおいて解答を進めていく．

(1)

$$\begin{cases} y=x^2+1 & \cdots① \\ y=ax & \cdots② \end{cases}$$

①，② から y を消去すると，

$$x^2+1=ax$$

$$x^2-ax+1=0 \quad \cdots③$$

③ の判別式を D とすると，

$$D=a^2-4$$
$$=(a+2)(a-2)$$

①，② が異なる2点で交わるのは，$D>0$ が成り立つときであるから，

$$(a+2)(a-2)>0$$

したがって，

$$\mathbf{a<-2,\ 2<a}$$

(2)

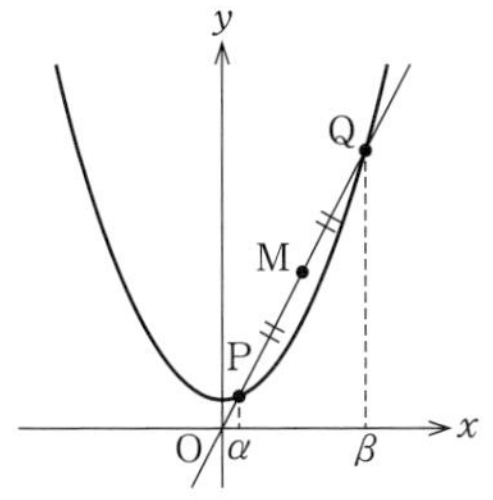

③ の実数解を α，β とすると，解と係数の関係より，

$$\alpha+\beta=a,\ \alpha\beta=1 \quad \cdots④$$

が成り立つ．また，α，β はP，Qの x 座標になるから，

$$\mathrm{P}(\alpha,\ a\alpha),\ \mathrm{Q}(\beta,\ a\beta)$$

と表せる．

ここで，$\mathrm{M}(X,\ Y)$ とすると，Mは線分PQの中点で，$y=ax$ 上にあるから，

$$\begin{cases} X=\dfrac{\alpha+\beta}{2}=\dfrac{a}{2} \quad (④ より) & \cdots⑤ \\ Y=aX & \cdots⑥ \end{cases}$$

⑤ より $a=2X$ であり，これを ⑥ に代入して a を消去すると，

$$Y=2X\cdot X$$
$$Y=2X^2$$

さらに，$a<-2$，$2<a$ であるから，$a=2X$ より，

$$2X<-2,\ 2<2X$$
$$X<-1,\ 1<X$$

以上より，Mの軌跡は，

放物線 $y=2x^2$（ただし，$x<-1$，$1<x$）

<補足：⑥ について>

⑥ は，$\mathrm{M}(X,\ Y)$ が $y=ax$ 上にあることに注目して導いたが，2点P，Qの y 座標を使って，（⑤ も用いて）

$$Y=\frac{a\alpha+a\beta}{2}=a\cdot\frac{\alpha+\beta}{2}=aX$$

と導くこともできる．

55

$4x+3y=k$ とおくと，$y=-\dfrac{4}{3}x+\dfrac{k}{3}$ となり，これが円 $(x-1)^2+y^2=25$ と

第1象限で接するときに，k は最大になる．そのときの k の値は，
(中心から直線までの距離)＝(半径)
が成り立つことを利用して求める．

(1) $$\begin{cases}(x-1)^2+y^2=25 & \cdots① \\ y=-\frac{1}{2}x+\frac{3}{2} & \cdots②\end{cases}$$

② を ① に代入すると，

$$(x-1)^2+\left(-\frac{1}{2}x+\frac{3}{2}\right)^2=25$$
$$4(x-1)^2+(-x+3)^2=100$$
$$5x^2-14x-87=0$$
$$(x+3)(5x-29)=0$$
$$x=-3,\ \frac{29}{5}$$

$x=-3$ のとき，② より，$y=3$ である．

$x=\frac{29}{5}$ のとき，② より，$y=-\frac{7}{5}$ である．

以上より，①，② の交点の座標は，

$$\boldsymbol{(-3,\ 3),\ \left(\frac{29}{5},\ -\frac{7}{5}\right)}$$

(2) 領域 D は，次の図の灰色に塗られた部分で境界を含む．

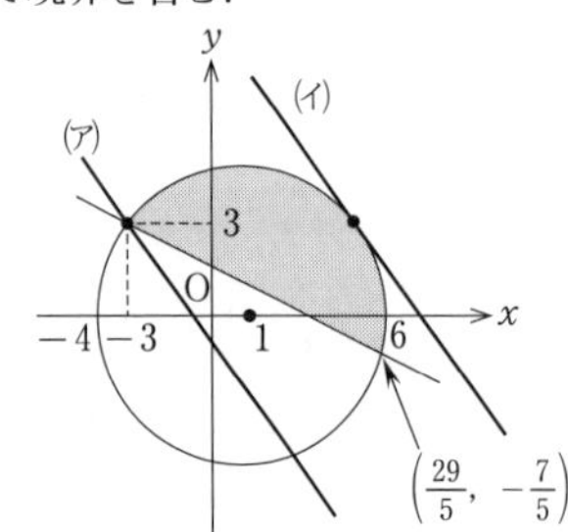

$4x+3y=k$ とおくと，

$$y=-\frac{4}{3}x+\frac{k}{3} \qquad \cdots③$$

③ は傾き $-\frac{4}{3}$，y 切片 $\frac{k}{3}$ の直線である．

③ を D と共有点をもつ範囲で動かして，y 切片 $\frac{k}{3}$ の最大値，最小値に注目する．

(ア) ③ が $(-3,\ 3)$ を通るときに y 切片は最小になり，

$$k=4x+3y=4\cdot(-3)+3\cdot3=-3$$

(イ) ③ が第1象限で円 $(x-1)^2+y^2=25$ に接するときに y 切片は最大になる．
このとき，
(中心 $(1,\ 0)$ から直線 ③ までの距離)
＝5(円の半径)
である．③ は $-4x-3y+k=0$ と表されるので，中心 $(1,\ 0)$ から直線 ③ までの距離は，

$$\frac{|-4\cdot1-3\cdot0+k|}{\sqrt{(-4)^2+(-3)^2}}=\frac{|-4+k|}{5}$$

となる．よって，

$$\frac{|-4+k|}{5}=5$$
$$|-4+k|=25$$

これより，

$$-4+k=25,\ -25$$

となるから，

$$k=29,\ -21$$

③ が第1象限で円に接するとき，$k>0$ であるから，$k=29$ である．

(ア)，(イ) より，

最大値 29，最小値 −3

56

(1) $\sin\theta$ のみの式を作る．
(2) 2倍角の公式を用いると，

$$2\sin\theta\cos\theta>\cos\theta$$

となるが，安易に両辺を $\cos\theta$ で割るという変形をしてはいけない．$\cos\theta$ が負の場合には不等号の向きが変わることに注意しないといけない．また，$\cos\theta=0$ のときは割ることもできない．解答のように変形して，符号の組合せを考えて不等式を扱うとよい．
(3) **84** と同じように置きかえを利用すると考えやすい．

(1) $2\cos2\theta+12\sin\theta-7=0$ より，

$$2(1-2\sin^2\theta)+12\sin\theta-7=0$$
$$-4\sin^2\theta+12\sin\theta-5=0$$
$$4\sin^2\theta-12\sin\theta+5=0$$
$$(2\sin\theta-1)(2\sin\theta-5)=0$$

$-1 \leqq \sin\theta \leqq 1$ より，$\sin\theta = \dfrac{1}{2}$ であり，

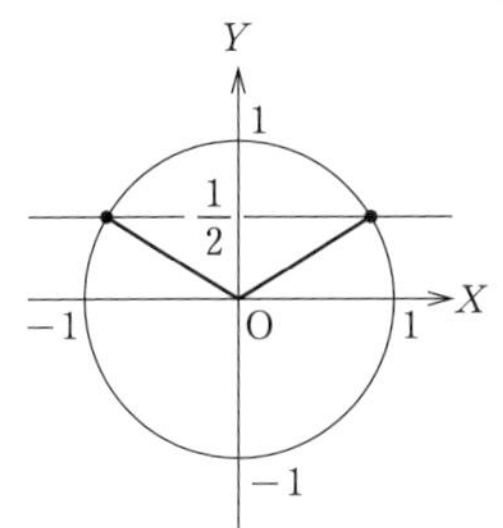

$$\boldsymbol{\theta = \frac{\pi}{6},\ \frac{5}{6}\pi}$$

(2) $\sin 2\theta > \cos\theta$ より，

$$2\sin\theta\cos\theta > \cos\theta$$
$$2\sin\theta\cos\theta - \cos\theta > 0$$
$$\cos\theta(2\sin\theta - 1) > 0 \qquad \cdots①$$

① より，

$$\begin{cases}\cos\theta > 0\\ 2\sin\theta - 1 > 0\end{cases} \quad \text{または} \quad \begin{cases}\cos\theta < 0\\ 2\sin\theta - 1 < 0\end{cases}$$

すなわち，

$$\begin{cases}\cos\theta > 0\\ \sin\theta > \dfrac{1}{2}\end{cases} \quad \text{または} \quad \begin{cases}\cos\theta < 0\\ \sin\theta < \dfrac{1}{2}\end{cases}$$

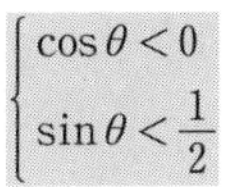

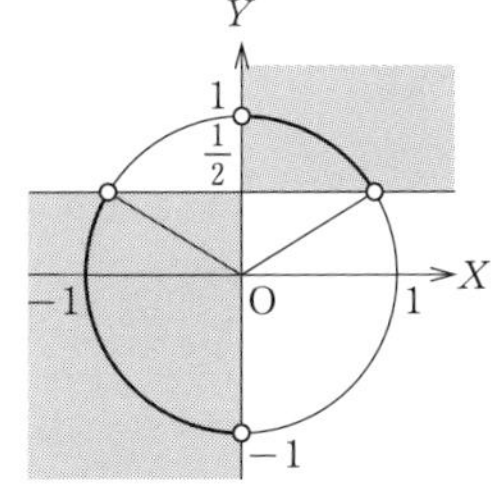

したがって，上の単位円から，

$$\boldsymbol{\frac{\pi}{6} < \theta < \frac{\pi}{2},\ \frac{5}{6}\pi < \theta < \frac{3}{2}\pi}$$

(3) $\sin\theta - \sqrt{3}\cos\theta < 0$ より，

$$2\sin\left(\theta - \frac{\pi}{3}\right) < 0$$
$$\sin\left(\theta - \frac{\pi}{3}\right) < 0 \qquad \cdots①$$

$\theta - \dfrac{\pi}{3} = t$ とおくと，① より，

$$\sin t < 0 \qquad \cdots②$$

また，$0 \leqq \theta < 2\pi$ より，

$$-\frac{\pi}{3} \leqq t < \frac{5}{3}\pi \qquad \cdots③$$

②，③ を満たす t の範囲は，

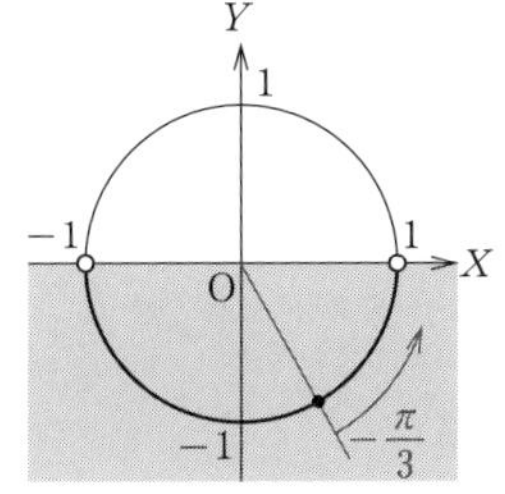

$$-\frac{\pi}{3} \leqq t < 0,\ \pi < t < \frac{5}{3}\pi$$

であるから，

$$-\frac{\pi}{3} \leqq \theta - \frac{\pi}{3} < 0,\ \pi < \theta - \frac{\pi}{3} < \frac{5}{3}\pi$$

したがって，

$$\boldsymbol{0 \leqq \theta < \frac{\pi}{3},\ \frac{4}{3}\pi < \theta < 2\pi}$$

57

88 の復習である．$r\sin(x+\alpha)$ の形に変形して考えるが，角 α の具体的な値を求めることはできない．そこで，文字 α を使って合成を行い，最大，最小を考えていく．このときに，$\sin\alpha$，$\cos\alpha$ の値をきちんと把握しておかないといけない．

加法定理を用いると，

$$y = \sin x + 2\sin\left(x + \frac{\pi}{3}\right)$$
$$= \sin x + 2\left(\sin x\cos\frac{\pi}{3} + \cos x\sin\frac{\pi}{3}\right)$$
$$= \sin x + 2\left(\frac{1}{2}\sin x + \frac{\sqrt{3}}{2}\cos x\right)$$
$$= 2\sin x + \sqrt{3}\cos x$$
$$= \sqrt{7}\sin(x + \alpha)$$

ただし，α は，

$$\sin\alpha = \frac{\sqrt{3}}{\sqrt{7}},\ \cos\alpha = \frac{2}{\sqrt{7}}$$

を満たす次の図の角である．

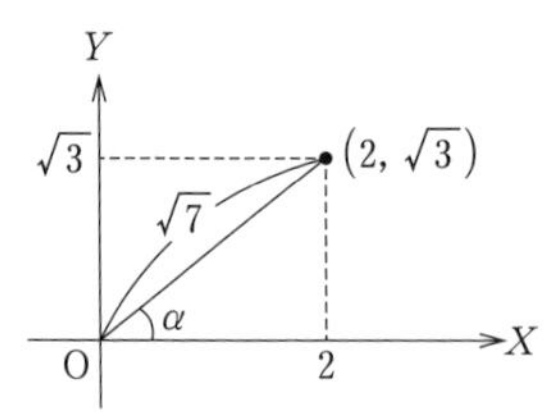

$0 \leqq x \leqq \pi$ より，

$$\alpha \leqq x+\alpha \leqq \pi+\alpha$$

である．

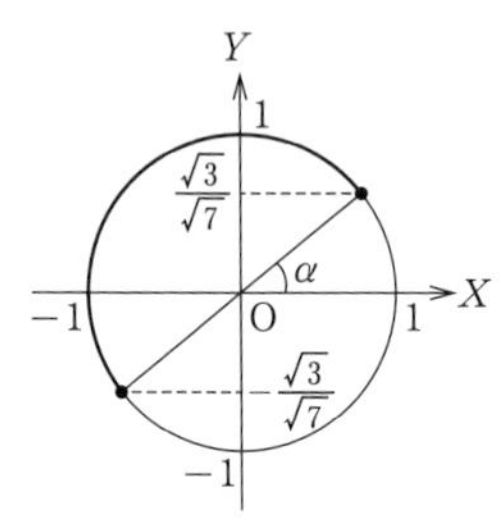

上の単位円から，

$$-\frac{\sqrt{3}}{\sqrt{7}} \leqq \sin(x+\alpha) \leqq 1$$

であるから，

$$-\sqrt{3} \leqq \sqrt{7}\sin(x+\alpha) \leqq \sqrt{7}$$

$$-\sqrt{3} \leqq y \leqq \sqrt{7}$$

したがって，

最大値 $\sqrt{7}$，最小値 $-\sqrt{3}$

58

> 2倍角の公式を使って，与えられた式を 2θ で表すタイプ(倍角戻し)である．

2倍角の公式を用いると，

$$y=2\sqrt{3}\sin\theta\cos\theta+4\cos^2\theta-2\sin^2\theta$$

$$=2\sqrt{3}\cdot\frac{1}{2}\sin2\theta+4\cdot\frac{1}{2}(1+\cos2\theta)-2\cdot\frac{1}{2}(1-\cos2\theta)$$

$$=\sqrt{3}\sin2\theta+2(1+\cos2\theta)-(1-\cos2\theta)$$

$$=\sqrt{3}\sin2\theta+3\cos2\theta+1$$

$$=2\sqrt{3}\sin\left(2\theta+\frac{\pi}{3}\right)+1$$

$0 \leqq \theta \leqq \frac{\pi}{2}$ より，$0 \leqq 2\theta \leqq \pi$ であり，

$$\frac{\pi}{3} \leqq 2\theta+\frac{\pi}{3} \leqq \frac{4}{3}\pi$$

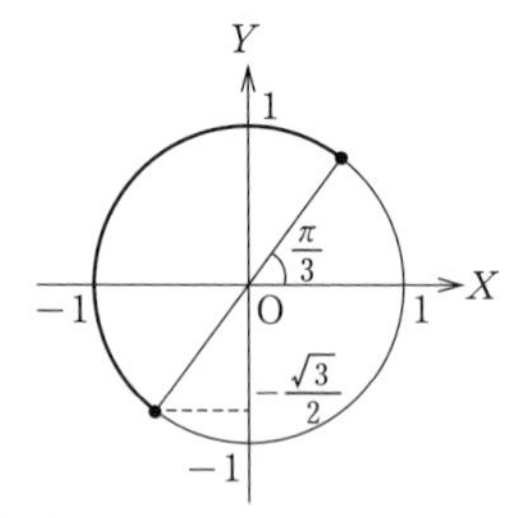

上の単位円から，

$$-\frac{\sqrt{3}}{2} \leqq \sin\left(2\theta+\frac{\pi}{3}\right) \leqq 1$$

であるから，

$$-3 \leqq 2\sqrt{3}\sin\left(2\theta+\frac{\pi}{3}\right) \leqq 2\sqrt{3}$$

$$-2 \leqq 2\sqrt{3}\sin\left(2\theta+\frac{\pi}{3}\right)+1 \leqq 2\sqrt{3}+1$$

$$-2 \leqq y \leqq 2\sqrt{3}+1$$

最大値 $2\sqrt{3}+1$ をとるとき，

$$2\theta+\frac{\pi}{3}=\frac{\pi}{2} \text{ より，} \theta=\frac{\pi}{12}$$

また，最小値 -2 をとるとき，

$$2\theta+\frac{\pi}{3}=\frac{4}{3}\pi \text{ より，} \theta=\frac{\pi}{2}$$

以上より，

最大値 $2\sqrt{3}+1$ ($\theta=\frac{\pi}{12}$ のとき)，

最小値 -2 ($\theta=\frac{\pi}{2}$ のとき)

59

> **91** で $\sin x+\cos x=t$ とおいて考える問題を学習した．これと同様にして，本問は $\sin x-\cos x$ と $\sin x\cos x$ が混在しているので，$\sin x-\cos x=t$ とおいて考える．

$y=4\sin x\cos x-2(\sin x-\cos x)+1$ …①

$t=\sin x-\cos x$ …② を変形すると，

$$t=\sqrt{2}\sin\left(x-\frac{\pi}{4}\right)$$

$0 \leqq x \leqq \pi$ より，$-\frac{\pi}{4} \leqq x-\frac{\pi}{4} \leqq \frac{3}{4}\pi$ であるから，

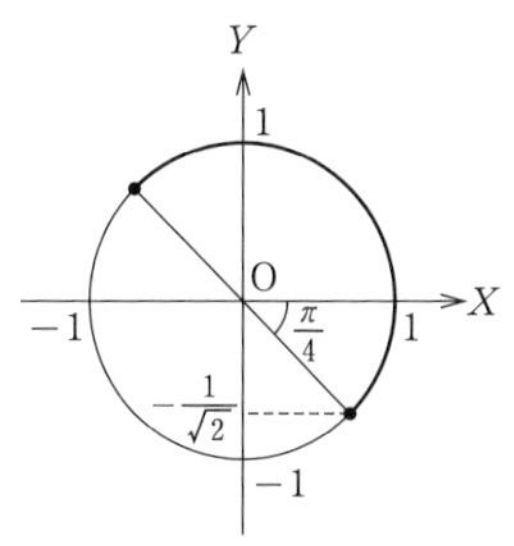

$$-\frac{1}{\sqrt{2}} \leqq \sin\left(x-\frac{\pi}{4}\right) \leqq 1$$

$$-1 \leqq \sqrt{2}\sin\left(x-\frac{\pi}{4}\right) \leqq \sqrt{2}$$

これより，t のとり得る値の範囲は，

$$\boldsymbol{-1 \leqq t \leqq \sqrt{2}}$$

② の両辺を 2 乗すると，

$$\sin^2 x - 2\sin x\cos x + \cos^2 x = t^2$$

$$1 - 2\sin x\cos x = t^2$$

$$\sin x\cos x = \frac{1}{2}(1-t^2)$$

これと ② を ① に代入すると，

$$y = 4\cdot\frac{1}{2}(1-t^2) - 2t + 1$$

$$= -2t^2 - 2t + 3$$

$$= -2\left(t+\frac{1}{2}\right)^2 + \frac{7}{2} \quad \cdots③$$

$-1 \leqq t \leqq \sqrt{2}$ において，③ のグラフは次のようになる.

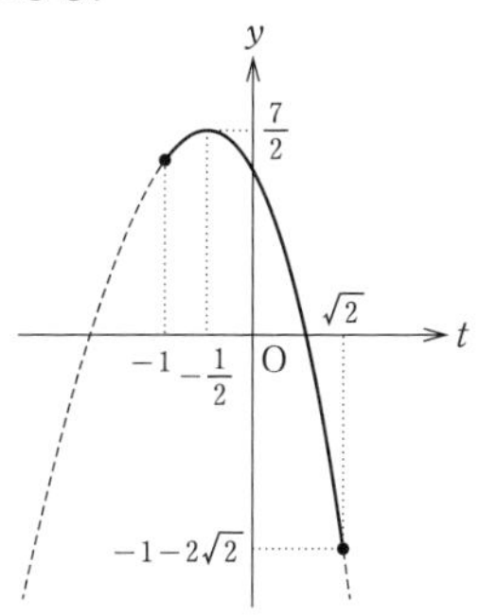

グラフより，y のとり得る値の範囲は，

$$\boldsymbol{-1-2\sqrt{2} \leqq y \leqq \frac{7}{2}}$$

60

基本的な計算問題であるが，本問を通して指数，対数の公式を見直しておこう.

(1) $\left(2^{\frac{4}{3}} \times 2^{-1}\right)^6 \times \left\{\left(\frac{16}{81}\right)^{-\frac{7}{6}}\right\}^{\frac{3}{7}}$

$$= \left(2^{\frac{4}{3}-1}\right)^6 \times \left(\frac{16}{81}\right)^{-\frac{7}{6}\cdot\frac{3}{7}}$$

$$= \left(2^{\frac{1}{3}}\right)^6 \times \left(\frac{16}{81}\right)^{-\frac{1}{2}}$$

$$= 2^2 \times \left\{\left(\frac{4}{9}\right)^2\right\}^{-\frac{1}{2}}$$

$$= 2^2 \times \left(\frac{4}{9}\right)^{-1}$$

$$= 4 \times \frac{9}{4}$$

$$= \boldsymbol{9}$$

(2) $4\log_4\sqrt{2} + \frac{1}{2}\log_4\frac{1}{8} - \frac{3}{2}\log_4 8$

$$= 4\log_4 2^{\frac{1}{2}} + \frac{1}{2}\log_4 2^{-3} - \frac{3}{2}\log_4 2^3$$

$$= 4\cdot\frac{1}{2}\log_4 2 + \frac{1}{2}\cdot(-3)\log_4 2 - \frac{3}{2}\cdot 3\log_4 2$$

$$= 2\log_4 2 - \frac{3}{2}\log_4 2 - \frac{9}{2}\log_4 2$$

$$= \left(2 - \frac{3}{2} - \frac{9}{2}\right)\log_4 2$$

$$= -4\log_4 2$$

$$= -\log_4 2^4$$

$$= -\log_4 4^2$$

$$= -2\log_4 4$$

$$= \boldsymbol{-2}$$

61

92 の【One Point コラム】で，「指数と対数の関係」として，

$a^x = M$ のとき，$x = \log_a M$ $\cdots$★

であることを確認している.

$a^x = M$ を満たす x は $\log_a M$ であるから，これを代入すると，

$$a^{\log_a M} = M$$

が成り立つことが分かる. [2] では，この

関係を用いる.

なお, [1]では★を用いるが, 底の値はそろえて扱うべきであり, 2 と 7 から連想される 14 で底をそろえて計算を進める.

[1] $2^x=7^y=\sqrt{14}$ より,

$$x=\log_2\sqrt{14}=\frac{\log_{14}\sqrt{14}}{\log_{14}2}$$

$$y=\log_7\sqrt{14}=\frac{\log_{14}\sqrt{14}}{\log_{14}7}$$

となり, $\log_{14}\sqrt{14}=\frac{1}{2}$ であるから,

$$x=\frac{1}{2\log_{14}2},\ y=\frac{1}{2\log_{14}7}$$

これらの逆数を用いると,

$$\frac{1}{x}+\frac{1}{y}=2\log_{14}2+2\log_{14}7$$
$$=2(\log_{14}2+\log_{14}7)$$
$$=2\log_{14}14$$
$$=\mathbf{2}$$

[2] $$8^{\log_2 5}=(2^3)^{\log_2 5}=(2^{\log_2 5})^3$$
$$=5^3$$
$$=\mathbf{125}$$

62

どの問題も, 置きかえを利用して 2 次方程式などを作って考える頻出問題であり, 確実に正解したい. (4) は底の値に注意して丁寧に不等式を扱わないといけない.

(1) $$2^{2x+1}+2^x-1=0 \quad \cdots①$$

$2^{2x+1}=2^{2x}\cdot 2^1=2\cdot(2^x)^2$ であるから, ① より,

$$2\cdot(2^x)^2+2^x-1=0 \quad \cdots②$$

$2^x=t$ とすると, $t>0$ であり, ② より,

$$2t^2+t-1=0$$
$$(2t-1)(t+1)=0$$

$t>0$ であるから, $t=\frac{1}{2}$ である. よって,

$$2^x=\frac{1}{2}(=2^{-1})$$

$$\boldsymbol{x=-1}$$

(2) $$4^x+2^{1-x}-5=0 \quad \cdots①$$

① において,

$$4^x=(2^2)^x=(2^x)^2$$
$$2^{1-x}=2^1\cdot 2^{-x}=2\cdot\frac{1}{2^x}$$

であるから, ① より,

$$(2^x)^2+2\cdot\frac{1}{2^x}-5=0 \quad \cdots②$$

$2^x=t$ とすると, $t>0$ であり, ② より,

$$t^2+2\cdot\frac{1}{t}-5=0$$
$$t^3-5t+2=0$$
$$(t-2)(t^2+2t-1)=0$$
$$t=2,\ -1\pm\sqrt{2}$$

$t>0$ であるから, $t=2,\ -1+\sqrt{2}$ である.

$t=2$ より,

$$2^x=2$$
$$x=1$$

$t=-1+\sqrt{2}$ より,

$$2^x=-1+\sqrt{2}$$
$$x=\log_2(-1+\sqrt{2})$$

以上より,

$$\boldsymbol{x=1,\ \log_2(-1+\sqrt{2})}$$

(3) $$9^x+3^{x+1}-4\leqq 0 \quad \cdots①$$

① において,

$$9^x=(3^2)^x=(3^x)^2$$
$$3^{x+1}=3^x\cdot 3^1=3\cdot 3^x$$

であるから, ① より,

$$(3^x)^2+3\cdot 3^x-4\leqq 0 \quad \cdots②$$

$3^x=t$ とすると, $t>0$ であり, ② より,

$$t^2+3t-4\leqq 0$$
$$(t+4)(t-1)\leqq 0 \quad \cdots③$$

$t>0$ より $t+4>0$ であるから, ③ において,

$$t-1\leqq 0$$

である. これより, $t\leqq 1$ となるから,

$$3^x\leqq 1(=3^0)$$

$$\boldsymbol{x\leqq 0}$$

(4) $$\left(\frac{1}{4}\right)^x-9\left(\frac{1}{2}\right)^{x-1}+32\leqq 0 \quad \cdots①$$

① において,

$$\left(\frac{1}{4}\right)^x=\left\{\left(\frac{1}{2}\right)^2\right\}^x=\left\{\left(\frac{1}{2}\right)^x\right\}^2$$

$$9\left(\frac{1}{2}\right)^{x-1}=9\left(\frac{1}{2}\right)^{x}\left(\frac{1}{2}\right)^{-1}=18\left(\frac{1}{2}\right)^{x}$$

であるから,

$$\left\{\left(\frac{1}{2}\right)^{x}\right\}^{2}-18\left(\frac{1}{2}\right)^{x}+32\leqq 0 \quad \cdots ②$$

$\left(\frac{1}{2}\right)^{x}=t$ とすると, $t>0$ であり, ② より,

$$t^2-18t+32\leqq 0$$
$$(t-2)(t-16)\leqq 0$$
$$2\leqq t\leqq 16$$

よって,

$$2\leqq\left(\frac{1}{2}\right)^{x}\leqq 16$$
$$2^1\leqq 2^{-x}\leqq 2^4$$

これより,

$$1\leqq -x\leqq 4$$

となるから,

$$\boldsymbol{-4\leqq x\leqq -1}$$

<補足:$2\leqq t\leqq 16$ の後について>

$$2=\left(\frac{1}{2}\right)^{-1},\ 16=\left(\frac{1}{2}\right)^{-4}$$

であるから, $2\leqq t\leqq 16$ より,

$$\left(\frac{1}{2}\right)^{-1}\leqq\left(\frac{1}{2}\right)^{x}\leqq\left(\frac{1}{2}\right)^{-4}$$

となる. 底が1より小さいことに注意すると,

$$-1\geqq x\geqq -4$$

すなわち,

$$-4\leqq x\leqq -1$$

となる.

63

真数条件を調べ忘れるようなミスはしていないだろうか. 最初に真数条件を調べることを習慣としておきたい.

(2) は底を2にそろえて考えるとよいだろう.

(3) は底が1より小さいので, 両辺の真数を比較するときに, 不等号の向きに注意しよう.

(1) $\log_6(x-4)+\log_6(2x-7)=2 \quad \cdots ①$

真数は正であるから,

$$x-4>0 \quad かつ \quad 2x-7>0$$
$$x>4 \quad かつ \quad x>\frac{7}{2}$$
$$x>4 \quad \cdots ②$$

① より,

$$\log_6(x-4)(2x-7)=\log_6 6^2$$
$$\log_6(2x^2-15x+28)=\log_6 36$$

これより,

$$2x^2-15x+28=36$$
$$2x^2-15x-8=0$$
$$(x-8)(2x+1)=0$$

② を考えると,

$$\boldsymbol{x=8}$$

(2) $\log_2(x-1)-\log_{\frac{1}{2}}(x-3)<3 \quad \cdots ①$

真数は正であるから,

$$x-1>0 \quad かつ \quad x-3>0$$
$$x>1 \quad かつ \quad x>3$$
$$x>3 \quad \cdots ②$$

① において,

$$\log_{\frac{1}{2}}(x-3)=\frac{\log_2(x-3)}{\log_2\frac{1}{2}}=\frac{\log_2(x-3)}{-1}$$

であるから, ① より,

$$\log_2(x-1)+\log_2(x-3)<3$$
$$\log_2(x-1)(x-3)<\log_2 2^3$$
$$\log_2(x^2-4x+3)<\log_2 8$$

底は1より大きいので,

$$x^2-4x+3<8$$
$$x^2-4x-5<0$$
$$(x+1)(x-5)<0$$
$$-1<x<5 \quad \cdots ③$$

②, ③ より,

$$\boldsymbol{3<x<5}$$

(3) $\log_{\frac{1}{2}}(2x^2-3x-9)>\log_{\frac{1}{2}}(x^2-4x+3)$

真数は正であるから,

$$\begin{cases}2x^2-3x-9>0 & \cdots ①\\ x^2-4x+3>0 & \cdots ②\end{cases}$$

① より, $(2x+3)(x-3)>0$ となり,

$$x<-\frac{3}{2},\ 3<x$$

② より, $(x-1)(x-3)>0$ となり,

$$x<1,\ 3<x$$

これらより, ① かつ ② が成り立つ x の

範囲は,

$$x < -\frac{3}{2},\ 3 < x \qquad \cdots③$$

与式の底 $\frac{1}{2}$ は, $0 < \frac{1}{2} < 1$ であるから,

$$2x^2 - 3x - 9 < x^2 - 4x + 3$$
$$x^2 + x - 12 < 0$$
$$(x+4)(x-3) < 0$$
$$-4 < x < 3 \qquad \cdots④$$

したがって, ③, ④ より,

$$\boldsymbol{-4 < x < -\frac{3}{2}}$$

64

> $2^x + 2^{-x} = t$ とおいて $f(x)$ を t で表して考える. このとき, t のとり得る値の範囲を相加平均と相乗平均の大小関係を用いて求めるところが重要である.

$$\begin{aligned} f(x) &= 2^x + 2^{-x} - (2^{2x+2} + 2^{-2x+2}) \\ &= 2^x + 2^{-x} - (2^{2x}\cdot 2^2 + 2^{-2x}\cdot 2^2) \\ &= 2^x + 2^{-x} - 4(2^{2x} + 2^{-2x}) \qquad \cdots① \end{aligned}$$

$2^x + 2^{-x} = t$ とするとき, これを 2 乗すると,

$$(2^x)^2 + 2 + (2^{-x})^2 = t^2$$
$$2^{2x} + 2^{-2x} = t^2 - 2$$

これを用いると, ① より,

$$\begin{aligned} f(x) &= t - 4(t^2 - 2) \\ &= -4t^2 + t + 8 \\ &= -4\left(t - \frac{1}{8}\right)^2 + \frac{129}{16} \quad (= g(t) \text{ とする}) \end{aligned}$$

ここで, $2^x > 0$, $2^{-x} > 0$ であり, 相加平均と相乗平均の大小関係を用いると,

$$2^x + 2^{-x} \geqq 2\sqrt{2^x \cdot 2^{-x}} = 2$$
$$t \geqq 2$$

(等号は $2^x = 2^{-x}$ より $x = 0$ で成立)

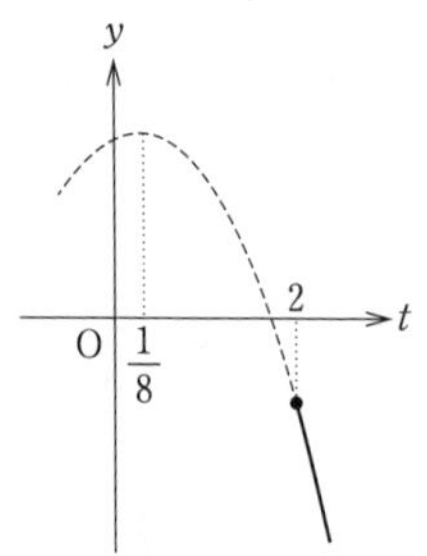

$y = g(t)$ のグラフから, $t \geqq 2$ における $g(t)$ の最大値は,

$$g(2) = -4\cdot 2^2 + 2 + 8 = -6$$

と分かり, $f(x)$ の最大値は, $t \geqq 2$ における $g(t)$ の最大値と一致するので,

最大値 -6

65

> [1] $\log_3 x = t$ とおいて2次関数を作る.
> [2] 条件式から $x = 18 - 3y$ となるので, x を消去して y だけの式にして考える. y の範囲にも注意しよう.

[1] $\log_3 x = t$ とおくと,

$$\begin{aligned} \log_3 x^2 + (\log_3 x)^2 &= 2\log_3 x + (\log_3 x)^2 \\ &= 2t + t^2 \\ &= (t+1)^2 - 1 \qquad \cdots① \end{aligned}$$

$x > 0$ のとき, t はすべての実数をとるから, ① より,

最小値 -1

[2] $x + 3y = 18$ より,

$$x = 18 - 3y \qquad \cdots①$$

$x > 0$ であるから, ① において,

$$18 - 3y > 0 \qquad \therefore\ y < 6$$

これと $y > 0$ から,

$$0 < y < 6$$

① を用いると,

$$\begin{aligned} \log_3 x + \log_3 y &= \log_3(18 - 3y) + \log_3 y \\ &= \log_3(18y - 3y^2) \\ &= \log_3\{-3(y-3)^2 + 27\} \qquad \cdots② \end{aligned}$$

② の底は 1 より大きいので, ② が最大になるのは, ② の真数が最大になるときである.

$0 < y < 6$ において, ② の真数は最大値 27 をとるから, 求める最大値は,

$$\log_3 27 = \log_3 3^3 = \boldsymbol{3}$$

66

> **102** の復習である.
> (1) は, 15^{31} が n 桁であるとき,
> $$10^{n-1} \leqq 15^{31} < 10^n$$

となるので，これを満たす自然数 n を求める．$\log_{10}15=\log_{10}3+\log_{10}5$ であるが，$\log_{10}5$ の値が，

$$\log_{10}5=\log_{10}\frac{10}{2}=\log_{10}10-\log_{10}2$$

と計算できることも見直しておこう．

まず，$\log_{10}5$ の値を求めると，

$$\begin{aligned}\log_{10}5=\log_{10}\frac{10}{2}&=\log_{10}10-\log_{10}2\\&=1-0.3010\\&=0.6990\end{aligned}$$

である．

(1) 15^{31} が n 桁の整数であるとき，

$$10^{n-1}\leqq 15^{31}<10^{n} \quad \cdots①$$

である．① で常用対数をとると，

$$\log_{10}10^{n-1}\leqq\log_{10}15^{31}<\log_{10}10^{n}$$
$$n-1\leqq\log_{10}15^{31}<n \quad \cdots②$$

ここで，

$$\begin{aligned}\log_{10}15^{31}&=31\times\log_{10}15\\&=31(\log_{10}3+\log_{10}5)\\&=31(0.4771+0.6990)\\&=36.4591\end{aligned}$$

であるから，② は，

$$n-1\leqq 36.4591<n$$

と表される．これを満たす自然数 n は $n=37$ である．したがって，

15^{31} は 37 桁

(2) $\left(\dfrac{3}{5}\right)^{100}$ の小数第 n 位にはじめて 0 でない数字が現れるとき，

$$10^{-n}\leqq\left(\frac{3}{5}\right)^{100}<10^{-n+1} \quad \cdots③$$

である．③ で常用対数をとると，

$$\log_{10}10^{-n}\leqq\log_{10}\left(\frac{3}{5}\right)^{100}<\log_{10}10^{-n+1}$$
$$-n\leqq\log_{10}\left(\frac{3}{5}\right)^{100}<-n+1 \quad \cdots④$$

ここで，

$$\begin{aligned}\log_{10}\left(\frac{3}{5}\right)^{100}&=100(\log_{10}3-\log_{10}5)\\&=100(0.4771-0.6990)\\&=-22.19\end{aligned}$$

である．よって，④ は，

$$-n\leqq -22.19<-n+1$$

と表される．これを満たす自然数 n は $n=23$ である．

以上より，はじめて 0 でない数字が現れるのは，

小数第 23 位

67

接点が不明の接線の問題は，接点を自分で設定して考える．

$f(x)=x^3-x$ とすると，$f'(x)=3x^2-1$ である．

接点を $(t,\ f(t))$ とすると，この点における接線は，

$$y-f(t)=f'(t)(x-t)$$

であるから，

$$y-(t^3-t)=(3t^2-1)(x-t)$$
$$y=(3t^2-1)x-2t^3 \quad \cdots①$$

① の傾きが 2 になるとき，

$$3t^2-1=2$$
$$t=1,\ -1$$

ゆえに，求める接線は，① で $t=1,\ -1$ として，

$$\boldsymbol{y=2x-2,\ y=2x+2}$$

68

3 次関数が極値をもつのは，$f'(x)$ の符号が，「正 → 負 → 正」のように変化するときであり，このようになるのは「2 次方程式 $f'(x)=0$ が異なる 2 つの実数解をもつとき」である．

(1) $f(x)=x^3+(a-2)x^2+3x$ より，

$$f'(x)=3x^2+2(a-2)x+3$$

$f(x)$ が極値をもつのは，「$f'(x)$ の符号が変化するとき」，すなわち，「$f'(x)=0$ が異なる 2 つの実数解をもつとき」である．

ここで，$3x^2+2(a-2)x+3=0$ の判別式を D とすると，

$$\frac{D}{4}=(a-2)^2-9$$

$$= a^2 - 4a - 5$$
$$= (a+1)(a-5)$$

であり，$\frac{D}{4} > 0$ より，

$$(a+1)(a-5) > 0$$

$$\boldsymbol{a < -1,\ 5 < a}$$

(2) $f(x)$ が $x = -a$ で極値をもつとき，

$$f'(-a) = 0$$

であることが必要であり，

$$3(-a)^2 + 2(a-2)(-a) + 3 = 0$$
$$a^2 + 4a + 3 = 0$$
$$(a+3)(a+1) = 0$$

(1) より，$a < -1,\ 5 < a$ であるから，

$$a = -3$$

このとき，

$$f(x) = x^3 - 5x^2 + 3x,$$
$$f'(x) = 3x^2 - 10x + 3 = (3x-1)(x-3)$$

となり，増減表は次のようになる．

x	$\cdots$	$\frac{1}{3}$	$\cdots$	3	$\cdots$
$f'(x)$	$+$	0	$-$	0	$+$
$f(x)$	↗	極大	↘	極小	↗

増減表より，確かに $x = -a$（つまり，$x = 3$）で極値をもつ．極大値は，

$$f\left(\frac{1}{3}\right) = \frac{1}{27} - 5 \cdot \frac{1}{9} + 3 \cdot \frac{1}{3} = \frac{13}{27}$$

である．以上より，

$$\boldsymbol{a = -3,\ \text{極大値}\ \frac{13}{27}}$$

69

作られる直方体は，底面が「1 辺の長さが $10 - 2x$ の正方形」で，高さが x である．

本問は「結果のみ」を答える問題であるが，「正しい x の範囲」で解答できているか，各自の解答を見直して欲しい．つまり，切り取る正方形の 1 辺の長さ x が，

$$0 < x < 5$$

であることを見落としていないか，ということである．

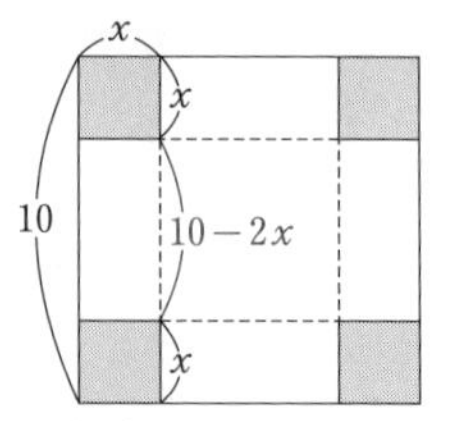

切り取る正方形の 1 辺の長さ x は，

$$0 < x < 5$$

である．

作られる直方体は，底面が「1 辺の長さが $10 - 2x$ の正方形」で，高さが x である．

よって，その容積は，

$$(10 - 2x)^2 \cdot x = \boldsymbol{4x^3 - 40x^2 + 100x}$$

と表される．

$f(x) = 4x^3 - 40x^2 + 100x$ とすると，

$$f'(x) = 12x^2 - 80x + 100$$
$$= 4(3x^2 - 20x + 25)$$
$$= 4(3x - 5)(x - 5)$$

となり，$0 < x < 5$ における $f(x)$ の増減表は次のようになる．

x	(0)	$\cdots$	$\frac{5}{3}$	$\cdots$	(5)
$f'(x)$		$+$	0	$-$	
$f(x)$		↗	最大	↘	

増減表より，容積が最大になるのは，切り取る正方形の 1 辺が $\boldsymbol{\frac{5}{3}}$ cm のときである．

70

108 で学習した「方程式の実数解の個数をグラフを使って考える問題」の応用である．

接点を $(t,\ t^3 - 3t)$ として，この点における接線が点 $(2,\ a)$ を通るための t の条件を考えよう．1 つの接点に 1 本の接線が対応するから，その条件を満たす t がちょうど 3 個存在するときに，点 $(2,\ a)$ を通る接線が 3 本存在することになる．

$f(x) = x^3 - 3x$ より，$f'(x) = 3x^2 - 3$ である．

接点を $(t,\ f(t))$ とすると，この点における接線は，

$$y-f(t)=f'(t)(x-t)$$
$$y-(t^3-3t)=(3t^2-3)(x-t)$$
$$y=(3t^2-3)x-2t^3 \quad \cdots①$$

① が点 $(2,\ a)$ を通るとき，

$$a=(3t^2-3)\cdot 2-2t^3$$
$$a=-2t^3+6t^2-6 \quad \cdots②$$

点 $(2,\ a)$ を通る接線が 3 本存在するのは，

「② を満たす異なる実数 t が
3 個存在するとき」

すなわち，

「$u=-2t^3+6t^2-6$ と $u=a$ のグラフが
3 個の共有点をもつとき」

である．

ここで，$g(t)=-2t^3+6t^2-6$ とすると，

$$g'(t)=-6t^2+12t=-6t(t-2)$$

となり，増減表は次のようになる．

t	$\cdots$	0	$\cdots$	2	$\cdots$
$g'(t)$	$-$	0	$+$	0	$-$
$g(t)$	↘	-6	↗	2	↘

これより，$u=g(t)$ のグラフは次のようになる．

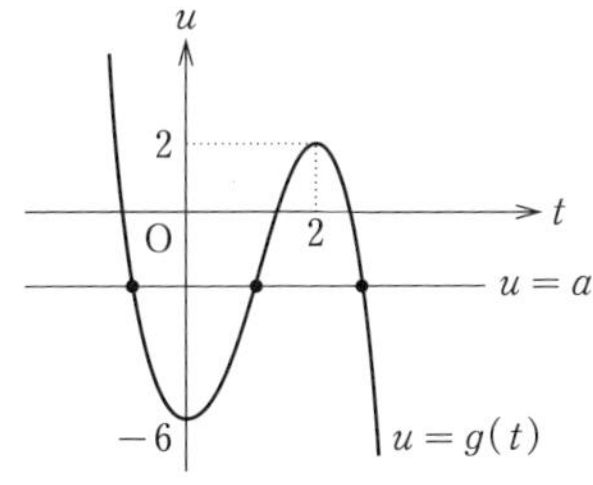

グラフより，求める a の値の範囲は，

$$\boldsymbol{-6<a<2}$$

71

$f(x)=x^3+3x^2-9x+k$ として，**109** と同じように，$x\geqq 0$ における $f(x)$ の最小値に注目する．

また，別解のように，k を分離して考えるのもよい．方程式の実数解の個数の問題以外でも，文字定数を分離して考える方針は有効である．

$f(x)=x^3+3x^2-9x+k$ とすると，

$$f'(x)=3x^2+6x-9$$
$$=3(x+3)(x-1)$$

となり，$x\geqq 0$ における $f(x)$ の増減表は次のようになる．

x	0	$\cdots$	1	$\cdots$
$f'(x)$		$-$	0	$+$
$f(x)$	k	↘	$k-5$	↗

増減表より，$x\geqq 0$ における $f(x)$ の最小値は $k-5$ である．よって，$x\geqq 0$ において $f(x)>0$ が成り立つのは，

$$k-5>0$$

が成り立つときである．したがって，

$$\boldsymbol{k>5}$$

<別解：文字定数を分離する>

与式は，

$$k>-x^3-3x^2+9x \quad \cdots(*)$$

と変形できるので，$x\geqq 0$ において $(*)$ が成り立つ k の範囲を求める．

$g(x)=-x^3-3x^2+9x$ とすると，

$$g'(x)=-3x^2-6x+9$$
$$=-3(x+3)(x-1)$$

となり，$x\geqq 0$ における $g(x)$ の増減表は次のようになる．

x	0	$\cdots$	1	$\cdots$
$g'(x)$		$+$	0	$-$
$g(x)$	0	↗	5	↘

増減表より，$x\geqq 0$ における $g(x)$ の最大値は 5 である．

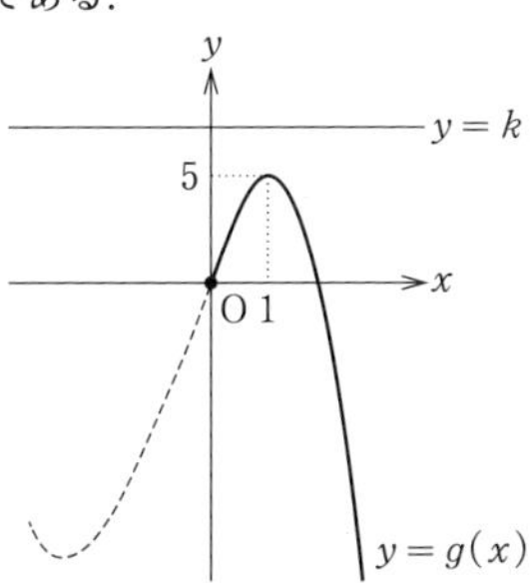

したがって，求める k の値の範囲は，

$$\boldsymbol{k>5}$$

<補足：109 もこの考え方が有効である>

109 の与式は，

$$k>-x^4-2x^3+2x^2 \quad \cdots(★)$$

と変形できるので，すべての実数 x に対して (★) が成り立つ k の値の範囲を求めてもよい．

72

[1] は，$\int_{-1}^{1} xf(t)\,dt=k$ (定数) とおいてはいけない．この定積分は，

$$\int_{-1}^{1} xf(t)\,dt=x\int_{-1}^{1} f(t)\,dt$$

と，x をインテグラルの前に出してから $\int_{-1}^{1} f(t)\,dt=k$ とおいて考える．113 の【One Point コラム】を見直そう．

[1]
$$f(x)=\int_{-1}^{1} xf(t)\,dt+1$$
$$=x\int_{-1}^{1} f(t)\,dt+1 \quad \cdots①$$

$\int_{-1}^{1} f(t)\,dt=k \cdots ②$ とおくと，① より，

$$f(x)=kx+1 \quad \cdots③$$

である．

よって，$f(t)=kt+1$ であるから，② に代入すると，

$$\int_{-1}^{1}(kt+1)\,dt=k$$
$$\left[\frac{1}{2}kt^2+t\right]_{-1}^{1}=k$$
$$\left(\frac{1}{2}k+1\right)-\left(\frac{1}{2}k-1\right)=k$$
$$k=2$$

したがって，③ より，

$$\boldsymbol{f(x)=2x+1}$$

[2] $\int_{-3}^{x} f(t)\,dt=x^3-3x^2+4ax+3a \cdots①$

① の両辺を x で微分すると，

$$\frac{d}{dx}\int_{-3}^{x} f(t)\,dt=3x^2-6x+4a$$
$$f(x)=3x^2-6x+4a \quad \cdots②$$

また，① で $x=-3$ とすると，

$$\int_{-3}^{-3} f(t)\,dt=-27-3\cdot 9+4a(-3)+3a$$
$$0=-54-9a$$
$$\boldsymbol{a=-6}$$

これを ② に代入して，

$$\boldsymbol{f(x)=3x^2-6x-24}$$

73

$y=|x^2-t^2|=|(x+t)(x-t)|$ のグラフは，$x=\pm t$ のところで折り返しが起こる．t は 0 以上であるから，折り返しの起こる $x=t$ が，積分区間の 0 から 1 の範囲に含まれるか含まれないかで場合分けをして考える．

(1) $$F(t)=\int_0^1 |x^2-t^2|\,dx$$

(ア) $0\leqq t<1$ のとき

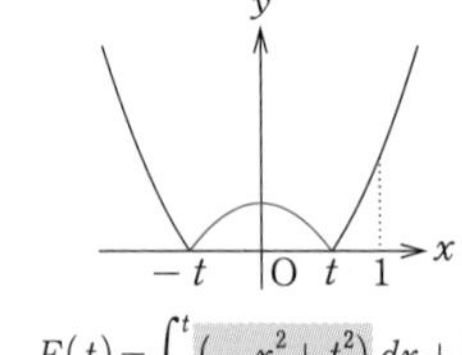

$$F(t)=\int_0^t (-x^2+t^2)\,dx+\int_t^1 (x^2-t^2)\,dx$$
$$=\left[-\frac{1}{3}x^3+t^2x\right]_0^t+\left[\frac{1}{3}x^3-t^2x\right]_t^1$$
$$=\left(-\frac{1}{3}t^3+t^3\right)-0$$
$$+\left(\frac{1}{3}-t^2\right)-\left(\frac{1}{3}t^3-t^3\right)$$
$$=\frac{4}{3}t^3-t^2+\frac{1}{3}$$

(イ) $1\leqq t$ のとき

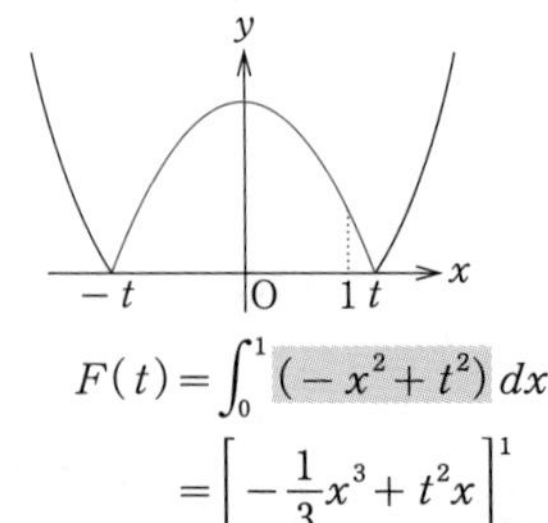

$$F(t)=\int_0^1 (-x^2+t^2)\,dx$$
$$=\left[-\frac{1}{3}x^3+t^2x\right]_0^1$$

$$= -\frac{1}{3} + t^2$$

以上より,

$$\boldsymbol{F(t) = \begin{cases} \dfrac{4}{3}t^3 - t^2 + \dfrac{1}{3} & (0 \leqq t < 1 \text{のとき}) \\ t^2 - \dfrac{1}{3} & (1 \leqq t \text{のとき}) \end{cases}}$$

(2) (1)の結果から, $F'(t)$ を求める.

$0 \leqq t < 1$ のとき,

$$F'(t) = 4t^2 - 2t = 2t(2t-1)$$

$1 \leqq t$ のとき

$$F'(t) = 2t$$

これより, $t \geqq 0$ における $F(t)$ の増減表は次のようになる.

t	0	$\cdots$	$\frac{1}{2}$	$\cdots$	1	$\cdots$
$F'(t)$		$-$	0	$+$		$+$
$F(t)$		↘	最小	↗	$\frac{2}{3}$	↗

増減表より, $F(t)$ を最小にする t の値は,

$$\boldsymbol{t = \frac{1}{2}}$$

また, 最小値は,

$$F\left(\frac{1}{2}\right) = \frac{4}{3} \cdot \frac{1}{8} - \frac{1}{4} + \frac{1}{3} = \boldsymbol{\frac{1}{4}}$$

74

2つの放物線で囲まれる部分の面積は, 6分の1公式を使って計算するとよい.

$$\begin{cases} y = x^2 - 2ax + 4a & \cdots ① \\ y = -x^2 + 6x - 2a & \cdots ② \end{cases}$$

①, ②から y を消去すると,

$$x^2 - 2ax + 4a = -x^2 + 6x - 2a$$
$$2x^2 - 2(a+3)x + 6a = 0$$
$$x^2 - (a+3)x + 3a = 0$$
$$(x-a)(x-3) = 0$$
$$x = a, \ 3$$

これより, ①と②の交点の x 座標は, $x = a$, 3 である.

ここで, ①と②で囲まれる部分の面積を S とすると, $a < 3$ に注意して,

$$S = \int_a^3 \{(-x^2 + 6x - 2a) - (x^2 - 2ax + 4a)\} dx$$
$$= -2\int_a^3 \{x^2 - (a+3)x + 3a\} dx$$
$$= -2\int_a^3 (x-a)(x-3) dx$$
$$= -2\left\{-\frac{1}{6}(3-a)^3\right\}$$
$$= \frac{1}{3}(3-a)^3$$

$S = 9$ になるとき,

$$\frac{1}{3}(3-a)^3 = 9$$
$$(3-a)^3 = 27$$

a は実数であるから,

$$3 - a = 3$$
$$\boldsymbol{a = 0}$$

75

C_1 と C_2 の交点の x 座標は文字を含む複雑な式で表されるので, これを α, β とおいて面積の計算を進める.

(1)
$$C_1 : y = -x^2 + 2x + 4 \quad \cdots ①$$
$$C_2 : y = (x-p)^2 + q$$

点 (p, q) が直線 $y = -2x + 1$ 上を動くから, $q = -2p + 1$ である. これより, 放物線 C_2 は, q を消去すると,

$$y = (x-p)^2 - 2p + 1$$
$$\therefore \ y = x^2 - 2px + p^2 - 2p + 1 \quad \cdots ②$$

と表される. ①, ②から y を消去すると,

$$x^2 - 2px + p^2 - 2p + 1 = -x^2 + 2x + 4$$
$$2x^2 - 2(p+1)x + p^2 - 2p - 3 = 0 \quad \cdots ③$$

③の判別式を D とすると,

$$\frac{D}{4} = (p+1)^2 - 2(p^2 - 2p - 3)$$
$$= -p^2 + 6p + 7$$

であり, C_1 と C_2 が共有点をもつとき, $\frac{D}{4} \geqq 0$ が成り立つから,

$$-p^2 + 6p + 7 \geqq 0$$
$$p^2 - 6p - 7 \leqq 0$$
$$(p+1)(p-7) \leqq 0$$
$$\boldsymbol{-1 \leqq p \leqq 7}$$

(2) ③ を解くと,

$$x=\frac{(p+1)\pm\sqrt{-p^2+6p+7}}{2}$$

ここで,

$$\alpha=\frac{(p+1)-\sqrt{-p^2+6p+7}}{2},$$

$$\beta=\frac{(p+1)+\sqrt{-p^2+6p+7}}{2}$$

とすると, α, β は ③ の解であるから,

$$2x^2-2(p+1)x+p^2-2p-3$$
$$=2(x-\alpha)(x-\beta) \quad \cdots④$$

が成り立つ.

このとき, C_1 と C_2 で囲まれた図形の面積を S とすると,

$$S=\int_\alpha^\beta\{(-x^2+2x+4)-(x^2-2px+p^2-2p+1)\}dx$$

$$=-\int_\alpha^\beta\{2x^2-2(p+1)x+p^2-2p-3\}dx$$

$$=-2\int_\alpha^\beta(x-\alpha)(x-\beta)dx \quad (④ より)$$

$$=-2\cdot\left\{-\frac{1}{6}(\beta-\alpha)^3\right\}$$

$$=\frac{1}{3}(\beta-\alpha)^3$$

$$=\frac{1}{3}\left(\sqrt{-p^2+6p+7}\right)^3$$

$$=\frac{1}{3}\left\{\sqrt{-(p-3)^2+16}\right\}^3 \quad \cdots⑤$$

$-1\leqq p\leqq 7$ において, ⑤ の根号内が最大になるときに S も最大になる. 根号内は $p=3$ のときに最大値 16 をとるから, S の最大値は,

$$\frac{1}{3}(\sqrt{16})^3=\frac{1}{3}\cdot4^3=\mathbf{\frac{64}{3}}$$

76

(1) 解答は,「点 (t, t^2) における C_1 の接線が C_2 にも接するような t の値を求める」という方針で l を求めているが, 他にもいくつかの方法がある.

(2) **117** と同様に, 面積の計算では,

$$\int(x+b)^2dx=\frac{1}{3}(x+b)^3+C$$

であること (カッコ n 乗の積分) を利用するとよい.

(1) $f(x)=x^2$, $g(x)=x^2-4x+8$ とする.

$f'(x)=2x$ より, 点 $(t, f(t))$ における $y=f(x)$ の接線は,

$$y-t^2=2t(x-t)$$
$$y=2tx-t^2 \quad \cdots①$$

① と $y=g(x)$ から y を消去すると,

$$x^2-4x+8=2tx-t^2$$
$$x^2-2(t+2)x+8+t^2=0 \quad \cdots②$$

② の判別式を D とすると,

$$\frac{D}{4}=\{-(t+2)\}^2-(8+t^2)$$
$$=4t-4$$

① と $y=g(x)$ が接するとき, $\frac{D}{4}=0$ であるから,

$$4t-4=0$$
$$t=1$$

よって, $t=1$ のときに ① は $y=g(x)$ にも接する. つまり, $y=f(x)$ と $y=g(x)$ の両方に接する. したがって, 求めるべき接線 l は, ① で $t=1$ として,

$$\boldsymbol{y=2x-1}$$

<別解：別々に接線を準備する>

$f(x)=x^2$, $g(x)=x^2-4x+8$ とすると,

$$f'(x)=2x, \quad g'(x)=2x-4$$

点 $(t, f(t))$ における $y=f(x)$ の接線は,

$$y-t^2=2t(x-t)$$
$$y=2tx-t^2 \quad \cdots①$$

点 $(s, g(s))$ における $y=g(x)$ の接線は,

$$y-(s^2-4s+8)=(2s-4)(x-s)$$
$$y=(2s-4)x-s^2+8 \quad \cdots③$$

① と ③ が一致するとき, 傾きと y 切片について,

$$\begin{cases}2t=2s-4 & \cdots④\\ -t^2=-s^2+8 & \cdots⑤\end{cases}$$

が成り立つ.

④ より, $t=s-2$ となり, ⑤ に代入すると,

$$-s^2+4s-4=-s^2+8$$
$$4s=12$$
$$s=3$$

このとき，$t=1$ である．

したがって，① より，求める接線 l は，

$$\boldsymbol{y=2x-1}$$

(2) $t=1$ のとき，② より，

$$x^2-6x+9=0$$
$$x=3$$

以上より，C_1 と l の接点の x 座標は 1，C_2 と l の接点の x 座標は 3 である．

さらに，C_1 と C_2 の交点の x 座標は，

$x^2=x^2-4x+8$ より，$x=2$

である．

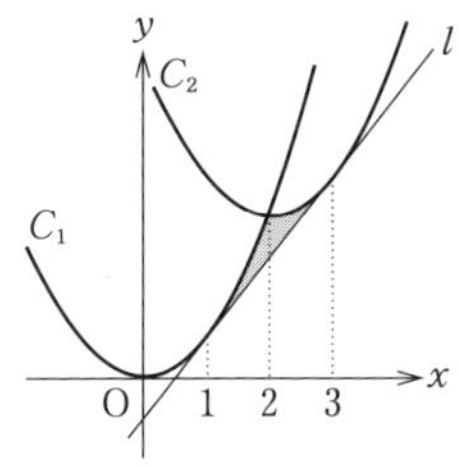

したがって，求める面積を S とすると，

$$S=\int_1^2\{x^2-(2x-1)\}dx+\int_2^3\{(x^2-4x+8)-(2x-1)\}dx$$
$$=\int_1^2(x-1)^2dx+\int_2^3(x-3)^2dx$$
$$=\left[\frac{1}{3}(x-1)^3\right]_1^2+\left[\frac{1}{3}(x-3)^3\right]_2^3$$
$$=\frac{1}{3}\cdot1^3-0+0-\frac{1}{3}\cdot(-1)^3$$
$$=\boldsymbol{\frac{2}{3}}$$

77

120 では，等差数列の和の最大値の問題を扱った．本問もそれと同じ発想で考えればよい．つまり，負の値の項をすべて足したときの和が，S_n の最小値となる．

$$a_{15}+a_{16}+a_{17}=-2622 \quad \cdots①$$
$$a_{99}+a_{103}=-1238 \quad \cdots②$$

(1) 初項を a，公差を d とすると，① より，

$$(a+14d)+(a+15d)+(a+16d)=-2622$$
$$3a+45d=-2622$$
$$a+15d=-874 \quad \cdots③$$

② より，

$$(a+98d)+(a+102d)=-1238$$
$$2a+200d=-1238$$
$$a+100d=-619 \quad \cdots④$$

③，④ を解くと，$a=-919$，$d=3$ となるから，

初項は -919，公差は 3

(2) $a=-919$，$d=3$ より，

$$a_n=-919+(n-1)\cdot3$$
$$=3n-922$$

$a_n\leqq0$ である n の範囲を求めると，

$3n-922\leqq0$ より，$n\leqq\dfrac{922}{3}=307.3\cdots$

となるから，

a_1 から a_{307} までは負，a_{308} からは正である．

したがって，S_n が最小となる n の値は，

$$\boldsymbol{n=307}$$

78

119 で学習した等差中項，等比中項の関係を用いて，a，b を求める．

4，a，b はこの順に等差数列をなすから，

$$4+b=2a \quad \cdots①$$

a，b，18 はこの順に等比数列をなすから，

$$a\cdot18=b^2$$
$$\therefore\ 9\cdot2a=b^2 \quad \cdots②$$

① より，$2a=4+b$ であるから，これを ② に代入して a を消去すると，

$$9(4+b)=b^2$$
$$b^2-9b-36=0$$
$$(b-12)(b+3)=0$$

$b>0$ より，$b=12$ となり，① に代入すると，

$$4+12=2a$$
$$a=8$$

$a=8$，$b=12$ のとき，4, 8, 12 という等差数列ができるので，

公差は 4

また，8，12，18 という等比数列ができるので，

$$公比は \frac{3}{2}$$

79

(2) は，等差×等比 の形の数列の和を求める問題である．これは，123 で学習した「$S-rS$ 法」で求める．

(1) 数列 $\{a_n\}$ の初項を a，公比を $r\,(>1)$ とする．

$a_2=18$ より，

$$ar=18 \quad \cdots①$$

$S_3=78$ より，$a+ar+ar^2=78$ となるので，

$$a(1+r+r^2)=78 \quad \cdots②$$

① より $a=\frac{18}{r}$ となり，これを ② に代入すると，

$$\frac{18}{r}\cdot(1+r+r^2)=78$$
$$3(1+r+r^2)=13r$$
$$3r^2-10r+3=0$$
$$(3r-1)(r-3)=0$$

$r>1$ より，$r=3$ であり，

$$a=\frac{18}{r}=6$$

したがって，

$$\boldsymbol{a_n=6\cdot 3^{n-1}}$$
$$(=2\cdot 3^n)$$

(2) $a_k=2\cdot 3^k$ であるから，

$$\sum_{k=1}^{n}ka_k=\sum_{k=1}^{n}k(2\cdot 3^k)=2\sum_{k=1}^{n}k\cdot 3^k \quad \cdots③$$

である．ここで，$S=\sum_{k=1}^{n}k\cdot 3^k$ とすると，

$$S=1\cdot 3+2\cdot 3^2+3\cdot 3^3+\cdots+n\cdot 3^n$$
$$3S=\quad 1\cdot 3^2+2\cdot 3^3+\cdots+(n-1)3^n+n\cdot 3^{n+1}$$

辺々引くと，

$$-2S=3+3^2+3^3+\cdots+3^n-n\cdot 3^{n+1}$$
$$=\frac{3(3^n-1)}{3-1}-n\cdot 3^{n+1}$$
$$=\frac{3}{2}(3^n-1)-n\cdot 3^{n+1}$$
$$=\frac{1}{2}\cdot 3^{n+1}-\frac{3}{2}-n\cdot 3^{n+1}$$

したがって，

$$2S=-\frac{1}{2}\cdot 3^{n+1}+\frac{3}{2}+n\cdot 3^{n+1}$$
$$=\left(n-\frac{1}{2}\right)\cdot 3^{n+1}+\frac{3}{2}$$

③ より，$\sum_{k=1}^{n}ka_k=2S$ であるから，

$$\boldsymbol{\sum_{k=1}^{n}ka_k=\left(n-\frac{1}{2}\right)\cdot 3^{n+1}+\frac{3}{2}}$$

80

[1] 問題の数列の第 k 項が，

$$\frac{1}{1+2+3+\cdots+k}=\frac{1}{\frac{1}{2}k(k+1)}$$
$$=\frac{2}{k(k+1)}$$

と表されることを求められれば，この数列の和は部分分数分解を利用して計算できることが分かる．

[2] 第 k 項を有理化して整理し，その式で，$k=1,\ 2,\ 3,\ \cdots,\ n$ としてみると，打ち消しあいが起こることが分かる．

[1] 第 k 項は，

$$\frac{1}{1+2+3+\cdots+k}=\frac{1}{\frac{1}{2}k(k+1)}$$
$$=\frac{2}{k(k+1)}$$

と表されるので，

$$A=\sum_{k=1}^{n}\frac{2}{k(k+1)}$$
$$=\sum_{k=1}^{n}2\left(\frac{1}{k}-\frac{1}{k+1}\right)$$

これより，$n=25$ のときの A の値は，

$$A=\sum_{k=1}^{25}2\left(\frac{1}{k}-\frac{1}{k+1}\right)$$
$$=2\left(\frac{1}{1}-\frac{1}{2}\right)+2\left(\frac{1}{2}-\frac{1}{3}\right)+2\left(\frac{1}{3}-\frac{1}{4}\right)+\cdots$$
$$\cdots+2\left(\frac{1}{25}-\frac{1}{26}\right)$$

$$=2\left(1-\frac{1}{26}\right)$$
$$=2\cdot\frac{25}{26}$$
$$=\mathbf{\frac{25}{13}}$$

[2] $\displaystyle\sum_{k=1}^{n}\frac{1}{\sqrt{k}+\sqrt{k+1}}$

$$=\sum_{k=1}^{n}\frac{\sqrt{k}-\sqrt{k+1}}{k-(k+1)}$$
$$=\sum_{k=1}^{n}(-\sqrt{k}+\sqrt{k+1})$$
$$=(-\sqrt{1}+\sqrt{2})+(-\sqrt{2}+\sqrt{3})+\cdots$$
$$\cdots+(-\sqrt{n}+\sqrt{n+1})$$
$$=\boldsymbol{-1+\sqrt{n+1}}$$

81

> (1) 「和と一般項の関係」を用いて考える．$n\geqq2$ として得られた a_n の式が $n=1$ のときにも成り立つかをきちんと確認しよう．
> (2) 122 で紹介した手順に従って，部分分数分解をミスなく行おう．

(1) $$S_n=\frac{3}{2}n^2-\frac{1}{2}n \qquad \cdots(*)$$

(*)で $n=1$ にすると，$S_1=\frac{3}{2}-\frac{1}{2}=1$

となり，$a_1=S_1$ であるから，

$$a_1=1$$

$n\geqq2$ のとき，

$$a_n=S_n-S_{n-1}$$
$$=\frac{3}{2}n^2-\frac{1}{2}n-\left\{\frac{3}{2}(n-1)^2-\frac{1}{2}(n-1)\right\}$$
$$=\frac{3}{2}n^2-\frac{1}{2}n-\left(\frac{3}{2}n^2-3n+\frac{3}{2}-\frac{1}{2}n+\frac{1}{2}\right)$$
$$=3n-2 \qquad \cdots①$$

① で $n=1$ にすると，

$$3\cdot1-2=1\ (=a_1)$$

となるので，① は $n=1$ でも成り立つ．

以上より，

$$\boldsymbol{a_n=3n-2}$$

(2) $a_n=3n-2$ より，

$$a_k=3k-2,$$
$$a_{k+1}=3(k+1)-2=3k+1$$

であるから，

$$\sum_{k=1}^{n}\frac{1}{a_ka_{k+1}}$$
$$=\sum_{k=1}^{n}\frac{1}{(3k-2)(3k+1)}$$
$$=\sum_{k=1}^{n}\frac{1}{3}\left(\frac{1}{3k-2}-\frac{1}{3k+1}\right)$$
$$=\frac{1}{3}\left(\frac{1}{1}-\frac{1}{4}\right)+\frac{1}{3}\left(\frac{1}{4}-\frac{1}{7}\right)+\frac{1}{3}\left(\frac{1}{7}-\frac{1}{10}\right)+\cdots$$
$$\cdots+\frac{1}{3}\left(\frac{1}{3n-2}-\frac{1}{3n+1}\right)$$
$$=\frac{1}{3}\left(1-\frac{1}{3n+1}\right)$$
$$=\frac{1}{3}\cdot\frac{3n+1-1}{3n+1}$$
$$=\boldsymbol{\frac{n}{3n+1}}$$

82

> 和の条件から一般項 a_n を求めたいので，$a_n=S_n-S_{n-1}$ を用いる．ただし，この関係は「$n\geqq2$ のとき」という条件つきで使用できる関係なので，この関係を用いて得られた a_n の式は，$n=1$ でも正しいのかを確認しなければならない．正しくないのであれば，$n=1$ の場合を別に扱う必要がある．

$$S_n=n\cdot3^{n+1}-1 \qquad \cdots(*)$$

(*)で $n=1$ にすると，

$$S_1=1\cdot3^2-1=9-1=8$$

となり，$S_1=a_1$ であるから，

$$a_1=8$$

$n\geqq2$ のとき，

$$a_n=S_n-S_{n-1}$$
$$=n\cdot3^{n+1}-1-\{(n-1)\cdot3^n-1\}$$
$$=n\cdot3^{n+1}-(n-1)\cdot3^n$$
$$=3n\cdot3^n-n\cdot3^n+3^n$$
$$=(2n+1)\cdot3^n$$

以上より，

$$\begin{cases}\boldsymbol{a_1=8}\\ \boldsymbol{a_n=(2n+1)\cdot3^n}\ (\boldsymbol{n\geqq2}\text{ のとき})\end{cases}$$

<補足>

$a_n=(2n+1)\cdot 3^n$ において $n=1$ にすると,

$$a_1=(2\cdot 1+1)\cdot 3=9$$

となるので, $a_1=8$ は得られない. つまり, $a_n=(2n+1)\cdot 3^n$ は $n=1$ の場合には成り立たないので, 上の解答のように, $a_1=8$ を別扱いにして答える.

83

> $a_{n+1}-a_n=3$ から, 数列 $\{a_n\}$ は隣り合う項の差がつねに 3 であるから, 公差が 3 の等差数列と分かる.
>
> 一方, $b_{n+1}-b_n=-4n+2$ は, 数列 $\{b_n\}$ の階差数列の第 n 項が $-4n+2$ であることを教えてくれている.「公差 $-4n+2$ の等差数列」という間違いをしてはいけない. 等差数列は n がいくつであっても隣り合う項の差が等しい (一定の) 数列である. 隣り合う項の差である $-4n+2$ が n の値によって変化するので, これは“等差”ではない.

(1) $a_{n+1}=a_n+3$ より, $a_{n+1}-a_n=3$ である.

よって, 数列 $\{a_n\}$ は公差 3 の等差数列であり, 初項は 10 であるから,

$$a_n=10+(n-1)\cdot 3=\boldsymbol{3n+7}$$

(2) $b_{n+1}=b_n-4n+2$ より,

$$b_{n+1}-b_n=-4n+2 \quad \cdots ①$$

数列 $\{b_n\}$ の階差数列を $\{c_n\}$ とすると, ① より, $c_n=-4n+2$ である.

$n\geqq 2$ のとき,

$$\begin{aligned} b_n &= b_1+\sum_{k=1}^{n-1}c_k \\ &= 100+\sum_{k=1}^{n-1}(-4k+2) \\ &= 100-4\cdot\frac{1}{2}(n-1)n+2(n-1) \\ &= -2n^2+4n+98 \quad \cdots ② \end{aligned}$$

② で $n=1$ とすると,

$$-2+4+98=100\ (=b_1)$$

となるので, ② は $n=1$ でも成り立つ.

したがって,

$$\boldsymbol{b_n=-2n^2+4n+98}$$

(3) $a_n\geqq b_n$ が成り立つ n の範囲を求めると,

$$3n+7\geqq -2n^2+4n+98$$
$$2n^2-n-91\geqq 0$$
$$(2n+13)(n-7)\geqq 0$$
$$n\leqq -\frac{13}{2},\ 7\leqq n$$

n は自然数であるから, $n=7, 8, 9, \cdots$ のときに $a_n\geqq b_n$ は成り立つ.

したがって, $a_n\geqq b_n$ となる最小の n は,

$$\boldsymbol{n=7}$$

84

> この問題の数列は, 1, 2, 3, … と並んでいるから,「先頭から数えて p 番目の項が p」というシンプルな設定になっている.
>
> (1) は, 第 n 群の最初の数が先頭から数えて何番目か分かれば, それがそのまま第 n 群の最初の数になる.
>
> (3) は, 365 がこの数列の 365 番目の項であることから, 365 が第 N 群に入っているとすれば,
>
> (第 $N-1$ 群の末項までの項数) <365
>
> $\leqq$ (第 N 群の末項までの項数)
>
> となるので, これを満たす N を求める.

(1) 第 k 群の項数は $2k-1$ 個であるから, 初項から第 m 群の末項までの項数は,

$$\begin{aligned} &1+3+5+\cdots+(2m-1) \\ &= \sum_{k=1}^{m}(2k-1) \\ &= 2\cdot\frac{1}{2}m(m+1)-m \\ &= m^2 \quad \cdots ① \end{aligned}$$

よって, 第 $n-1$ 群の末項までの項数は, ① で m を $n-1$ にして, $(n-1)^2$ である. つまり, 第 $n-1$ 群の末項は $(n-1)^2$ であり, 第 n 群の初項はこれの次にあるから, 第 n 群の最初の数は,

$$(n-1)^2+1=\boldsymbol{n^2-2n+2}$$

(2) 第 n 群は,

初項 n^2-2n+2, 末項 n^2, 項数 $2n-1$ の等差数列であるから, 求める和は等差数

列の和の公式を用いると,

$$\frac{2n-1}{2}\{(n^2-2n+2)+n^2\}$$
$$=\boldsymbol{(2n-1)(n^2-n+1)}$$

(3) 365 が第 N 群に入っているとすると,

(第 $N-1$ 群の末項までの項数) <365
$\leqq$ (第 N 群の末項までの項数)

となるので,

$$(N-1)^2<365\leqq N^2 \quad \cdots②$$

ここで, $19^2=361$, $20^2=400$ であるから, ② を満たす N は, $N=20$ である.

さらに, 第 19 群の末項は 361 であるから, $365-361=4$ となることより,

365 は**第 20 群の 4 番目の数**

である.

85

2 個の 2 を第 1 群, 4 個の 4 を第 2 群, … と群に分けて考える. このとき,

第 k 群には $2k$ 個の $2k$

が含まれるから, 第 k 群の $2k$ 個の項の和を S_k とすると,

$$S_k=2k\times 2k=4k^2$$

となる. (2) は, この S_k を使って和の計算を行う.

(1) 2 個の 2 を第 1 群, 4 個の 4 を第 2 群, … と群に分けて考える. このとき, 第 k 群には $2k$ 個の $2k$ が含まれるから, 第 m 群の末項までの項数は,

$$2+4+6+\cdots+2m$$
$$=2(1+2+3+\cdots+m)$$
$$=2\cdot\frac{1}{2}m(m+1)$$
$$=m(m+1)$$

a_{100} が第 N 群に入っているとすると,

$$(N-1)N<100\leqq N(N+1) \quad \cdots①$$

ここで, $9\cdot 10=90$, $10\cdot 11=110$ であるから, ① を満たす N は, $N=10$ である.

さらに, 第 9 群の末項は a_{90} であるから, $100-90=10$ より,

a_{100} は第 10 群の 10 番目

であり, a_{100} は第 10 群に含まれることから,

$$\boldsymbol{a_{100}=20}$$

(2) 第 k 群の $2k$ 個の項の和を S_k とすると,

$$S_k=2k\times 2k=4k^2$$

である. よって, 求める和は,

$$S_1+S_2+\cdots+S_9+(20\times 10)$$
$$=\sum_{k=1}^{9}S_k+200$$
$$=\sum_{k=1}^{9}4k^2+200$$
$$=4\cdot\frac{1}{6}\cdot 9\cdot(9+1)(2\cdot 9+1)+200$$
$$=\boldsymbol{1340}$$

86

$a_{n+1}=pa_n+q$ の形の漸化式は,

$$\alpha=p\alpha+q$$

を満たす α を用いて,

$$a_{n+1}-\alpha=p(a_n-\alpha)$$

の形に変形して考える.

(1) $\alpha=-2\alpha+3$ を満たす α を求めると, $\alpha=1$ である. そこで,

$$a_{n+1}=-2a_n+3,$$
$$1\ =-2\cdot 1+3$$

の差をとると,

$$a_{n+1}-1=-2(a_n-1) \quad \cdots①$$

となる.

① より, 数列 $\{a_n-1\}$ は公比 -2 の等比数列であり,

初項は, $a_1-1=2-1=1$

である. よって,

$$a_n-1=1\cdot(-2)^{n-1}$$
$$\boldsymbol{a_n=(-2)^{n-1}+1}$$

(2) $\alpha=3\alpha+2$ を満たす α を求めると, $\alpha=-1$ である. そこで,

$$a_{n+1}=\ 3a_n\ +2,$$
$$-1=3\cdot(-1)+2$$

の差をとると,

$$a_{n+1}+1=3(a_n+1) \quad \cdots②$$

となる.

② より, 数列 $\{a_n+1\}$ は公比 3 の等比数列であり,

初項は，$a_1+1=1+1=2$

である．よって，

$$a_n+1=2\cdot 3^{n-1}$$

$$\boldsymbol{a_n=2\cdot 3^{n-1}-1}$$

87

128，129 の復習である．

(1) は，問題の漸化式の両辺を 3^{n+1} で割る．

(2) は，問題の漸化式の逆数を考える．

(1)　$a_{n+1}=2a_n+3^n$ の両辺を 3^{n+1} で割ると，

$$\frac{a_{n+1}}{3^{n+1}}=2\cdot\frac{a_n}{3^{n+1}}+\frac{3^n}{3^{n+1}}$$

$$\frac{a_{n+1}}{3^{n+1}}=\frac{2}{3}\cdot\frac{a_n}{3^n}+\frac{1}{3} \quad \cdots①$$

ここで，$\dfrac{a_n}{3^n}=b_n$ …② とおくと，

$$b_1=\frac{a_1}{3}=\frac{1}{3}$$

であり，① より，

$$b_{n+1}=\frac{2}{3}b_n+\frac{1}{3} \quad \cdots③$$

が得られる．③ を変形すると，

$$b_{n+1}-1=\frac{2}{3}(b_n-1)$$

これより，数列 $\{b_n-1\}$ は公比 $\dfrac{2}{3}$ の等比数列であり，

初項は，$b_1-1=\dfrac{1}{3}-1=-\dfrac{2}{3}$

よって，

$$b_n-1=-\frac{2}{3}\cdot\left(\frac{2}{3}\right)^{n-1}=-\left(\frac{2}{3}\right)^n$$

$$b_n=1-\left(\frac{2}{3}\right)^n$$

② より，$a_n=3^n\cdot b_n$ であるから，

$$a_n=3^n\left\{1-\left(\frac{2}{3}\right)^n\right\}=\boldsymbol{3^n-2^n}$$

(2)

$$a_{n+1}=\frac{a_n}{3a_n+1} \quad \cdots④$$

与えられた漸化式と $a_1\neq 0$ から，すべての自然数 n に対して $a_n\neq 0$ である．

④ の逆数を考えると，

$$\frac{1}{a_{n+1}}=\frac{3a_n+1}{a_n}$$

$$\frac{1}{a_{n+1}}=\frac{1}{a_n}+3$$

ここで，$\dfrac{1}{a_n}=b_n$ …⑤ とすると，

$$b_{n+1}=b_n+3$$

これより，数列 $\{b_n\}$ は公差 3 の等差数列であり，

初項は，$b_1=\dfrac{1}{a_1}=4$

である．よって，

$$b_n=4+(n-1)\cdot 3=3n+1$$

したがって，⑤ より，

$$a_n=\frac{1}{b_n}=\boldsymbol{\frac{1}{3n+1}}$$

88

130 の復習である．b_{n+1} と b_n の関係は基本形の漸化式となるので，これを解けば b_n が得られる．

なお，$b_1=a_2-a_1$ であるが，a_2 は与えられた漸化式で n を 1 にすれば手に入れることができる．

(1)

$$a_{n+2}=\frac{3}{4}a_{n+1}+\frac{n+1}{2} \quad \cdots①$$

$$a_{n+1}=\frac{3}{4}a_n+\frac{n}{2} \quad \cdots②$$

①－② から，

$$a_{n+2}-a_{n+1}=\frac{3}{4}(a_{n+1}-a_n)+\frac{1}{2} \quad \cdots③$$

ここで，$a_{n+1}-a_n=b_n$ とすると，③ から，

$$b_{n+1}=\frac{3}{4}b_n+\frac{1}{2} \quad \cdots④$$

であり，初項 b_1 は，

$$\begin{aligned} b_1&=a_2-a_1\\ &=\left(\frac{3}{4}a_1+\frac{1}{2}\right)-a_1\\ &=\left(\frac{3}{4}\cdot 2+\frac{1}{2}\right)-2\\ &=0 \end{aligned}$$

④ を変形すると，

$$b_{n+1}-2=\frac{3}{4}(b_n-2)$$

これより，数列 $\{b_n-2\}$ は公比 $\frac{3}{4}$ の等比数列であり，

初項は，$b_1-2=0-2=-2$

である．よって，

$$b_n-2=-2\cdot\left(\frac{3}{4}\right)^{n-1}$$

$$\boldsymbol{b_n=2-2\left(\frac{3}{4}\right)^{n-1}}$$

(2) (1)の結果より，

$$a_{n+1}-a_n=2-2\left(\frac{3}{4}\right)^{n-1}$$

これに ② を代入すると，

$$\frac{3}{4}a_n+\frac{n}{2}-a_n=2-2\left(\frac{3}{4}\right)^{n-1}$$

$$-\frac{1}{4}a_n=2-2\left(\frac{3}{4}\right)^{n-1}-\frac{n}{2}$$

$$\boldsymbol{a_n=8\left(\frac{3}{4}\right)^{n-1}+2n-8}$$

89

前問と同じタイプの漸化式であるが，別の誘導になっている．このような誘導も入試ではしばしば見られるので，本問で慣れておこう．

数列 $\{b_n\}$ が等比数列になるのは，r を定数として，

$$b_{n+1}=rb_n$$

が成り立つときである．このとき，r が公比になる．

(1) $a_{n+1}=3a_n+8n$ …①

$b_n=a_n+pn+q$ …② とすると，

$$a_n=b_n-pn-q,$$
$$a_{n+1}=b_{n+1}-p(n+1)-q$$

であるから，これらを ① に代入すると，

$$b_{n+1}-p(n+1)-q=3(b_n-pn-q)+8n$$
$$b_{n+1}-pn-p-q=3b_n-3pn-3q+8n$$
$$b_{n+1}=3b_n+(8-2p)n+(p-2q) \quad \cdots③$$

数列 $\{b_n\}$ が等比数列になるのは，r を定数として，

$$b_{n+1}=rb_n$$

が成り立つときであるから，③ において，

$$\begin{cases}8-2p=0\\ p-2q=0\end{cases}$$

となるときである．これより，

$$\boldsymbol{p=4,\ q=2}$$

(2) $p=4$，$q=2$ のとき，③ より，

$$b_{n+1}=3b_n$$

となるから，数列 $\{b_n\}$ は公比 3 の等比数列である．

また，$p=4$，$q=2$ のとき，② より，

$$b_n=a_n+4n+2 \quad \cdots④$$

であり，初項 b_1 は，

$$b_1=a_1+4\cdot1+2$$
$$=-2+4+2$$
$$=4$$

よって，

$$b_n=4\cdot3^{n-1}$$

これを ④ の左辺に代入すると，

$$4\cdot3^{n-1}=a_n+4n+2$$

となるから，

$$\boldsymbol{a_n=4\cdot3^{n-1}-4n-2}$$

90

「a_n と S_n が混ざっている条件式」が与えられている問題では，「和と一般項の関係」を用いて S_n を消去して，$\{a_n\}$ についての関係式 (漸化式) を手に入れることを考えることが多い．解答のように，① の n を $n+1$ にした式を準備してその差を考えれば，$S_{n+1}-S_n=a_{n+1}$ によって，すぐに $\{a_n\}$ についての関係式を手に入れることができる．

$$S_n=2a_n-n \quad \cdots①$$

(1) ① で $n=1$ とすると，

$$S_1=2a_1-1$$

となり，$S_1=a_1$ であるから，

$$a_1=2a_1-1$$

$$\boldsymbol{a_1=1}$$

(2) ① より，

$$S_{n+1}=2a_{n+1}-(n+1)$$

$$S_n=2a_n-n$$

が成り立つので，これらの差を考えると，

$$S_{n+1}-S_n=2a_{n+1}-2a_n-1$$
$$a_{n+1}=2a_{n+1}-2a_n-1$$
$$a_{n+1}=2a_n+1 \qquad \cdots②$$

② を変形すると，

$$a_{n+1}+1=2(a_n+1)$$

これより，数列 $\{a_n+1\}$ は公比 2 の等比数列であり，

初項は，$a_1+1=1+1=2$

である．したがって，

$$a_n+1=2\cdot 2^{n-1}$$
$$\boldsymbol{a_n=2^n-1}$$

91

$4^{n+1}+5^{2n-1}=21\times$(整数) となることを，数学的帰納法を用いて証明する．指数の計算もミスをしないように注意しよう．

すべての自然数 n に対して，命題

「$a_n=4^{n+1}+5^{2n-1}$ は 21 で割り切れる」 …(*)

が成り立つことを数学的帰納法で証明する．

(i) $n=1$ のとき

$$a_1=4^2+5^1=21$$

であるから，$n=1$ において (*) は成り立つ．

(ii) $n=k(\geqq 1)$ のときに (*) が成り立つと仮定すると，

$$a_k=4^{k+1}+5^{2k-1}=21M \quad (M \text{ は整数})$$

と表せる．

このとき，

$$\begin{aligned}a_{k+1}&=4^{(k+1)+1}+5^{2(k+1)-1}\\&=4\cdot 4^{k+1}+5^{2k+1}\\&=4\cdot(21M-5^{2k-1})+5^2\cdot 5^{2k-1}\\&=4\cdot 21M-4\cdot 5^{2k-1}+25\cdot 5^{2k-1}\\&=4\cdot 21M+21\cdot 5^{2k-1}\\&=21(4M+5^{2k-1})\\&=21\times(\text{整数})\end{aligned}$$

これより，$n=k+1$ でも (*) は成り立つ．

(i)，(ii) より，すべての自然数 n に対して，(*) は成り立つ．

92

$n=k$ のときに $2^k>k^2$ が成り立つと仮定して，

$$2^{k+1}>(k+1)^2$$

が成り立つことを示すところをきちんと考えたい．

仮定を用いると，とりあえず，

$$2^{k+1}>2k^2$$

が得られる．次に，$2k^2$ と $(k+1)^2$ の大小を考え，

$$2k^2>(k+1)^2$$

を導いて，この 2 式から，最終的に，

$$2^{k+1}>(k+1)^2$$

が成り立つことを示す．

$n\geqq 5$ を満たす自然数 n に対して，

$$2^n>n^2 \qquad \cdots(*)$$

が成り立つことを数学的帰納法で証明する．

(i) $n=5$ のとき

(左辺)$=2^5=32$，(右辺)$=5^2=25$

これより，$n=5$ において (*) は成り立つ．

(ii) $n=k(\geqq 5)$ のときに (*) が成り立つと仮定すると，

$$2^k>k^2 \qquad \cdots①$$

① の両辺に 2 を掛けると，

$$2^{k+1}>2k^2 \qquad \cdots②$$

ここで，

$$\begin{aligned}2k^2-(k+1)^2&=k^2-2k-1\\&=(k-1)^2-2\\&\geqq(5-1)^2-2\\&=14\\&>0\end{aligned}$$

であるから，

$$2k^2>(k+1)^2 \qquad \cdots③$$

が成り立つ．②，③ より，

$$2^{k+1}>2k^2>(k+1)^2$$

となるから，

$$2^{k+1}>(k+1)^2$$

これより，$n=k+1$ でも (*) は成り立つ．

(i)，(ii) より，$n\geqq 5$ を満たす自然数 n に対して，(*) は成り立つ．

93

H は線分 FG, CE を内分していることに注目し,

$$\mathrm{FH}:\mathrm{HG}=s:(1-s)$$
$$\mathrm{CH}:\mathrm{HE}=t:(1-t)$$

と比を設定して考える.

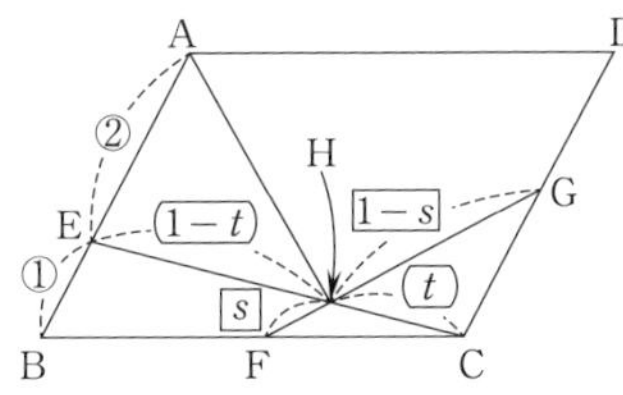

四角形 ABCD は平行四辺形であるから,

$$\overrightarrow{\mathrm{AC}}=\overrightarrow{\mathrm{AB}}+\overrightarrow{\mathrm{AD}}$$

さらに, 条件より,

$$\overrightarrow{\mathrm{AE}}=\frac{2}{3}\overrightarrow{\mathrm{AB}},$$

$$\overrightarrow{\mathrm{AF}}=\overrightarrow{\mathrm{AB}}+\overrightarrow{\mathrm{BF}}=\overrightarrow{\mathrm{AB}}+\frac{1}{2}\overrightarrow{\mathrm{AD}},$$

$$\overrightarrow{\mathrm{AG}}=\overrightarrow{\mathrm{AD}}+\overrightarrow{\mathrm{DG}}=\frac{1}{2}\overrightarrow{\mathrm{AB}}+\overrightarrow{\mathrm{AD}}$$

である.

FH : HG $=s:(1-s)$ とすると,

$$\begin{aligned}\overrightarrow{\mathrm{AH}}&=(1-s)\overrightarrow{\mathrm{AF}}+s\overrightarrow{\mathrm{AG}}\\&=(1-s)\left(\overrightarrow{\mathrm{AB}}+\frac{1}{2}\overrightarrow{\mathrm{AD}}\right)+s\left(\frac{1}{2}\overrightarrow{\mathrm{AB}}+\overrightarrow{\mathrm{AD}}\right)\\&=\left(1-\frac{1}{2}s\right)\overrightarrow{\mathrm{AB}}+\left(\frac{1}{2}+\frac{1}{2}s\right)\overrightarrow{\mathrm{AD}}\quad\cdots①\end{aligned}$$

CH : HE $=t:(1-t)$ とすると,

$$\begin{aligned}\overrightarrow{\mathrm{AH}}&=(1-t)\overrightarrow{\mathrm{AC}}+t\overrightarrow{\mathrm{AE}}\\&=(1-t)(\overrightarrow{\mathrm{AB}}+\overrightarrow{\mathrm{AD}})+t\left(\frac{2}{3}\overrightarrow{\mathrm{AB}}\right)\\&=\left(1-\frac{1}{3}t\right)\overrightarrow{\mathrm{AB}}+(1-t)\overrightarrow{\mathrm{AD}}\quad\cdots②\end{aligned}$$

①, ② において, $\overrightarrow{\mathrm{AB}}$, $\overrightarrow{\mathrm{AD}}$ は1次独立であるから,

$$\begin{cases}1-\dfrac{1}{2}s=1-\dfrac{1}{3}t\\[2mm]\dfrac{1}{2}+\dfrac{1}{2}s=1-t\end{cases}$$

これを解くと, $s=\dfrac{1}{4}$, $t=\dfrac{3}{8}$ となるので, ① (または ②) より,

$$\overrightarrow{\mathbf{AH}}=\frac{7}{8}\overrightarrow{\mathbf{AB}}+\frac{5}{8}\overrightarrow{\mathbf{AD}}$$

94

(2) は,

・D が直線 AP 上にあること

・D が辺 BC 上にあること

に注目して考える.

(1) $7\overrightarrow{\mathrm{PA}}+5\overrightarrow{\mathrm{PB}}+3\overrightarrow{\mathrm{PC}}=\vec{0}$ より,

$$-7\overrightarrow{\mathrm{AP}}+5(\overrightarrow{\mathrm{AB}}-\overrightarrow{\mathrm{AP}})+3(\overrightarrow{\mathrm{AC}}-\overrightarrow{\mathrm{AP}})=\vec{0}$$
$$-15\overrightarrow{\mathrm{AP}}=-5\overrightarrow{\mathrm{AB}}-3\overrightarrow{\mathrm{AC}}$$
$$\overrightarrow{\mathbf{AP}}=\frac{1}{3}\overrightarrow{\mathbf{AB}}+\frac{1}{5}\overrightarrow{\mathbf{AC}}$$

(2) D は直線 AP 上にあるから, k を実数として,

$$\begin{aligned}\overrightarrow{\mathrm{AD}}&=k\overrightarrow{\mathrm{AP}}\\&=\frac{1}{3}k\overrightarrow{\mathrm{AB}}+\frac{1}{5}k\overrightarrow{\mathrm{AC}}\quad\cdots①\end{aligned}$$

とおける.

一方, BD : DC $=s:(1-s)$ とすると,

$$\overrightarrow{\mathrm{AD}}=(1-s)\overrightarrow{\mathrm{AB}}+s\overrightarrow{\mathrm{AC}}\quad\cdots②$$

と表される.

①, ② において, $\overrightarrow{\mathrm{AB}}$, $\overrightarrow{\mathrm{AC}}$ は1次独立であるから,

$$\begin{cases}\dfrac{1}{3}k=1-s\\[2mm]\dfrac{1}{5}k=s\end{cases}$$

これを解くと, $k=\dfrac{15}{8}$, $s=\dfrac{3}{8}$ となるので, ① (または ②) より,

$$\overrightarrow{\mathbf{AD}}=\frac{5}{8}\overrightarrow{\mathbf{AB}}+\frac{3}{8}\overrightarrow{\mathbf{AC}}$$

また, $s=\dfrac{3}{8}$ であるから,

$$\begin{aligned}\mathrm{BD}:\mathrm{DC}&=\frac{3}{8}:\left(1-\frac{3}{8}\right)\\&=\mathbf{3:5}\end{aligned}$$

<補足>

$k=\dfrac{15}{8}$, $s=\dfrac{3}{8}$ であることから, D, P は次のような位置にあることが分かる.

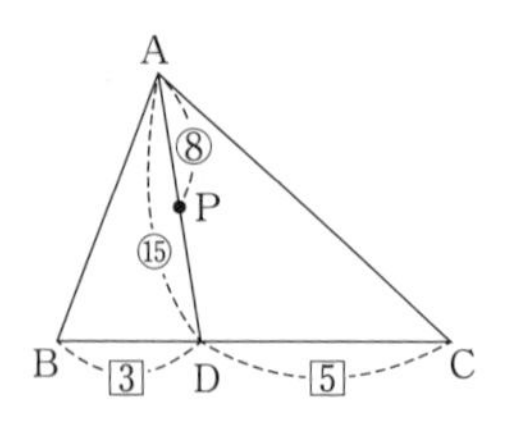

95

与えられたベクトルの大きさについての条件式を2乗し，丁寧に計算しよう．

$$|\overrightarrow{OA}+\overrightarrow{OB}|=\sqrt{10} \quad \cdots①$$

$$\left|\overrightarrow{OA}-\frac{2}{3}\overrightarrow{OB}\right|=\sqrt{10} \quad \cdots②$$

①，②の両辺を2乗すると，

$$\begin{cases} |\overrightarrow{OA}|^2+2\overrightarrow{OA}\cdot\overrightarrow{OB}+|\overrightarrow{OB}|^2=10 \\ |\overrightarrow{OA}|^2-\frac{4}{3}\overrightarrow{OA}\cdot\overrightarrow{OB}+\frac{4}{9}|\overrightarrow{OB}|^2=10 \end{cases}$$

となる．ここで，$|\overrightarrow{OA}|^2=x$，$\overrightarrow{OA}\cdot\overrightarrow{OB}=y$ とし，$|\overrightarrow{OB}|=3$ を代入すると，

$$\begin{cases} x+2y+9=10 \\ x-\frac{4}{3}y+\frac{4}{9}\times 9=10 \end{cases}$$

$$\begin{cases} x+2y=1 \\ x-\frac{4}{3}y=6 \end{cases}$$

これを解くと，$x=4$，$y=-\frac{3}{2}$ となる．

$x=4$ より，$|\overrightarrow{OA}|^2=4$ であるから，

$$|\overrightarrow{OA}|=\mathbf{2}$$

また，

$$\overrightarrow{OA}\cdot\overrightarrow{OB}=-\frac{\mathbf{3}}{\mathbf{2}}$$

さらに，三角形OABの面積は，

$$\triangle OAB=\frac{1}{2}\sqrt{|\overrightarrow{OA}|^2|\overrightarrow{OB}|^2-(\overrightarrow{OA}\cdot\overrightarrow{OB})^2}$$

$$=\frac{1}{2}\sqrt{2^2\times 3^2-\left(-\frac{3}{2}\right)^2}$$

$$=\frac{1}{2}\sqrt{4\times 9-\frac{9}{4}}$$

$$=\frac{1}{2}\sqrt{9\left(4-\frac{1}{4}\right)}$$

$$=\frac{1}{2}\sqrt{9\times\frac{15}{4}}$$

$$=\frac{\mathbf{3\sqrt{15}}}{\mathbf{4}}$$

96

ベクトルの成分を使って，ベクトルの大きさや内積を計算する方法を見直そう．

$\vec{a}=(-1,\ 3)$，$\vec{b}=(m,\ n)$ より，

$$|\vec{a}|=\sqrt{(-1)^2+3^2}=\sqrt{10}$$

$$|\vec{b}|=\sqrt{m^2+n^2}$$

$$\vec{a}\cdot\vec{b}=-m+3n$$

$|\vec{b}|=2\sqrt{5}$ より，$\sqrt{m^2+n^2}=2\sqrt{5}$ となり，

$$m^2+n^2=20 \quad \cdots①$$

また，$\vec{a}$ と $\vec{b}$ のなす角が45°のとき，

$$\vec{a}\cdot\vec{b}=|\vec{a}||\vec{b}|\cos 45^\circ$$

が成り立つから，

$$-m+3n=\sqrt{10}\times 2\sqrt{5}\times\frac{1}{\sqrt{2}}$$

$$-m+3n=10$$

$$m=3n-10 \quad \cdots②$$

②を①に代入すると，

$$(3n-10)^2+n^2=20$$

$$10n^2-60n+80=0$$

$$n^2-6n+8=0$$

$$(n-2)(n-4)=0$$

$$n=2,\ 4$$

$n=2$ を②に代入すると，$m=-4$ となるが，これは $m>0$ を満たさない．

$n=4$ を②に代入すると，$m=2$ となる．

以上より，

$$\mathbf{m=2,\ n=4}$$

97

139 の復習である．

Qは辺OA上にあるから，実数 k を用いて，$\overrightarrow{OQ}=k\overrightarrow{OA}$ とおける．そして，$\overrightarrow{PQ}$ を $\overrightarrow{OA}$，$\overrightarrow{OB}$ で表し，$\overrightarrow{PQ}\cdot\overrightarrow{OA}=0$ が成り立つことを利用して k の値を決定する．なお，$|\overrightarrow{AB}|=6$ から $\overrightarrow{OA}\cdot\overrightarrow{OB}$ の値を求めるところも確実にできるようにしておきたい．

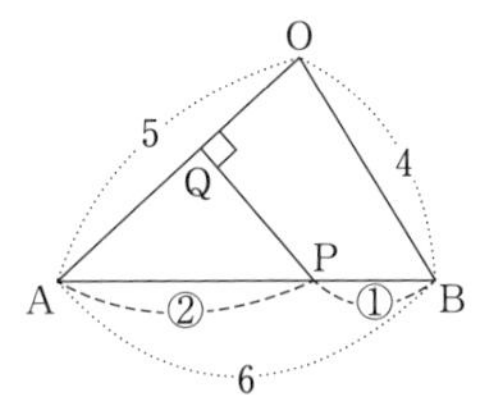

AP：PB＝2：1より，

$$\overrightarrow{OP}=\frac{1}{3}\overrightarrow{OA}+\frac{2}{3}\overrightarrow{OB}$$

また，Qは辺OA上にあるから，kを実数として，

$$\overrightarrow{OQ}=k\overrightarrow{OA}$$

とおける．これより，

$$\begin{aligned}\overrightarrow{PQ}&=\overrightarrow{OQ}-\overrightarrow{OP}\\&=k\overrightarrow{OA}-\left(\frac{1}{3}\overrightarrow{OA}+\frac{2}{3}\overrightarrow{OB}\right)\\&=\left(k-\frac{1}{3}\right)\overrightarrow{OA}-\frac{2}{3}\overrightarrow{OB}\qquad\cdots①\end{aligned}$$

と表せる．

条件より，$\overrightarrow{PQ}\perp\overrightarrow{OA}$であるから，

$$\overrightarrow{PQ}\cdot\overrightarrow{OA}=0$$

が成り立つ．よって，①を用いると，

$$\left\{\left(k-\frac{1}{3}\right)\overrightarrow{OA}-\frac{2}{3}\overrightarrow{OB}\right\}\cdot\overrightarrow{OA}=0$$

$$\left(k-\frac{1}{3}\right)|\overrightarrow{OA}|^2-\frac{2}{3}\overrightarrow{OA}\cdot\overrightarrow{OB}=0\quad\cdots②$$

ここで，$|\overrightarrow{AB}|=6$より，$|\overrightarrow{OB}-\overrightarrow{OA}|=6$であるから，両辺を2乗すると，

$$|\overrightarrow{OB}|^2-2\overrightarrow{OA}\cdot\overrightarrow{OB}+|\overrightarrow{OA}|^2=36$$

$$16-2\overrightarrow{OA}\cdot\overrightarrow{OB}+25=36$$

$$-2\overrightarrow{OA}\cdot\overrightarrow{OB}=-5$$

$$\overrightarrow{OA}\cdot\overrightarrow{OB}=\frac{5}{2}$$

$|\overrightarrow{OA}|=5$, $\overrightarrow{OA}\cdot\overrightarrow{OB}=\frac{5}{2}$を②に代入すると，

$$\left(k-\frac{1}{3}\right)\times25-\frac{2}{3}\times\frac{5}{2}=0$$

$$25k-\frac{25}{3}-\frac{5}{3}=0$$

$$k=\frac{2}{5}$$

これを①に代入すると，

$$\boldsymbol{\overrightarrow{PQ}=\frac{1}{15}\overrightarrow{OA}-\frac{2}{3}\overrightarrow{OB}}$$

98

(1)では∠BOCが問われているので，内積$\overrightarrow{OB}\cdot\overrightarrow{OC}$の値を利用することになる．そこで，与えられた条件式を，

$$5\overrightarrow{OB}+3\overrightarrow{OC}=-7\overrightarrow{OA}$$

と変形し，**140**と同じ手順で$\overrightarrow{OB}\cdot\overrightarrow{OC}$の値を求める．

(2)の点Hは，直線COと直線ABの交点であるから，「2通りに表して係数比較」という方針が有効である．

(1)

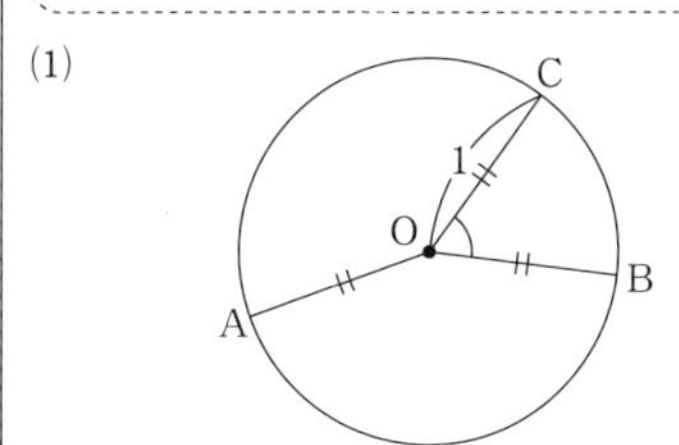

$7\overrightarrow{OA}+5\overrightarrow{OB}+3\overrightarrow{OC}=\vec{0}$より，

$$5\overrightarrow{OB}+3\overrightarrow{OC}=-7\overrightarrow{OA}$$

となるから，両辺の大きさについて，

$$|5\overrightarrow{OB}+3\overrightarrow{OC}|=|-7\overrightarrow{OA}|$$

が成り立つ．これを2乗すると，

$$25|\overrightarrow{OB}|^2+30\overrightarrow{OB}\cdot\overrightarrow{OC}+9|\overrightarrow{OC}|^2=49|\overrightarrow{OA}|^2$$

となり，$|\overrightarrow{OA}|=|\overrightarrow{OB}|=|\overrightarrow{OC}|=1$であるから，

$$25+30\overrightarrow{OB}\cdot\overrightarrow{OC}+9=49$$

$$\overrightarrow{OB}\cdot\overrightarrow{OC}=\frac{1}{2}$$

ここで，

$$\overrightarrow{OB}\cdot\overrightarrow{OC}=|\overrightarrow{OB}||\overrightarrow{OC}|\cos\angle BOC$$

であるから，

$$\cos\angle BOC=\frac{\overrightarrow{OB}\cdot\overrightarrow{OC}}{|\overrightarrow{OB}||\overrightarrow{OC}|}=\frac{1}{2}$$

したがって，

$$\boldsymbol{\angle BOC=60^\circ}$$

(2)

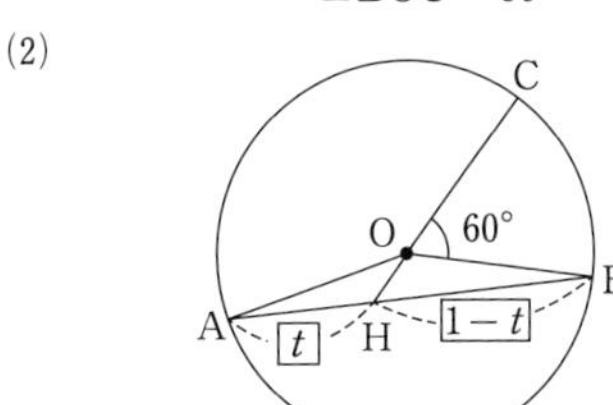

$7\overrightarrow{OA}+5\overrightarrow{OB}+3\overrightarrow{OC}=\vec{0}$ より，

$$\overrightarrow{OC}=-\frac{7}{3}\overrightarrow{OA}-\frac{5}{3}\overrightarrow{OB}$$

Hは直線OC上にあるから，kを実数として，

$$\overrightarrow{OH}=k\overrightarrow{OC} \quad \cdots①$$

$$=-\frac{7}{3}k\overrightarrow{OA}-\frac{5}{3}k\overrightarrow{OB} \quad \cdots②$$

とおける．

一方，AH：HB$=t:(1-t)$とすると，

$$\overrightarrow{OH}=(1-t)\overrightarrow{OA}+t\overrightarrow{OB} \quad \cdots③$$

②，③において，$\overrightarrow{OA}$，$\overrightarrow{OB}$は1次独立であるから，

$$\begin{cases} -\frac{7}{3}k=1-t \\ -\frac{5}{3}k=t \end{cases}$$

これを解くと，$k=-\frac{1}{4}$，$t=\frac{5}{12}$となるので，①より，

$$\boldsymbol{\overrightarrow{OH}=-\frac{1}{4}\overrightarrow{OC}}$$

(3) $\overrightarrow{OH}=-\frac{1}{4}\overrightarrow{OC}$が成り立ち，OC$=1$であるからOH$=\frac{1}{4}$である．

また，$\angle$BOC$=60°$より，$\angle$BOH$=120°$である．以上より，次の図が得られる．

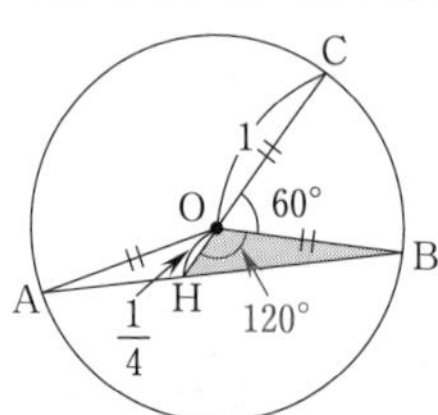

したがって，$\angle$BOH$=120°$，OH$=\frac{1}{4}$，OB$=1$であることを用いると，

$$\triangle OHB=\frac{1}{2}\cdot OH\cdot OB\cdot\sin 120°$$

$$=\frac{1}{2}\cdot\frac{1}{4}\cdot 1\cdot\frac{\sqrt{3}}{2}$$

$$=\boldsymbol{\frac{\sqrt{3}}{16}}$$

99

(2)で考える点Sは，直線ARと平面OBCの交点である．そこで，

・Sが直線AR上にあること

・Sが平面OBC上にあること

に注目して，**144**と同じように$\overrightarrow{OS}$について2つの式を立ててみる．

(1)

AP：PB$=2:1$より，

$$\overrightarrow{OP}=\boldsymbol{\frac{1}{3}\overrightarrow{OA}+\frac{2}{3}\overrightarrow{OB}}$$

Qは線分PCの中点であるから，

$$\overrightarrow{OQ}=\frac{1}{2}\overrightarrow{OP}+\frac{1}{2}\overrightarrow{OC}$$

$$=\frac{1}{2}\left(\frac{1}{3}\overrightarrow{OA}+\frac{2}{3}\overrightarrow{OB}\right)+\frac{1}{2}\overrightarrow{OC}$$

$$=\boldsymbol{\frac{1}{6}\overrightarrow{OA}+\frac{1}{3}\overrightarrow{OB}+\frac{1}{2}\overrightarrow{OC}}$$

さらに，OR：RQ$=4:1$であるから，

$$\overrightarrow{OR}=\frac{4}{5}\overrightarrow{OQ}$$

$$=\frac{4}{5}\left(\frac{1}{6}\overrightarrow{OA}+\frac{1}{3}\overrightarrow{OB}+\frac{1}{2}\overrightarrow{OC}\right)$$

$$=\boldsymbol{\frac{2}{15}\overrightarrow{OA}+\frac{4}{15}\overrightarrow{OB}+\frac{2}{5}\overrightarrow{OC}}$$

(2)

Sは直線AR上にあるから，kを実数として，

$$\overrightarrow{AS}=k\overrightarrow{AR}$$

とおける．これより，

$$\overrightarrow{OS}-\overrightarrow{OA}=k(\overrightarrow{OR}-\overrightarrow{OA})$$

となり，(1) の結果を用いて整理すると，

$$\begin{aligned}\overrightarrow{OS}&=(1-k)\overrightarrow{OA}+k\overrightarrow{OR}\\&=(1-k)\overrightarrow{OA}+\frac{2}{15}k\overrightarrow{OA}+\frac{4}{15}k\overrightarrow{OB}+\frac{2}{5}k\overrightarrow{OC}\\&=\left(1-\frac{13}{15}k\right)\overrightarrow{OA}+\frac{4}{15}k\overrightarrow{OB}+\frac{2}{5}k\overrightarrow{OC}\end{aligned}\quad\cdots①$$

一方，S は平面 OBC 上の点であるから，実数 s，t を用いて，

$$\overrightarrow{OS}=s\overrightarrow{OB}+t\overrightarrow{OC}\quad\cdots②$$

と表せる．

①，② において，$\overrightarrow{OA}$，$\overrightarrow{OB}$，$\overrightarrow{OC}$ は 1 次独立であるから，

$$\begin{cases}1-\frac{13}{15}k=0\\\frac{4}{15}k=s\\\frac{2}{5}k=t\end{cases}$$

これより，$k=\frac{15}{13}$，$s=\frac{4}{13}$，$t=\frac{6}{13}$ となる．

よって，$k=\frac{15}{13}$ より，

$$\overrightarrow{AS}=\frac{15}{13}\overrightarrow{AR}$$

となるので，

$$\mathbf{AR : RS = 13 : 2}$$

100

$\overrightarrow{OH}$ は平面 α（平面 ABC）に垂直であるから，(2) は，

$$\overrightarrow{OH}\perp\overrightarrow{AB}\text{ かつ }\overrightarrow{OH}\perp\overrightarrow{AC}$$

が成り立つことに注目する．

なお，(2) の内積の計算は，(1) で $|\overrightarrow{AB}|$，$|\overrightarrow{AC}|$，$\overrightarrow{AB}\cdot\overrightarrow{AC}$ をすでに求めていることに注意して，要領よく済ませたい．

(1) 条件より，

$$\overrightarrow{AB}=\overrightarrow{OB}-\overrightarrow{OA}=(-1,\ 1,\ 3)\quad\cdots①$$

$$\overrightarrow{AC}=\overrightarrow{OC}-\overrightarrow{OA}=(1,\ 2,\ 1)\quad\cdots②$$

となるから，

$$\begin{cases}|\overrightarrow{AB}|=\sqrt{1+1+9}=\sqrt{11},\\|\overrightarrow{AC}|=\sqrt{1+4+1}=\sqrt{6},\\\overrightarrow{AB}\cdot\overrightarrow{AC}=-1+2+3=4\end{cases}\quad\cdots(*)$$

である．これより，三角形 ABC の面積を S とすると，

$$\begin{aligned}S&=\frac{1}{2}\sqrt{|\overrightarrow{AB}|^2|\overrightarrow{AC}|^2-(\overrightarrow{AB}\cdot\overrightarrow{AC})^2}\\&=\frac{1}{2}\sqrt{11\times6-4^2}\\&=\frac{1}{2}\sqrt{50}\\&=\mathbf{\frac{5\sqrt{2}}{2}}\end{aligned}$$

(2)

O
C
A
H
B

$\overrightarrow{AH}=s\overrightarrow{AB}+t\overrightarrow{AC}$ より，

$$\overrightarrow{OH}-\overrightarrow{OA}=s\overrightarrow{AB}+t\overrightarrow{AC}$$

$$\therefore\ \overrightarrow{OH}=\overrightarrow{OA}+s\overrightarrow{AB}+t\overrightarrow{AC}\quad\cdots③$$

である．

このとき，$\overrightarrow{OH}\perp$（平面 α）であるから，

$$\overrightarrow{OH}\perp\overrightarrow{AB}\text{ かつ }\overrightarrow{OH}\perp\overrightarrow{AC}$$

である．

まず，$\overrightarrow{OH}\cdot\overrightarrow{AB}=0$ より，

$$(\overrightarrow{OA}+s\overrightarrow{AB}+t\overrightarrow{AC})\cdot\overrightarrow{AB}=0$$

$$\overrightarrow{OA}\cdot\overrightarrow{AB}+s|\overrightarrow{AB}|^2+t\overrightarrow{AB}\cdot\overrightarrow{AC}=0$$

ここで，$\overrightarrow{OA}=(0,\ -1,\ 2)$ と ① より，

$$\overrightarrow{OA}\cdot\overrightarrow{AB}=0\cdot(-1)+(-1)\cdot1+2\cdot3=5$$

であるから，これと (*) より，

$$5+11s+4t=0\quad\cdots④$$

次に，$\overrightarrow{OH}\cdot\overrightarrow{AC}=0$ より，

$$(\overrightarrow{OA}+s\overrightarrow{AB}+t\overrightarrow{AC})\cdot\overrightarrow{AC}=0$$

$$\overrightarrow{OA}\cdot\overrightarrow{AC}+s\overrightarrow{AB}\cdot\overrightarrow{AC}+t|\overrightarrow{AC}|^2=0$$

ここで，$\overrightarrow{OA}=(0,\ -1,\ 2)$ と ② より，

$$\overrightarrow{OA}\cdot\overrightarrow{AC}=0\cdot1+(-1)\cdot2+2\cdot1=0$$

であるから，これと (*) より，

$$4s+6t=0\quad\cdots⑤$$

④，⑤ を解くと，

$$\boldsymbol{s=-\frac{3}{5},\quad t=\frac{2}{5}}$$

＜補足：④，⑤ を導く計算＞

成分を用いて次のように計算してもよい．

$\overrightarrow{AB}=(-1,\ 1,\ 3)$，$\overrightarrow{AC}=(1,\ 2,\ 1)$ であるから，③ より，

$$\begin{aligned}\overrightarrow{OH}&=\overrightarrow{OA}+s\overrightarrow{AB}+t\overrightarrow{AC}\\&=(0,\ -1,\ 2)+s(-1,\ 1,\ 3)+t(1,\ 2,\ 1)\\&=(-s+t,\ -1+s+2t,\ 2+3s+t)\end{aligned}$$

となる．

よって，$\overrightarrow{OH}\cdot\overrightarrow{AB}=0$ より，

$$\begin{aligned}&(-s+t)\times(-1)+(-1+s+2t)\times1\\&\qquad+(2+3s+t)\times3=0\\&\therefore\ 5+11s+4t=0\qquad\cdots④\end{aligned}$$

次に，$\overrightarrow{OH}\cdot\overrightarrow{AC}=0$ より，

$$\begin{aligned}&(-s+t)\times1+(-1+s+2t)\times2\\&\qquad+(2+3s+t)\times1=0\\&\therefore\ 4s+6t=0\qquad\cdots⑤\end{aligned}$$

(3)　(2) の結果と ③ から，

$$\begin{aligned}\overrightarrow{OH}&=\overrightarrow{OA}-\frac{3}{5}\overrightarrow{AB}+\frac{2}{5}\overrightarrow{AC}\\&=(0,\ -1,\ 2)-\frac{3}{5}(-1,\ 1,\ 3)\\&\qquad+\frac{2}{5}(1,\ 2,\ 1)\\&=\left(0+\frac{3}{5}+\frac{2}{5},\ -1-\frac{3}{5}+\frac{4}{5},\ 2-\frac{9}{5}+\frac{2}{5}\right)\\&=\left(1,\ -\frac{4}{5},\ \frac{3}{5}\right)\end{aligned}$$

したがって，

$$\mathbf{H}\left(\mathbf{1},\ -\frac{\mathbf{4}}{\mathbf{5}},\ \frac{\mathbf{3}}{\mathbf{5}}\right)$$

(4)　(3) の結果から，

$$\begin{aligned}OH&=\sqrt{1+\left(-\frac{4}{5}\right)^2+\left(\frac{3}{5}\right)^2}\\&=\sqrt{\frac{25+16+9}{25}}\\&=\sqrt{2}\end{aligned}$$

よって，三角形 ABC を底面，OH を高さと考えると，

$$(\text{体積})=\frac{1}{3}\times\frac{5\sqrt{2}}{2}\times\sqrt{2}=\frac{\mathbf{5}}{\mathbf{3}}$$

＜参考：実際の H の位置について＞

$s=-\dfrac{3}{5}$，$t=\dfrac{2}{5}$ より，

$$\overrightarrow{AH}=-\frac{3}{5}\overrightarrow{AB}+\frac{2}{5}\overrightarrow{AC}$$

となるから下の図 1 のように，O から下ろした垂線の足 H は三角形 ABC の外部にあり，四面体 OABC は図 2 のようになる．

「H が三角形 ABC の内部にあるか，外部にあるか」は実際に計算を進めていかないと分からないので，状況をつかむ（式を立てる）ために最初に用意する図は，解答の冒頭のようなもので構わない．

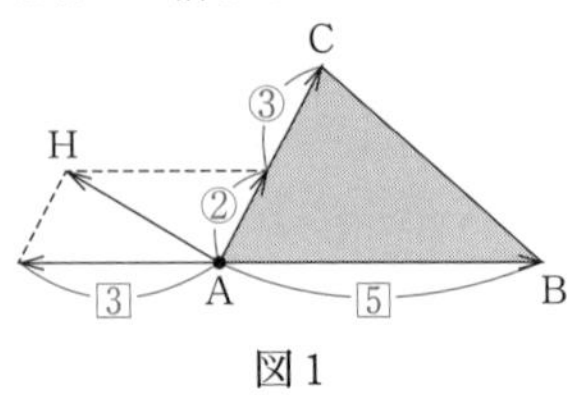

図 1

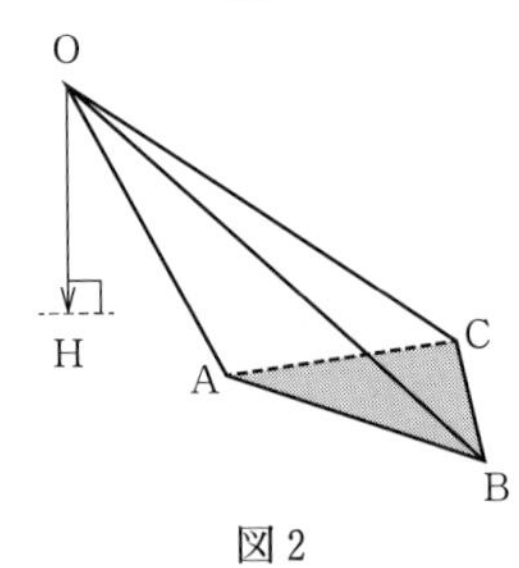

図 2

101

145，146 で学習した期待値の性質を用いて，

$$E(3X+2Y+Z)=3E(X)+2E(Y)+E(Z)$$

と変形して考える．

X，Y，Z の期待値をそれぞれ $E(X)$，$E(Y)$，$E(Z)$ とする．$E(X)$は，

$$\begin{aligned}E(X)&=1\cdot\frac{1}{6}+2\cdot\frac{1}{6}+3\cdot\frac{1}{6}+4\cdot\frac{1}{6}+5\cdot\frac{1}{6}+6\cdot\frac{1}{6}\\&=(1+2+3+4+5+6)\cdot\frac{1}{6}\\&=\frac{7}{2}\end{aligned}$$

であり，$E(Y)$，$E(Z)$ もこれと等しい．

したがって，

$$\begin{aligned}E(3X+2Y+Z)&=3E(X)+2E(Y)+E(Z)\\&=3\cdot\frac{7}{2}+2\cdot\frac{7}{2}+\frac{7}{2}\end{aligned}$$

$$=6\cdot\frac{7}{2}$$
$$=\mathbf{21}$$

102

$X=k$である確率，つまり，サイコロを10回投げるとき，1または2の目がk回出る確率は，

$$P(X=k)={}_{10}\mathrm{C}_k\left(\frac{1}{3}\right)^k\left(\frac{2}{3}\right)^{10-k}$$

と表され，Xは二項分布$B\left(10,\ \frac{1}{3}\right)$に従う．

そこで，Xが二項分布$B(n,\ p)$に従うとき，

期待値$E(X)=np$

分散$V(X)=np(1-p)$

標準偏差$\sigma(X)=\sqrt{np(1-p)}\ (=\sqrt{V(X)})$

であることを用いる．

確率変数Xは，二項分布$B\left(10,\ \frac{1}{3}\right)$に従う．

したがって，

$$E(X)=10\cdot\frac{1}{3}=\mathbf{\frac{10}{3}}$$
$$\sigma(X)=\sqrt{V(X)}$$
$$=\sqrt{10\cdot\frac{1}{3}\cdot\left(1-\frac{1}{3}\right)}$$
$$=\mathbf{\frac{2\sqrt{5}}{3}}$$

103

正規分布に従う確率変数Xについての確率は，標準化を行って考えることを **148** で学習した．

製品の重さをX gとする．Xは正規分布$N(1000,\ 50^2)$に従う．ここで，

$$Z=\frac{X-1000}{50}$$

とすると，

$$P(X\leqq 902)=P\left(Z\leqq\frac{902-1000}{50}\right)$$
$$=P(Z\leqq -1.96)\quad\cdots①$$

となるので，Zが標準正規分布$N(0,\ 1)$に従うことに注目して，①の確率を考える．

製品の重さをX gとする．

Xは正規分布$N(1000,\ 50^2)$に従う．ここで，

$$Z=\frac{X-1000}{50}$$

とおくと，Zは標準正規分布$N(0,\ 1)$に従う．

$X=902$のとき，$Z=\frac{902-1000}{50}=-1.96$である．1個の製品を取り出したとき，その製品の重さが902 g以下である確率は$P(X\leqq 902)$であり，

$$P(X\leqq 902)=P(Z\leqq -1.96)$$
$$=P(Z\geqq 1.96)$$
$$=0.5-P(0\leqq Z\leqq 1.96)$$
$$=0.5-0.475$$
$$=0.025$$

したがって，1000個の製品のなかに含まれる902 g以下の製品の個数は，

$$1000\times 0.025=\mathbf{25}\text{ 個}$$

と推測される．

104

149 で，二項分布に従う確率変数Xについての確率を，Xが近似的に正規分布$N(np,\ np(1-p))$に従うと考えて求めることができることを学んだ．本問は，$n=100$，$p=\frac{1}{10}$であるから，Xが近似的に正規分布$N(10,\ 3^2)$に従うと考えて，$P(X\geqq 10)$を求める．

1回の試行において当たる確率$p=\frac{1}{10}$である．この試行を100回繰り返したとき，当たりが出た回数をXとすると，Xは二項分布$B\left(100,\ \frac{1}{10}\right)$に従う．このとき，$X$の平均$E(X)$，標準偏差$\sigma(X)$は，

$$E(X)=100\cdot\frac{1}{10}=10$$
$$\sigma(X)=\sqrt{100\cdot\frac{1}{10}\cdot\left(1-\frac{1}{10}\right)}=3$$

であり，X は近似的に正規分布 $N(10,\ 3^2)$ に従う．

ここで，$Z=\dfrac{X-10}{3}$ とおくと，Z は標準正規分布 $N(0,\ 1)$ に従う．

$X=10$ のとき，$Z=\dfrac{10-10}{3}=0$ である．

したがって，求める確率 $P(X \geqq 10)$ は，

$$P(X \geqq 10)=P(Z \geqq 0)$$
$$=\mathbf{0.5}$$

105

母平均が m，母標準偏差が σ の母集団から大きさ n の標本を抽出して求めた標本平均 $\overline{X}$ は，正規分布 $N\left(m,\ \dfrac{\sigma^2}{n}\right)$ に近似的に従うと考えてよいことを 150 で学んだ．まず，標本平均 $\overline{X}$ がどのような正規分布に従うかを把握しよう．

製品の寿命を X 時間とする．

母平均 $m=1600$，母標準偏差 $\sigma=60$ の母集団から，大きさ 100 の標本を抽出しているので，標本平均 $\overline{X}$ の平均 $E(\overline{X})$，標準偏差 $\sigma(\overline{X})$ は，

$$E(\overline{X})=m=1600$$
$$\sigma(\overline{X})=\frac{\sigma}{\sqrt{n}}=\frac{60}{\sqrt{100}}=6$$

であり，$\overline{X}$ は近似的に正規分布 $N(1600,\ 6^2)$ に従う．

ここで，$Z=\dfrac{\overline{X}-1600}{6}$ とおくと，Z は標準正規分布 $N(0,\ 1)$ に従う．

$\overline{X}=1594$ のとき，$Z=\dfrac{1594-1600}{6}=-1$，

$\overline{X}=1606$ のとき，$Z=\dfrac{1606-1600}{6}=1$

である．したがって，求める確率は，

$$P(1594 \leqq \overline{X} \leqq 1606)=P(-1 \leqq Z \leqq 1)$$
$$=2\times P(0 \leqq Z \leqq 1)$$
$$=2\times 0.3413$$
$$=\mathbf{0.6826}$$

106

(1)は，X が二項分布 $B(n,\ p)$ に従うとき，

$$E(X)=np,\quad V(X)=np(1-p)$$

であることを復習する基本問題である．

$R=\dfrac{1}{400}X$ についての平均 $E(R)$，標準偏差 $\sigma(R)$ は，145 で学習した

$$\begin{cases} E(aX+b)=aE(X)+b \\ V(aX+b)=a^2V(X) \\ \sigma(aX+b)=|a|\sigma(X) \end{cases}$$

ということを用いて計算すればよい．

最後は，R が近似的に正規分布に従うので，標準化をして確率を扱う問題である．問題で与えられた $P(R \geqq x)=0.0465$ から，

$$0.5-P(0 \leqq R \leqq x)=0.0465$$
$$P(0 \leqq R \leqq x)=0.4535$$

と変形できる．正規分布表で「0.4535」という数値がどこにあるかを探して考えよう．

(1) 条件より，重さが 200 g を超えるジャガイモが取り出される確率を p とすると，

$$p=0.25=\frac{1}{4}$$

である．

400 個のジャガイモを取り出したとき，重さが 200 g を超えるジャガイモの個数を X とすると，X は，

二項分布 $B(400,\ \mathbf{0.25})$

に従う．よって，X の平均 $E(X)$ は，

$$E(X)=400\cdot\frac{1}{4}=\mathbf{100}$$

である．標準偏差 $\sigma(X)$ も求めておくと，

$$V(X)=400\cdot\frac{1}{4}\cdot\left(1-\frac{1}{4}\right)=75$$

より，

$$\sigma(X)=\sqrt{V(X)}=5\sqrt{3}$$

となる．((2) で用いる)

(2) $R=\dfrac{X}{400}$ と定めると，R の平均 $E(R)$，標準偏差 $\sigma(R)$ は，

$$E(R)=\frac{1}{400}E(X)=\frac{1}{400}\cdot 100=0.25$$

$$\sigma(R)=\frac{1}{400}\sigma(X)=\frac{1}{400}\cdot 5\sqrt{3}=\frac{\sqrt{3}}{80}$$

である．（カ の正解は②）

標本の大きさ 400 は十分に大きいので，R は近似的に，

$$\text{正規分布 } N\left(0.25,\ \left(\frac{\sqrt{3}}{80}\right)^2\right)$$

に従う．

ここで，$Z=\dfrac{R-0.25}{\dfrac{\sqrt{3}}{80}}=\dfrac{80R-20}{\sqrt{3}}$ と定めると，Z は標準正規分布 $N(0,\ 1)$ に従う．

$P(R\geqq x)=0.0465$ となるとき，

$$0.5-P(0\leqq R\leqq x)=0.0465$$

$$P(0\leqq R\leqq x)=0.4535 \quad \cdots①$$

① を満たす x について，$R=x$ のときの Z を z_0 とすると，

$$z_0=\frac{80x-20}{\sqrt{3}} \quad \cdots②$$

であり，① より，

$$P(0\leqq Z\leqq z_0)=0.4535 \quad \cdots③$$

となる．正規分布表より，③ を満たす z_0 は，

$$z_0=1.68$$

と分かる．よって，① を満たす x の値は，② で $z_0=1.68$ として，

$$1.68=\frac{80x-20}{\sqrt{3}}$$

$$80x-20=1.68\times\sqrt{3}$$

$$80x-20=1.68\times 1.73$$

$$80x=20+2.9064$$

$$x=0.28633$$

（キ の正解は②）

<補足：標本比率>

R は大きさ 400 の標本のなかで重さが 200 g を超えているジャガイモの割合を表していて，これを標本比率という．

一般に，特性 A の母比率が p である母集団から大きさ n の標本を抽出し，特性 A の標本比率を R とすると，

$$E(R)=p,\ \sigma(R)=\sqrt{\frac{p(1-p)}{n}}$$

である．本問は，$p=0.25$，$n=400$ の場合になっている．

107

母平均 m，母標準偏差 σ の母集団から，大きさ n の標本を抽出し，標本平均が $\overline{X}$ であったとする．このとき，母平均 m に対する信頼度 95 % の信頼区間は，

$$\left[\overline{X}-1.96\times\frac{\sigma}{\sqrt{n}},\ \overline{X}+1.96\times\frac{\sigma}{\sqrt{n}}\right]$$

であることを 151 で学習した．

本問は，母標準偏差 $\sigma=10$，標本の大きさ $n=100$，標本平均 $\overline{X}=63$ である．

問題の条件より，母標準偏差 $\sigma=10$，標本の大きさ $n=100$，標本平均 $\overline{X}=63$ であるから，

$$\overline{X}-1.96\times\frac{\sigma}{\sqrt{n}}=63-1.96\times\frac{10}{\sqrt{100}}=61.04$$

$$\overline{X}+1.96\times\frac{\sigma}{\sqrt{n}}=63+1.96\times\frac{10}{\sqrt{100}}=64.96$$

である．これより，この試験の平均点（母平均）に対する信頼度 95 % の信頼区間は，

[61.04，64.96]

108

152 と同じ手順で考える．1 回のゲームにおいて，当たりが出る確率を p として，

$$\text{仮説 } H_0:\ p=\frac{1}{10} \text{ である}$$

を定めて，これが棄却されるかを考える．

1回のゲームにおいて，当たりが出る確率をpとする．このとき，

$$\text{仮説 } H_0：p=\frac{1}{10} \text{ である}$$

と定める．

$p=\frac{1}{10}$として，ゲームを100回行ったとき，当たりが出る回数をXとする．

Xは二項分布$B\left(100,\ \frac{1}{10}\right)$に従うから，$X$の平均を$m$，標準偏差を$\sigma$とすると，

$$m=100\cdot\frac{1}{10}=10$$

$$\sigma=\sqrt{100\cdot\frac{1}{10}\cdot\left(1-\frac{1}{10}\right)}=3$$

であり，近似的にXは正規分布$N(10,\ 3^2)$に従う．

ここで，

$$P(m-1.96\sigma \leqq X \leqq m+1.96\sigma)=0.95$$

であり，

$$m+1.96\sigma=10+1.96\times3=15.88$$

$$m-1.96\sigma=10-1.96\times3=4.12$$

と計算されるので，

$$P(4.12 \leqq X \leqq 15.88)=0.95$$

が成り立つ．これより，有意水準5％における棄却域は，

$$X<4.12,\quad 15.88<X$$

である．

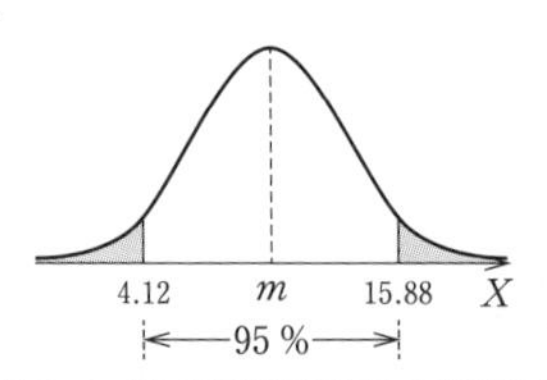

観測されたXの値17はこの棄却域に入っている．

したがって，仮説H_0は棄却されるので，**このゲーム機が正常に作動しているとはいえない．**

109

x，yの最大公約数をgとして，

$$x=gA,\ y=gB$$

とおいて考える．ただし，A，Bは互いに素な自然数で$A<B$とする．

このとき，最小公倍数はgABである．

x，yの最大公約数をgとすると，

$$x=gA,\ y=gB \qquad \cdots①$$

とおける．ただし，A，Bは互いに素な自然数で，$A<B$とする．

このとき，x，yの最小公倍数はgABであり，条件から，

$$g+gAB=51$$

$$g(1+AB)=3\cdot17 \qquad \cdots②$$

A，Bは自然数であるから，$1+AB\geqq2$であることを考えると，②より，

$(g,\ 1+AB)=(1,\ 51),\ (3,\ 17),\ (17,\ 3)$

である．A，B ($A<B$) が互いに素な自然数であることに注意して，これらを満たすA，Bの値を求める．

・$(g,\ 1+AB)=(1,\ 51)$のとき

$AB=50$となるので，

$(A,\ B)=(1,\ 50),\ (2,\ 25)$

このとき，①より，

$(x,\ y)=(1,\ 50),\ (2,\ 25)$

・$(g,\ 1+AB)=(3,\ 17)$のとき

$AB=16$となるので，

$(A,\ B)=(1,\ 16)$

このとき，①より，

$(x,\ y)=(3,\ 48)$

・$(g,\ 1+AB)=(17,\ 3)$のとき

$AB=2$となるので，

$(A,\ B)=(1,\ 2)$

このとき，①より，

$(x,\ y)=(17,\ 34)$

以上より，

x，yは4組，最大のxは17

110

$\frac{899}{1073}$を既約分数にするためには，1073と899の最大公約数で約分する必要がある．1073と899の最大公約数はすぐに分かる値ではないので，ユーク

リッドの互除法を用いる.

1073 と 899 の最大公約数を求める.

$$1073 \div 899 = 1 \cdots 174$$
$$899 \div 174 = 5 \cdots 29$$
$$174 \div 29 = 6$$

a と b の最大公約数を $\gcd(a, b)$ と表すと, この計算から,

$$\gcd(1073, 899) = \gcd(899, 174) = \gcd(174, 29) = 29$$

これより, 1073 と 899 の最大公約数は 29 であり, これに注意して約分すると,

$$\frac{899}{1073} = \frac{29 \cdot 31}{29 \cdot 37} = \mathbf{\frac{31}{37}}$$

111

155 [2] の復習である.
因数分解して,
( )( ) = (定数)
の形を作る. x, y が自然数であることにも注意して考えよう.

$6(x-y)=xy$ より,

$$xy-6x+6y=0$$
$$(x+6)(y-6)+36=0$$
$$(x+6)(y-6)=-36 \quad \cdots①$$

x, y が自然数のとき,

$$x+6 \geqq 7, \quad y-6 \geqq -5$$

である. これに注意すると, ① より,

$$(x+6, y-6)=(36, -1), (18, -2), (12, -3), (9, -4)$$

したがって,

$$\boldsymbol{(x, y)=(30, 5), (12, 4), (6, 3), (3, 2)}$$

112

1次不定方程式 $3x+5y=7$ の一般解は, 156 で学んだ手順で,「整数 k」を使って表せる. これより, $x+y$ も k で表せるので, $100 \leqq x+y \leqq 200$ を満たす「整数 k」の個数を求める.

$$3x+5y=7 \quad \cdots①$$

$x=4$, $y=-1$ は ① を満たすので,

$$3 \cdot 4+5 \cdot (-1)=7 \quad \cdots②$$

が成り立つ. ①−② より,

$$3(x-4)+5(y+1)=0$$
$$3(x-4)=5(-y-1) \quad \cdots③$$

③ の右辺は 5 の倍数なので左辺も 5 の倍数であり, 3 と 5 は互いに素であるから,

$$x-4=5k \ (k \text{ は整数})$$
$$x=5k+4$$

このとき, ③ より,

$$3 \cdot 5k=5(-y-1)$$
$$y=-3k-1$$

以上より, ① を満たす整数の組 (x, y) は,

$$(x, y)=(5k+4, -3k-1) \quad (k \text{ は整数})$$

である.

これより, $100 \leqq x+y \leqq 200$ であるとき,

$$100 \leqq (5k+4)+(-3k-1) \leqq 200$$
$$100 \leqq 2k+3 \leqq 200$$
$$\frac{97}{2} \leqq k \leqq \frac{197}{2}$$

これを満たす整数 k は, $k=49, 50, \cdots, 98$ の 50 個である.

1つの k から得られる (x, y) は1組であるから, $100 \leqq x+y \leqq 200$ を満たす (x, y) の個数は,

50 個

113

与式を満たす1つの解がすぐに見つかりそうにないので, 156 で学習したように, ユークリッドの互除法のときと同じ割り算を行って解の1つを見つける. そして,「整数 k」を使って一般解を表し, 最も小さい正の x が得られる k の値を求める.

$$73x+61y=1 \quad \cdots①$$

① を満たす整数の組 (x, y) の1つを求める.

$$\begin{cases} 73 \div 61 = 1 \cdots 12 \\ 61 \div 12 = 5 \cdots 1 \end{cases}$$

であるから,

$$12 = 73 - 61$$
$$1 = 61 - 12 \cdot 5$$

これらを順に用いると,

$$\begin{aligned} 1 &= 61 - 12 \cdot 5 \\ &= 61 - (73 - 61) \cdot 5 \\ &= 61 - 73 \cdot 5 + 61 \cdot 5 \\ &= 73 \cdot (-5) + 61 \cdot 6 \end{aligned}$$

これより,

$$73 \cdot (-5) + 61 \cdot 6 = 1 \quad \cdots ②$$

が成り立つことが分かり, ①－② より,

$$73(x+5) + 61(y-6) = 0$$
$$73(x+5) = 61(-y+6) \quad \cdots ③$$

③ の右辺は 61 の倍数なので左辺も 61 の倍数であり, 73 と 61 は互いに素であるから,

$$x + 5 = 61k \ (k\text{ は整数})$$
$$x = 61k - 5$$

このとき, ③ より,

$$73 \cdot 61k = 61(-y+6)$$
$$y = -73k + 6$$

以上より, ① を満たす整数の組 (x, y) は,

$$(x, y) = (61k - 5, \ -73k + 6) \quad \cdots ④ \quad (k\text{ は整数})$$

である.

$x > 0$ となるのは, $k = 1, 2, 3, \cdots$ の場合であるから, x が正で最も小さいものは, ④ で $k = 1$ として,

$$\boldsymbol{x = 56, \ y = -67}$$

114

整数 n を 5 で割った余りに注目し, 5 つの場合に分けて証明すればよい.

すべての整数 n は, 整数 k を用いて,

$$5k, \ 5k+1, \ 5k+2, \ 5k+3, \ 5k+4$$

のいずれかの形で表せる.

(ア) $n = 5k$ のとき

$$\begin{aligned} n^2 + n + 1 &= (5k)^2 + 5k + 1 \\ &= 5(5k^2 + k) + 1 \end{aligned}$$

(イ) $n = 5k+1$ のとき

$$\begin{aligned} n^2 + n + 1 &= (5k+1)^2 + (5k+1) + 1 \\ &= 5(5k^2 + 3k) + 3 \end{aligned}$$

(ウ) $n = 5k+2$ のとき

$$\begin{aligned} n^2 + n + 1 &= (5k+2)^2 + (5k+2) + 1 \\ &= 5(5k^2 + 5k + 1) + 2 \end{aligned}$$

(エ) $n = 5k+3$ のとき

$$\begin{aligned} n^2 + n + 1 &= (5k+3)^2 + (5k+3) + 1 \\ &= 5(5k^2 + 7k + 2) + 3 \end{aligned}$$

(オ) $n = 5k+4$ のとき

$$\begin{aligned} n^2 + n + 1 &= (5k+4)^2 + (5k+4) + 1 \\ &= 5(5k^2 + 9k + 4) + 1 \end{aligned}$$

以上より, どのような整数 n に対しても, $n^2 + n + 1$ は 5 で割り切れない.

<補足>

解答の (エ), (オ) は,

(エ) $n = 5k - 2$ のとき

(オ) $n = 5k - 1$ のとき

としてもよい. 問題によっては, 計算量を減らすことができる場合もある.

115

$abc_{(5)}$ と $cba_{(7)}$ はどちらも N のことであるから, $abc_{(5)}$ と $cba_{(7)}$ を 10 進法で表記し, それらが等しいという等式を立てる. その際に, a, b, c のとり得る値の範囲に注意する. どちらも 3 桁となるので, 先頭の数字である a, c は 1 以上である.

“2 通りに表された N” から,

$$b = 12(a - 2c)$$

という等式が得られる. この式から, b は「$12 \times$(整数)」と表されることが分かるが, $0 \leqq b \leqq 4$ より, これを満たす b は, $b = 0$ に限られる. $b = 12$ や $b = 24$ とはならない.

$N = abc_{(5)}$ より,

$$1 \leqq a \leqq 4, \ 0 \leqq b \leqq 4, \ 0 \leqq c \leqq 4 \quad \cdots ①$$

であり,

$$N = a \cdot 5^2 + b \cdot 5 + c = 25a + 5b + c \quad \cdots ②$$

一方, $N = cba_{(7)}$ より,

$$0 \leqq a \leqq 6, \ 0 \leqq b \leqq 6, \ 1 \leqq c \leqq 6 \quad \cdots ③$$

であり,

$$N = c \cdot 7^2 + b \cdot 7 + a = 49c + 7b + a \quad \cdots ④$$

①かつ③より，a，b，cは，

$$1 \leqq a \leqq 4,\ 0 \leqq b \leqq 4,\ 1 \leqq c \leqq 4$$

を満たす整数でなければならない．

②，④より，

$$25a+5b+c=49c+7b+a$$

$$24a-2b-48c=0$$

$$b=12(a-2c) \qquad \cdots⑤$$

$0 \leqq b \leqq 4$より，⑤を満たすbは，$b=0$に限られる．

このとき，⑤は，$0=12(a-2c)$となり，

$$a=2c \qquad \cdots⑥$$

⑥を満たす整数a，cの組は，

$$1 \leqq a \leqq 4,\ 1 \leqq c \leqq 4$$

であることに注意すると，

$$(a,\ c)=(2,\ 1),\ (4,\ 2)$$

したがって，条件を満たすa，b，cの組は，

⑺　$a=2,\ b=0,\ c=1$

⑷　$a=4,\ b=0,\ c=2$

の2組である．

⑺の場合，②からNを求めると，

$$N=25 \cdot 2+0+1=51$$

⑷の場合，②からNを求めると，

$$N=25 \cdot 4+0+2=102$$

以上より，求めるNの値は，

$$\boldsymbol{N=51,\ 102}$$

KAWAI PUBLISHING